隔震结构设计——原理、方法与工程应用

潘　毅　唐贞云
叶　昆　吴应雄　编著

科学出版社
北　京

内 容 简 介

隔震结构与传统抗震结构相比，其抗震性能显著提升，在国内外多次强震观测中得以验证。随着《建设工程抗震管理条例》的颁布与实施，结构隔震技术在我国得到越来越多的应用。本书系统论述隔震结构设计的原理、方法及工程应用，详细介绍从实际震害、分析方法、设计方法、施工安装到后期管理维护等内容，并结合典型工程案例进行讲解。全书共分为 7 章，主要内容包括隔震结构的概念与原理，隔震装置的性能与参数，隔震结构的分析方法，隔震结构的设计方法，隔震结构的构造措施，隔震工程的施工、验收与维护，隔震结构的工程应用。

本书不仅理论性强，而且工程指导价值高，适合结构工程、防灾减灾工程，特别是抗震设计领域的设计、施工、监理技术人员参考，并可作为高等院校土木工程专业研究生的教材。

图书在版编目(CIP)数据

隔震结构设计：原理、方法与工程应用 / 潘毅等编著. -- 北京：科学出版社, 2025. 7. -- ISBN 978-7-03-082659-6

Ⅰ. TU352.104

中国国家版本馆 CIP 数据核字第 202577HL90 号

责任编辑：朱小刚 / 责任校对：彭　映

责任印制：罗　科 / 封面设计：陈　敬

科学出版社 出版

北京东黄城根北街16号

邮政编码：100717

http://www.sciencep.com

四川煤田地质制图印务有限责任公司 印刷

科学出版社发行　各地新华书店经销

*

2025 年 7 月第　一　版　　开本：787×1092　1/16

2025 年 7 月第一次印刷　　印张：20 1/2

字数：490 000

定价：108.00 元

（如有印装质量问题，我社负责调换）

前　言

我国地震活动强烈、大震频发，近些年发生了多次强震，如2008年汶川8.0级地震、2010年玉树7.1级地震、2013年芦山7.0级地震、2017年九寨沟7.0级地震、2021年玛多7.4级地震、2022年泸定6.8级地震、2023年积石山6.2级地震、2025年定日6.8级地震等。这些地震都造成了较大的财产损失和人员伤亡。震害调查表明，隔震技术在减轻地震破坏、减少人员伤亡等方面具有显著优势，是减震防灾的有效手段之一。近年来，隔震技术广泛应用于民用建筑、工业建筑、桥梁结构等建设工程领域。根据中国勘察设计协会抗震防灾分会的统计，截至2024年底，中国在建和已建成的隔震建筑超过20000幢。2021年4月27日，中华人民共和国住房和城乡建设部发布《建筑隔震设计标准》(GB/T 51408—2021)，并于2021年9月1日起施行。该标准确定了隔震建筑的基本设防目标，为隔震建筑设计及既有建筑的隔震加固设计提供了技术支持。2021年5月12日，国务院第135次常务会议通过《建设工程抗震管理条例》，并于2021年9月1日起施行。该条例从立法层面完善相关制度，为高烈度区隔震技术的应用提供了有力的法律支撑。

在韧性城乡建设的背景下，为适应国家减震防灾新需求，更好地培养土木工程隔震技术专业人才，西南交通大学潘毅、北京工业大学唐贞云、华中科技大学叶昆、福州大学吴应雄，结合多年对隔震技术的科研探索、研究生教学、震害调查和工程实践经验，联合编著了本书。全书共分7章，包括隔震结构的概念与原理(第1章)，隔震装置的性能与参数(第2章)，隔震结构的分析方法(第3章)，隔震结构的设计方法(第4章)，隔震结构的构造措施(第5章)，隔震工程的施工、验收与维护(第6章)，隔震结构的工程应用(第7章)。本书第1～2章、第7章由潘毅编写，第3章和附录A由唐贞云编写，第4章和附录B由叶昆编写，第5～6章由吴应雄编写。在本书编著过程中，得到了中国建筑西南设计研究院吴小宾总工、熊耀清教授级高工、彭志祯高工、彭鑫高工等的帮助，在此表示感谢！同时，本书的编写离不开宋佳雨、陈齐、刘永鑫、杨龙、曾晗、刘豪、郑曾、李鑫、胡广杰、原泽鑫、董昕珺等研究生的辛勤工作，在此表示感谢！本书获西南交通大学研究生教材(专著)建设项目资助，在此表示感谢！

本书的部分内容来自以下项目的研究成果：国家自然科学基金项目(51778149、51878174、51978016、52078234)、四川省自然科学基金项目(2022NSFSC0423)、北京市教委科技计划项目(KM201610005013)、福建省建设科技研究开发项目(2019-K-2)等。

本书涵盖了隔震结构从产品、设计到运维的全过程，可作为普通高等院校土木工程及相关专业的教学参考用书，也可作为从事结构隔震工作的技术人员的参考书。

由于作者水平、时间和精力有限，书中难免有疏漏之处，请读者批评指正。

常用符号表

序号	符号	含义
1	a	Newmark-β 法中的加速度常量
2	a_{0m}	隔震结构的绝对加速度
3	a_i	复振型分解法中第 i 模态的振型质量
4	a_{gm}	地震绝对加速度
5	a_{sm}	结构的绝对加速度
6	A	支座内部受约束叠层橡胶层的面积
7	A_0	橡胶垫轴压受荷有效面积
8	A_1	橡胶垫剪压受荷有效面积
9	A_B	控制 Bouc-Wen 模型隔震支座滞回环幅值的参数
10	A_i	第 i 阶振型的系数
11	b	梁截面宽
12	b_i	复振型分解法中第 i 模态的振型刚度
13	$b_{Ni}(i=1,2,\cdots,6)$	Newmark-β 法中的积分常数
14	$[B_c]$	复振型分解法中的荷载输入矩阵
15	c	隔震支座等效黏滞阻尼系数
16	c_i	上部结构第 i 层的阻尼系数
17	C	单自由度结构的阻尼系数
18	C_s	结构等效的单自由度模型的阻尼系数
19	$[C]$	阻尼系数矩阵
20	$[C^*]$	振型阻尼系数矩阵
21	C_0	隔震层等效黏滞阻尼系数
22	C_f	摩擦摆隔震支座曲率影响系数
23	C_i	多自由度模型中第 i 自由度的阻尼系数
24	C_M	麦克斯韦模型阻尼系数
25	C_r	线性阻尼器隔震支座合成阻尼在 x 和 y 合成方向 r 的分量
26	$[C]_s$	上部结构阻尼矩阵
27	$C_{s,i}$	结构第 i 层的阻尼
28	$C_{U,MCE}$	水平向减震系数
29	C_v	隔震层的竖向阻尼
30	C_x	线性阻尼器隔震支座合成阻尼在 x 方向的分量
31	C_y	线性阻尼器隔震支座合成阻尼在 y 方向的分量
32	d_0	叠层橡胶支座内部钢板外径

续表

序号	符号	含义
33	d_{i}	叠层橡胶支座内部钢板的开孔直径
34	d_{d}	摩擦摆支座开始发生明显非线性变形(屈服)时对应的位移值
35	d_{S}	SMA 螺旋弹簧的簧丝横截面直径
36	d_{s1}	双线性刚化弹簧模型的开始刚化位移
37	d_{s2}	双线性刚化弹簧模型的结束刚化位移
38	d_{T1}	三线性模型屈服位移
39	d_{T2}	三线性模型强化/退化位移
40	d_{y}	Bouc-Wen 模型隔震支座屈服位移
41	D	隔震支座上、下板的水平相对位移
42	D_i	隔震层在设防烈度地震作用下的位移
43	D_{IS}^{0}	隔震系统的目标位移
44	D_{S}	SMA 螺旋弹簧的平均直径
45	$D_{\mathrm{S,eq}}$	LRB 隔震系统两自由度等效模型上部结构的设计位移
46	e_x	x 方向的偏心距
47	e_x^{B}	合成刚度中心相对于隔震层质心在 x 方向的偏心
48	e_y	y 方向的偏心距
49	e_y^{B}	合成刚度中心相对于隔震层质心在 y 方向的偏心
50	E	铅金属的应力应变比例常数
51	E_0	橡胶的标准弹性模量
52	$E_{\mathrm{a}}(t)$	t 时刻系统的弹性变形能
53	E_{b}	橡胶体积弹性模量
54	E_{c}	橡胶压缩时的弹性模量
55	E_{cb}	叠层橡胶支座的修正压缩弹性模量
56	$E_{\mathrm{e}}(t)$	t 时刻的弹性振动能
57	$E_{\mathrm{h}}(t)$	t 时刻的黏滞阻尼耗能
58	$E_{\mathrm{in}}(t)$	t 时刻的能量输入
59	$E_{\mathrm{p}}(t)$	t 时刻的结构塑性变形耗能
60	E_{r}	橡胶弯曲时的弹性模量
61	E_{rb}	叠层橡胶支座的修正弯曲弹性模量
62	f_{FPB}	摩擦摆恢复力
63	f_{n}	结构自振频率
64	f_{g}	场地特征频率
65	$f_{\mathrm{I}}(t)$	t 时刻地震动引起结构产生的惯性力
66	$f_{\mathrm{S}}(x)$	结构在位移 x 处的刚度恢复力
67	$f_{\mathrm{SN}i}$	t_i 时刻的非线性刚度恢复力
68	$\Delta f_{\mathrm{SN}i}$	$t_{i\text{-}1}$ 时刻到 t_i 时刻的非线性刚度恢复力增量
69	$\{f_{\mathrm{D}}(t)\}$	t 时刻的阻尼力向量
70	$\{f_{\mathrm{I}}(t)\}$	t 时刻的惯性力向量

续表

序号	符号	含义
71	$\{f_S(t)\}$	t 时刻的刚度恢复力向量
72	F	隔震支座水平恢复力
73	$F(\omega)$	外荷载的傅里叶谱
74	$F(t)$	t 时刻的外荷载
75	$\hat{F}_i$	第 i 步的等效荷载
76	F_{af}	卸载过程中马氏体结束轴力
77	F_{as}	卸载过程中奥氏体的开始轴力
78	F_{ek}	隔震结构总水平地震作用标准值
79	F_{Evk}	竖向地震作用标准值
80	F_{fi}	沿上部结构高度分布可以得到各层的水平地震力
81	F_{ik}	质点 i 的水平地震作用标准值
82	F_i	第 i 步的外荷载
83	F_i^*	振型向量$\{F^*\}$里的第 i 个元素
84	F_k	第 k 自由度反力
85	F_M	作用在麦克斯韦模型上的力
86	F_{mf}	加载过程中马氏体的结束轴力
87	F_{ms}	加载过程中马氏体的开始轴力
88	F_N	摩擦摆隔震支座滑块所受接触面法线方向的反力
89	F_{obj}	多目标优化问题的单变量优化目标
90	F_R	Ramberg-Osgood 模型的加载力
91	F_s	摩擦摆隔震支座滑块所受水平剪力
92	F_{SN}	SMA 螺旋弹簧的轴向力
93	F_T	摩擦摆隔震支座滑块所受接触面切线方向的摩擦力
94	F_{vi}	第 i 层的竖向地震作用标准值
95	$F_{wk,i}$	隔震层以上第 i 层受风荷载作用的水平剪力
96	F_x	隔震支座 x 方向的恢复力
97	F_x^0	双线性模型隔震支座 x 方向加载屈服面中心坐标
98	F_x^{sy}	隔震支座 x 方向单轴加载时的屈服力
99	F_y	隔震支座 y 方向的恢复力
100	F_{sy}	隔震支座屈服力
101	F_y^0	双线性模型隔震支座 y 方向加载屈服面中心坐标
102	F_y^{sy}	隔震支座 y 方向单轴加载时的屈服力
103	$\{F(t)\}$	t 时刻的外荷载向量
104	$\{F_i\}$	第 i 步的外荷载向量
105	$\{F_r(t)\}$	非线性恢复力向量
106	g	重力加速度
107	G_{eq}	结构等效总重力荷载
108	G_i	集中于质点 i 的重力荷载代表值

续表

序号	符号	含义
109	G_j	第 j 层重力荷载代表值
110	G_{qi}	第 i 阶振型的激励强度
111	G_x	随机振动的强度
112	h	梁截面长
113	$h(t)$	阻尼体系的单位脉冲反应函数
114	h_i	上部结构第 i 层高度
115	$h_{S,eq}$	LRB 隔震系统两自由度等效模型上部结构的有效高度
116	$H(i\omega)$	复数传递函数
117	H	上部结构的总高度
118	H_i	质点 i 的计算高度
119	H_s	计算楼层层高
120	i_c	虚数单位
121	$\{I\}$	单位向量
122	$[I]$	单位矩阵
123	k	隔震支座水平等效线性刚度
124	k_e	隔震支座的屈服前刚度
125	k_{eq}	水平等效线性刚度
126	k_i	隔震结构第 i 层水平刚度
127	k_{IS}	LRB 隔震系统两自由度等效模型的等效刚度
128	k_{ISp}	LRB 隔震系统两自由度等效模型的屈服后刚度
129	k_j	隔震支座 j（含阻尼器）由试验确定的水平等效刚度
130	k_{ix}	第 i 个隔震支座在 x 方向的剪切刚度
131	k_{iy}	第 i 个隔震支座在 y 方向的剪切刚度
132	k_p	隔震支座的屈服后刚度
133	k_{t_i}	t_i 时刻的刚度
134	k_x	结构在位移 x 处的刚度
135	K_0	隔震层剪切刚度
136	K_1	形状记忆合金隔震支座加载过程中线弹性阶段的刚度系数
137	K_2	形状记忆合金隔震支座卸载过程中线弹性阶段的刚度系数
138	K_{100}	隔震支座在水平剪切应变达到 100%时的水平有效刚度
139	K_a	橡胶支座的剪切刚度
140	K_{bi}	双线性模型在 (F_{bi},u_{bi}) 处的等效刚度
141	K_{d2}	叠层橡胶支座屈服后刚度
142	K_e	双线性模型隔震支座的屈服前刚度
143	K_{eff}	利用等效线性模型模拟具有双线性特性的隔震支座的等效刚度
144	K_{eq}	隔震后的水平地震影响系数最大时铅芯橡胶支座的等效刚度
145	K_{ex}	双线性模型隔震支座 x 方向的屈服前刚度
146	K_{ey}	双线性模型隔震支座 y 方向的屈服前刚度
147	K_h	橡胶隔震支座的水平刚度

续表

序号	符号	含义
148	K_H	隔震层水平等效剪切刚度
149	K_i	多自由度模型中第 i 自由度刚度
150	K_i^*	第 i 阶振型刚度系数
151	K_{m1}	摩擦摆支座二次屈服后刚度
152	K_M	麦克斯韦模型弹簧系数
153	K_p	双线性模型隔震支座的屈服后刚度
154	K_r	线弹性单元合成刚度在 x 和 y 合成方向 r 的分量
155	$\boldsymbol{K}_S$	塑性刚度矩阵
156	K_{s1}	双线性刚化弹簧模型刚化前剪切刚度
157	K_{s2}	双线性刚化弹簧模型刚化后剪切刚度
158	K_{SMA}	SMA 螺旋弹簧的刚度系数
159	K_t	扭转刚度
160	K_{T1}	三线性模型一阶刚度
161	K_{T2}	三线性模型二阶刚度
162	K_{T3}	三线性模型三阶刚度
163	K_x	线弹性单元合成刚度在 x 方向的分量
164	$K_{x,i}$	第 i 个隔震支座在 x 方向的等效刚度
165	K_y	线弹性单元合成刚度在 y 方向的分量
166	$K_{y,i}$	第 i 个隔震支座在 y 方向的等效刚度
167	K_v	橡胶支座的竖向刚度
168	K_θ	隔震层的转动刚度
169	$[K]$	刚度矩阵
170	$[K^*]$	振型刚度矩阵
171	$[\hat{K}]$	等效刚度矩阵
172	$[K]_s$	上部结构刚度矩阵
173	$[K_c]$	复振型分解法中的刚度矩阵
174	$[K_s]$	双线性模型隔震支座塑性刚度矩阵
175	l	梁长
176	m	单自由度结构质量
177	m_i	上部结构第 i 层质量
178	$m_{S,eq}$	LRB 隔震系统两自由度等效模型上部结构的有效质量
179	M_0	隔震层质量
180	M_i^*	振型质量矩阵$[M^*]$主对角线上的第 i 个元素
181	M_j	多自由度模型中第 j 自由度的质量
182	M_s	结构等效的单自由度模型的质量
183	$M_{s,i}$	结构第 i 层的质量
184	M_v	上部结构总质量
185	$[M]$	质量矩阵

续表

序号	符号	含义
186	$[M^*]$	振型质量矩阵
187	$[M]_s$	上部结构质量矩阵
188	$[M_c]$	复振型分解法中的质量矩阵
189	n_f	结构计算总层数
190	n_c	双线性模型加载屈服面曲面指数
191	n_B	控制 Bouc-Wen 模型隔震支座滞回环光滑程度的参数
192	N	结构层数
193	N_i	在重力荷载代表值作用下，第 i 个隔震支座所受到的竖向压力
194	N_S	SMA 螺旋弹簧的圈数
195	p	脉冲荷载
196	P	隔震支座承受的竖向/压应力
197	P_v	叠层橡胶支座的压缩位移
198	$P(\tau)$	离散成一系列脉冲的地震荷载
199	q_i	第 i 阶振型的幅值
200	$q_i(t)$	第 i 阶振型结构的反应参数
201	q_n	非正交阻尼系统的地震反应复振型分解的广义坐标
202	$\{q\}$	广义坐标
203	$\{q\}_i$	第 i 阶振型的广义位移
204	Q	隔震层在设防烈度地震作用下的水平剪力
205	Q_d	LRB 隔震系统的屈服剪力
206	Q_{max}	基底最大剪力
207	Q_y	位移等于 0 时，双线性模型隔震支座对应的恢复力
208	R_1	摩擦摆隔震支座的滑道半径及滑块底部圆弧半径
209	R_{0a}	柔性结构的隔震体系中隔震层绝对加速度放大系数
210	R_{0u}	柔性结构的隔震体系中隔震层相对位移放大系数
211	R_a	隔震体系的绝对加速度与地震加速度的放大系数
212	R_f	摩擦摆隔震支座平衡位置处滑道的曲率半径
213	R_{IS}	LRB 隔震系统两自由度等效模型的周期比
214	R_{su}	柔性结构隔震体系中结构的相对位移放大系数
215	R_{sa}	柔性结构隔震体系中结构的绝对加速度放大系数
216	R_x	隔震体系的相对位移与地震位移的放大系数、x 方向的回转半径
217	R_y	y 方向的回转半径
218	R_x	隔震体系的相对位移与地震位移的放大系数
219	$\{s\}$	由振型叠加法求得的结构某项参数的总反应
220	$\{s(t)\}$	隔震结构地震作用效应
221	S	结构构件内力组合的设计值
222	S_1	橡胶支座的第一形状系数
223	S_2	橡胶支座第二形状系数
224	$S_a(\omega,\zeta)$	绝对加速度反应谱

续表

序号	符号	含义
225	$S_{\mathrm{A}}^{\mathrm{DBE}}(\omega,r)$	设计地震作用下规范加速度反应谱的谱值
226	$S_{\mathrm{A}}^{\mathrm{MCE}}(\omega,r)$	罕遇地震作用下规范加速度反应谱的谱值
227	$S_{\mathrm{d}}(\omega,\zeta)$	相对位移反应谱
228	S_{D}	周期 T 和阻尼比 ξ 的 SDOF 体系的设计位移反应谱
229	S_{Evk}	竖向地震作用标准值的效应
230	S_{Ehk}	水平地震作用标准值的效应
231	S_{GE}	重力荷载代表值的效应
232	S_i	第 i 阶振型地震作用效应的最大值
233	S_{s}	双线性模型屈服函数
234	t	时间
235	Δt	时间步长
236	T_{r}	隔震支座内部橡胶的总厚度
237	T	等效线性模型隔震结构第一自振周期
238	T_0	等效自振周期(变形相关)
239	$T_{1,\mathrm{eq}}$	LRB 隔震系统两自由度等效模型第一模态周期
240	T_{g}	场地特征周期
241	T_{H}	隔震结构水平自振周期
242	T_{IS}	固定基础上部结构的基本周期
243	T_{Iso}	隔震结构周期
244	T_{n}	结构自振周期
245	T_{S}	上部结构的基本周期
246	u	隔震支座水平位移
247	u_{c}	罕遇地震下隔震层质心处或不考虑扭转的水平位移
248	u_{b}	双线性模型隔震支座位移
249	Δu_{e}	设防地震作用标准值产生的楼层内的最大弹性层间位移
250	$\ddot{u}_g$	地面加速度反应
251	u_i	罕遇地震作用下，第 i 个隔震支座考虑扭转的水平位移
252	$u_{\max}$	支座容许剪切变形
253	Δu_{p}	弹塑性层间位移
254	u_r^{B}	隔震层质心在 x 与 y 合成方向 r 的合成位移
255	$\dot{u}_r^{\mathrm{B}}$	隔震层质心在 x 与 y 合成方向 r 的合成速度
256	u_{sy}	隔震支座屈服位移
257	u_x	x 方向的分量位移
258	u_x^{B}	隔震层质心在 x 方向的位移
259	$\dot{u}_x^{\mathrm{B}}$	隔震层质心在 x 方向的速度
260	u_x^{sy}	隔震支座 x 方向单轴加载时的屈服位移

续表

序号	符号	含义
261	u_y	y 方向的分量位移
262	u_y^{B}	隔震层质心在 y 方向的位移
263	$\dot{u}_y^{\mathrm{B}}$	隔震层质心在 y 方向的速度
264	u_y^{sy}	隔震支座 y 方向单轴加载时的屈服位移
265	$[u_i]$	第 i 个隔震支座的水平位移限值
266	$U_{\mathrm{Iso,MCE}}$	隔震层最大水平变形
267	U_0	隔震层稳态响应的幅值
268	U_i	第 i 阶振型的位移响应
269	U_{s}	结构稳态响应的幅值
270	$\{U\}$	状态空间形式结构位移向量
271	V_{B}	基底剪力
272	$V_{\mathrm{eK}i}$	第 i 层对应于水平地震作用标准值的楼层剪力
273	V_{E}	地震动能量谱值
274	V_{Rw}	抗风装置的水平承载力设计值
275	V_{wk}	风荷载作用下隔震层总水平剪力标准值
276	w	滞回曲线所围面积
277	w_1	单目标优化问题对应性能目标的权重
278	w_2	单目标优化问题对应性能目标的权重
279	W	摩擦摆隔震支座滑块所受上部结构的竖向荷载
280	W_{d}	线性模型隔震支座等效阻尼耗能面积
281	W_{e}	线性模型隔震支座弹性恢复力做功面积
282	x	位移
283	$\dot{x}$	速度
284	$\ddot{x}$	加速度
285	$\dot{x}(\tau,t)$	t 时刻的体系相对速度响应值
286	x_0	隔震层与地面的水平相对位移
287	$\dot{x}_0$	隔震层与地面的水平相对速度
288	$\ddot{x}_0$	隔震层与地面的水平相对加速度
289	$x_{\mathrm{a}i}$	结构第 i 层的绝对水平位移
290	x_{B}	隔震层质心横坐标
291	x_{g}	地面的绝对水平位移
292	$\ddot{x}_{\mathrm{g}}$	地面水平加速度
293	x_i	第 i 步单自由度结构的位移
294	$\dot{x}_i$	第 i 步单自由度结构的速度
295	$\ddot{x}_i$	第 i 步单自由度结构加的速度
296	x_n	第 n 个隔震支座在 x 方向的坐标
297	x_{K}	线弹性单元合成刚度中心横坐标

续表

序号	符号	含义
298	x_k	第 k 自由度与地面的相对位移
299	$\dot{x}_k$	第 k 自由度与地面的相对速度
300	x_s	结构相对于地面的位移
301	x_{sd}	结构底层与基础面之间的水平相对位移
302	$\dot{x}_{sd}$	结构底层与基础面之间的水平相对速度
303	$\ddot{x}_{sd}$	结构底层与基础面之间的水平相对加速度
304	x_{si}	结构第 i 层与隔震层的水平相对位移
305	$\dot{x}_{si}$	结构第 i 层对隔震层的水平相对速度
306	$\ddot{x}_{si}$	结构第 i 层对隔震层的水平相对加速度
307	$x_{s,i}$	结构第 i 层相对地面的水平相对位移
308	$\dot{x}_{s,i}$	结构第 i 层相对地面的水平相对速度
309	$\ddot{x}_{s,i}$	结构第 i 层相对地面的水平相对加速度
310	$\ddot{x}_{vg}$	地面竖向加速度
311	x_{vs}	上部结构相对地面的竖向位移
312	$\ddot{x}_{vs}$	上部结构相对地面的竖向加速度
313	x_Y	LRB 隔震系统的屈服位移
314	$x_{\theta i}$	隔震层摆动引起的上部结构第 i 层的位移
315	$\ddot{x}_{\theta i}$	隔震层摆动引起的上部结构第 i 层的加速度
316	$\{x\}$	位移向量
317	$\{\dot{x}\}$	速度向量
318	$\{\ddot{x}\}$	加速度向量
319	$\{x_b\}$	位移初始值向量
320	$\{\dot{x}_b\}$	速度初始值向量
321	$\{\ddot{x}_b\}$	加速度初始值向量
322	$\{x_i\}$	第 i 步单自由度结构的位移向量
323	$\{\dot{x}_i\}$	第 i 步单自由度结构的速度向量
324	$\{\ddot{x}_i\}$	第 i 步单自由度结构的加速度向量
325	$\{x(t)\}$	地震作用下多自由度体系的位移向量
326	$\{\ddot{x}_g(t)\}$	地面运动加速度时程
327	$\{\dot{x}(\tau,t)\}$	在 t 时刻的体系相对速度响应值
328	$[x_{si}]$	结构第 i 层与隔震层的相对水平位移矩阵
329	$[X_a]$	a 点的位移
330	X_b	最大水平位移

续表

序号	符号	含义
331	X_g	隔震层以上结构 X 向重心的坐标值
332	X_k	隔震层 X 向刚心的坐标值
333	X_{max}	橡胶支座的最大水平正位移
334	$X(\omega)$	位移 $x(t)$ 的傅里叶谱
335	$X(t)$	多自由度体系复振型叠加的地震位移
336	$\ddot{X}_g(\omega,t)$	地震加速度时程的傅里叶变换值
337	$[X(t)_{max}]$	最大位移的复振型组合公式
338	y_B	隔震层质心纵坐标
339	y_i	第 i 个隔震支座在 y 方向的坐标
340	y_K	线弹性单元合成刚度中心纵坐标
341	Y_g	隔震层以上结构 Y 向重心的坐标值
342	Y_k	隔震层 Y 向刚心的坐标值
343	Y_x	双线性模型隔震支座 x 方向单轴加载时的屈服位移
344	z_B	描述 Bouc-Wen 模型隔震支座滞回行为的无量纲参数
345	z_{Bx}	Bouc-Wen 模型 x 方向的滞回变量
346	z_{By}	Bouc-Wen 模型 y 方向的滞回变量
347	z_i	第 i 阶复振型对应的一阶微分系统在地面运动激励下的位移
348	$(z_i(t))_{max}$	振型分解反应谱法基于每阶振型反应的最大值
349	$\{z_c\}$	复振型结构的反应参数
350	$\{\ddot{z}(t)\}$	振型响应的加速度向量
351	α	隔震支座屈服后与屈服前剪切刚度的比值
352	$\alpha(\omega,\zeta)$	地震影响系数 α 谱曲线
353	α_0	地震影响系数
354	α_1	相应周期的设防地震水平地震影响系数
355	α_2	斜面自复位隔震支座斜面与水平面的夹角
356	α_i	第 i 阶振型的地震影响系数
357	α_{max1}	隔震的水平地震影响系数最大值
358	α_{max}	非隔震的水平地震影响系数最大值
359	α_{max6}	6 度设防时的最大地震影响系数
360	α_n	复特征值 λ_c 的实部
361	α_x	支座 x 方向屈服后刚度与初始刚度的比值
362	α_y	支座 y 方向屈服后刚度与初始刚度的比值
363	β	水平向减震系数
364	β_0	加载开始时形状记忆系数的初值
365	β_0'	卸载开始时形状记忆系数的初值
366	β_1	外荷载频率比
367	β_2	隔震层频率比

续表

序号	符号	含义
368	β_{f}	隔震层频率与结构频率之比
369	β_{n}	复特征值 λ_{c} 的虚部
370	β_{s}	上部结构和基础隔震结构之间的频率比
371	δ	积累滑动变形
372	$\delta_{\max}$	具有理想弹塑性滞回关系的耗能装置的最大变形
373	δ_{h}	支座上、下面板的水平相对位移
374	δ_{n}	顶部附加地震作用系数
375	δ_{p}	具有理想弹塑性滞回关系的耗能装置在达到最大变形时的累积塑性变形
376	δ_{v}	叠层橡胶支座的竖向压缩变形
377	δ_{v1}	叠层橡胶支座的竖向压缩变形
378	δ_{v2}	叠层橡胶支座剪切变形产生的几何下沉位移
379	$\delta_{v\max}$	叠层橡胶支座的竖向极限压应力
380	ΔE	最大变形时刻耗能装置滞回变形一圈所消耗的能量
381	$\Delta f(t)$	t−1 时刻到 t 时刻的非线性恢复力增量
382	ΔF	顶部附加水平地震作用
383	$\varDelta_i$	基础隔震建筑结构的日标轮廓
384	$\varDelta x(t)$	t 时刻到 t+1 时刻的位移增量
385	ε	应变、工程误差限值
386	$\varepsilon_{\mathrm{eq}}$	基础隔震结构的 2DOF 等效模型的频率比
387	ε_{L}	SMA 的最大残余应变
388	$\varPhi$	对于基础隔震建筑结构采用凹形的归一化轮廓函数
389	ϕ_{ij}	结构第 j 阶振型中第 i 层的振型坐标
390	$[\phi]$	振型矩阵
391	$[\phi]^{\mathrm{T}}$	振型矩阵的转置
392	$[\phi_{\mathrm{c}}]$	复特征向量
393	$\{\phi\}_i$	第 i 个振型向量
394	γ	Newmark-β 法的控制参数
395	γ_{B}	控制 Bouc-Wen 模型隔震支座滞回环一般形状的参数
396	γ_{d}	隔震结构屈服强度比
397	γ_{Eh}	水平地震作用分项系数
398	$\gamma_{\mathrm{E}v}$	竖向地震作用分项系数
399	γ_{G}	重力荷载代表值的分项系数
400	γ_i	第 i 阶振型的振型参与系数
401	γ_{N}	Newmark-β 法的控制参数
402	γ_{opt}	最优屈服强度比
403	γ_{RE}	结构构件承载力抗震调整系数
404	γ_{W}	风荷载分项系数
405	γ_x	双线性模型隔震支座在 x 方向屈服后与屈服前剪切刚度的比值，即 α_x 与 $1-\alpha_x$ 的比值

续表

序号	符号	含义
406	γ_y	双线性模型隔震支座在 y 方向屈服后与屈服前剪切刚度的比值，即 α_y 与 $1-\alpha_y$ 的比值
407	$\{\gamma\}_i$	第 i 阶振型的参与系数
408	η_i	第 i 个隔震支座的扭转影响系数/复振型分解振型荷载向量的第 i 个元素
409	$\overline{\eta}_{\mathrm{m}}$	平均塑性变形倍数
410	κ	体积弹性模量修正系数
411	$[\varphi_{\mathrm{c}}]$	复特征向量$[\phi_{\mathrm{c}}]$的实部
412	λ	水平地震剪力系数/能量反应影响系数
413	λ_{as}	卸载过程中奥氏体的开始轴力
414	$\lambda_{\mathrm{c}i}$	第 i 个复特征值
415	λ_{E}	能量反应影响系数
416	λ_i	第 i 个隔震支座的扭转影响系数
417	λ_{L}	SMA 螺旋弹簧的最大记忆变形
418	λ_{mf}	加载过程中马氏体结束变形
419	λ_{ms}	加载过程中马氏体的开始变形
420	λ_{n}	多自由度系统的复特征值
421	λ_{s}	SMA 螺旋弹簧的轴向变形
422	$[\lambda_{\mathrm{c}}]$	复特征值矩阵
423	μ	摩擦系数
424	μ_{eq}	基础隔震结构的 2DOF 等效模型的质量比
425	$\overline{\mu}_{\mathrm{m}}$	平均累积塑性变形系数
426	μ_{Y}	LRB 隔震系统两自由度等效模型的屈服变形
427	ν	泊松比
428	θ	具有方向性的线弹性隔震支座与主坐标轴 x 轴所成的角度
429	θ_0	隔震层的摆动转角
430	θ_{s}^0	隔震上部结构的层间位移角
431	$[\theta_{\mathrm{e}}]$	弹性层间位移角限值
432	$[\theta_{\mathrm{p}}]$	弹塑性层间位移角限值
433	ρ_{ij}	振型互相关函数
434	ρ_x	x 方向的偏心率
435	ρ_y	y 方向的偏心率
436	τ	单位脉冲作用的时刻
437	ω	圆频率
438	ω_{b}	基础隔震结构的自振圆频率
439	$\hat{\omega}_{\mathrm{b}}$	基础隔震结构的模态频率
440	ω_{D}	有阻尼结构的自振频率
441	$\omega_{j\mathrm{d}}$	第 j 阶振型的有阻尼自振频率
442	ω_i	第 i 阶振型的频率
443	ω_{n}	无阻尼结构的自振圆频率

续表

序号	符号	含义
444	ω_s	上部结构的自振圆频率
445	$\hat{\omega}_s$	基础隔震结构的二阶模态频率
446	ω_{vn}	结构竖向固有频率
447	$[\omega]$	结构频率特征值矩阵
448	Ω	质量比
449	Ω_0	隔震层与结构的质量比
450	Ω_1	上部结构和基础隔震结构的质量比
451	ξ	黏弹比例
452	ψ	摩擦摆隔震支座滑块相对于滑动曲面曲率中心的转角
453	Ψ	隔震支座调整系数
454	$\{\psi\}$	复特征向量
455	$[\psi_c]$	复特征向量$[\phi_c]$的虚部
456	ζ	等效黏滞阻尼比
457	ζ_0	隔震层的等效阻尼比
458	ξ_s	结构阻尼比
459	ζ_{0j}	隔震支座的等效阻尼比
460	$\zeta_{1,eq}$	LRB 隔震系统两自由度等效模型的一阶模态阻尼比
461	ζ_{bi}	双线性模型在(F_{bi},u_{bi})处的等效黏滞阻尼比
462	$\hat{\zeta}_b$	基础隔震结构的一阶模态阻尼比
463	ζ_{IS}	LRB 隔震系统两自由度等效模型的等效阻尼比
464	ζ_i	第 i 阶振型的阻尼比
465	$\hat{\zeta}_s$	基础隔震结构的二阶模态阻尼比
466	ζ_v	结构竖向震动的等效阻尼比

缩写字符表

序号	缩写	英文	含义
1	CQC	complete quadratic combination	完全平方组合
2	CCQC	complex complete quadratic combination	基于复振型的完全平方组合
3	DDBD	direct displacement-based design	直接基于位移设计
4	LNR	linear natural rubber bearing	天然橡胶支座
5	LRB	lead rubber bearing	铅芯橡胶支座
6	MRE	magnetorheological elastomer	磁流变弹性体
7	SMA	shape memory alloy	形状记忆合金
8	SSRS	square root of the sum of the squares	平方和开平方
9	TMD	tuned mass damper	调谐质量阻尼器

目　　录

第 1 章　隔震结构的概念与原理

随着我国综合实力的增强，人们对工程结构的抗震安全性要求日益提高。隔震结构因具有减震效果好、震后损伤小和易修复等优点，得到越来越广泛的应用。本章将从隔震结构的基本概念出发，讲述隔震体系的缘起和发展历程，阐明隔震结构的基本原理和组成，按隔震装置类型和隔震层位置进行分类，总结国内外经受实际地震考验的隔震结构实例，介绍隔震结构的标准体系。

1.1　隔震结构的基本概念

1.1.1　隔震体系的提出

地震是一种常见的自然灾害，其具有突发性、瞬时性等特性，被视为对人类威胁最大的自然灾害之一。地震造成大量房屋倒塌和人员伤亡，据不完全统计，进入 21 世纪以来，地震已经造成超过 11 万人死亡。在人类与大自然抗争的过程中，随着科技的进步和时代的发展，经过不断探索与总结，逐步形成了抗震设计理论与方法。

现代抗震设计理论建立于 20 世纪初期，随着人们对地震动特性和结构动力特性的不断深入研究，抗震设计理论的发展经历了三个主要阶段：第一阶段基于强度的设计，通过增加材料强度来抵抗地震力；第二阶段基于弹性反应的设计，强调结构在地震中的弹性反应；第三阶段基于性能的抗震设计，综合考虑结构在不同地震强度下的变形、损伤和功能恢复能力，以实现更加灵活和精确的设计，确保建筑的安全性和经济性[1]。目前，包括我国《建筑抗震设计标准》(GB/T 50011—2010)[2]在内的各国规范，大多采用基于性态的抗震设计理论，即通过适当的设计，使建筑结构形成延性结构体系。延性结构体系，通过控制结构的刚度，在小震下有足够的强度承受地震作用，使结构仅发生轻微破坏；在中震下结构可发生损伤，但是仍处于可修复的状态；在大震下部分结构构件进入塑性状态，但不会发生倒塌。延性结构的抗震能力主要取决于其塑性变形能力和在往复地震作用下的耗能能力。但延性结构的抗震是以结构损伤、破坏，甚至是倒塌为代价。

随着社会经济的发展和人民生活水平的提高，人们对结构的抗震性能提出了更高的要求。一方面，建筑结构内部的装修、精密仪器和重要设备等日趋复杂和昂贵，如博物馆、核电站、医院、机场和高铁车站等重要建筑，需要控制建筑结构内部非结构构件和设备的损伤；另一方面，建筑的使用功能也越来越多元化，需要保障震后建筑在规定的时间内恢复功能。由于地震动的不确定性和结构非弹性破坏的复杂性，人们难以准确预知结构在地震下的破坏程度。然而，采用传统抗震思想设计的结构，需要靠自身结构构件的塑性变形来吸收地震能量。在强震作用下，无法保证内部设备、贵重物品等的完好，也难以保证震后建筑的正常使用功能。依靠结构构件发生弹塑性变形来消耗地震能量，以保证结构大震安全的延性结构体系，已不能完全满足实际需要。

为了解决这一难题，世界各国的科研人员和工程技术人员进行了大量研究，隔震技术由此发展起来。隔震技术的基本思想是在建筑中设置柔性隔震层，阻隔地震能量向上部结构传递，使得大部分能量被柔性隔震层所吸收，从而降低上部结构的地震响应，提高结构的安全性。William H. Robinson 在《工程隔震概论》中指出，地震对结构的破坏程度大体可以分为轻微、可修复(修复费用最多为造价的 30%)和不可修复三类。隔震技术的使用，可以很大程度地将破坏程度由不可修复减小到轻微破坏。隔震结构体系的提出，符合人类新的发展需求，为人类与地震的抗争提供了一条全新的思路。

1.1.2 隔震体系的历程

隔震的概念自被提出以来，经历了一个理论日趋完善、技术愈发成熟、性能持续优化的过程，总体而言可以划分为以下四个发展阶段。

1.1.2.1 古代隔震意识的萌芽

中国古建筑的柱础连接就是一种原始的隔震意识萌发。柱子浮搁在础石上，一些柱脚与基台之间有榫墩或木楔作柱座(管脚榫)，形成柔性“铰接”，既能防止木柱受潮、朽蚀，又能起到部分隔震消能的作用[3]。在河南的圣寿寺塔，其结构基底砌筑条石、整体片石或块石。条石、片石或块石之间柔性叠砌，容许滑动或摩擦，地震时形成隔震或消能基础，能够衰减结构的地震反应，如图 1.1 所示。

图 1.1　河南圣寿寺塔基座隔震

建于唐代的西安市小雁塔，其基础与地基连接处不是一般所采用的平面结构，而是采用圆弧形的球面，使得塔身与基础坐落于圆弧球面上，形成了一个类似“不倒翁”的结构，这种结构让它历经两次较大地震而不倒。

建于明代的故宫建筑群，虽然处在地震区内，但受到的地震灾害却很少。在 1975 年开始的故宫设备配管工程中，从中枢部位地下 5～6m 处挖掘出带黏性的物质，检查结果表明，黏性物质是熟糯米与石灰的混合物，如图 1.2 所示。故宫的主要建筑都建在大理石高坛之上，下面铺设一层柔软的糯米石灰层就能够在一定程度上把建筑物与地震隔离开来，使建筑物免遭震害。在唐山大地震时，故宫仅有神武门柱檐位移 4cm，交泰殿柱脚位移 2cm，其他基本完好。

图 1.2　故宫慈宁花园建筑遗址基础

隔震意识的萌芽不仅出现在中国，在日本也有所体现。根据史料记载，建于 1252 年的日本镰仓大佛(图 1.3)，在 1923 年关东大地震时，台座崩损，佛像前倾未倒，仅向前滑出约 40cm，大佛滑而不倒体现了基础隔震的萌芽。

图 1.3　日本镰仓大佛

1.1.2.2　近代隔震理念的产生

近代以来，许多学者都意识到隔震技术在结构抗震中的重要作用。1881 年，日本学者河合浩藏撰文介绍了一种带有隔震思想的建筑体系[4]，如图 1.4 所示。他认为通过在地基上横竖交错放几层圆木，圆木上做混凝土基础，再在上面盖房的方式，削弱地震能量向建筑物的传递就可以建造一种在地震时也不震动的房屋。1909 年，在美国旧金山地震之后，英国医生 J.A.Calantarients（卡兰特伦茨）提出了在基础与上部结构之间用滑石粉或云母作隔震层，当地震发生时建筑物滑动以隔离地震的隔震方案，如图 1.5 所示。

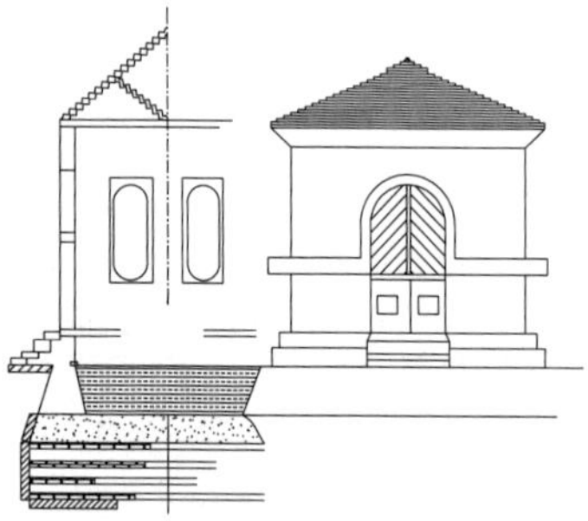

图 1.4　河合浩藏的隔震方案

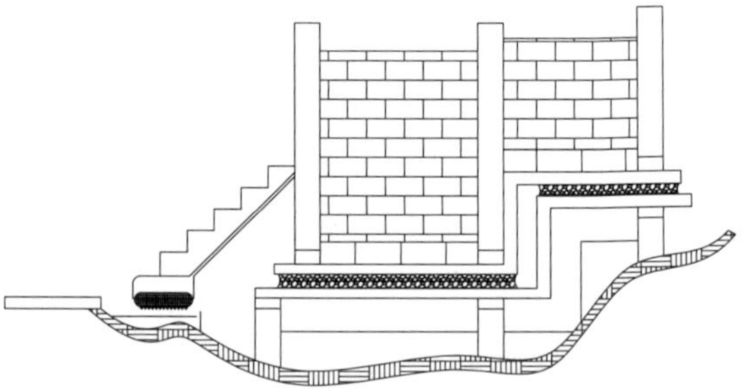

图 1.5　卡兰特伦茨的隔震方案

1921 年，美国设计师 Frank Lloyd Wright（F. L. 赖特）在日本设计建造了帝国饭店，该建筑被认为是较早一批涉及隔震理念的现代建筑之一，并且经受住了 1923 年关东 7.9 级大地震的考验[5]。1927 年，日本的中村太郎认识到在隔震系统中吸收地震能量的必要性，并提出在底柱上端加侧向阻尼器，作为地震时的吸能装置。1933 年，美国首先提出柔弱底层的隔震构想。但是该方法使得结构底层水平刚度远小于上部结构，在水平地震作用下，底层柱子的位移很大，远远超过了柱子的承受能力，最终会导致结构倒塌破坏。

上述隔震理念产生的时间早于地震工程学和结构抗震设计理论建立的时间，所以结论并不完全合理、可靠，但是已具备了现代隔震系统的基本要素，隔震体系已经逐渐有了较为清晰的轮廓。

1.1.2.3　现代隔震技术的发展

20 世纪 60 年代，新西兰、日本、美国等地震多发国家开始投入大量人力、物力，对隔震体系开展深入的理论分析和试验研究。随着研究的不断深入，隔震技术取得飞速发展，并建成许多有代表性的隔震建筑。

1963 年，南斯拉夫斯科普里市的大部分建筑物因地震受到毁灭性破坏。1969 年，在恢复重建的过程中，由瑞士援建的裴斯泰洛齐（Pestalozzi）小学是最早的现代意义上的基础隔震建筑[6]。它由 Alfred Roth（艾尔弗雷德·罗思）设计，是一幢三层钢筋混凝土结构的建筑，隔震支座采用了天然橡胶块（70cm×70cm×35cm）。隔震支座的布置如图 1.6 所示。但是天然橡胶块的橡胶层中未插入钢板，在上部结构重力作用下，容易发生侧向鼓出；同时，天然橡胶块的竖向刚度小，在地震中存在上下弹跳和前后倾覆摇晃的问题，因此这次尝试并不算成功。

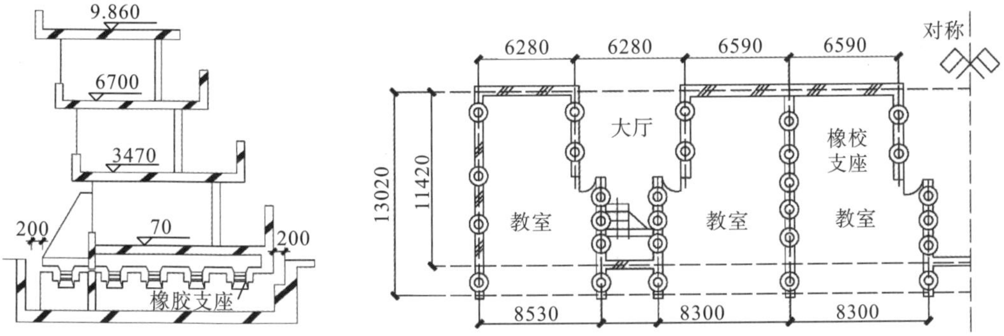

(a) 剖面图　(b) 平面图

图 1.6　裴斯泰洛齐小学隔震示意图(单位：mm)

20 世纪 70 年代后期，法国提出了薄橡胶与钢板多层交错，使用竖向刚度很高而水平刚度很低的叠层橡胶支座。例如，马来西亚的拉穆巴斯克小学、南非的库贝赫核电站和法国的克吕阿核电站等，都采用了叠层橡胶支座。

1980 年，新西兰学者 W.H.Robinson(罗宾逊)等率先研发出了实用的隔震装置——铅芯叠层橡胶支座，克服了普通橡胶支座阻尼小的缺陷，大大推动了隔震技术的实用化进程。1981 年，在新西兰完成的威廉-克莱顿(William Clayton)政府办公大楼，是世界上首座采用铅芯叠层橡胶支座的建筑[7]，如图 1.7 所示。铅芯叠层橡胶支座的成功应用，标志着隔震技术进入工业化阶段。目前，叠层橡胶支座已经广泛应用于隔震建筑物之中。

图 1.7　威廉-克莱顿政府办公大楼

1982 年，日本千叶县建成日本的第一座隔震建筑——八千代台住宅，如图 1.8 所示。该建筑是两层钢筋混凝土框架结构，建造时将直径为 300mm 的 6 个天然叠层橡胶支座放在基础位置形成隔震层。1985 年，美国加州建成美国的第一幢隔震建筑——福希尔法律与司法中心大楼。它是四层钢框架结构，采用了 98 个高阻尼叠层支座，是世界上第一座采用高阻尼叠层橡胶支座的建筑，如图 1.9 所示。

图 1.8 日本八千代台住宅

图 1.9 美国加州福希尔法律与司法中心

1.1.2.4 现代隔震技术的成熟

20 世纪 90 年代，随着隔震分析理论日渐成熟、新型隔震技术不断涌现，美国、新西兰和日本等国家相继颁布了更加详尽和严格的隔震结构设计标准和隔震支座的质量验收标准。

在理论研究方面，各国学者对其不断完善。分析模型已经由简单的单质点模型、多质点模型发展到三维空间模型[8]，Nagarajaiah 等于 1989 年开发了隔震结构专用的三维非线性动力分析程序 3D-BASIS。美国学者 J.M.Kelly、新西兰学者 R.L.Skinner 等，系统地总结了隔震装置和体系的构成，相继编写了关于橡胶隔震系统理论研究与应用的专著。20 世纪 90 年代初期，广州大学周福霖等对橡胶支座隔震技术在国内工程中的应用进行了探索，1995～1997 年间，完成了橡胶支座隔震框架的振动台试验和大量常用的橡胶支座性能试验。同期，华中科技大学唐家祥等对橡胶支座隔震装置和体系进行了理论、试验和应用研究。

在隔震技术方面，隔离三向地震动的隔震支座是近年来研究的热点。A.Kashiwazaki 等[9]研究了一种由橡胶支座与空气弹簧组合而成的三维隔震支座；M.Kagayama 等[5]针对核电站提出了一种由线缆加强空气弹簧、防摇摆装置和黏滞阻尼器组成的三维隔震系统；欧进萍等[10]基于铅芯橡胶隔震垫、组合碟形弹簧和钢板阻尼器，提出了一种新型三维隔震装置。

随着隔震技术的发展，隔震装置已经广泛应用于办公楼、公寓和高层建筑。截至 2014 年，日本共有各类型隔震建筑约 8600 幢，其中约 4700 幢为规模较小的独栋住宅，约 3900 幢为其他建筑，主要是集合住宅[11]。据不完全统计，截至 2024 年底，我国已累计建成隔震建筑超过 20000 幢。

1.2 隔震结构的基本原理

1.2.1 隔震技术的原理

传统抗震建筑的设计思想立足于“抗”，即通过结构的强度来抵抗地震作用，或者利用结构的塑性变形能力来消耗地震能量，这种设计理念在我国的抗震标准中，具体表现为

“三水准、两阶段”设计方法。要提升结构“抗”的能力，必然需要提高材料强度、增大构件截面等，而地震作用是一种惯性力，结构质量增加也意味着更大的地震作用；同时，一味地增强结构在经济方面也不合理。传统抗震建筑刚接于地面，地震作用在向上传递的过程中将得到放大，造成建筑物在地震下晃动时各楼层的变形均较大[图 1.10(a)]，过大的变形轻则导致建筑物内人员震感强烈，重则引发结构构件的破坏。

隔震建筑的设计思想则立足于“隔”，即通过在结构中设置一个柔软的隔震层，使结构整体刚度降低，基本自振周期延长，自振频率降低，从而避开地震中能量最高的频率范围，减小地震能量的输入。另外，隔震层的高阻尼特性保证地震能量的吸收与耗散，配合减小结构的地震响应。这样一来，隔震建筑的相对位移集中发生在刚度较低的隔震层，地震输入的能量也集中在隔震层，上部结构的变形非常小[图 1.10(b)]。一方面，建筑物内人员的地震震感大大降低；另一方面，结构在大震下的安全性与可靠性得到保障。

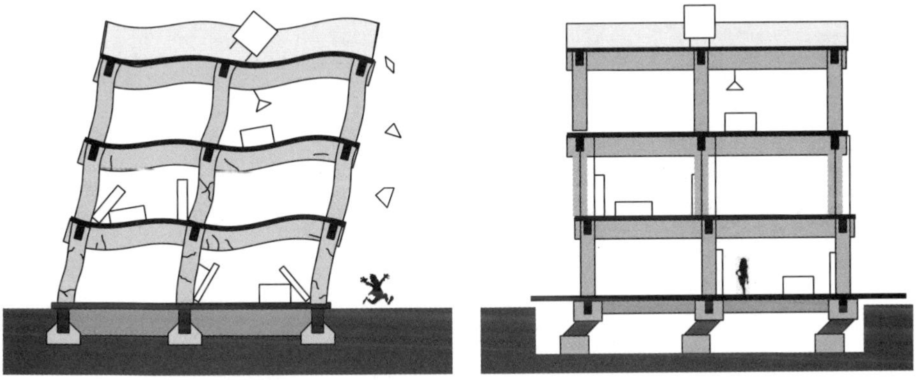

(a) 抗震建筑　　(b) 隔震建筑

图 1.10　抗震建筑与隔震建筑的地震反应

图 1.11 分别给出了普通建筑结构在不同阻尼下的剪力反应谱和位移反应谱。从图 1.11(a)可以看出，当结构自振周期由 0.3s 增加至 3.0s 时，结构的剪力逐渐减小，而且结构的阻尼越大，结构的剪力越小，说明延长结构自振周期、增大结构阻尼可以减小上部结构的剪力。同样，从图 1.11(b)可以看出，当结构自振周期由 0.3s 增加至 3.0s 时，结构位移反应逐渐增加，且小阻尼结构比大阻尼结构增加得多，说明延长结构周期会使结构的位移响应增大，但增大结构阻尼会使位移增加的趋势变缓。隔震装置可以起到延长结构自振周期和增大结构阻尼的作用，但不能同时减小上部结构的剪力和位移。当上部结构剪力响应减小时，位移响应一定会增大。因此，隔震设计中需要在增大位移响应和减小剪力响应之间找到最佳平衡点。

隔震层的设置是隔震结构与传统抗震结构最大的区别。隔震层要求具备五个基本条件：第一，具有良好的竖向承压能力，能够支撑上部建筑物的重量且不能有太大的竖向变形；第二，具有较小的侧向刚度，能够延长结构自振周期，有效隔绝地震动的传递；第三，具备地震后恢复原状态的复位能力；第四，具备一定的阻尼以耗散地震能量；第五，要有足够的变形空间，允许建筑物水平自由移动。

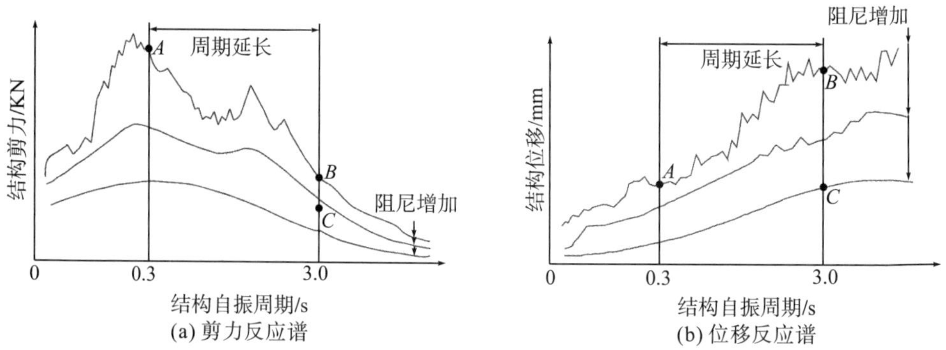

图 1.11 结构剪力反应谱和位移反应谱

1.2.2 隔震体系的组成

隔震结构体系是通过在房屋基础、底部或下部结构与上部结构之间设置由隔震支座和阻尼装置等部件组成的具有整体复位功能的隔震层来延长整个结构体系的自振周期，并阻隔地震能量向上部结构传递，从而大大减轻上部结构的水平地震作用，提高整体结构的安全性。如图 1.12 所示为典型的隔震结构示意图。该结构由上部结构、隔震层、下部结构组成。同时，隔震结构周围要设置一定宽度的隔震沟，以确保建筑物水平移动时与周围物体不发生碰撞。

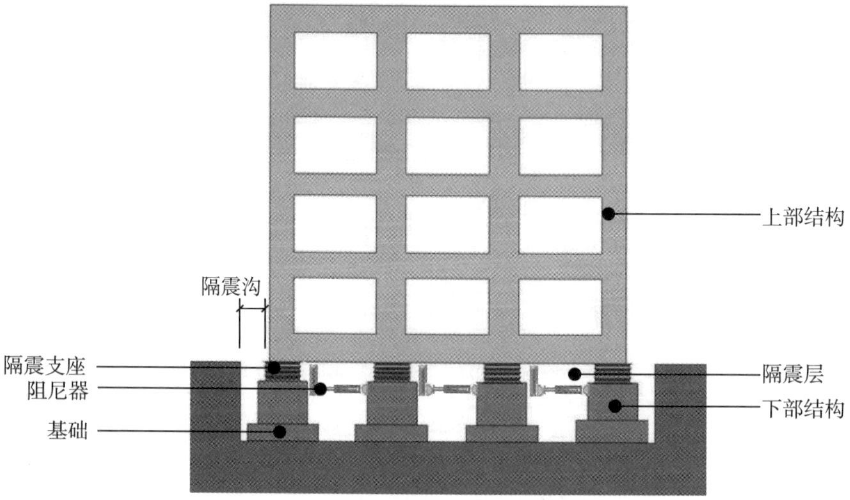

图 1.12 隔震结构示意图

隔震层通常由隔震支座和阻尼器组成。其中，隔震支座负责承担建筑物的重量、保证结构振动时的水平变形，并具备建筑物振动后自动复位的能力；阻尼器则提供附加阻尼，减小地震时产生的位移反应，通过自身弹塑性应变能和黏性性能，吸收和耗散大部分地震输入的能量。目前，采用铅芯叠层橡胶支座或高阻尼叠层橡胶支座来增大隔震层的阻尼。

1.3　隔震结构的分类

1.3.1　按隔震装置类型划分

1.3.1.1　叠层橡胶隔震支座

叠层橡胶隔震支座由薄层橡胶片和夹层薄钢板交替叠置，在一定高温、高压条件下，经硫化黏结而成。其原理是利用钢板弹性强、变形能力小的特性，对弹性模量很小且受压时会产生较大横向膨胀的橡胶进行约束。受约束橡胶的中心部分近似为三轴受压状态，其压缩时的竖向变形量很小，从而保证隔震支座具有较高的竖向承载力；当叠层橡胶隔震支座受到水平作用时，钢板不会约束橡胶的剪切变形，因此橡胶片可以充分发挥其水平刚度小的特性，产生较大的水平变形来隔离地震作用向上部结构传递。常用的叠层橡胶隔震支座有天然橡胶支座、铅芯橡胶支座、高阻尼橡胶支座等。

1.3.1.2　滑板隔震支座

滑板隔震支座是开发应用最早的隔震支座之一，其基本原理是在上部结构和建筑物基础之间设置一个滑移面，允许上部结构在发生地震时相对于基础做整体水平滑动，以减少地震能量的传递，并利用滑移面的摩擦性质耗散地震能量。除设置简易滑移面外，滑板隔震支座还包括摩擦摆支座、滚动支座、导轨支座等，它们通过滑动性能好的装置，如滑板、滚轴、滚珠、导轨等，实现地震能量的隔离。

目前，滑板隔震支座中较为常用的是摩擦摆支座隔震体系。摩擦摆支座利用钟摆原理，引入了低刚度的隔震层。在具备竖向承载力的同时，摩擦摆支座的水平位移能力可以很好地阻隔地震能量的传递；摩擦摆支座的滑动面可以耗散地震能量，起到减小地震响应的作用。

1.3.1.3　三维隔震支座

传统的隔震装置在水平向具有良好的隔震效果，却无法对竖向地震起到隔离作用且对竖向加速度有放大效应。历次震害调查表明，竖向地震作用造成的破坏也不容忽视。因此，特别是对那些位于高烈度区和震中附近的重要建筑和基础设施，考虑竖向地震分量的三维基础隔震非常必要。

三维隔震的主要难点在于竖向高承载力和低隔震刚度的矛盾，对此国内外学者开展了大量的研究工作。目前，常见的三维隔震装置主要有厚叠层橡胶支座、碟形弹簧竖向支座、线性弹簧、空气弹簧等。这些装置多通过减小装置的竖向刚度实现竖向隔震，但较低的隔震刚度会导致在结构自重作用下的静载变形较大，这对装置的变形能力和结构的抗摇摆稳定性提出了较高的要求。此外，也有研究者通过引入负刚度体系形成竖向准零刚度，使竖向隔震系统同时获得高静承载力与低动刚度。

1.3.2 按隔震层位置划分

1.3.2.1 基础隔震

基础隔震是将隔震层设置于上部结构和基础之间，分为有地下室和无地下室两种情况，如图 1.13 所示。当地下室较深时，如有 2 层或以上地下室时，为了经济性，通常将隔震层设置在地下室的顶部。这样就可以节约一部分挡土墙的费用，但隔震层以下的地下室设计标准也要相应提高。另外，采用基础隔震时，隔震沟和挡土墙的设计需要注意以下三点：第一，隔震沟的宽度需要按罕遇地震下的最大位移确定；第二，挡土墙满足在罕遇地震下不坏；第三，做好防水和排水措施。

基础隔震技术可以最大限度地减小地震能量向上传递，具有结构受力特征明确、构造相对简单、技术相对成熟等特点，是隔震效率最高，且应用最早、最广泛的一种隔震类型。

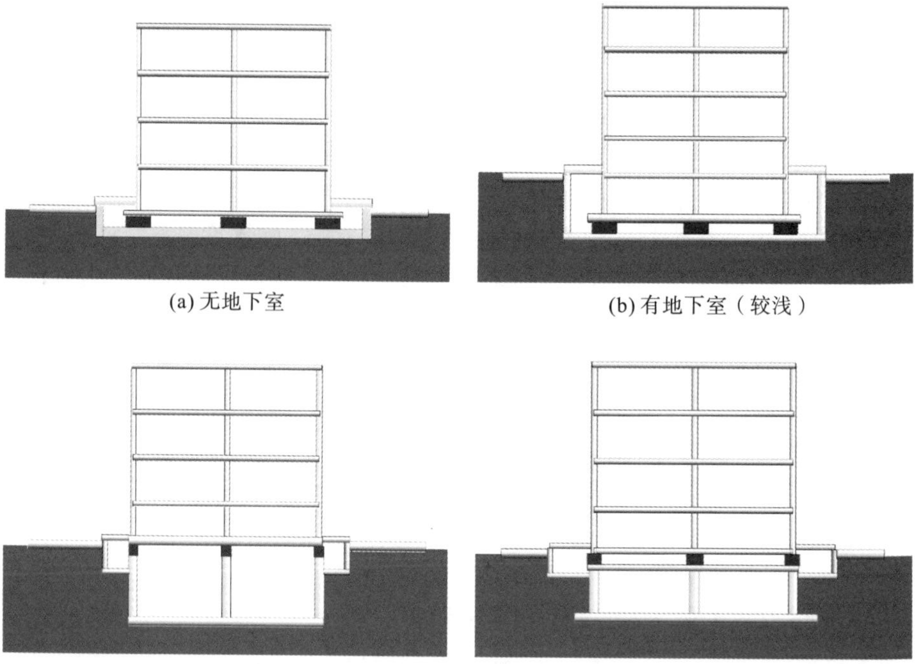

(a) 无地下室　(b) 有地下室（较浅）

(c) 有地下室（较深）　(d) 有地下室（较深：单独设置隔震夹层）

图 1.13　基础隔震类型

1.3.2.2 层间隔震

层间隔震是将隔震层设置于结构的中间层，隔震层将结构分成隔震上部结构和下部结构，如图 1.14 所示。其中，类型 I 多为带裙楼的大底盘多塔结构，类型 II 多应用于老旧房屋的加层改造。层间隔震技术解决了在建筑结构竖向不规则等情况下基础隔震技术不便于应用的限制，可根据建筑结构的特点，灵活设置隔震层的位置。层间隔震技术是基于大量基础隔震结构的实际工程经验而形成的，它是基础隔震技术应用的一种延伸。

由于消防的要求，层间隔震结构与相邻结构之间一般具有足够的距离，大大减少了设置隔震沟和挡土墙的工程量。同时，层间隔震结构中隔震层还可以作为建筑的设备层，用于放置设备和管线，节省了很多建筑使用空间，隔震层对防火有较高的要求，需要设置合理的防火分区和防火措施。

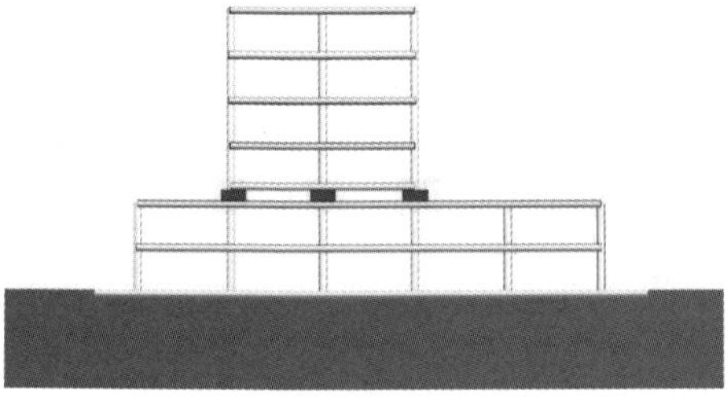

(a) 类型 I

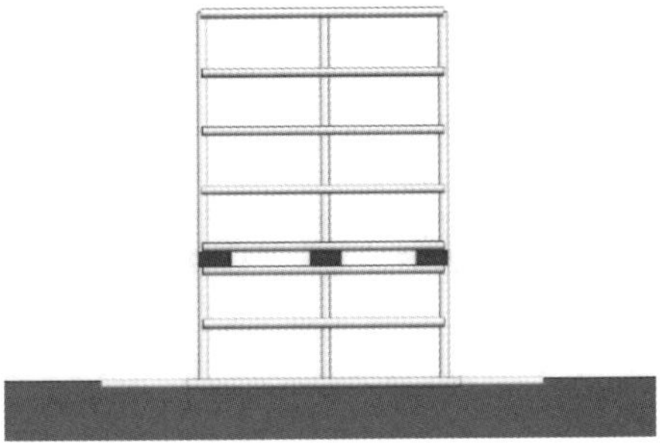

(b) 类型 II

图 1.14　层间隔震类型

1.3.2.3　大跨空间屋架或网架支座隔震

大跨空间屋架或网架支座隔震是将隔震层设置于结构顶部的隔震类型，如图 1.15 所示。一般来说，上部屋架或网架的整体刚度、质量均较大，且具有较大跨度，容易形成下柔上刚的结构体系，导致水平地震作用下柱底处有较大弯矩。同时，由于大跨屋盖的柱顶与屋盖常做成点式支承，若采用基础隔震，会进一步降低结构抗侧刚度，在风荷载和常遇地震作用下会产生过大的侧向位移。大跨空间屋架或网架支座隔震技术能保证柱的抗侧刚度明显大于隔震层的水平刚度，且易于实现。

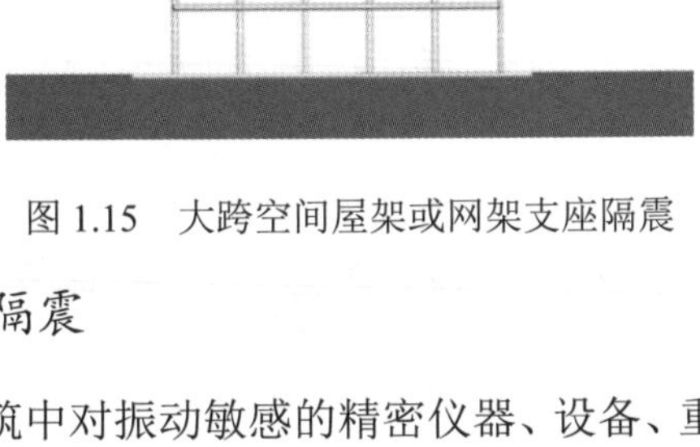

图 1.15　大跨空间屋架或网架支座隔震

1.3.2.4　建筑局部隔震

局部隔震主要是在建筑中对振动敏感的精密仪器、设备、重要机房或可移动文物等对象设置隔震支座、隔震地板等隔震构件进行局部隔震，以减轻被保护对象的振动，如图 1.16

所示。建筑局部隔震依赖于其所在建筑物的安全性能要求，以及是否能采用隔震技术的外部条件等因素。

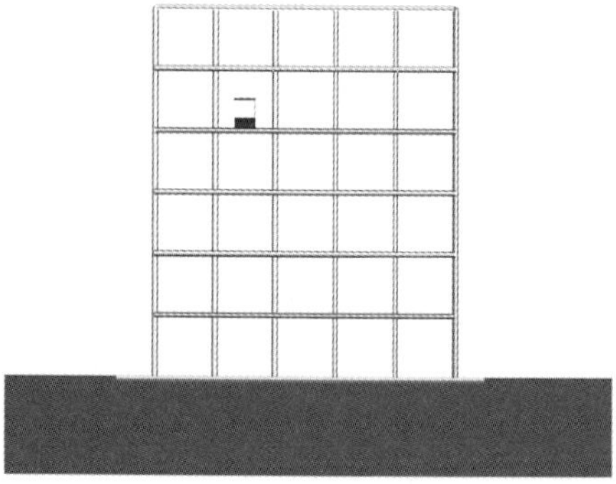

图 1.16 建筑局部隔震

1.3.2.5 桥梁隔震

桥梁结构是重要的生命线工程，在地震时保持良好的抗震性能对保持震后交通有着重大意义。传统桥梁抗震是采用加大截面及配筋来增大结构构件的抗震能力，而桥梁隔震是通过在梁体与墩、台连接处设置水平柔性支撑和能量耗散装置，通过延长桥梁结构的周期、增加结构的阻尼以减小其地震反应，是提高桥梁结构抗震能力的重要手段，如图 1.17 所示。目前，在桥梁隔震中应用较多的是铅芯橡胶隔震支座、高阻尼橡胶隔震支座、摩擦摆式支座等。

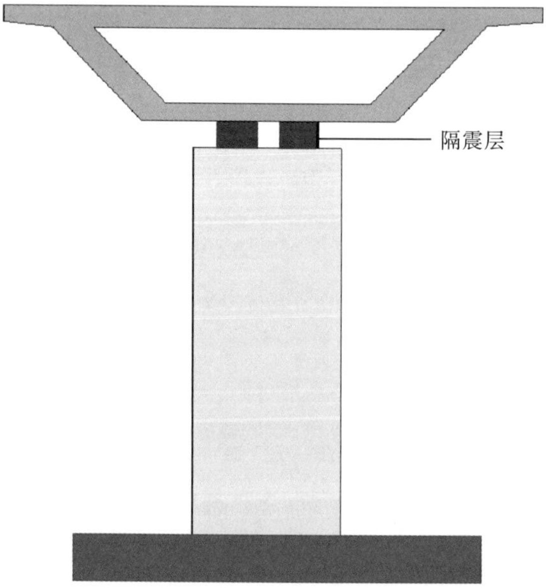

图 1.17 桥梁隔震

1.4　隔震结构的地震考验

1.4.1　国内实例

1993 年，周福霖在汕头市主持建设了第一幢采用叠层橡胶支座的住宅楼，如图 1.18 所示。1994 年 9 月 16 日，台湾海峡发生 7.3 级地震，地震波及汕头地区，其他非隔震结构建筑剧烈晃动，而该隔震结构建筑里的人员几乎无震感，叠层橡胶支座起到了明显的隔震作用。

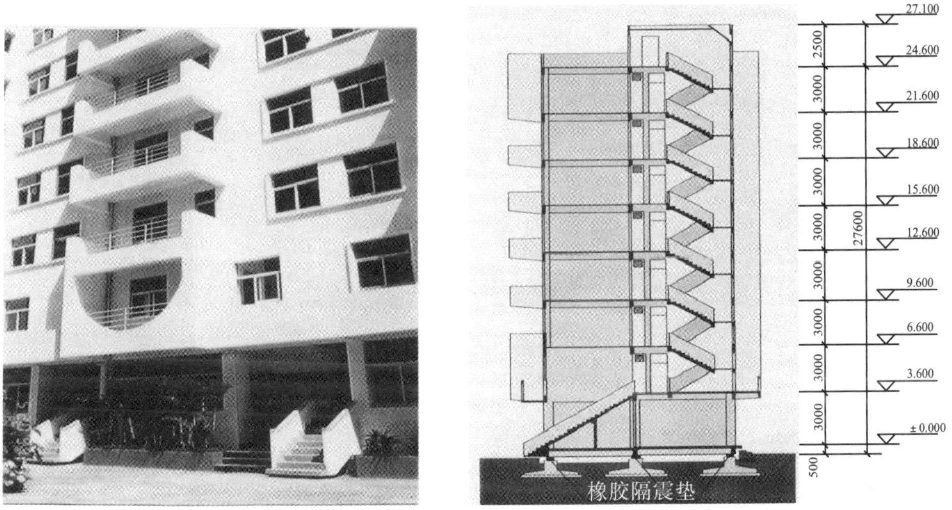

(a) 建筑外貌　　(b) 建筑剖面

图 1.18　汕头市陵海路住宅楼（1994 年台湾海峡 7.3 级地震）

2008 年 5 月 12 日，四川省汶川县发生 8.0 级地震，对甘肃陇南地区武都、成县、康县、徽县、两当等区（市、县）产生了较强的影响。其中，位于甘肃省武都区的北山邮政职工住宅采用基础隔震设计［图 1.19（a）］，震后叠层橡胶支座在基础处的情况如图 1.19（b）所示。在此次地震中其实际地震记录加速度为 0.17g，地震发生时房屋缓慢平动，人员震感不强烈，内部家具无倾倒现象。隔震层的上部结构及支承结构均未发现任何震害，外墙玻璃完好。而武都区未采用隔震设计的陇南气象局某建筑，在这次地震中结构损坏较重，砖柱断裂错位，墙面倾斜，严重破坏，接近局部倒塌[12]，如图 1.20（a）所示。砖墙出现 X 形裂缝、斜裂缝，砖墙裂缝宽度达 20～30mm，外墙脱落，如图 1.20（b）所示。

2013 年 4 月 20 日，四川省芦山县发生 7.0 级地震。芦山县人民医院门诊综合楼采用了基础隔震技术，震后外观完整，表现出良好的抗震性能[13]。在地震发生时，室内人员震感较小。震后医院窗户的玻璃完好无损，如图 1.21（a）所示；结构内部梁柱和墙构件没有出现裂纹，仅有个别瓷砖脱落，如图 1.21（b）所示。而未采用隔震技术的老门诊楼和住院楼，震后外墙出现裂缝，如图 1.22（a）所示；室内设备翻倒，墙体瓷砖脱落，使用功能

(a) 震后建筑外貌　　(b) 震后叠层橡胶支座情况

图 1.19　武都区北山邮政职工住宅(2008 年汶川 8.0 级地震)

(a) 砖柱断裂错位　　(b) 外墙裂缝

图 1.20　武都区陇南气象局(2008 年汶川 8.0 级地震)

(a) 建筑外貌　　(b) 室内情况

图 1.21　芦山县人民医院门诊综合楼(2013 年芦山 7.0 级地震)

(a) 建筑外貌　　(b) 室内情况

图 1.22　芦山县人民医院住院楼(2013 年芦山 7.0 级地震)

受到影响，无法正常使用，如图 1.22(b)所示。2022 年 6 月 1 日，四川省芦山县发生 6.1 级地震。芦山县人民医院门诊综合楼仍保持完好，无明显震害特征[14]，其建筑外貌如图 1.23(a)所示，隔震支座震后情况如图 1.23(b)所示。

(a) 建筑外貌

(b) 隔震支座情况

图 1.23　芦山县人民医院门诊综合楼(2022 年芦山 6.1 级地震)

2022 年 9 月 5 日，四川省甘孜州泸定县发生 6.8 级地震。位于甘孜州磨西镇磨西酒店的宿舍楼是一栋采用基础隔震结构的建筑，隔震结构采用了 LRB600 和 LRB700 铅芯隔震橡胶支座，震后上部结构保持完好[15]。震后建筑外貌如图 1.24(a)所示。在此次地震后，大部分隔震支座未能实现复位。其中，一些支座出现显著的外部保护橡胶撕裂和上封板剪切破坏，如图 1.24(b)和图 1.24(c)所示。这是铅芯叠层橡胶支座产生大变形时，封板与橡胶连接处剪应力集中，导致支座在封板处发生剪断破坏。

(a) 建筑外貌

(b) 外部保护橡胶撕裂

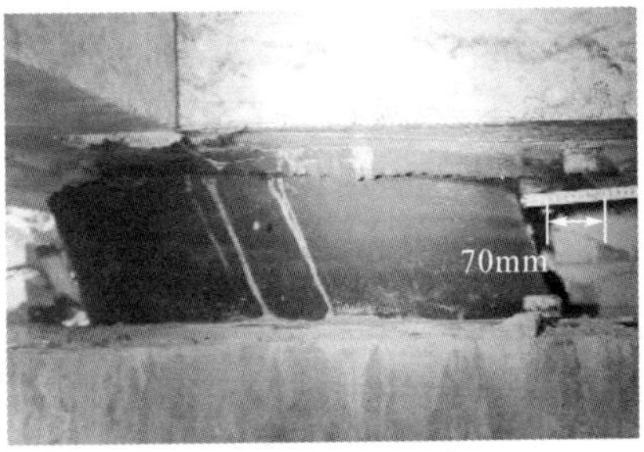

(c) 上封板剪切破坏

图 1.24　甘孜州磨西镇磨西酒店的宿舍楼(2022 年泸定 6.8 级地震)

位于甘孜州泸定县燕子沟镇的甘孜职业学院行政楼，地上 6 层，地下 1 层，为现浇混凝土框架-剪力墙结构，并采用了组合减隔震技术，共设置了 54 个直径为 1100mm 的隔震支座和 12 个黏滞阻尼器，其建筑正视图如图 1.25(a)所示。该建筑的隔震支座在此次地震中整体表现较好，没有明显的震害特征，根据现场观测和测量可知大部分支座在整体复位能力下基本复位，仅个别支座出现了较明显的残余位移，如图 1.25(b)所示。但在本次地震中，隔震层设置的 12 组黏滞阻尼器全部出现了较为严重的震害特征，呈现出不同形式的失效模式。例如，阻尼器耳板屈曲，如图 1.25(c)所示。

(a) 建筑外貌

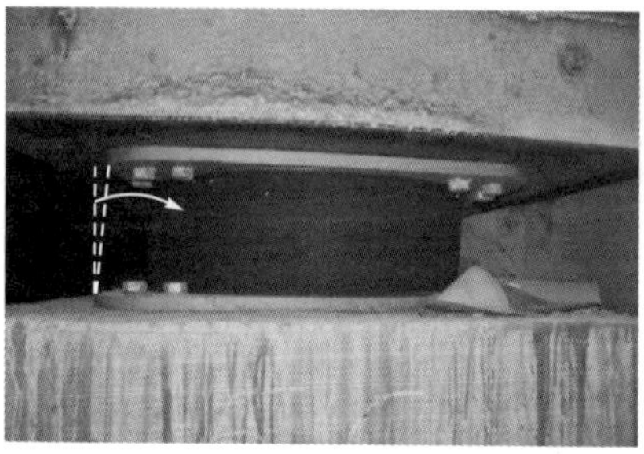

(b) 隔震支座残余变形

(c) 阻尼器耳板屈曲

图 1.25　甘孜职业学院行政楼(2022 年泸定 6.8 级地震)

1.4.2　国外实例

1994 年 1 月 17 日，美国加州北岭地区发生 6.7 级地震[16]。南加州大学(University of Southern California，USC)医院在此次地震中隔震效果良好。USC 医院是一幢地下 1 层、地上 7 层的隔震建筑，隔震层采用了 81 个天然橡胶支座和 68 个铅芯橡胶隔震支座。建筑内部的机器等均未损坏，如图 1.26(a)所示；柜子顶部的物品没有掉落，药品未倾倒，如图 1.26(b)所示。然而，附近另一幢采用非隔震结构的橄榄景(Olive View)医院情况则完全不同。震后剪力墙出现剪切裂缝，室内物品凌乱，病历等资料掉落在地上，如图 1.27(a)

所示；设备机器、医疗器械及家具等翻倒，如图 1.27(b)所示。由于加速度过大，引起顶层水管破裂，各层浸水，建筑物不能正常使用，医院的基本功能完全丧失。

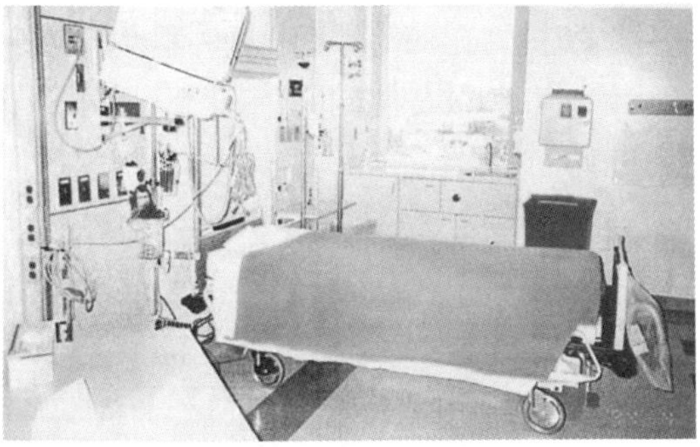

(a) 病房仪器正常使用

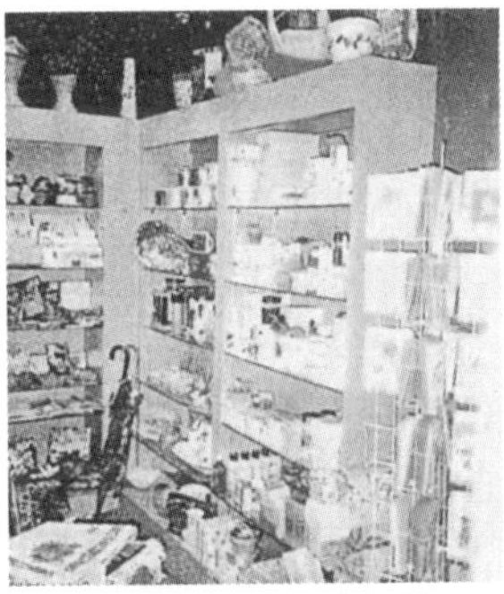

(b) 室内物品整齐摆放

图 1.26　美国南加州大学医院(1994 年洛杉矶 6.7 级地震)

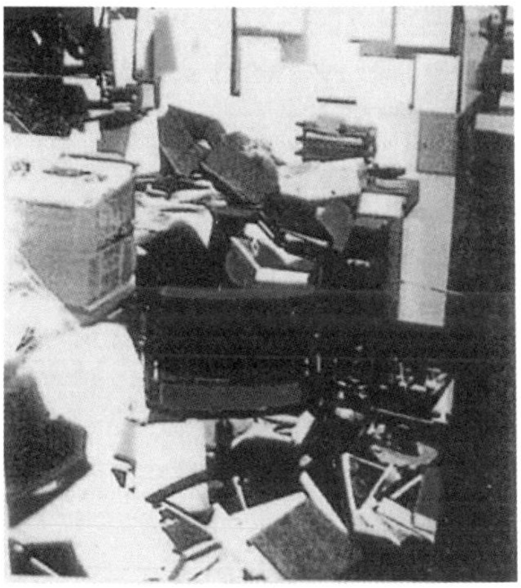

(a) 资料散乱

(b) 室内家具翻倒

图 1.27　美国橄榄景医院(1994 年洛杉矶 6.7 级地震)

震后测得这两幢建筑的地震加速度响应值见表 1.1。美国南加州大学医院隔震层的加速度响应值约为橄榄景医院的 1/6，顶层的加速度响应值约为橄榄景医院的 1/11，隔震效果十分明显。

表 1.1　美国南加州大学医院与橄榄景医院加速度响应　(单位：cm/s^2)

医院名称	顶层	隔震层	基础
南加州大学医院	206	127	480
橄榄景医院	2264	804	892

1995 年 1 月 17 日，日本阪神发生 7.2 级地震[17]，震中位于淡路岛北部，烈度达 7 度

(日本烈度)。多幢隔震建筑在此次地震中表现良好，包括当时日本规模最大的隔震建筑WEST大厦和距震中35km的松村技术研究所的研究楼与管理楼。WEST大厦建筑面积超过4.6万平方米，如图1.28所示。该建筑的隔震结构采用基础隔震设计，隔震层主要采用铅芯叠层橡胶支座作为隔震构件。地震发生时，WEST大厦内部仪器设备完好无损，如图1.29所示。研究楼是一幢采用基础隔震结构的三层钢筋混凝土建筑，如图1.30所示。其隔震层主要采用高阻尼叠层橡胶支座作为隔震构件，隔震支座布置情况如图1.31所示。与研究楼相邻的管理楼是一幢未采用隔震技术的三层建筑，如图1.32所示。

图1.28 日本WEST大厦
(1995年阪神7.2级地震)

图1.29 WEST大厦室内情况
(1995年阪神7.2级地震)

图1.30 松村技术研究所研究楼与管理楼
(1995年阪神7.2级地震)

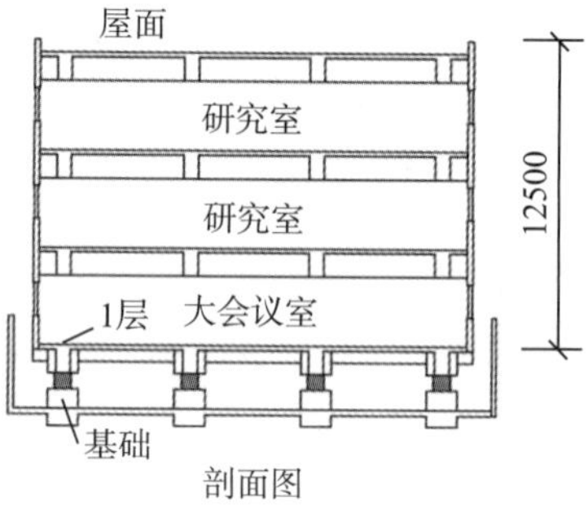

图1.31 研究所研究楼剖面图(单位：mm)

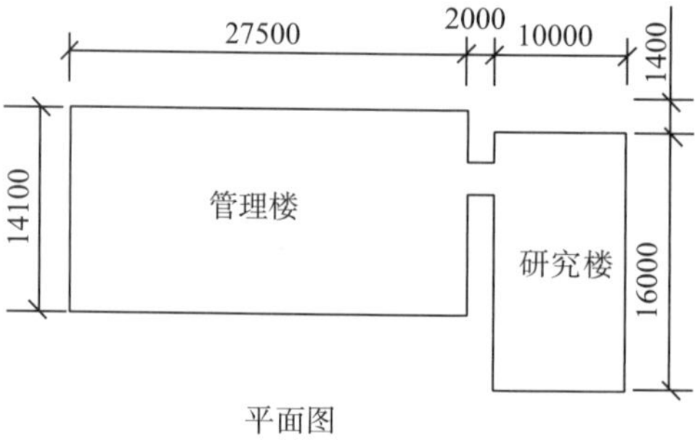

图1.32 研究所研究楼与管理楼位置示意图(单位：mm)

震后得到了这三幢结构的加速度响应值，见表 1.2。其中，WEST 大厦隔震层水平方向的加速度响应值只有基础的 1/3～1/4，隔震效果显著。研究楼隔震层的加速度响应值比基础小，隔震效果良好。而相邻的管理楼屋面加速度响应值为研究楼的 2～6 倍，结构响应较大。

表 1.2　WEST 大厦与松村技术研究所研究楼以及管理楼的加速度响应　（单位：cm/s^2）

地震方向	WEST 大厦			研究楼			管理楼
	顶层	隔震层	基础	顶层	隔震层	基础	
东西	103	106	300	273	253	265	677
南北	750	57	263	198	148	272	965
上下	377	193	213	334	266	232	368

2011 年 3 月 11 日，日本发生了 9.0 级地震，造成巨大的经济损失和人员伤亡。位于日本茨城县水户市的 21 层框架结构集体住宅楼和日本福岛核电站指挥部大楼采用了隔震技术，在地震中表现良好，隔震效果显著。集体住宅楼采用了基础隔震设计，隔震层主要采用 50 个直径为 800mm 或 900mm 的天然橡胶支座作为隔震构件，还加入了钢棒阻尼器和铅阻尼器作为耗能装置，震后整体结构完好，震害较小，如图 1.33 所示。其加速度响应值见表 1.3。上部结构的水平加速度响应约为基础的 1/2，起到了良好的隔震作用。福岛核电站指挥部大楼内部设备仪器无掉落，完好无损，结构及装修无任何损坏[18]，如图 1.34 所示。

图 1.33　茨城县水户市集体住宅楼（2011 年日本 9.0 级地震）

图 1.34　福岛核电站指挥部大楼（2011 年日本 9.0 级地震）

表 1.3　集体住宅楼的加速度响应　（单位：cm/s^2）

地震方向	顶层	隔震层	基础
X 方向	149	112	314
Y 方向	181	184	402
Z 方向	506	287	240

1.5 隔震技术的标准体系

为推动隔震技术的发展，保证隔震结构在工程中的可靠应用，各国相继出台了相关的设计规范。欧洲规范主要为 Eurocode 8 规范，美国隔震设计规范主要为《统一建筑规范》(Uniform Building Code，UBC 97)和《桥梁设计》(U.S. Bridge Design，AASHTO)，日本规范则为《隔震结构设计》。

20 世纪 90 年代中期开始，为了适应新的发展需求，国家科学技术委员会、国家自然科学基金委员会等的隔震研究课题先后通过立项，主管部门为加速研究成果推广，也开始开展技术立法工作，组织编制规程、规范和产品标准等。

1.5.1 隔震产品标准

《建筑隔震橡胶支座》(JG/T 118—2018)于 2018 年 12 月 1 日正式实施[19]。该标准规定了建筑隔震橡胶支座的产品定义、分类、要求、试验方法、检验规则、标志、包装、运输和贮存。

《橡胶支座》是规定橡胶支座产品性能和试验方法的国家标准，主要包括 5 个部分：《橡胶支座 第 1 部分：隔震橡胶支座试验方法》(GB/T 20688.1—2007)[20]、《橡胶支座 第 2 部分：桥梁隔震橡胶支座》(GB/T 20688.2—2006)[21]、《橡胶支座 第 3 部分：建筑隔震橡胶支座》(GB/T 20688.3—2006)[22]、《橡胶支座 第 4 部分：普通橡胶支座》(GB/T 20688.4—2023)[23]和《橡胶支座 第 5 部分：建筑隔震弹性滑板支座》(GB/T 20688.5—2014)[24]。

1.5.2 隔震设计标准

《叠层橡胶支座隔震技术规程》(CECS 126—2001)于 2001 年 11 月 1 日正式实施[25]。该规程对叠层橡胶支座隔震技术在各种房屋和桥梁工程中的应用做出了规定，内容包含设计、施工、维护及橡胶支座的性能要求等。

《建筑工程抗震性态设计通则(试用)》(CECS 160—2004)于 2004 年 8 月 1 日正式实施[26]。该规范对隔震房屋设计中需要使用基于性态的抗震设计进行了相关规定。主要内容包括一般规定、计算要点、构造措施和施工要点等。

《建筑抗震设计规范》(GB 50011—2010)于 2010 年 12 月 1 日正式实施。该规范由中国建筑科学研究院会同有关设计、勘察、研究和教学单位对《建筑抗震设计规范》(GB 50011—2001)(2008 年版)进行修订而成。标准中将隔震与消能减震技术作为独立一章并做出规定，借鉴了国外的相关标准和规范等成果，总结了国内的设计、施工等经验。主要内容包括一般规定、隔震房屋的计算要点、隔震房屋的构造措施、消能减震房屋设计要求等。2016 年，住房和城乡建设部对《建筑抗震设计规范》(GB 50011—2010)进行局部修订，自 2016 年 8 月 1 日起实施。2024 年，住房和城乡建设部对《建筑抗震设计规范》(GB 50011—2010)(2016 版)的条文进行局部修订，自 2024 年 8 月 1 日起实施。标准名称修改为《建筑抗震设计标准》，标准编号修改为 GB/T 50011—2010。本书中引用《建筑抗震设计规范》中的内容在《建筑抗震设计标准》中无变化，因此本书中应用新的标准名称和版本。

《建筑隔震设计标准》(GB/T 51408—2021)于 2021 年 9 月 1 日正式施行[27]。主要内容包括隔震结构地震作用和结构隔震验算、隔震支座及隔震构造、多层与高层建筑、大跨屋盖建筑、多层砌体建筑和底部框架-抗震墙砌体建筑、核电厂建筑、既有建筑和历史建筑的隔震加固设计、村镇民居建筑等，适用于抗震设防烈度在 6 度及以上地区建筑物的隔震设计及既有建筑的隔震加固设计[28]。

《建筑隔震构造详图》(22G610-1)于 2023 年 5 月 1 日正式施行[29]。该规范在隔震设计方面根据《叠层橡胶支座隔震技术规程》(CECS 126—2001)和《建筑抗震设计规范》(GB 50011—2010)两本规范编制而成，主要适用于基础隔震结构中，橡胶隔震支座等部件组成的隔震层结构布置、节点设计和构造连接等方面。

《基于保持建筑正常使用功能的抗震技术导则》(RISN-TG046—2023)于 2023 年正式施行[30]。该导则涵盖了隔震层的选型、隔震支座的设计与布置、隔震层的验算方法、隔震建筑的抗震性能评估等内容，适用于各类建筑物的隔震设计及既有建筑的隔震改造，特别是对于重要建筑和功能性建筑，如医院、高铁车站和核电站，提出了更高的隔震标准，以确保其在地震后的持续运营能力。

1.5.3　隔震施工与验收规范

《建筑隔震工程施工及验收规范》(JGJ 360—2015)于 2015 年 12 月 1 日正式施行[31]。该规范针对我国隔震建筑施工和使用维护中现存的问题提出了要求，对我国隔震技术应用的推广有着十分积极的作用。该规范主要包括基本规定、材料、施工、分项工程验收、子分部工程验收、维护等内容。

《建筑与桥梁结构监测技术规范》(GB 50982—2014)于 2015 年 8 月 1 日正式施行[32]。该规范对建筑和桥梁隔震结构在施工及使用期间的检测做出了要求，主要内容包括适用条件、测点布置、支座变形检测等。

1.5.4　隔震政策与法规

除编制相关规范以外，国家和地方相继出台政府文件，以保障行业健康、有序发展。

地方层面，2012 年云南省住房和城乡建设厅、云南省地震局等九部门联合发布了《关于进一步加快推进我省减隔震技术发展与应用工作的通知》，这是我国发布最早的地方强制性政府文件。2014 年，山西、甘肃和新疆先后发布了强制性的政府文件，以推广减隔震技术的应用。此外，四川、海南、山东、江苏、河北、河南等省份也发布了相关的政府文件。

国家层面，2014 年中华人民共和国住房和城乡建设部发布了《住房城乡建设部关于房屋建筑工程推广应用减隔震技术的若干意见(暂行)》，推进房屋建筑工程减隔震技术的应用。2016 年，国家发展改革委和中国地震局联合印发了《防震减灾规划(2016—2020年)》，提升地震灾害防御能力，推广使用减隔震技术。2021 年 5 月 12 日，国务院通过了《建设工程抗震管理条例》，其中第十六条明确指出位于高烈度设防地区、地震重点监视防御区的新建学校、幼儿园、医院、养老机构、儿童福利机构、应急指挥中心、应急避难场所、广播电视等建筑应当按照国家有关规定采用隔震减震等技术。《建设工程抗震管理条例》的颁布对隔震减震技术的发展应用起到重要促进作用。近年来，一批采用隔震减震技术的新建学校、医院等建筑在四川泸定 6.8 级地震、甘肃积石山 6.2 级地震、新疆乌什县 7.1 级地震等多次地震中表现良好，有效减轻了地震灾害造成的损失。

综上所述，在国家和地方的大力推动下，隔震技术的发展和应用有着十分广阔的前景。

参 考 文 献

[1] 王亚勇. 汶川地震建筑震害启示——三水准设防和抗震设计基本要求[J]. 建筑结构学报, 2008, 29(4): 26-33.

[2] 中华人民共和国住房和城乡建设部, 中华人民共和国国家质量监督检验检疫总局. 建筑抗震设计标准: GB/T 50011—2010[S]. 北京: 中国建筑工业出版社, 2024.

[3] 秦乐, 王雪亮. 木结构隔震减震技术研究进展[J]. 世界地震工程, 2019, 35(04): 133-140.

[4] 党育, 杜永峰, 李慧. 基础隔震结构设计及施工指南[M]. 北京: 中国水利水电出版社, 2007.

[5] 日本建筑学会. 隔震结构设计[M]. 刘文光, 译. 北京: 地震出版社, 2006.

[6] Kelly J M. Earthquake-Resistant Design with Rubber[M]. London: Springer London, 1993.

[7] Skinner R I, Robinson W H, McVerry G H. 工程隔震概论[M]. 谢礼立, 周雍年, 赵兴权, 译. 北京: 地震出版社, 1996.

[8] 毛利军, 李爱群. 建筑结构基础隔震体系研究进展[J]. 华东交通大学学报, 2004, 21(4): 26-29.

[9] Kashiwazaki A, Tanaka M, Tokuda N. Shaking test of seismic isolation floor system by using 3-dimensional isolator[C]//Proceedings, Ninth World Conference on Earthquake Engineering, 1989: 845-850.

[10] 贾俊峰, 欧进萍, 刘明等. 新型三维隔震装置力学性能试验研究[J]. 土木建筑与环境工程, 2012, 34(1): 29-34, 53.

[11] 王刚, 魏新磊, 赵彤. 建筑物隔震技术在日本的研究发展和工程应用[J]. 世界地震工程, 2001, 17(4): 7-12.

[12] 莫庸, 金建民, 杜永峰, 等. 高烈度地震区建筑结构选型问题的初步探讨: 5·12 汶川大地震陇南地区建筑结构震害考察中结构选型问题的思考[J]. 工程抗震与加固改造, 2008, 31(4): 50-55.

[13] 周云, 吴从晓, 张崇凌, 等. 芦山县人民医院门诊综合楼隔震结构分析与设计[J]. 建筑结构, 2013, 43(24): 23-27.

[14] 潘毅, 范元青, 任宇, 等. 芦山 6. 1 级地震山区典型震害调查与分析[J]. 土木工程学报, 2023, 56(12): 35-48.

[15] 潘毅, 高海旺, 熊耀清, 等. 泸定 6. 8 级地震减隔震建筑震害调查与分析[J]. 建筑结构学报, 2023, 44(12): 122-136.

[16] 苏经宇, 曾德民, 田杰. 隔震建筑概论[M]. 北京: 冶金工业出版社, 2012.

[17] 周炳章. 日本阪神地震的震害及教训[J]. 工程抗震与加固改造, 1996, 19(1): 39-42, 45.

[18] 高山峯夫. 东日本大地震后的隔震结构现状与课题研究[J]. 建筑结构, 2017, 47(16): 24-29.

[19] 中华人民共和国住房和城乡建设部. 建筑隔震橡胶支座: JG/T 118—2018[S]. 北京: 中国标准出版社, 2018.

[20] 国家市场监督管理总局, 国家标准化管理委员会. 橡胶支座 第 1 部分: 隔震橡胶支座试验方法: GB/T 20688. 1—2007[S]. 北京: 中国标准出版社, 2007.

[21] 国家市场监督管理总局, 国家标准化管理委员会. 橡胶支座 第 2 部分: 桥梁隔震橡胶支座: GB/T 20688. 2—2006[S]. 北京: 中国标准出版社, 2006.

[22] 国家市场监督管理总局, 国家标准化管理委员会. 橡胶支座 第 3 部分: 建筑隔震橡胶支座: GB/T 20688. 3—2006[S]. 北京: 中国标准出版社, 2006.

[23] 国家市场监督管理总局, 国家标准化管理委员会. 橡胶支座 第 4 部分: 普通橡胶支座: GB/T 20688. 4—2023[S]. 北京: 中国标准出版社, 2023.

[24] 国家市场监督管理总局, 国家标准化管理委员会. 橡胶支座 第 5 部分: 建筑隔震弹性滑板支座: GB/T 20688. 5—2014[S]. 北京: 中国标准出版社, 2014.

[25] 中国工程建设标准化协会. 叠层橡胶支座隔震技术规程: CECS 126—2001[S]. 北京: 中国建筑工业出版社, 2001.

[26] 中国地震局工程力学研究所. 建筑工程抗震性态设计通则(试用)(附条文说明): CECS 160—2004[S]. 北京: 中国计划出版社, 2004.

[27] 中华人民共和国住房和城乡建设部. 建筑隔震设计标准: GB/T 51408—2021[S]. 北京: 中国计划出版社, 2021.

[28] 谭平, 陈洋洋, 周福霖, 等. 国家标准《建筑隔震设计标准》编制与说明[J]. 工程建设标准化, 2021(5): 22-26.

[29] 中华人民共和国住房和城乡建设部. 建筑隔震构造详图: 22G610-1[S]. 北京: 中国计划出版社, 2023.

[30] 住房和城乡建设部标准定额研究所. 基于保持建筑正常使用功能的抗震技术导则: RISN-TG046—2023[S]. 北京: 中国建筑工业出版社, 2023.

[31] 中华人民共和国住房和城乡建设部. 建筑隔震工程施工及验收规范: JGJ 360—2015[S]. 北京: 中国建筑工业出版社, 2015.

[32] 中华人民共和国住房和城乡建设部. 建筑与桥梁结构监测技术规范: GB 50982—2014[S]. 北京: 中国建筑工业出版社, 2014.

第2章　隔震装置的性能与参数

隔震橡胶支座(本章亦简称“隔震支座”或“支座”)是实现隔震功能不可或缺的重要部件，与梁、柱或墙共同组成隔震结构。在隔震结构的建造和使用过程中，隔震支座会持续受到竖向荷载和水平荷载作用。这就要求隔震支座在竖向具有足够的刚度和承载能力，在水平向具有充分的柔度、较强的变形能力和稳定能力，适当的阻尼衰减特性。同时，隔震支座还要具有足够的耐久性，使用寿命不应低于结构物的设计基准期。隔震支座主要有变形类、摩擦滑移类和组合类。本章主要介绍不同隔震支座的力学性能、耐久性、耐火性和耐低温性能。

2.1　叠层橡胶支座

2.1.1　概述

2.1.1.1　支座构造及分类

叠层橡胶支座由橡胶和薄钢板相互叠置，在一定高温、高压条件下，经过硫化黏结而成。橡胶的弹性模量很小，泊松比接近于 0.5，体积近似具有不可压缩性。因此，橡胶受压时会产生较大的侧向膨胀，其轴向变形较大。如果把橡胶制成薄层，通过钢板来约束其压缩时产生的侧向膨胀，那么轴向变形将大幅减小，并会产生很强的竖向承载能力。同时，由于钢板对于橡胶的水平向剪切变形没有约束，橡胶片可以发挥自身的柔软特性，提供较低的水平刚度。

叠层橡胶支座主要包括橡胶层、钢板层、上下连接板、上下封板和周围橡胶保护层，如图 2.1 所示。为保证产品质量，一般在支座中心设置圆孔，控制外部加热硫化时的热量均匀分布。周围保护层橡胶厚 10mm，可以阻止内部橡胶老化，保护支座外观，封板中设有螺栓以便上下连接板和支座的连接。此外，为了降低成本，部分生产厂家将连接板与封板合二为一。这样隔震效果相同，但生产工艺会相对复杂。

从外观而言，叠层橡胶支座可以分为圆形和方形两种，如图 2.2 所示。圆形支座具有径向对称特性，一般应用于民用建筑和大型公共建筑，方形支座多用于桥梁等工程中。

按是否有铅芯，叠层橡胶支座可以分为天然橡胶支座(LNR)和铅芯橡胶支座(LRB)，如图 2.3 所示。天然叠层橡胶支座不提供附加阻尼，罕遇地震时支座位移较大，实际工程中须与各种阻尼器联合使用。在天然叠层橡胶支座的中间开孔中灌入铅芯，就形成铅芯叠层橡胶支座。铅芯叠层橡胶支座不仅有较高的阻尼比，还有一定的初始刚度，提高了建筑控制风反应的能力。铅芯叠层橡胶支座兼有隔震支座和阻尼器的作用。

图 2.1　叠层橡胶支座的基本构造

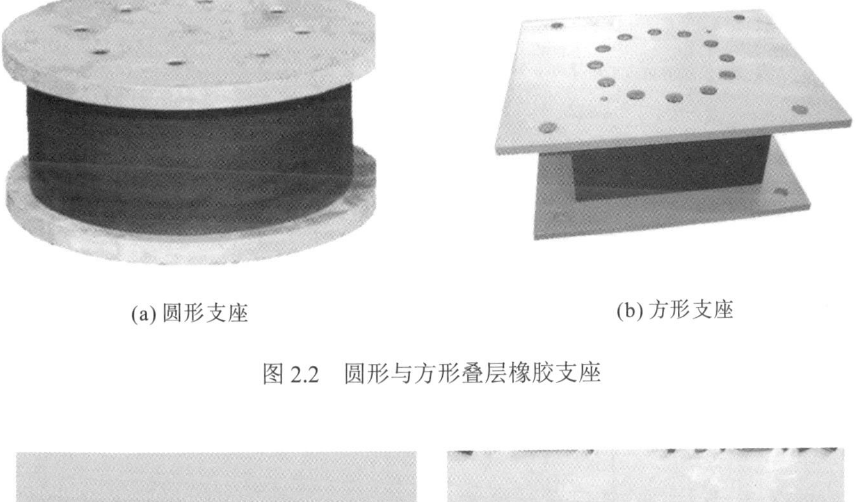

(a) 圆形支座　(b) 方形支座

图 2.2　圆形与方形叠层橡胶支座

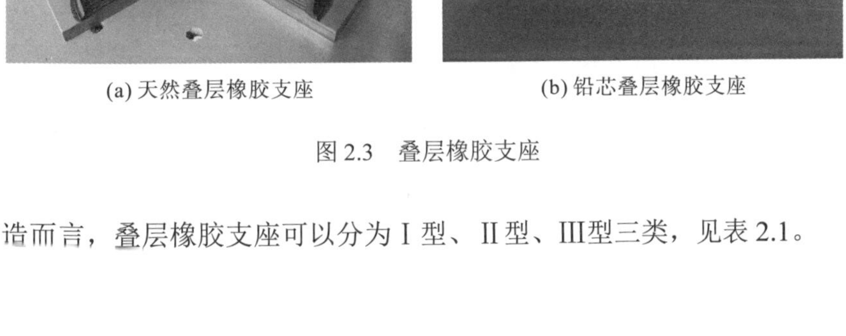

(a) 天然叠层橡胶支座　(b) 铅芯叠层橡胶支座

图 2.3　叠层橡胶支座

从构造而言，叠层橡胶支座可以分为Ⅰ型、Ⅱ型、Ⅲ型三类，见表 2.1。

表 2.1 叠层橡胶支座按构造分类

分类	说明	图示
I 型	连接板和封板用螺栓连接。封板与内部橡胶黏合；橡胶保护层在支座硫化前包裹	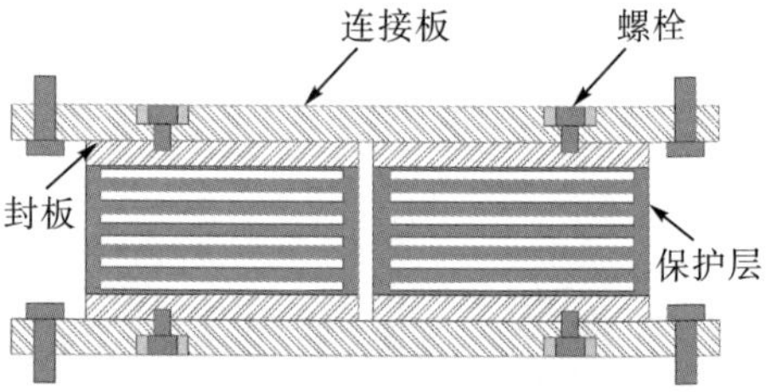
	连接板和封板用螺栓连接。封板与内部橡胶黏合；橡胶保护层在支座硫化后包裹	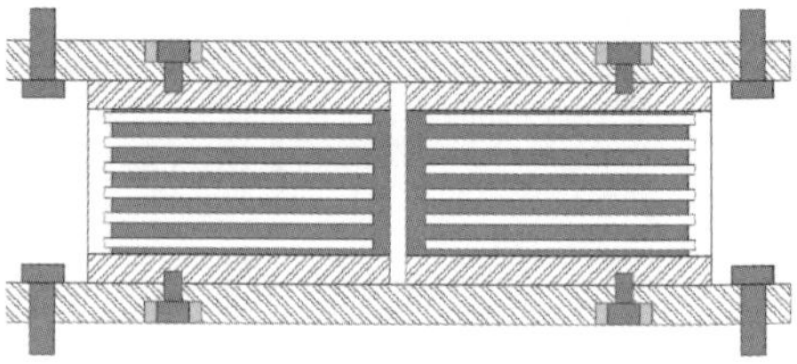
II 型	连接板直接与内部橡胶黏合	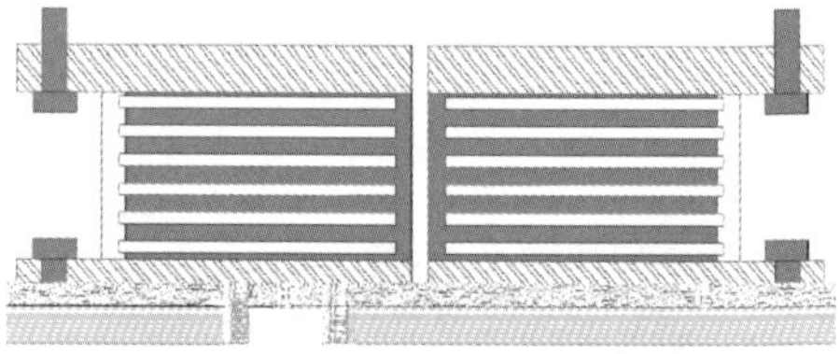
III型	支座与连接板用凹槽或暗销连接	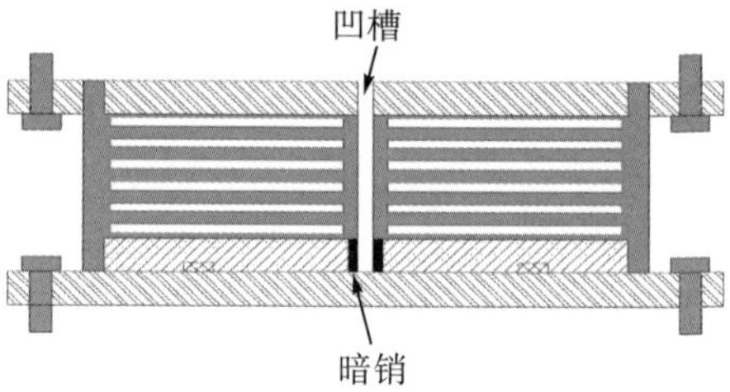

按极限性能分类，叠层橡胶支座可分为 A、B、C、D、E 和 F 六类，见表 2.2。

表 2.2 叠层橡胶支座按极限性能分类

极限剪应变	$\gamma_u \geqslant 350\%$	$350\% > \gamma_u \geqslant 300\%$	$300\% > \gamma_u \geqslant 250\%$	$250\% > \gamma_u \geqslant 200\%$	$200\% > \gamma_u \geqslant 150\%$	$\gamma_u < 150\%$
类别	A	B	C	D	E	F

注：支座极限剪应变γ_u应根据指定的压应力按标准确定。

就剪切性能的允许偏差而言，叠层橡胶支座可以分为 S-A、S-B 两类，见表 2.3。S-A 类一般采用多层橡胶和钢板的组合结构，具有较好的承载能力和较高的刚度，S-B 类多为橡胶材料的层叠组合，相对于 S-A 类支座，在材料和结构上略有简化。

表 2.3　叠层橡胶支座按剪切性能的允许偏差值分类

类别	单个试件测试值	一批试件平均值
S-A	±15%	±10%
S-B	±25%	±20%

2.1.1.2　支座制作流程

叠层橡胶支座的生产主要是橡胶层、钢板层、上下连接板、上下封板和周围橡胶保护层的制作，具体工艺分为三步：橡胶的生产、钢板的生产、组装与硫化。其中，橡胶与钢板的生产可同时进行。叠层橡胶支座的具体生产工艺流程如下。

(1) 橡胶的生产流程如图 2.4 所示。具体步骤如下。

①将验收合格的天然橡胶、炭黑、硫黄以及其他材料混合，利用开炼机进行混炼。

②将混炼橡胶置于三辊机上进行出片，通过调整辊距来控制压延厚度。

③按照支座所需橡胶尺寸进行裁片。

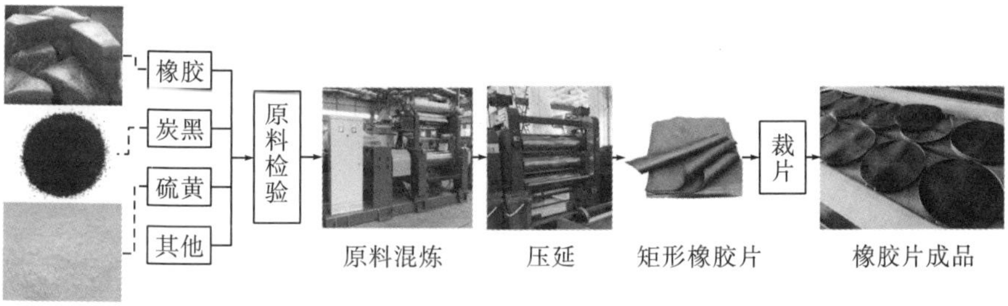

图 2.4　隔震支座橡胶的生产流程

(2) 钢板的生产流程如图 2.5 所示。具体步骤如下。

①内部钢板的下料：采用等离子激光切割机，按所需钢板的尺寸进行切割，然后去毛刺。

②连接钢板的下料：按照所需钢板的尺寸对钢板进行火焰切割，然后将切割下来的钢板用铣床进行铣边。

③依据钢板厚度和粗糙度要求，选择适宜的钢丸粒径和抛丸时间，对内部钢板和连接钢板进行抛丸。

④内部钢板完成抛丸后需要进行校平处理，最后进行喷砂处理，增加表面粗糙度。

(3) 支座组装、硫化与验收的生产流程如图 2.6 所示。具体步骤如下。

①清洗和烘干内部钢板与连接钢板，对钢板进行涂胶。

②通过中心定位棒，将一层橡胶片和一层钢板组装到一起，保护胶片四周。

③利用平板硫化机，通过控制硫化时间、温度、压力，使橡胶与交联剂发生化学反应，形成三维网状结构。

④检查支座外观、尺寸，检验力学性能是否符合要求。

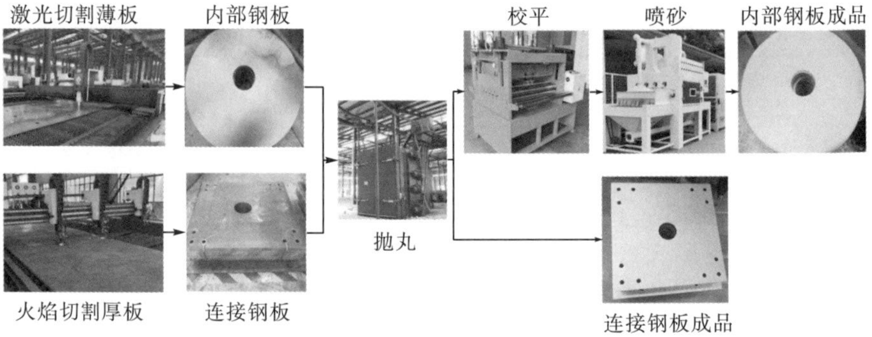

图 2.5 隔震支座钢板的生产流程

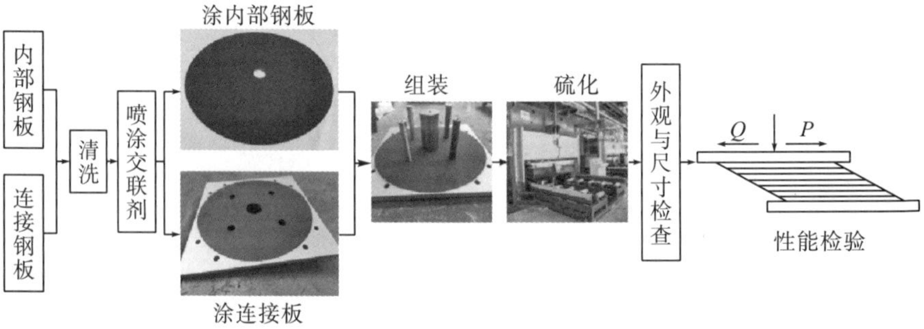

图 2.6 隔震支座组装、硫化与验收的生产流程

硫化是橡胶支座制作过程中的重要环节之一。硫化是在橡胶材料中混合的硫黄等硫化剂和炭黑等补强剂，经过加压、加热，发生化学反应，以较好地发挥橡胶的弹性，增加其强度。值得注意的是，橡胶的硬度对橡胶支座刚性的影响较大，虽然加入炭黑可以增加橡胶的强度，但如果加入不当，则会使橡胶弹性变差，所以应当适度，并慎重选择补强剂。

2.1.2 叠层橡胶支座的主要材料

叠层橡胶支座的主要材料包括橡胶、铅和钢板。

2.1.2.1 橡胶

橡胶是隔震支座的主要组成材料之一，其性能直接影响隔震支座的耐久性和力学性能。一般而言，橡胶材料应进行如下性能检验：

(1) 拉伸性能，包括拉伸强度、扯断伸长率和 100%应变时的弹性模量。

(2) 老化性能，包括拉伸强度变化率、扯断伸长率变化率和 100%应变时的弹性模量变化率。

(3) 生产加工性能。

(4) 低温结晶性能。

(5) 压缩永久变形。

(6) 抗臭氧性能。

(7) 阻尼性能。

(8) 黏合性能。

(9) 硬度。

叠层橡胶支座在制作过程中会加入不同的添加剂以提高性能。目前，各生产厂家的生产工艺和橡胶材料配方不尽相同，由于添加剂对叠层橡胶支座性能影响较大，因此，在选取叠层橡胶支座时，应当根据需求慎重选择。

橡胶材料的特性是弹性低、变形能力大。橡胶材料的弹性模量 E_0 和剪切模量 G 存在以下关系：

$$E_0 = 2(1+v)G = \sigma_\Delta + \sigma_1 = 200.34(\text{N/mm}^2) < 305\text{N/mm}^2 \tag{2.1}$$

式中，v ——泊松比，通常情况下取为 0.5，代入式 (2.1) 可得

$$E_0 = 3G \tag{2.2}$$

当橡胶内加入添加剂后，其实测弹性模量与名义弹性模量并不相同。因此，根据橡胶硬度引入修正系数，采用下式对橡胶的弹性模量进行修正：

$$E_c = E_0(1+2\kappa S_1^2) \tag{2.3}$$

$$E_r - E_0\left(1+\frac{2}{3}\kappa S_1^2\right) \tag{2.4}$$

式中，E_c——压缩时的弹性模量；

E_r——弯曲时的弹性模量；

κ——体积弹性模量修正系数；

S_1——第一形状系数。

P. B.Lindley (林德利) 提出了体积弹性模量修正系数 κ 与天然橡胶剪切模量 G 的关系，见表 2.4。

表 2.4 修正系数 κ 与 G 的关系

E_0/MPa	0.87	1.08	1.32	1.59	1.89	2.37	3.12
G/MPa	0.29	0.36	0.44	0.53	0.63	0.79	1.04
κ	0.93	0.89	0.85	0.80	0.73	0.64	0.57

根据表 2.4，可以得到近似曲线表达式：

$$\kappa = 0.97939 + 0.17734G - 1.4516G^2 + 0.86783G^3 \tag{2.5}$$

叠层橡胶支座的橡胶层较薄，应当考虑橡胶受压时体积变化对性能的影响，因此，引入体积弹性模量 E_b 对橡胶的弹性模量进行修正，修正公式如下：

$$E_{cb} = \left(\frac{1}{E_c} + \frac{1}{E_b}\right)^{-1} \tag{2.6}$$

$$E_{rb} = \left(\frac{1}{E_r} + \frac{1}{E_b}\right)^{-1} \tag{2.7}$$

式中，E_{cb} ——叠层橡胶支座的修正压缩弹性模量；

E_{rb}——叠层橡胶支座的修正弯曲弹性模量。

体积弹性模量修正系数(κ)、弹性模量(E_0)、体积弹性模量(E_b)、剪切弹性模量(G)与天然橡胶材料的硬度之间的关系见表 2.5。

表 2.5 橡胶材料硬度表

橡胶国际硬度	E_b/MPa	κ	E_0/MPa	G/MPa
30	1.00×10^3	0.93	0.92	0.30
40	1.00×10^3	0.85	1.50	0.45
50	1.03×10^3	0.73	2.20	0.64
60	1.15×10^3	0.57	5.34	1.06
70	1.27×10^3	0.53	7.34	1.72

2.1.2.2 铅

铅是一种晶体金属材料，在一定的温度下，可以变形后再结晶，而不会发生破坏。铅受到挤压时，通过晶粒储存应变能，实现能量的耗散。铅与弹性固体相似，可以作为阻尼材料，一般铅芯橡胶支座的阻尼比可以达到 10%～20%。此外，铅是唯一一种在室温下做塑性循环不会发生累积疲劳的普通金属，能够禁受几千次的变形循环，而力学性能基本不发生改变，且剪切屈服强度较小，仅为 10MPa 左右。铅受剪时的本构关系如图 2.7 所示。

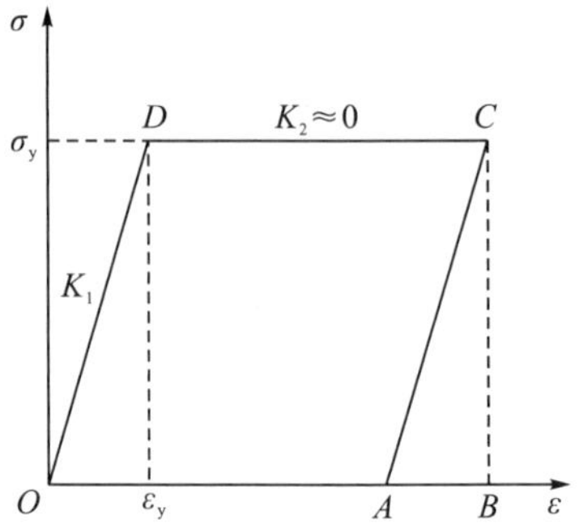

图 2.7 铅的应力-应变曲线

图 2.7 中，OD 段为弹性变形段，应力、应变成正比，线性变化，比例常数为 E，正应力σ和剪应力τ可按下式计算：

$$\sigma = E\varepsilon \tag{2.8}$$

$$\tau = G\gamma \tag{2.9}$$

式中，ε——正应变；

γ——剪应变。

当剪切应变超过屈服位移后，应力-应变曲线接近水平。铅是一种没有明显屈服现象的塑性材料，一般规定其屈服应力为塑性应变 ε_s=0.2%时的名义屈服应力，此时：

$$\tau = \tau_y \tag{2.10}$$

铅的低屈服强度、低刚度及高阻尼特性使其成为减震、防震、消声的极好材料。铅与天然橡胶支座组合可以提高支座的初始刚度，有利于保证风荷载下支座具有足够的刚度，并提高支座的阻尼力。

2.1.2.3　钢板

叠层橡胶支座的钢板分为内部薄钢板和支座上下端连接板。内部钢板的主要作用是约束橡胶层变形，使隔震支座具有一定的竖向承载能力，内部薄钢板弹性模量高、变形能力小。

采用薄钢板和薄橡胶组合，竖向压力作用下钢板约束橡胶水平变形，提高竖向刚度，橡胶支座在水平变形时薄钢板不约束整体剪切变形，剪切刚度由橡胶本身的特性决定。研究表明，在竖向压缩荷载作用下，橡胶支座的极限状态为钢板不能承受橡胶膨胀所引起的侧向拉力后，发生失稳或撕裂而导致的失效。叠层橡胶支座内部薄钢板通常采用普通碳素钢，规格不应低于 Q235。常规碳素钢材质性能可参见相关标准。

叠层橡胶支座的极限承载力主要由内部钢板的强度和塑性变形能力决定，叠层橡胶支座极限压缩试验表明，支座的破坏发生在叠层橡胶支座的斜面上，内部钢板将沿环向和厚度方向产生约束作用。因此钢板需要一定程度的环向和厚度方向的承载力，所以内部钢板不能过薄，否则将降低其变形和承载力，同时也会导致支座的变形性能和屈服荷载降低。

目前，常用的橡胶支座直径 D 小于 1m 时，内部钢板的厚度大多为 2.3～3.2mm，支座直径 D 大于 1m 时，钢板厚度一般为 3.2～4.5mm，内部钢板厚度与橡胶厚度之比约为 0.5。同时《建筑隔震设计标准》(GB/T 51408—2021)[1]要求内部钢板厚度不宜小于 2.0mm，且不小于胶层厚度的 1/3。当支座内部有中心孔时，孔周围会出现应力集中，当中心孔直径大于支座直径的 1/20 时，应力集中明显，中心孔的存在会削弱支座的极限承载能力。

2.1.3　叠层橡胶支座的竖向性能

2.1.3.1　竖向刚度

竖向刚度为叠层橡胶支座产生单位竖向位移时所施加的竖向力 K_v，按下式计算：

$$K_v = \frac{P}{\delta_v} = \frac{E_{cb}A}{T_r} \tag{2.11}$$

式中，K_v——橡胶支座的竖向刚度；

P——橡胶支座承受的竖向压应力；

δ_v——叠层橡胶支座的竖向压缩变形；

A——支座内部受约束叠层橡胶层的面积；

E_{cb}——叠层橡胶支座的修正压缩弹性模量；

T_r——内部橡胶的总厚度。

其中，叠层橡胶支座的修正压缩弹性模量 E_{cb} 可由下式计算：

$$E_{cb}=\frac{E_cE_b}{E_c+E_b} \tag{2.12}$$

$$E_c=E_0\left(1+2\lambda S_1^2\right) \tag{2.13}$$

式中，E_b——橡胶体积弹性模量；

E_c——橡胶的压缩弹性模量；

E_0——橡胶的标准弹性模量；

λ——橡胶材料的硬度修正系数；

S_1——第一形状系数。

第一形状系数 S_1 为叠层橡胶支座的主要控制参数之一，主要用来表明竖向刚度与每层橡胶厚度的关系。叠层橡胶支座的总厚度有两种情况，如图 2.8 所示。其中，t_r 为单层内部橡胶的厚度，t_{r1} 为单层橡胶支座的厚度。

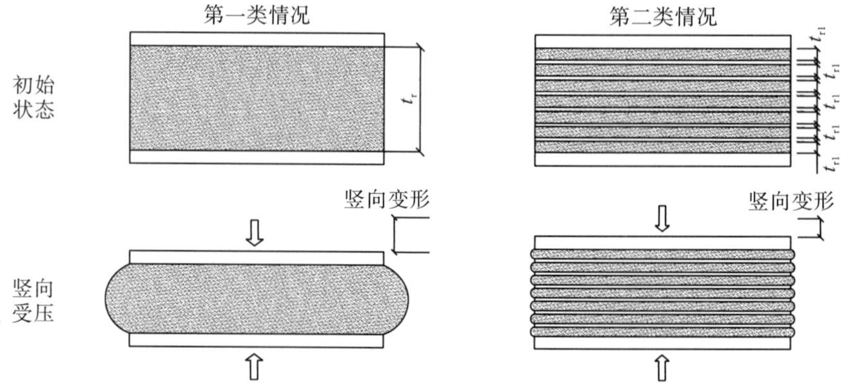

图 2.8　两种不同的竖向刚度

圆形支座和矩形支座的 S_1 分别按式(2.14)和式(2.15)计算：

$$S_1=\frac{d_0-d_i}{4t_r} \tag{2.14}$$

$$S_1=\frac{4ab-\pi d_i^2}{4t_r(2a+2b+\pi d_i)} \tag{2.15}$$

式中，d_0——内部钢板的外径；

d_i——内部钢板的开孔直径；

a——正方形支座的边长或矩形支座的长边长度；

b——矩形支座的短边长度。

第一形状系数 S_1 控制支座的竖向性能，S_1 越大，表明橡胶层越薄钢板对其的约束作用越大，支座竖向刚度和承载力也就越高。但在橡胶总厚度一定的条件下，层数也就越多，钢板用量增加，缺乏经济性。研究表明，$S_1 \geqslant 15$ 较为可行。对于满足这个条件的隔震支座，其竖向极限受压承载力可以达到 90MPa 以上，而标准要求设计中使用上限值一般为 15MPa，正常使用下，橡胶支座具有足够的安全余量。

橡胶材料硬度修正系数 λ 与橡胶的剪切模量 G 有关，G 越大，λ 越小。根据试验结果，λ 与 G 的对应关系见表 2.6。

对结构进行倾覆分析时，会用到支座的竖向拉伸刚度。由于支座出现拉伸时会伴随较大的剪切变形，因此拉伸试验需在支座施加剪切变形后，进行拉伸加载。试验研究表明，初期拉伸刚度一般是压缩刚度的 1/5～1/10。

表 2.6 λ与 G 的关系

G/MPa	0.29	0.36	0.44	0.53	0.63	0.79	1.04
λ	0.93	0.89	0.85	0.80	0.73	0.64	0.57

2.1.3.2 竖向变形

竖向变形即为叠层橡胶支座在荷载作用下产生的竖向位移。试验研究表明，在外径相同的条件下，天然橡胶支座和铅芯橡胶支座竖向变形相差不大。当不考虑温度和其他偶然因素的影响时，叠层橡胶支座的竖向变形一般按式(2.16)计算：

$$\delta_v = \delta_{v1} + \delta_{v2} \tag{2.16}$$

其中，δ_{v1} 按式(2.17)计算：

$$\delta_{v1} = \frac{P_v}{K_v} \tag{2.17}$$

式中，δ_{v1}——竖向压缩变形；

P_v——产生的压缩位移；

δ_{v2}——剪切变形产生的几何下沉位移，一般控制在橡胶层总厚度的 1%内，通常由足尺测试进行测量。

2.1.3.3 无水平位移时的竖向极限压应力

叠层橡胶支座的竖向极限压应力为叠层橡胶支座在无水平变形的情况下所承担的最大轴向压应力。叠层橡胶支座的竖向极限压应力不应小于 90MPa，即

$$\delta_{\text{vmax}} = \frac{P_{\max}}{A} \geqslant 90(\text{MPa}) \tag{2.18}$$

叠层橡胶支座的竖向极限压应力与支座中钢板的屈服强度有关，钢板屈服强度越高，叠层橡胶支座的竖向极限压应力越大。这是由于在竖向力作用下，橡胶层和钢板均发生径向变形，由于橡胶层变形大于钢板变形，因此钢板处于径向受拉状态，钢板的受拉强度会影响支座的竖向极限压应力。标准规定叠层橡胶支座中应采用 Q235A 钢板，或不低于 Q235A 性能的钢板。

橡胶层与钢板的厚度比，会对隔震支座的竖向极限压应力产生影响。只有钢板与橡胶的厚度比适宜，才能让两者之间形成较好的约束作用。根据《建筑隔震橡胶支座》(JG/T 118—2018)[2]的相关规定，叠层钢板厚度不应小于 1.5mm 及每层橡胶的 1/3。《建筑抗震设计标准》(GB/T 50011—2010)[3]和《建筑隔震设计标准》在竖向极限压应力的基础上，取安全系数为 6～9，并考虑罕遇地震作用下达到最大水平位移时仍能保持稳定等因素，隔

震支座的竖向平均压应力设计限值见表 2.7。

表 2.7 隔震橡胶支座的竖向平均压应力设计限值 （单位：MPa）

	甲类建筑	乙类建筑	丙类建筑
压应力限值	10	12	15

2.1.3.4 最大水平位移时的竖向极限压应力

为保证橡胶支座在地震作用下正常工作，规定水平位移为 0.55 倍的支座有效直径和支座内部橡胶总厚度 3 倍中的较小值时，将叠层橡胶支座所承担的最大轴压应力作为竖向极限压应力。在地震作用下，当隔震支座未发生侧向变形时，夹层橡胶垫在轴压竖向荷载作用下具有很大的轴向承载力，其应力 σ_1 分布如图 2.9(a)所示。当隔震支座发生侧向变形时，其受荷的有效面积减少，核心受压部分的 σ_1 急剧增大，局部区域可能出现拉应力，如图 2.9(b)所示。但此时支座仍须承担上部结构的荷载，由于橡胶垫中的钢板对橡胶层变形的约束作用，以及橡胶垫外围材料对核心受压部分的三向约束作用，核心受压部分的极限承载力大大提高。

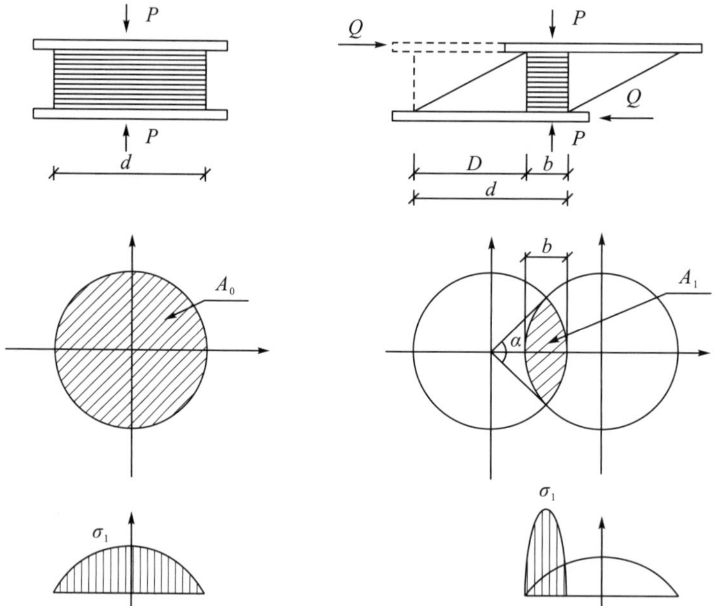

(a) 竖向受压 (b) 竖向水平共同受压

图 2.9 叠层支座水平变形后受荷面积示意图

由夹层橡胶垫的轴压承载力安全系数超过 6 可以得出，图 2.9 中的橡胶垫在剪压时的受荷有效面积 A_1 不小于 1/6 轴压时的受荷有效面积 A_0 时，橡胶垫仍是安全的，即在剪压情况下，只要满足式(2.19)要求，橡胶垫仍是安全的：

$$A_1 \geqslant \frac{1}{6}A_0 \tag{2.19}$$

图 2.9 中，阴影部分表示受荷的面积，取支座容许剪切变形为

$$u_{\max} = \min\{0.55D, 3t_{\mathrm{r}}\} \tag{2.20}$$

则有

$$b = D - u_{\max} = 2\left(\frac{D}{2} - \frac{D}{2}\cos\frac{\alpha}{2}\right) \tag{2.21}$$

解得α值，则受剪压时的受荷面积为

$$A_1 = \frac{\alpha D^2}{4} - 2\left[\left(\frac{D}{2} - \frac{b}{2}\right)\frac{D}{2}\sin\frac{\alpha}{2}\right] = \frac{\alpha D^2}{4} - \frac{D(D-b)}{4}\sin\frac{\alpha}{2} \tag{2.22}$$

轴压时的受荷面积 A_0 为

$$A_0 = \frac{\pi D^2}{4} \tag{2.23}$$

根据 Haring（哈林）弹性理论，按稳定性要求，以压缩荷载下叠层橡胶支座水平刚度为 0 的压应力作为屈曲应力；根据《建筑抗震设计标准》，隔震支座受压时的最小屈曲应力值为 34MPa，《建筑隔震橡胶支座》要求该数值不小于 30MPa。《建筑抗震设计标准》和《建筑隔震设计标准》中要求隔震支座的竖向平均压应力最大为 15MPa，所以即使支座在罕遇地震下达到最大水平位移，仍有一定的安全储备。

2.1.3.5　竖向极限拉应力

竖向极限拉应力是指支座在荷载作用下的最大竖向拉应力限值。美国 UBC 规范容许抗拉强度为 1.5MPa。我国《建筑抗震设计标准》规定，在罕遇地震作用下，橡胶支座的竖向拉应力不应大于 1.0MPa；《建筑隔震设计标准》规定，在罕遇地震下，橡胶支座的竖向拉应力限值，特殊设防类建筑为 0MPa，重点设防类建筑为 1.0MPa，标准设防类建筑为 1.0MPa。

叠层橡胶支座的竖向极限拉应力远小于竖向极限压应力，这是因为受拉承载力是由钢板和橡胶之间的黏结来保证的。因此，设计时应尽量避免叠层橡胶支座受拉，如果不能避免，也应保证拉应力小于支座的竖向极限拉应力。

2.1.4　叠层橡胶支座的水平性能

叠层橡胶支座的水平性能参数包括水平刚度和水平变形能力。对于铅芯叠层橡胶支座，水平性能参数还包括屈服后的水平刚度和等效黏滞阻尼比。

2.1.4.1　水平刚度

水平刚度为隔震支座上、下板面产生单位相对位移时，所需要施加的水平剪力。它代表了隔震支座水平向的变形能力。隔震支座的水平刚度越小，其水平变形越大。水平刚度 K_{h} 可以按下式计算：

$$K_h = \frac{Q}{\delta_h} \tag{2.24}$$

式中，K_h——隔震橡胶支座的水平刚度；

Q——隔震橡胶支座水平方向的剪力；

δ_h——支座上、下面板的水平相对位移。

橡胶支座总厚度相同时，两种不同的水平刚度如图 2.10 所示。其中，h_r 为橡胶总厚度。

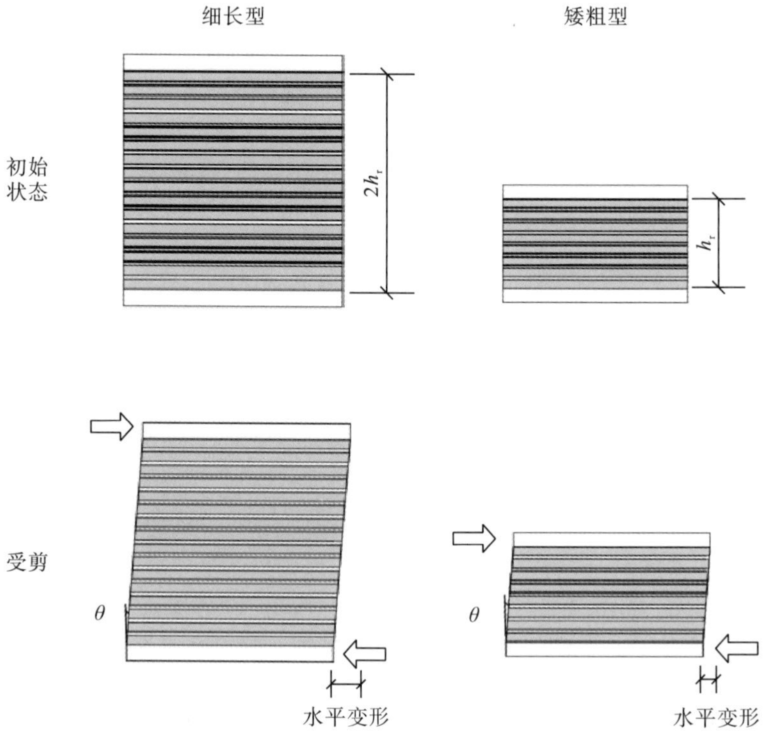

图 2.10　两种不同的水平刚度

图 2.10 中，隔震橡胶支座的水平刚度与橡胶的硬度及支座形状有关，橡胶越硬，支座的水平刚度越大；支座越细长，水平刚度越小。由图 2.10 可知，其他条件相同的情况下，细长型支座的水平变形大于矮粗型支座。

定义第二形状系数 S_2，控制隔震橡胶支座的水平性能，圆形支座和矩形支座的 S_2 分别用下式计算：

圆形支座

$$S_2 = \frac{d_0}{T_r} \tag{2.25}$$

矩形支座(短边有约束)

$$S_2 = \frac{a}{T_r} \tag{2.26}$$

矩形支座(短边无约束)

$$S_2 = \frac{b}{T_r} \tag{2.27}$$

第二形状系数(S_2)为支座橡胶层的宽高比，控制支座压屈荷载和水平刚度。S_2 小，表明支座细长，刚度也小，容易压曲，竖向承载力减少。S_2 大，说明橡胶总厚度薄，刚度大，稳定性好，竖向承载力增加。这是一对矛盾，从隔震效果看，要求橡胶越厚越好，即第二形状系数越小越好，这样水平刚度小，隔震效果好。但橡胶越厚，在竖向压力作用下，支座剪切变形时越容易失稳，竖向压力越大，发生失稳的剪切变形越小。试验表明，第二形状系数大于 5 时，轴力的变化对其竖向稳定性能影响不大，《建筑隔震设计标准》要求当第二形状系数小于 5 时，减小支座承担的压应力。

2.1.4.2　水平极限变形能力

水平极限变形能力是指在水平地震和风等荷载作用下，叠层橡胶支座上、下板面产生的最大水平相对位移。叠层橡胶支座水平刚度较小，必须具有较大的水平极限变形能力。一般用支座上、下板面最大水平相对位移与支座橡胶层总厚度之比γ来表示。

叠层橡胶支座发生水平剪切变形时，上下连接板带动支座整体错动，有效承压面积随之减小，受压区的应力急剧增大，带来失稳破坏问题。《建筑隔震设计标准》规定，橡胶支座设计水平极限变形为 0.55D，支座的设计竖向极限压力为支座发生 0.55D 水平变形时所能承受的最大压应力值，不超过这个值，支座就不会出现失稳破坏。《建筑抗震设计标准》和《建筑隔震设计标准》规定，在实际设计中，隔震支座在竖向压应力限值下的极限水平变形应不大于其有效直径的 0.55 倍和支座内部橡胶总厚度的 3 倍中的较小值。

2.1.4.3　屈服后刚度和等效黏滞阻尼比

水平地震作用下隔震结构的水平变形主要集中在隔震层，上部结构基本处于弹性状态，所以整个结构的阻尼基本上由叠层橡胶支座提供，整个体系的阻尼值通常采用屈服后刚度和等效黏滞阻尼比表示。

屈服后刚度和等效黏滞阻尼比一般通过剪切试验测定，在给定的剪切变形下进行动力加载试验，得到支座的水平剪力-位移(Q-D)曲线。对于直径不小于 600mm 的铅芯叠层橡胶支座，应根据剪切变形为 100%，加载频率为 0.2Hz 试验的滞回曲线确定；对于直径小于 600mm 的铅芯叠层橡胶支座，应根据剪切变形为 250%，加载频率为 0.1Hz 试验的滞回曲线确定。

叠层橡胶支座的屈服后刚度 K_2 可按下式计算：

$$K_2 = \frac{Q_{max} - Q_y}{X_{max} - x_s} \tag{2.28}$$

式中，X_{max}——最大水平正位移；

Q_{max}——对应的水平剪力；

Q_y——屈服水平剪力；

x_s——屈服位移。

叠层橡胶支座的等效黏滞阻尼比计算公式为

$$\zeta_{\mathrm{eq}} = \frac{w}{2\pi K_{\mathrm{h}} D^2} \tag{2.29}$$

式中，w——滞回曲线所围面积；

K_{h}——叠层橡胶支座的水平刚度；

D——橡胶支座上、下板的水平相对位移。

2.2 高阻尼叠层橡胶支座

2.2.1 概述

高阻尼叠层橡胶支座(HRB)兼具隔震支座和阻尼器的功能,可以在隔震体系中单独使用，不仅隔震效果好，而且便于施工，降低了维护管理成本。高阻尼叠层橡胶支座的阻尼比目前可达 22%，而天然叠层橡胶支座的阻尼比一般仅为 2%～3%。与天然叠层橡胶支座相比，高阻尼叠层橡胶支座对温度的敏感性小，所以能广泛应用于寒冷地区。同时，其耐臭氧、耐老化和耐紫外线能力也更强。与铅芯叠层橡胶支座相比，高阻尼叠层橡胶支座震后残余变形较小，力学性能基本不变，在震后一般无须更换。高阻尼叠层橡胶支座不带铅芯，对环境友好，适合对环保有特殊要求的工程。

高阻尼叠层橡胶支座的构造和天然叠层橡胶支座基本相同，不同之处在于，其橡胶中添加了多种提高阻尼比的特殊成分。在制作高阻尼橡胶支座时，根据弹性刚度及阻尼的需求，确定不同橡胶聚合物和各种配合剂的混合比，即使设定目标相同，各生产厂家的混合比也可能不相同。一般来说，高阻尼橡胶的原料为约 50%的天然橡胶或合成橡胶，约 40%的优质炭黑和白炭黑等补强剂，以及约 10%的防老化剂、软化剂、硫化剂等微量化学成分。高阻尼橡胶材料的质量和物理性能对隔震支座的极限性能有很大的影响。

高阻尼叠层橡胶支座的各项力学性能与铅芯叠层橡胶支座类似，在此不再赘述。

2.2.2 高阻尼叠层橡胶支座的竖向性能

2.2.2.1 竖向刚度

竖向刚度为橡胶支座产生单位竖向位移时所施加的竖向力 K_v，其计算公式同 2.1 节式(2.11)。表 2.8 为两个高阻尼叠层橡胶支座的纯压缩性能试验参数及结果，试验所采用的支座为 HRB350×350×137。支座经 3 次预压加载后，将荷载加至设计值 10MPa，而后使荷载值在 10(1+30%)MPa 内进行 4 次循环，按标准测定支座的竖向刚度。

表 2.8 高阻尼叠层橡胶支座压缩性能试验

试验编号	竖向压缩应力/MPa	剪切应变	竖向压力/kN	水平变形/mm	循环次数	竖向刚度/(kN/mm)
1	10±3	0	518～962	0	4	10325
2	10±3	0	518～962	0	4	11483

2.2.2.2　竖向极限拉应力

竖向极限拉应力是指支座在荷载作用下的最大竖向拉应力限值。高阻尼叠层橡胶支座的竖向极限拉应力和普通橡胶支座类似。图 2.11 给出了 3 个高阻尼叠层橡胶支座的单向拉伸试验曲线。3 个橡胶支座都在拉伸应变为 10%、拉伸应力超过 2.0MPa 时出现屈服点，当拉伸应变达 320%～340%、拉伸应力在 3.0MPa 时左右开始断裂。高阻尼橡胶支座与普通橡胶支座的拉伸试验曲线相同，也有明显的屈服台阶，屈服力也与普通橡胶支座相当。

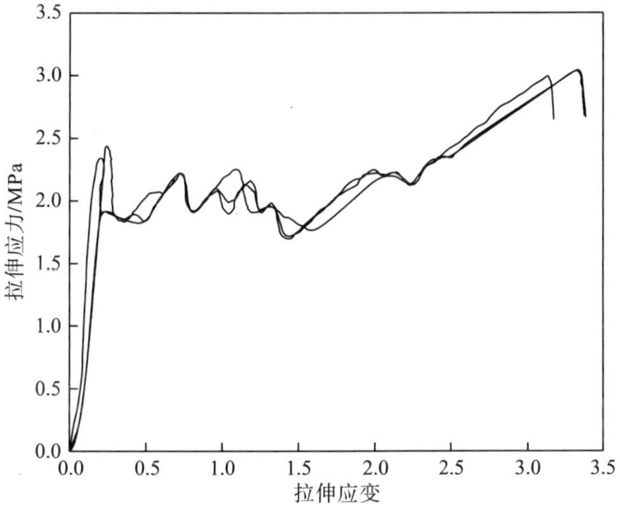

图 2.11　高阻尼叠层橡胶支座受拉伸应力-应变曲线

此外，连接板的平面外变形会导致橡胶层层间应变不均匀分布，且随着橡胶支座尺寸增大，这一现象更加明显。从现有的研究看，支座直径越大，拉伸破坏应变越小。一般而言，地震下高阻尼橡胶支座的拉伸应力应控制在 1.0MPa 之内，此时支座仍处于弹性状态，所得应力值可作为支座抗拉设计应力值。

2.2.3　高阻尼叠层橡胶支座的水平性能

2.2.3.1　水平刚度

水平刚度为隔震支座上、下板面产生单位相对位移时，所需要施加的水平剪力。它代表了隔震支座水平向的变形能力。高阻尼橡胶支座的水平刚度与铅芯橡胶支座大体相同，等效水平刚度和等效阻尼比计算公式一致。图 2.12 给出了高阻尼橡胶支座在不同剪切变形下的滞回曲线，对应的等效水平刚度和等效阻尼比结果见表 2.9。

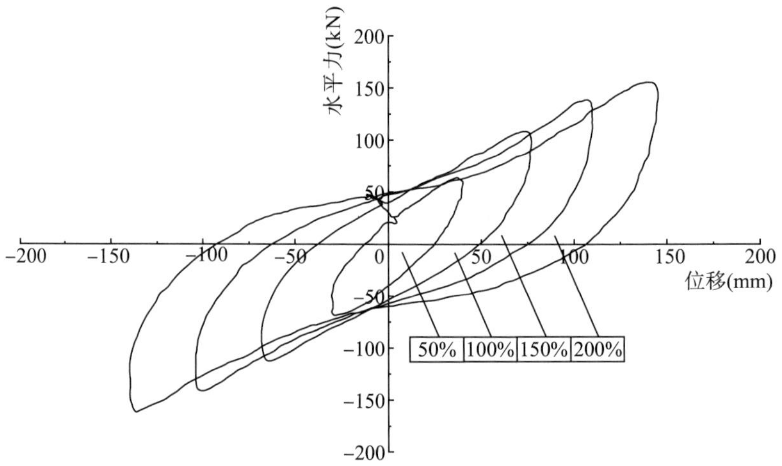

图 2.12 不同振幅下高阻尼橡胶支座的滞回曲线

表 2.9 不同振幅下高阻尼橡胶支座的等效水平刚度和等效阻尼比

应变幅值/%	等效水平刚度/(kN/mm)	等效阻尼比/%
50	1.85	26.6
100	1.49	26.3
150	1.31	23.6
200	1.08	23.2

由图 2.12 可以看出，高阻尼橡胶支座在微小应变范围内的刚度较大，50%剪切变形时，曲线呈椭圆形，随剪切变形增加，支座发生软化；当剪应变为 200%以上的大应变时支座开始硬化，曲线两端上翘变尖，呈 S 形。这是因为小变形下，曲线体现的是材料的剪切性能，变形增大后，支座材料为受拉状态。由表 2.9 可知，等效水平刚度随着应变幅值的增大而减小，等效阻尼比随应变幅值的增大轻微减小，试件的阻尼比在 20%以上。

2.2.3.2 水平极限变形

水平极限变形能力是指在荷载作用下，叠层橡胶支座上、下板面产生的最大水平相对位移。试验表明，随竖向荷载增大，高阻尼叠层橡胶支座的水平刚度相应提高，耗能能力增强，并且还具有较大的延性，能在地震时延长结构自振周期、减小地震作用力，利用其耗能特性发挥减隔震作用。高阻尼橡胶支座的性能已达到铅芯夹层橡胶支座的水平。

在考虑竖向荷载作用时，其剪切变形试验要求极限剪切变形大于 400%，设计时则要求橡胶支座极限剪切变形取 0.55D 和橡胶层总厚度 3 倍中的较大值。

2.2.3.3 等效阻尼比

高阻尼叠层橡胶支座的等效阻尼比计算公式与铅芯橡胶支座相同。但是由于隔震结构体系的阻尼基本由隔震层提供，三种不同橡胶支座的阻尼性能有所差异。

铅芯叠层橡胶支座相当于将铅阻尼器和天然叠层橡胶支座组合到一起，高阻尼橡胶支座采用了经特殊调配的材料，增加了橡胶分子间的摩擦和黏性。因此，这两种支座均具有很高的阻尼。但由于这些复合型隔震支座的滞回曲线受到压应力、速度和荷载的变化过程等影响，从微小变形到大变形均呈现复杂的非线性特征。另外，由于需要通过改变支座和铅芯的形状来调整阻尼，降低了弹簧特性和阻尼特性组合的自由度，因此，这种增加了阻尼的支座是以牺牲设计的自由度和增加设计复杂性为代价的。

2.3　滑 板 支 座

2.3.1　概述

滑板支座系列装置广泛应用于电力、冶金、石油、化工等行业的管道或设备中需要位移和应力的地方，以及桥梁、建筑和大型设备等需要减震或滑动支撑的情况。滑板支座没有明确的周期，理论上可以避开任何地震动产生的共振效应，可以应用于各种周期结构。滑板支座有摩擦，能产生耗能作用，可以提供一定的阻尼，还具有高竖向承载力、大水平变形、可控摩擦力等特性，但不具备自复位功能。因此，滑板支座需配合叠层橡胶支座使用，如图 2.13 所示。

图 2.13　滑板支座

2.3.1.1　滑板支座构造及分类

滑板支座按构造可分为弹性滑板支座和刚性滑板支座两种。弹性滑板支座构造如图 2.14 所示。弹性滑板支座由滑动部分和橡胶支座部分构成，构造形式是在叠层橡胶支座的下端或上端连接滑移材料，然后再放置在底座的滑移面板上，底座给滑动提供了一个大的滑动平面。滑移材料通常采用聚四氟乙烯(poly tetra fluoro ethylene，PTFE)板，滑移面板采用抛光不锈钢板，底座采用钢板。

弹性滑板支座的特点是滑动前橡胶支座发挥作用，支座处于弹性状态，变形发生在橡胶支座上，通过设定橡胶部分的刚度，可以控制与建筑物周期以及场地特性相关的反应。此外，弹性滑板支座与其他橡胶支座共同使用时，仍然可以保持竖向变形的协调性。

刚性滑板支座没有图 2.14 中的叠层橡胶支座部分，但设有橡胶层，橡胶层起协调竖向变形和轻微转动的作用，如图 2.15 所示。

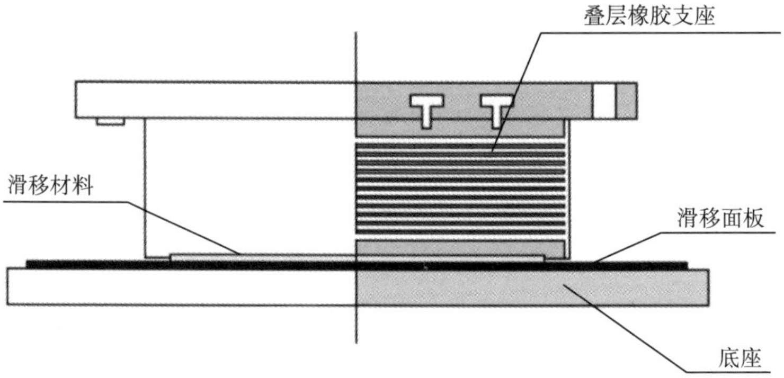

图 2.14 弹性滑板支座构造图

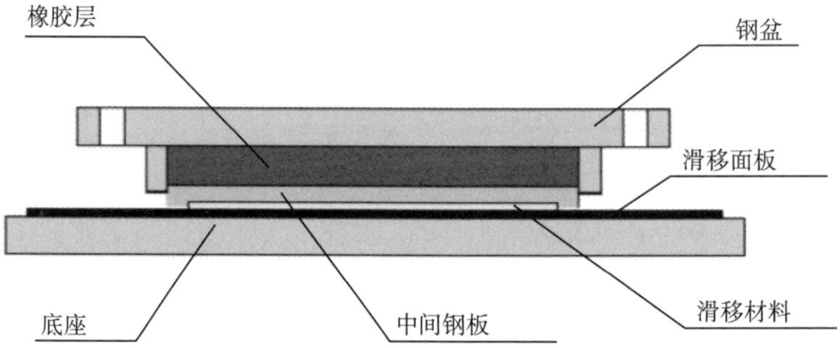

图 2.15 刚性滑板支座构造图

刚性滑板支座形状扁平而小巧，没有固定的周期，可应用于各种周期的结构。但这种支座在滑动前不能发挥隔震作用，没有复位能力，滑动后其滑动位置较大，且存在较大的震后残余位移。

2.3.1.2 滑板支座材料

滑移材料可采用聚四氟乙烯、改性超高分子量聚乙烯板，其物理性能应符合表 2.10 的规定。

表 2.10 滑移材料的物理性能

参数	聚四氟乙烯	改性超高分子量聚乙烯板
密度/(g/cm^3)	2.14～2.20	0.93～0.98
拉伸强度/MPa	≥30	≥30
拉伸断裂应变/%	≥300	≥250
球压痕硬度(H132/60)/MPa	≥23.0～33.0	≥26.4～39.6
线磨耗系数/%	≤6	≤3
极限抗压强度/MPa	≥80	≥80
抗压弹性模量/MPa	≥360	≥360

滑移材料应采用无孔材料，厚度应不小于 5mm，嵌入深度应不小于厚度的 1/2，外露厚度应不小于 2mm。在检测及使用过程中严禁在滑移材料表面涂油或油脂等，不允许出现脱皮、裂纹、分层或其他损伤破坏的现象。采用聚四氟乙烯滑动时，背面需经表面活化处理后，镶嵌并黏结在基层钢板中；采用改性超高分子量聚乙烯滑移材料时，滑移材料应嵌固在基层钢板中，必要时用机械方式固定。

当滑移面板采用钢材时，应采用抛光不锈钢材料，含铬量应不低于 18%。内陆地区，建议采用 $06Cr_{19}Ni_{10}$、$06Cr_{19}Ni_{13}Mo_3$ 不锈钢；沿海地区，建议采用 $022Cr_{19}Ni_{13}Mo_3$ 不锈钢。当滑移面板对角线长度小于 1500mm 时，其厚度应不小于 2mm；当滑移面板对角线长度大于等于 1500mm 时，其厚度应不小于 3mm。

为了防止生锈，底座材料可分为表面抛光型和氟化树脂系列镀膜型两类，如 SUS 316、SUS 304 等不锈钢。

2.3.2　滑板支座的竖向性能

2.3.2.1　竖向刚度

滑板支座的竖向刚度应根据 PTFE 板的厚度与直径之比的压缩试验，以及橡胶支座部分的竖向刚度确定。一般来说，橡胶部分的刚度起主要作用，弹性滑板支座的竖向刚度取橡胶支座部分的竖向刚度，刚性滑板支座的刚度取橡胶层的刚度。滑板支座不能承担拉力，受拉刚度为零。

2.3.2.2　竖向承载力

滑板支座的承载力取决于 PTFE 材料的强度，标准要求在重力荷载作用下支座设计压应力应不超过 25MPa，地震荷载作用下瞬时面压应不超过 50MPa。常温下 PTFE 材料的竖向承载力很大，但当摩擦热导致温度上升时，承载力呈现下降的趋势。

2.3.3　滑板支座的水平性能

2.3.3.1　水平刚度

滑动前，滑板支座具有一定的水平刚度。对于弹性滑板支座，水平刚度可取橡胶支座部分的剪切刚度作为整个支座的水平刚度；对于刚性滑板支座，其橡胶部分水平向不可变形，因此水平刚度取决于钢板等部件的组合刚度，设计时可取大值作为支座的水平刚度。

2.3.3.2　静摩擦系数

静摩擦系数是由滑动的初次峰值求得的摩擦系数，通过以压应力、滑动速度为参数的动加载试验求得。滑动初期产生的摩擦阻力只出现一次，通常认为对上部结构产生的影响很小。但是，当静摩擦系数非常大时，施工时在竖向荷载可能发生偏差的情况下会产生扭转反应。

2.3.3.3 动摩擦系数

动摩擦系数 μ 与压应力、速度、累积滑动变形或滑动次数等有关，略低于静摩擦系数，可以通过滑动试验来确定，也可以用以下公式来表示：

$$\mu=\mu(\sigma)f(V)g(\delta_{\mathrm{t}}) \tag{2.30}$$

动摩擦系数主要与压应力 σ 相关，所以只要确定标准化速度和累积变形条件，就可求出 $\mu(\sigma)$ 。速度(V)及累积滑动变形(δ_{t})的函数 $f(V)$ 和 $g(\delta_{\mathrm{t}})$ 也可以根据标准化压应力、标准化速度、标准化累积滑动变形求出。累积滑动变形可以换算成试验中的反复循环次数。具体采用哪种方法要根据滑动试验的条件和地震时的情况确定。

动摩擦系数具有压应力相关性、速度相关性和累积滑动变形相关性，具体如下：

(1)就压应力相关性而言，动摩擦系数随着压应力的增大而下降，当压应力增大到某种程度后，摩擦系数就会保持稳定。

(2)就速度相关性而言，低速度下摩擦系数的变化情况因材料不同而不同。当速度增大到某个值以上时，摩擦系数通常变为恒定值。速度相关性与压应力相关性相比相关程度比较低。

(3)就累积滑动变形相关性而言，动摩擦系数随着滑动变形的反复循环而逐渐下降，在反复次数达到某个值以后，摩擦系数的变化逐渐变小，趋于稳定。

2.4 摩擦摆支座

2.4.1 概述

摩擦摆支座(friction pendulum system，FPS)是一种有效的摩擦滑移隔震体系，它本质上是一种具有自复位能力的滑板支座，如图 2.16 所示。摩擦摆支座可以利用弧形滑动面的周期来延长结构物的振动周期，还可利用支座滑动面与滑块之间的摩擦，来达到消耗地震能量、减小地震作用的目的。摩擦摆支座能依靠上部结构重力的分力克服摩擦面间的摩擦力，本身具有自动复位功能。与传统抗震橡胶支座相比，摩擦摆支座的各项性能均更加优异，具体表现为承载力高、阻尼比大等特点。由于摩擦摆支座良好的隔震性能，经过 20 多年的发展，已经在全世界数百座建筑和桥梁中得到应用。

图 2.16 摩擦摆支座

2.4.1.1　摩擦摆支座构造及分类

摩擦摆支座的基本组成包括上座板、球冠衬板、球摆和底座，如图 2.17 所示。

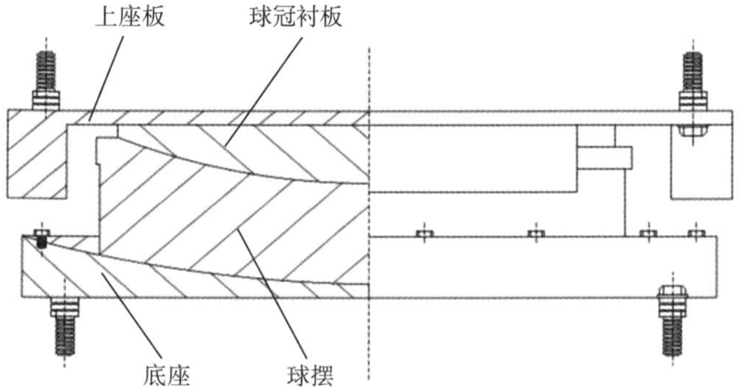

图 2.17　摩擦摆支座示意图

摩擦摆支座的工作原理，是利用两个曲面与各自对应凹球面间的滑动，形成一个钟摆式的机构，以延长结构自振周期，大幅度减少结构物因受地震作用而引起的放大效应。其隔震功能的实现，一方面是通过滑动面与凹球面间的摩擦来消耗地震能量，另一方面则是在滑动过程中，利用结构整体被抬升时动能与势能的转化来减小其水平地震响应。

按照滑动摩擦面的结构形式，可将摩擦摆隔震支座分为Ⅰ型和Ⅱ型两类。Ⅰ型为单主滑动摩擦面型。其中，滑动面朝下的支座一般用于层间隔震，如图 2.18(a) 所示；滑动面朝上的支座一般用于基础隔震，如图 2.18(b) 所示。Ⅱ型为双主滑动摩擦面型，如图 2.18(c) 所示。

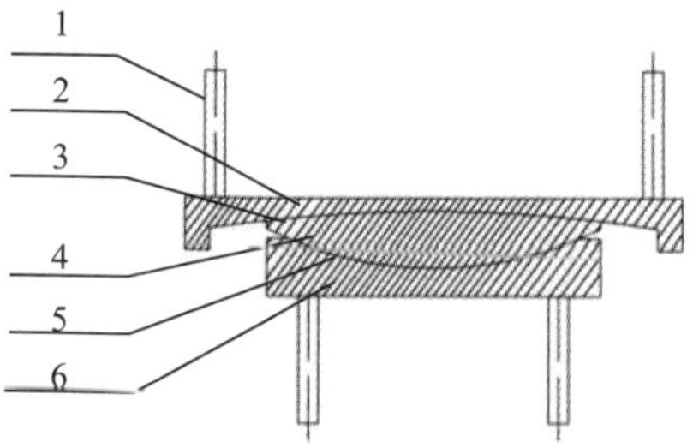

(a) Ⅰa型

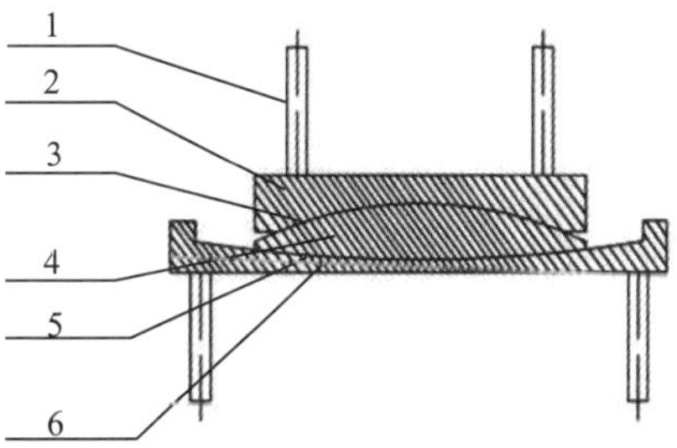

(b) Ⅰb型

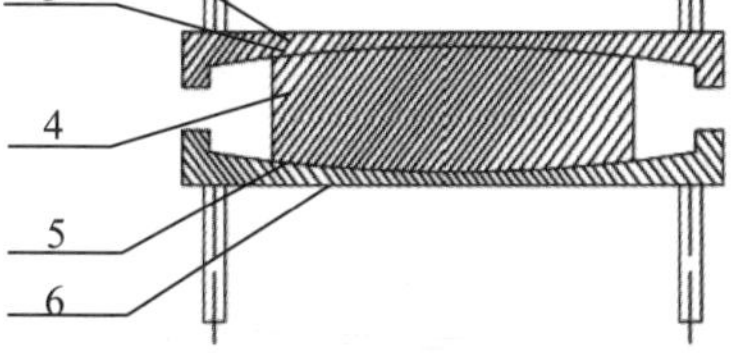

(c) Ⅱ型

图 2.18　摩擦摆支座的分类

1—上下锚固装置；2—上座板，3—上滑动摩擦面；4—球冠体；5—下滑动摩擦面；6—下座板

2.4.1.2 摩擦摆支座材料

滑动摩擦面的摩擦材料通常采用聚四氟乙烯、改性聚四氟乙烯或改性超高分子量聚乙烯等。摩擦摆的组成材料及力学性能指标的要求见表 2.11。

表 2.11 摩擦摆的组成材料及力学性能指标要求

部位	材料	指标要求
凹球面	球墨铸铁 ASTM A536 钢板 ASTM A36、A50	抗拉强度≥415MPa 屈服强度≥275MPa 伸长率≥12%
球冠板	不锈钢 ASTM A240， TYPE 316 经过抛光处理	抗拉强度≥415MPa 屈服强度≥275MPa 厚度≥4.5mm
不锈钢凹面层	不锈钢 ASTM A240， TYPE 316 经过抛光处理	抗拉强度≥415MPa 屈服强度≥75MPa 厚度≥6.5mm
下支座板	铸造材料等级 804 经过抛光处理	抗拉强度≥415MPa 屈服强度≥275MPa 伸长率≥18%
复合滑动材料	高强度低摩擦的复合材料(无须润滑)	PTFE

2.4.2 摩擦摆支座的力学性能参数

摩擦摆支座可简化为一个沿圆弧面滑道运动的滑块，其中滑道半径及滑块底部圆弧面半径均为 R_1，滑块质量为 m_1。θ表示滑块 m_1 相对于滑道竖向对称轴运动的转角，以逆时针为正，如图 2.19 所示。

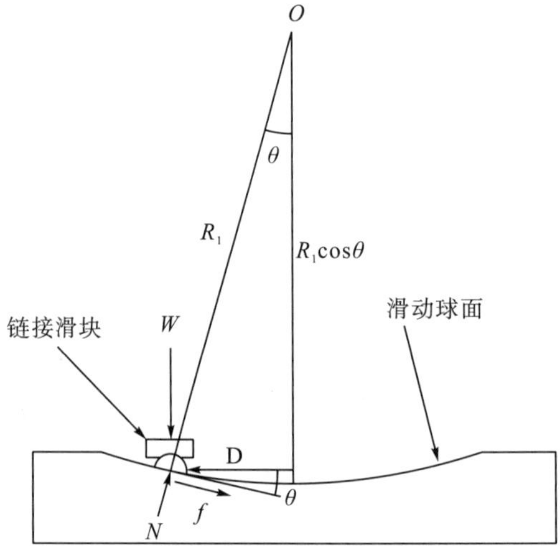

图 2.19 摩擦摆支座示意图

支座中滑块的水平位移 $D=R_1\sin\theta$; 滑块对滑道面的正压力 $N=W\cos\theta$, W 为支座承受的竖向荷载；摩擦力 $f=\mu\operatorname{sgn}(\dot{\theta})$。其中，$\mu$ 为滑动摩擦系数，而符号函数：

$$\operatorname{sgn}(\dot{\theta})=\begin{cases}1, & \dot{\theta}>0\\ -1, & \dot{\theta}<0\end{cases} \tag{2.31}$$

摩擦摆支座计算中应用的参数及相关公式如下。

(1) 隔震周期取决于支座第一滑动面的曲率半径 R_1，不受上部结构的影响，对地震激励的频率范围具有低敏感性。隔震结构的周期为

$$T=2\pi\sqrt{\frac{R_1}{g}} \tag{2.32}$$

(2) 水平力表示为恢复力和摩擦力之和。因此，调整支座承受的地震水平力，可通过改变滑动面摩擦系数实现。水平力的计算公式如下：

$$F=\frac{\dfrac{W}{R_1}D+\mu W\operatorname{sgn}(\dot{\theta})}{\cos\theta} \tag{2.33}$$

(3) 初始刚度的计算公式为

$$K_0=\frac{\mu W}{d_y} \tag{2.34}$$

式中，K_0——支座初始刚度，N/mm；

μ——滑动摩擦系数；

W——支座所受竖向荷载，N；

d_y——屈服位移，建议取 2.5mm。

(4) 等效水平刚度 K_{eff} 的计算公式为

$$K_{eff}=\left(\frac{1}{R_1}+\frac{\mu}{D}\right)W \tag{2.35}$$

式中，K_{eff}——等效水平刚度，N/mm；

D——支座水平滑动位移，mm。

可以看出，摩擦摆支座的等效水平刚度与支座第一滑动面的曲率半径 R_1、滑动摩擦系数 μ 和水平滑动位移 D 有关。

(5) 二次屈服后刚度 K_1 的计算公式为

$$K_1=\frac{W}{R_1} \tag{2.36}$$

(6) 等效阻尼比 ξ_{eff} 的计算公式为

$$\xi_{eff}=\frac{2}{\pi}\left(\frac{\mu}{\mu+\dfrac{d_d}{R_1}}\right) \tag{2.37}$$

即摩擦摆支座的等效阻尼比与其第一滑动面的曲率半径 R_1、滑动摩擦系数 μ 和水平滑动位移 D 有关。

同时，摩擦摆支座的力学性能及相应的试验方法，应依据《建筑摩擦摆隔震支座》(GB/T 37358—2019)[4]中的规定，见表 2.12。

表 2.12 摩擦摆支座的力学性能试验项目

序号	性能	试验项目	要求
1	压缩性能	竖向压缩变形	在基准竖向承载力作用下，竖向压缩变形不大于支座总高度的 1%或者 2mm 中的较大者
2		竖向承载力	在竖向压力为 2 倍基准竖向承载力时不应出现破坏
3	剪切性能	动摩擦系数	位移取极限位移的 1/3；检测值与设计值的偏差单个试件应在±25%以内，一批试件平均偏差应在±20%以内
4		屈服后刚度	
5	剪切性能相关性	反复加载次数相关性	取第 3 次、第 20 次摩擦系数进行对比，变化率不应大于 20%
6		温度相关性	基准温度为 23℃，摩擦系数变化率不应大于 45%
7	水平极限变形能力	极限剪切变形	在基准竖向承载力作用下，反复加载一圈至极限位移的 0.85 倍时，支座不应出现破坏

2.5 新型隔震支座

目前，研究的新型隔震支座主要可分为新型弹性体叠层支座、新型摩擦摆支座和组合式隔震支座。

2.5.1 新型弹性体叠层支座

新型弹性体叠层支座包括新型材料隔震支座和低成本材料隔震支座。新型材料隔震支座是指用新型高性能材料或智能材料代替传统橡胶材料，制造新型功能性的叠层支座。低成本材料隔震支座是指采用传统材料代替橡胶或者钢板，制造低成本和性能稳定的隔震装置。

2.5.1.1 新型材料隔震支座

新型材料在隔震支座上的研究热点主要有形状记忆合金(shape memory alloy，SMA)隔震支座和磁流变弹性体(magnetorheological elastomers，MRE)隔震支座。

1. SMA 隔震支座

SMA 因具有良好的形状记忆功能和能量耗散能力，最早由 Graesser 和 Cozzarelli 提出使用 SMA 的特性制作耗能装置[5]，近年来被诸多学者与叠层橡胶支座组合使用以提高隔震支座的自复位和耗能能力[6]。结果表明，集成形状记忆合金丝与减隔震装置可提升传统减隔震系统的性能，其中，形状记忆合金丝的布置方式也是影响其性能的主要因素，最常见的布置方式如图 2.20 所示。国内外学者研究了形状记忆合金丝采用不同布置方式时对隔震支座性能的影响。与常规的平行布置方案相比，单交叉的布置方案可提供更大的水平变形能力，以保证应变不超过其超弹性应变范围，也可通过增加形状记忆合金的尺寸来提升隔震系统的耗能性能[7]。

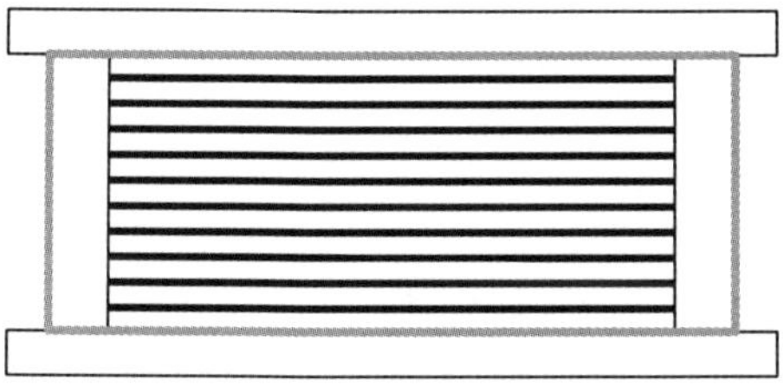

(a) 平行布置形式

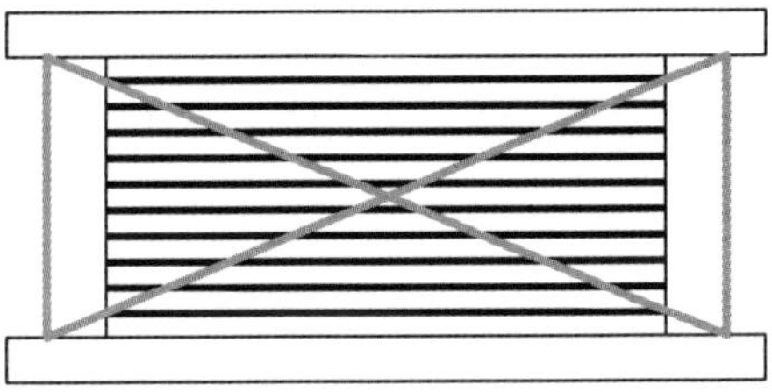

(b) 交叉布置形式

图 2.20　SMA-叠层橡胶支座

2. MRE 隔震支座

MRE 是一种智能材料[8]，它的出现为克服传统隔震体系的主要缺陷，创造一种刚度和阻尼实时可控[9]的新型隔震器提供了可能。MRE 在剪切模式下工作，剪切模量或刚度取决于外加磁场。由于其具有剪切模量能够随外加磁场的变化而改变和能克服磁流变液易沉降问题等优点，成为目前比较有前景的新型智能材料。当结构遭受地震侵袭时，为有效保护结构不受地震活动的影响，应减小结构的水平响应。MRE 可以在不同磁场环境下表现出不同的刚度，因而 MRE 支座可以看作是具有可变刚度的普通弹性支座，通过改变外加磁场，可以根据结构的实时响应进行控制[10]。同时，MRE 支座可以实时改变隔震结构的基本固有周期，避免与地震周期的重合，从而使隔震结构具有相当大的抗震能力，减轻过度的结构振动。

2.5.1.2　低成本材料隔震支座

在近几年发生的芦山、泸定和积石山地震中，大量低矮村镇房屋发生了倒塌与破坏。由于价格昂贵、施工复杂等原因，隔震技术在村镇地区难以推广应用。为了进一步提高村镇房屋的抗震性能，各国学者提出了一些低成本、性能稳定的隔震装置，并对其进行相应的研究，如纤维增强橡胶支座、高强钢丝网叠层橡胶支座、废旧轮胎叠层橡胶支座等。

1. 纤维增强橡胶支座

叠层橡胶支座的质量主要源于钢板，典型的橡胶支座具有约 20 片的薄加强板以及两端封板，制备薄层钢板、橡胶片以及支座硫化工艺所需费用高昂，导致支座成本较高[11]。因此，Kelly 等建议采用纤维材料替代钢板[12]。一方面，纤维材料质量轻，价格低；另一方面，纤维材料易于切割，可以制造大面积叠层纤维增强橡胶板并切割成所需尺寸的叠层支座，显著降低了制造成本[11]。从 1999 年 Kelly 等发展纤维增强橡胶支座以来，国内外学者针对此类支座开展了一系列理论、试验与数值模拟研究，证明纤维增强橡胶支座具有足够的竖向刚度、较低的水平刚度以及优异的滞回耗能能力[13-20]。

2. 高强钢丝网叠层橡胶支座

高强钢丝网叠层橡胶支座是在叠层钢板橡胶支座的基础上，将原有加劲钢板替换为柔性高强细密钢丝网（图 2.21）[21]，使支座能通过翻滚变形实现大的水平位移，并采用高阻尼胶料，使新型支座既有高阻尼橡胶支座的阻尼耗能能力，又省去了高阻尼支座的上下端板和复杂的安装程序，且保留了板式橡胶支座易安装的优势[22]。

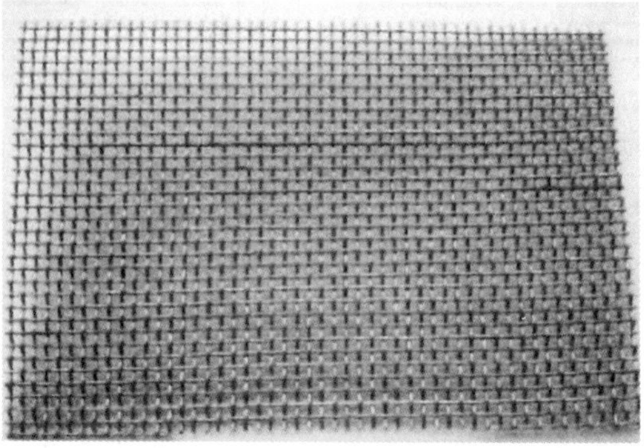

图 2.21 高强细密钢丝网

3. 废旧轮胎叠层橡胶支座

废旧轮胎叠层橡胶支座由废旧轮胎叠置而成，具有一定的复位性能和阻尼，以及较小的刚度，可用于村镇房屋的隔震，且造价低廉、制作简单，还能利用废旧轮胎，具有较大的环保意义[23-29]。随着我国人民生活水平的不断提高以及物流行业的快速发展，各类私家车与货车等的数量逐年增加，必然产生大量的废旧轮胎[30]。如果能对废旧轮胎进行回收利用，不仅可以探求一种造价低廉且适用于村镇房屋的隔震系统，而且更符合国家资源综合利用的要求。

2.5.2 新型摩擦摆支座

新型摩擦摆支座的研究主要涉及复杂滑动曲面在各类型隔震结构中的自适应隔震性能。新型摩擦摆支座主要有三重摩擦摆支座与变曲率摩擦摆支座。

2.5.2.1 三重摩擦摆支座

三重摩擦摆支座的构造如图 2.22 所示。其主要由滑块、上下滑动板以及上下座板组成。其中，滑块的上下表面、上滑动板的上表面和下滑动板的下表面均嵌有聚四氟乙烯材料，上下滑动板以及上下座板的两端均设有限位环以控制支座的最大位移。图中，R 是各个滑动面的曲率半径，μ 为滑动面的摩擦系数，d 代表不同滑动面的位移限值，h 为滑块中心到不同滑动面中心的距离。R_{eff} 为各个滑动面的有效曲率半径，可以通过式(2.38)计算得到。支座的运动状态与各滑动面的摩擦系数、位移限值以及有效曲率半径有关。当水平力 F 超过了某个滑动面的最大静摩擦力时，支座的运动将在该滑动面上开始，本书中假定滑动面的最大静摩擦力等于动摩擦力；当滑块或上、下滑动板碰到限位环时，其相对位移达到位移限值 d，支座在该滑动面上的运动停止。

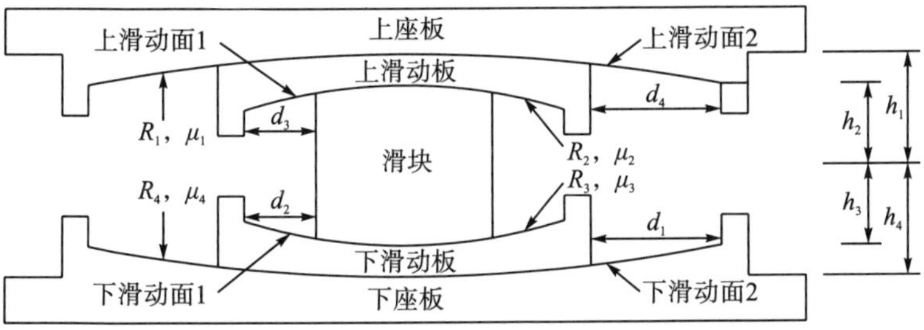

图 2.22　三重摩擦摆支座的构造

$$R_{\text{eff}}=R-h \tag{2.38}$$

根据 Fenz 和 Constantinou 的研究[31]，为了使三重摩擦摆支座表现出完全自适应的特性，各滑动面的摩擦系数、位移限值及有效曲率半径需要满足以下假定：

(1) 上、下座板的有效曲率半径相同，上、下滑动板的有效曲率半径也相同，但上、下座板的有效曲率半径大于上、下滑动板的有效曲率半径，即 $R_{\text{eff1}}=R_{\text{eff4}}\gg R_{\text{eff2}}=R_{\text{eff3}}$。

(2) 选择合适的摩擦材料，使得支座在运动初期的刚度较大，摩擦力较小；随着位移的增大，支座的刚度逐渐减小，摩擦力逐渐增大，因此摩擦材料的摩擦系数应满足 $\mu_2=\mu_3<\mu_1<\mu_4$。

(3) 支座的运动首先从上滑动面 1 与下滑动面 1 开始，其次上下滑动面 2 开始滑动，并且上下滑动面 2 先于上下滑动面 1 达到位移限值，所以只需要上下滑动面 1 的位移限值满足 $d_2>(\mu_1-\mu_2)R_{\text{eff2}}$ 且 $d_3>(\mu_4-\mu_3)R_{\text{eff3}}$。

(4) 当支座的运动使得下滑动面 2 碰到限位环，下滑动面 2 停止滑动时，上滑动面 1 开始滑动，因此下滑动面 1 的位移限值需满足 $d_1>(\mu_4-\mu_1)R_{\text{eff1}}$。

三重摩擦摆发生最大位移时的运动机制分为以下五个阶段。

(1) 第一阶段：上滑动面 1 与下滑动面 1 发生相对滑动，其他滑动面上滑块保持相对静止。滑块在上下滑动面 1 上发生相对滑动，此时上滑动面 1 和下滑动面 1 上摩擦力相等且最小，其他滑动面上滑块保持相对静止，此阶段支座刚度 $K=W/(R_{\text{eff2}}+R_{\text{eff3}})$。

(2) 第二阶段：下滑动面 2 与上滑动面 1 发生相对滑动，其他滑动面上滑块保持相对静止。当滑块与下滑动板整体在下滑动面 2 上发生相对滑动时，滑块在下滑动面 1 上立即停止滑动，下滑动面 1 上的相对位移 u_2 为常数，$u_2=(\mu_1-\mu_2)R_{\text{eff2}}$ 此阶段支座刚度 $K=W/(R_{\text{eff1}}+R_{\text{eff3}})$。

(3) 第三阶段：上滑动面 2 与下滑动面 2 发生相对滑动，其他滑道上滑块保持相对静止。当滑块与上滑动板整体在上滑动面 2 上发生相对滑动时，滑块在上滑动面 1 上立即停止滑动，下滑动面 1 上的相对水平位移 u_2 为常数，$u_2=(\mu_1-\mu_2)R_{\text{eff2}}$，上滑动面 1 上的相对水平位移 u_3 为常数，$u_3=(\mu_4-\mu_3)R_{\text{eff3}}$，此阶段支座刚度为 $K=W/(R_{\text{eff1}}+R_{\text{eff4}})$。

(4) 第四阶段：上滑动面 2 与下滑动面 1 发生相对滑动，其他滑道上滑块保持相对静止。当滑块接触到下滑动面 2 上的限位装置时，滑块保持相对静止，此阶段支座刚度 $K=W/(R_{\text{eff2}}+R_{\text{eff4}})$。

(5) 第五阶段：上滑动面 1 与下滑动面 1 发生相对滑动，其他滑道上滑块保持相对静止。当滑块接触到上滑动面 2 上的限位装置时，滑块保持相对静止，下滑动面 2 上滑块仍然保持相对静止，此阶段支座刚度 $K=W/(R_{\mathrm{eff2}}+R_{\mathrm{eff3}})$。

2.5.2.2 变曲率摩擦摆支座

传统摩擦摆支座的自振周期只与其半径有关，自振周期单一[32]。在未知的地震激励下支座参数选取比较困难，而且单一的半径和刚度未必适用于任何地震激励中。为了解决这个问题，Pranesh 和 Sinha 设计出一种变曲率隔震支座[33]，如图 2.23 所示。改变传统球形滑动面为具有不同曲率的椭球滑动面，因此自振频率也随着滑动面位置的改变而变化，支座的滑动面半径并不是一个单一的值，而是随着支座滑块的滑板支座的周期不断变化，从而减少或避免发生共振现象，能够在不同的地震激励下表现出良好的隔震性能，使支座的适用性更好。

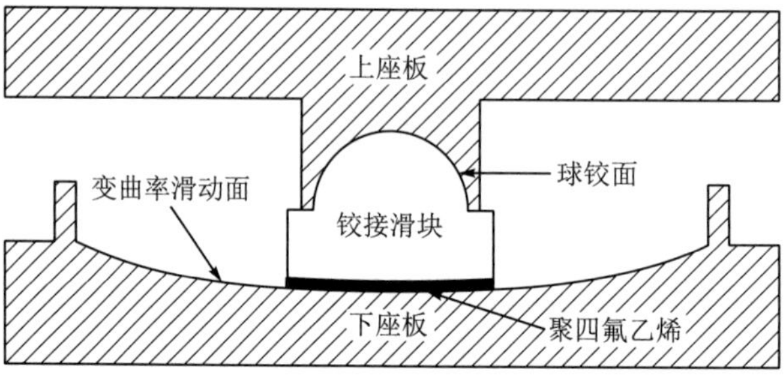

图 2.23 变曲率摩擦摆支座构造

周云等[34]研究了变曲率摩擦摆支座，对支座做了理论上的推导，并用有限元软件进行了模拟验证，推导出支座的水平力-位移关系，研究了支座参数对支座性能的影响，对该类型支座的自复位性能进行了分析，得出了支座的最大残余位移公式。

2.5.3 组合式隔震支座

组合式隔震支座是指将各类隔震支座所组成的具有不同特点的隔震装置，在同一隔震结构中以并联或串联的方式组合起来使用，并进行优化，兼具各种隔震支座的优点。常见的组合式隔震支座主要包括滑板式弹性体组合支座、摩擦式钢耗能隔震装置、分离式隔震体系。

2.5.3.1 滑板式弹性体组合支座

滑板摩擦隔震支座没有自复位能力，在大震时可能产生不可控制的位移，叠层橡胶支座虽有自复位能力，但是阻尼有限，在耗散地震能量方面没有优势。而滑板式弹性体组合支座是将滑板隔震支座和叠层橡胶支座并联，使得系统中的叠层橡胶支座提供系统的向心恢复力，滑板隔震支座滞回耗能，降低地震作用，是一种同时具备弹性水平恢复力与阻尼的组合隔震装置。

相对于铅芯叠层橡胶支座，滑板式弹性体组合支座不仅在性能上更突出，而且在经济性和环境保护方面也更具有优势。因为滑板隔震支座能够替代铅芯为隔震层提供更多的阻尼，增加隔震层的竖向承载能力和初始刚度。天然叠层橡胶支座因为滑板支座的联合工作，不需要承受全部的结构荷载，与全部使用隔震橡胶支座的隔震方式相比，橡胶支座的数量、支座的使用直径和整个隔震层的成本都可以减小。同样，因为橡胶支座分担了滑板隔震支座的部分结构自重，与全部使用滑板隔震支座的隔震方式相比，滑板式弹性体组合支座承受更少的结构重量。如果要达到相同的水平摩擦力，滑板隔震支座可以有更大的摩擦系数，降低了对摩擦材料的要求，对摩擦材料摩擦性能和波动范围的要求不再那么严苛，同时还降低了摩擦系数变化对隔震效果的影响。

2.5.3.2　摩擦式钢耗能隔震装置

摩擦式钢耗能隔震装置中最常见的是金属阻尼组合支座，该支座由普通支座和金属阻尼器组合而成，结构的竖向支承主要由普通支座部分来承担，而减震耗能功能主要通过金属阻尼器实现。

金属阻尼组合支座是在已经较为成熟的球形钢支座的基础上，借鉴弹塑性钢耗能的工作原理，改善结构和材料形成的组合隔震装置。这种支座的转动和滑移并不发生在同一平面，而是分开实现。在正常状态下，该支座能够像普通支座那样工作，满足结构正常使用；在发生较小地震时，无须附加阻尼耗能，仅通过普通支座自身的阻尼抵抗地震作用；在发生罕遇地震时，较大的地震作用迫使限位装置破坏，此时非线性金属阻尼开始发挥效用，通过支座的摩擦和金属阻尼的变形来耗散地震能量实现隔震。这种支座的优势在于小震发生时无须更换支座，罕遇地震发生后也仅需要更换限位装置和金属阻尼器元件，支座的维护和保养简便，具有较好的耐久性，长期成本较低。

2.5.3.3　分离式隔震体系

轨道交通具有安全、高速、容量大等优点，是一种重要的出行方式。地铁作为轨道交通的一种重要制式，在人们出行活动中发挥的作用巨大，但是由于列车运行诱发邻近建筑物振动，影响了建筑物的室内舒适度、结构安全及精密仪器的正常使用。随着我国城市化进程的推进，公共交通导向型开发(transit-oriented development，TOD)模式，通常采用城市轨道交通上盖建筑，有效提高城市土地资源的集中利用率。

目前采用的隔振措施主要分为轨道隔振和建筑物隔振。轨道隔振是在地铁轨道和枕木处设置橡胶垫，直接减轻振动源头处向上传递的振动幅度。建筑物隔振是对地铁上盖某一特定建筑进行减隔振设计。轨道隔振针对地铁线路上所有建筑，是一种全局方法，对于振动控制要求较高的建筑物可能无法满足要求，因此需要对建筑物隔振进行局部加强以改善隔振效果。对于需要进行抗震设防的轨道交通沿线建筑，则面临着地震引发振动和地震的双重影响，需要对建筑物进行“震振双控”。针对“震振双控”技术，可采用分离式隔震体系，其常见的装置主要分为橡胶垫-碟形弹簧装置、橡胶垫-气缸装置和黏弹性三维装置。

在橡胶垫-碟形弹簧装置中，碟形弹簧在载荷作用方向上尺寸较小，且能在很小变形时承受很大载荷，轴向空间紧凑，单位体积材料的变形能较大，具有较好的缓冲吸振/震能力。特别是在采用叠合弹簧组时，由于表面摩擦阻尼作用，吸收冲击和消散能量的作用更显著，但是由于弹簧刚度的限制，该种装置仍存在局限性。

在橡胶垫-气缸装置中，橡胶垫与气缸的组合可以起到一定的隔震和减震作用，但也存在局限性。一方面，由于橡胶垫的阻尼很小，不能对结构起到很好的减震作用；另一方面，橡胶垫与气缸组成的多维隔震装置构造复杂，不适合普遍推广。

在黏弹性三维隔震装置中，用黏弹性材料取代了橡胶材料，由于黏弹性材料的滞回曲线为饱满的椭圆，且自身具有较大的阻尼，表现出良好的耗能能力，从而使该装置的水平向减震性能优于普通的隔震橡胶支座，同时可以将黏弹性阻尼器和黏弹性核心垫联合使用进行竖向隔震、减震，但是该隔震装置在实际工程应用中仍需进一步深入研究。

2.6 隔震支座的其他性能

2.6.1 耐久性

隔震支座的耐久性是指装设于结构中的隔震支座经过 50～100 年或更长时间的使用，在荷载、多次地震作用、冲击荷载以及环境大气的长期作用下，仍能保持符合要求的承载力、弹性恢复力、刚度阻尼等力学性能的特性。隔震支座耐久性的目标是确保隔震支座的正常使用寿命不低于隔震结构自身的使用寿命，一般结构的使用寿命为 50 年。隔震支座耐久性主要包括老化性能、徐变性能、疲劳性能。本节主要对叠层橡胶支座的耐久性进行介绍，部分兼顾其他隔震支座的耐久性。

2.6.1.1 老化性能

对于叠层橡胶支座，橡胶材料的老化是由于其长期暴露于空气中，受阳光、温度、空气、水分、腐蚀介质等长期作用，橡胶材料表面膜化、开裂、软化、硬化、力学性能降低。由于叠层橡胶支座中橡胶和钢板是以薄片形状叠置在一起，支座的上下面有较厚的封板保护，橡胶氧化只能通过支座侧边浸透。氧化后的橡胶具有保护作用，使得氧气的浸透非常缓慢，即使支座最外侧的橡胶老化，内部的橡胶所受影响仍然较小。

庄学真等[35]对叠层橡胶支座的老化性能进行热老化试验研究，结果表明，叠层橡胶支座的竖向刚度变化较小，屈服刚度、等效刚度呈现降低的趋势，屈服力和等效阻尼比则逐步上升。其中，根据《橡胶支座 第 1 部分：隔震橡胶支座试验方法》(GB/T 20688.1—2007)[36]要求，在对叠层橡胶支座进行老化试验时支座的水平等效刚度和阻尼性能的允许变化率不应超过 30%。

对于摩擦摆支座，美国国家地震工程研究中心(NCEER)、加州大学地震工程研究中心(EERC)和加州大学圣地亚哥分校(UCSD)等科研机构对摩擦摆支座进行了大量试验和严格的测试，对已经使用了 10 年的摩擦摆支座重新进行测试，发现其滞回特性与支座使用前进行的测试相比基本没有发生变化，证明摩擦摆支座具有良好的抗老化性。

2.6.1.2　徐变性能

叠层橡胶支座的徐变是指装设于隔震结构中的叠层橡胶支座在结构自重及使用荷载的长期作用下，产生不可恢复的永久压缩变形。

周福霖[37]对澳大利亚一座采用了橡胶支座的桥梁进行调查，该桥梁于 1889 年建成，在长达 106 年的时间里，1995 年测得其橡胶支座变形量为 4～5mm。根据 Derham 等 8 年的徐变试验结果可知，叠层橡胶支座的徐变量增长期在 2～5 年内基本完成，随着时间的推移，徐变量趋向稳定[38]。同时日本免震协会依据大量的试验数据进行预测，使用 100 年的叠层橡胶支座徐变量不超过橡胶总厚度的 5%[39]。周福霖团队目前在进行一项设计时长为 50 年的叠层橡胶支座徐变试验，对橡胶施压 10MPa，测试其徐变情况，目前这个测试已进行了 23 年，预计到 2050 年结束。徐变试验情况如图 2.24 所示。

图 2.24　叠层橡胶支座徐变试验

考虑到叠层橡胶支座的正常功能和隔震结构的安全，对于叠层橡胶支座，《橡胶支座　第 1 部分：隔震橡胶支座试验方法》要求其徐变性能在 60 年后的徐变应变不应超过 10%，且《建筑抗震设计标准》规定在经历相应设计基准期的耐久试验后，徐变量不超过支座内部橡胶层总厚度的 5%。

2.6.1.3　疲劳性能

叠层橡胶支座的疲劳是指装设于隔震结构中的叠层橡胶支座在反复荷载和反复变形下丧失正常的力学性能。疲劳破坏的本质原因是橡胶材料、橡胶与钢板黏结层或整体制品中存在潜在缺陷，在反复变形或荷载作用下，在缺陷的周围引起应变或应力集中，并导致伤痕渐进地微量增长，随着反复变形或荷载的次数增加，伤痕不断发展，最终导致支座力学性能降低或破坏。所以叠层橡胶支座的疲劳性能，既是其质量的重要体现，也是其耐久性的重要评价指标。对于叠层橡胶支座的疲劳性能，《橡胶支座　第 1 部分：隔震橡胶支座试验方法》要求其水平等效刚度允许变化率不应超过 15%，试件外观无裂缝。

疲劳性能试验步骤如下。

(1)测出试件的初始外轮廓尺寸和竖向压缩刚度和剪切性能。

(2)使试件产生指定的剪切位移，该位移可为0。

(3)按指定的次数反复施加竖向压力，最大和最小压力应为最大和最小设计压力。

(4)测出外轮廓尺寸及竖向压缩刚度和剪切性能变化率以评定其抗疲劳性能。

其中，剪切位移和竖向压力的允许偏差为±5%。加载波形可为正弦波或三角波。加载频率范围为2～5Hz。反复加载次数为200万次。

对于滑板支座，其摩擦面一般采用PTFE材料，使得支座具有很好的抗腐蚀性。在滑板支座设计期限内，不会因为干燥或不润滑而影响摩擦系数。试验证明，在几千次循环加载过程中，PTFE的摩擦系数仍保持稳定。对于摩擦摆支座，经过几百次严格测试，在多次循环加载下其滞回曲线保持稳定，基本不发生退化。

2.6.2 耐火性

叠层橡胶支座受火时，随着温度升高橡胶逐渐降解，同时橡胶与钢板之间的黏结渐渐失效，最后空气从钢板与橡胶之间的间隙渗入并引起剧烈燃烧，导致支座力学性能不断劣化并最终失去承载能力。因此，考虑到隔震结构的安全性，叠层橡胶支座应具有一定的耐火性能，即在支座周边环境发生火灾时，在一定时限内叠层橡胶支座应能保持其承载力及变形性能。

由于叠层橡胶支座表面的橡胶保护层燃烧后形成的碳化层具有一定热阻效应，可延缓支座内部的进一步燃烧，加之橡胶本身为不良导热体，所以支座也有一定耐火能力，且随橡胶保护层厚度和支座尺寸不同而异。

国内外对隔震支座在火灾高温下相关性能的研究中，Mazza[40-42]研究了耐火橡胶支座的剩余承载能力，并通过数值分析确定了支座的受火能力，研究开发了高耐火性能的叠层橡胶支座，对温度场进行数值分析，评估HDLRBs和LRBs的力学性能损失，证实火灾后支座的力学性能明显降低；Derham等[43]对52.5mm厚橡胶保护层的叠层橡胶支座进行了火灾试验，试验后的叠层橡胶支座竖直刚度严重降低；Kato等[44]通过试验研究发现支座的橡胶保护层在420℃时开始着火剥落，支座受火时其承受荷载的能力不会立即消失；刘文光等[45]对300mm直径的天然叠层橡胶支座和铅芯叠层橡胶支座进行了1h火灾试验；周雅萍[46]针对目前隔震橡胶支座火灾模拟缺乏普适的有限元模型问题展开了研究，提出了适用于分析支座高温后力学性能的橡胶超弹性本构模型及其材料参数取值，并在此基础上使用ANSYS建立了叠层橡胶支座四面受火瞬态传热的数值模拟模型；杜永峰等[47,48]同样进行了基于ANSYS的火灾温度传导及温度场分布模拟。

Wu等[49]在ISO 834标准升温条件下，开展600mm直径的4个铅芯隔震橡胶支座和2个无铅芯隔震橡胶支座的明火试验，考察受火时间和竖向荷载对受火后支座剩余力学性能的影响。根据叠层橡胶支座的耐火性能试验[50,51]，得到了以下结论：

(1)受火时间在0.5h以内时，支座表层防护橡胶有效保护了内部支座，有效阻断了热量向支座内部传导，除保护橡胶外，支座完整性良好，试验结果表明支座性能降低不超过10%；受火时间在0.5h以上时，叠层橡胶支座在不同剪应变情况下总体均可保持原有性能，但当剪应变较小时，其水平等效刚度的降低幅度稍大。

(2) 受火时间达到或超过 1.0h 时，内部橡胶及钢板有局部损伤，支座性能大幅下降，其中铅芯支座水平性能下降约 30%，但耗能性能增加约 20%。

(3) 受火时间在 1.5h 以上时，叠层橡胶支座被完全烧毁，整体性和承载能力彻底丧失。

2.6.3　耐低温性

我国大部分地区的地震动峰值加速度大于 0.1g，地震活跃区域分布辽阔，气候条件迥异，绝大部分高设防烈度地区 1 月份平均气温均低于 0℃[52]。例如，东北、西北等地区，冬季气温可达−16℃甚至会更低，尤其像黑龙江、吉林等地区，冬季温度有时可达−32℃，对支座性能的影响不可忽略。

有关学者对橡胶在低温下的性能进行了试验研究，见表 2.13[53-56]。研究结果表明，低温和低温下暴露时间对橡胶力学性能的影响不容忽视，橡胶材料在低温下会出现硬化现象，这种硬化分为瞬时硬化和结晶硬化两种形式。特别是当橡胶长时间暴露在 0℃以下时，橡胶结晶硬化会导致其剪切刚度显著增加。

表 2.13　弹性体和弹性体支座在低温下性能的试验研究

相关学者	研究方法	研究内容	试件属性	试件尺寸	温度范围
C.W.Roeder	试验	弹性体在低温下的瞬时硬化及结晶硬化	天然橡胶、氯丁橡胶试件	100mm×100mm×100mm	−50℃、−40℃、−30℃、−20℃、−10℃
A.Yakut	试验	橡胶支座在低温下的性能	橡胶支座的替代构件	356mm×229mm×44.5mm	−30℃、−20℃、−10℃
K.N.G.Fuller	试验	弹性体在低温下的结晶行为	天然橡胶试件	20mm×13mm×4mm	−25℃、−10℃、0℃
D.Cardone	试验、数值分析	弹性体在低温下的行为	小尺寸橡胶支座替代试件	35mm×35mm×10mm	−20℃、−10℃、0℃、10℃、20℃、30℃、40℃

叠层橡胶支座在低温环境下的力学性能与其在常温作用下有较大的差别。一般来说，耐寒型天然叠层橡胶支座适用的温度为−40～60℃，常温型氯丁叠层橡胶支座适用的温度为−25～60℃。当温度低于−40℃时，叠层橡胶支座的力学性能可能会有较大变化。温度对叠层橡胶支座性能的影响主要包括：

(1) 环境温度下橡胶和铅芯的瞬时变化。

(2) 橡胶和铅芯长期在低温环境中的结晶硬化。

(3) 滞回耗能造成的支座内部温度变化的影响。

(4) 温度季节性变化对支座寿命的影响。

一些学者[57]对叠层橡胶支座开展低温性能试验，发现当温度高于−50℃时，支座的抗压弹性模量随环境温度的降低而增大，当温度低于−50℃时，其抗压缩模量有减小的趋势；在−50～−45℃温度范围内，橡胶支座的抗剪弹性模量随温度的下降呈逐渐增加的趋势。同时，低温环境对叠层橡胶支座的竖直压缩刚度影响较大，竖直压缩刚度随环境温度的降低有所提高[58]，屈服刚度和水平刚度先增大后降低。

在温度低于−40℃时，PTFE 材料摩擦接触面表面的分子活性降低，摩擦系数减小，导致采用 PTFE 材料的隔震支座刚度降低。

虽然隔震橡胶支座已经得到广泛应用，但大多未考虑低温因素的影响，叠层橡胶支座及隔震体系的温度相关性有待深入研究。

参 考 文 献

[1] 中华人民共和国住房和城乡建设部. 建筑隔震设计标准: GB/T 51408—2021[S]. 北京: 中国计划出版社, 2021.

[2] 中华人民共和国住房和城乡建设部. 建筑隔震橡胶支座: JG/T 118—2018[S]. 北京: 中国标准出版社, 2018.

[3] 中华人民共和国住房和城乡建设部, 中华人民共和国国家质量监督检验检疫总局. 建筑抗震设计标准: GB/T 50011—2010[S]. 北京: 中国标准出版社, 2024.

[4] 国家市场监督管理总局, 国家标准化管理委员会. 建筑摩擦摆隔震支座: GB/T 37358—2019[S]. 北京: 中国标准出版社, 2019.

[5] Graesser E J, Cozzarelli F A. Shape-memory alloys as new materials for aseismic isolation[J]. Journal of Engineering Mechanics, 1991, 117(11): 2590-2608.

[6] Bhuiyan A R, Alam M S. Seismic performance assessment of highway bridges equipped with superelastic shape memory alloy-based laminated rubber isolation bearing[J]. Engineering Structures, 2013, 49: 396-407.

[7] Dezfuli F H, Alam M S. Shape memory alloy wire-based smart natural rubber bearing[J]. Smart Materials and Structures, 2013, 22(4): 045013.

[8] Hu Y, Wang Y L, Gong X L, et al. New magnetorheological elastomers based on polyurethane/Si-rubber hybrid[J]. Polymer Testing, 2005, 24(3): 324-329.

[9] Yang J, Sun S S, Du H, et al. A novel magnetorheological elastomer isolator with negative changing stiffness for vibration reduction[J]. Smart Materials and Structures, 2014, 23(10): 105023.

[10] Xing Z W, Yu M, Fu J, et al. A laminated magnetorheological elastomer bearing prototype for seismic mitigation of bridge superstructures[J]. Journal of Intelligent Material Systems and Structures, 2015, 26(14): 1818-1825.

[11] 李爱群, 张琰, 吴宜峰. 纤维增强橡胶支座力学性能与应用[J]. 东南大学学报(自然科学版), 2020, 50(3): 586-598.

[12] Kelly J M, Calabrese A. Analysis of fiber-reinforced elastomeric isolators[J]. Journal of Seismology and Earthquake Engineering, 2024, 2: 19-34.

[13] Toopchi-Nezhad H, Tait M J, Drysdale R G. Testing and modeling of square carbon fiber-reinforced elastomeric seismic isolators[J]. Structural Control and Health Monitoring, 2008, 15(6): 876-900.

[14] Toopchi-Nezhad H, Tait M J, Drysdale R G. Lateral response evaluation of fiber-reinforced neoprene seismic isolators utilized in an unbonded application[J]. Journal of Structural Engineering, 2008, 134(10): 1627-1637.

[15] 谭平, 徐凯, 王斌, 等. 基于新型简易隔震支座的村镇建筑隔震性能研究[J]. 土木工程学报, 2013, 46(5): 64-70.

[16] 谭平, 王斌, 金建敏, 等. 纤维增强工程塑料板夹层橡胶隔震支座有限元分析[J]. 振动与冲击, 2014, 33(24): 95-100.

[17] Moon B Y, Kang G J, Kang B S, et al. Design and manufacturing of fiber reinforced elastomeric isolator for seismic isolation[J]. Journal of Materials Processing Technology, 2002, 130: 145-150.

[18] Toopchi-Nezhad H, Tait M J, Drysdale R G. Bonded versus unbonded strip fiber reinforced elastomeric isolators: Finite element analysis[J]. Composite Structures, 2011, 93(2): 850-859.

[19] Ashkezari G D, Aghakouchak A A, Kokabi M. Design, manufacturing and evaluation of the performance of steel like fiber reinforced elastomeric seismic isolators[J]. Journal of Materials Processing Technology, 2008, 197(1/2/3): 140-150.

[20] Van Engelen N C, Osgooei P M, Tait M J, et al. Partially bonded fiber-reinforced elastomeric isolators(PB-FREIs)[J]. Structural Control and Health Monitoring, 2015, 22(3): 417-432.

[21] Li H, Tian S Z, Dang X Z, et al. Performance of steel mesh reinforced elastomeric isolation bearing: Experimental study[J]. Construction and Building Materials, 2016, 121: 60-68.

[22] 李涵, 袁万城, 田圣泽, 等. 钢丝网复合橡胶减隔震支座拟静力试验与恢复力模型研究[J]. 地震工程与工程振动, 2015, 35(6): 144-149.

[23] 田原源, 熊峰. 废旧轮胎垫隔震层的拟静力实验研究[J]. 地震工程与工程振动, 2014, 34(3): 191-196.

[24] Ahmet Turer, Bayezid Ozden. Seismic base isolation using low-cost Scrap Tire Pads(STP)[J]. Materials and Structures, 2008(5): 891-908.

[25] Turer A, Özden B. Seismic base isolation using low-cost Scrap Tire Pads (STP)[J]. Materials and Structures, 2008, 41(5): 891-908.

[26] 陈彪汉, 张广泰, 田虎学, 等. 村镇建筑叠层轮胎隔震支座竖向力学性能试验研究[J]. 建筑结构, 2019, 49(8): 49-52.

[27] 田原源, 熊峰. 废旧轮胎垫隔震层的拟静力实验研究[J]. 地震工程与工程振动, 2014, 34(3): 191-196.

[28] 张广泰, 陆东亮, 魏飞来, 等. 热氧老化作用下废旧叠层轮胎隔震垫的力学性能[J]. 华南理工大学学报(自然科学版), 2019, 47(8): 16-22.

[29] 张广泰, 陆东亮, 章金鹏, 等. 老化-荷载耦合下叠层轮胎隔震垫的竖向力学性能[J]. 材料导报, 2019, 33(18): 3140-3146.

[30] 孟庆利, 冯浩. 铅芯废旧轮胎隔震垫(LRTP)力学性能试验研究[J]. 土木工程学报, 2018, 51(1): 58-67.

[31] Daniel M F, Michael C. Constantinou. Spherical sliding isolation bearings with adaptive behavior: Theory[J]. Earthquake Engineering & Structural Dynamics, 2007, 37(2): 163-183.

[32] 邓雪松, 龚健, 周云. 变曲率摩擦摆隔震支座理论分析与数值模拟[J]. 土木建筑与环境工程, 2011, 33(1): 50-58.

[33] Pranesh M, Sinha R. VFPI: An isolation device for aseismic design[J]. Earthquake Engineering & Structural Dynamics, 2000, 29(5): 603-627.

[34] 周云, 龚健, 邓雪松. 变曲率摩擦复摆隔震支座的简化分析与数值仿真[J]. 工程力学, 2012, 29(7): 163-171, 185.

[35] 庄学真, 周福霖, 徐丽, 等. 大直径建筑叠层橡胶隔震装置温度相关性及老化性能研究[J]. 西安建筑科技大学学报(自然科学版), 2009, 41(6): 791-798.

[36] 中华人民共和国国家质量监督检验检疫总局, 中国国家标准化管理委员会. 橡胶支座 第 1 部分: 隔震橡胶支座试验方法: GB/T 20688.1—2007[S]. 北京: 中国标准出版社, 2007.

[37] 周福霖. 工程结构减震控制[M]. 北京: 地震出版社, 1997.

[38] Derham C J, Thomas A G. The design and use of rubber bearings for vibration isolation and seismic protection of structures[J]. The design and use of rubber bearings for vibration isolation and seismic protection of structures, 1980, 2(3): 171-175.

[39] 加藤朝郎, 道越真太郎, 大場政章, 等. FBR 免震設計に関する研究: その 28 積積ゴムの載荷加熱試験[C]//日本建築学会大会学術術演梗概集. 东京: 日本建築学会, 1999: 1215-1216.

[40] Mazza F. Torsional response of fire-damaged base-isolated buildings with elastomeric bearings subjected to near-fault earthquakes[J]. Bulletin of Earthquake Engineering, 2017, 15(9): 3673-3694.

[41] Mazza F. Nonlinear incremental analysis of fire-damaged r. c. base-isolated structures subjected to near-fault ground motions[J]. Soil Dynamics and Earthquake Engineering, 2015, 77: 192-202.

[42] Mazza F. Residual seismic load capacity of fire-damaged rubber bearings of r. c. base-isolated buildings[J]. Engineering Failure Analysis, 2017, 79: 951-970.

[43] DerhamG J, Thomas A G. The design of seismic bearings[M]. Hertford: The Malaysian Rubber Producer's Research Association, 1980.

[44] Kato A, Oba M, Michikoshi S, et al. Laminated rub ber load heating test[C]//Architectural Institute of Japan A Summary of Academic Lectures at the Japan Insti tute of Architecture Conference, 1999: 1215-1216.

[45] 刘文光, 杨巧荣, 周福霖. 天然橡胶隔震支座温度相关性能试验研究[J]. 广州大学学报(自然科学版), 2002, 1(6): 51-56.

[46] 周雅萍. 建筑隔震橡胶支座耐火性能试验研究[D]. 南京: 东南大学, 2015.

[47] 杜永峰, 李慧, 窦巍巍, 等. 叠层橡胶支座串联隔震体系抗火性能研究[J]. 灾害学, 2010, 25(S1): 207-211.

[48] 杜永峰, 崔旺, 李虎. 铅芯橡胶隔震支座火灾中温度场及其火灾后力学性能的数值模拟[J]. 兰州理工大学学报, 2019, 45(5): 115-119.

[49] Wu B, Han L W, Zhou F L, et al. Experimental study on fire resistance of building seismic rubber bearings[J]. Journal of Structural Engineering, 2011, 137(12): 1593-1602.

[50] 韩力维. 建筑隔震橡胶支座的耐火性能及防火保护的试验研究[D]. 广州: 华南理工大学, 2010.

[51] 吴波, 韩力维, 周福霖, 等. 建筑隔震橡胶支座的耐火性能试验[J]. 土木工程学报, 2011, 44(12): 50-57.

[52] 李爱群, 张瑞君, 徐刚. 橡胶隔震支座温度相关性的研究进展[J]. 建筑结构学报, 2021, 42(7): 1-11.

[53] Roeder C W, Stanton J F, Feller T. Low-temperature performance of elastomeric bearings[J]. Journal of Cold Regions Engineering, 1990, 4(3): 113-132.

[54] Yakut A, Yura J A. Parameters influencing performance of elastomeric bearings at low temperatures[J]. Journal of Structural Engineering, 2002, 128(8): 986-994.

[55] Fuller K N G, Gough J, Thomas A G. The effect of low-temperature crystallization on the mechanical behavior of rubber[J]. Journal of Polymer Science Part B: Polymer Physics, 2004, 42(11): 2181-2190.

[56] Cardone D, Gesualdi G, Nigro D. Effects of air temperature on the cyclic behavior of elastomeric seismic isolators[J]. Bulletin of Earthquake Engineering, 2011, 9(4): 1227-1255.

[57] Yu T L, Yuan D Y, Sun X L. The finished product of rubber bearing mechanical performance analysis in the low temperature[J]. Applied Mechanics and Materials, 2012, 178/179/180/181: 2254-2259.

[58] 由世岐, 刘斌, 楼永林. 低温环境对叠层橡胶支座变形特性影响的试验研究[J]. 东北大学学报, 2005, 26(3): 297-299.

第3章 隔震结构的分析方法

与传统抗震结构相比，隔震结构的分析需要特别关注隔震支座的动力特征。本章主要从频域和时域两个角度，介绍隔震结构的分析方法。首先，介绍隔震结构的动力分析模型；然后，介绍基于频域的隔震结构分析方法；接着，介绍基于时域的隔震结构分析方法，包括振型分解反应谱法、底部剪力法、时程分析法和能量分析法；最后，给出基础隔震结构动力分析的典型算例。

3.1 隔震结构的动力分析模型

3.1.1 隔震支座的力学模型

隔震支座力学模型的选用应与结构分析要求相适应，且满足其精度要求。因为隔震支座有较大阻尼，耗能性能较好，所以其力学模型的采用应考虑此特性。常用的隔震支座力学模型主要有等效线性模型[1]、双线性模型[2]、Bouc-Wen 模型[3]、三线性模型[4]等，本章将对这些力学模型进行详细介绍。

3.1.1.1 等效线性模型

等效线性模型[1]是隔震结构分析最常用的力学模型，其力学模型如图 3.1 所示。它用一个线性刚度和阻尼来等效隔震支座的力学性能，隔震结构被看作刚性质量，此时隔震结构可以简化成如图 3.2 所示的单自由度系统进行动力分析。

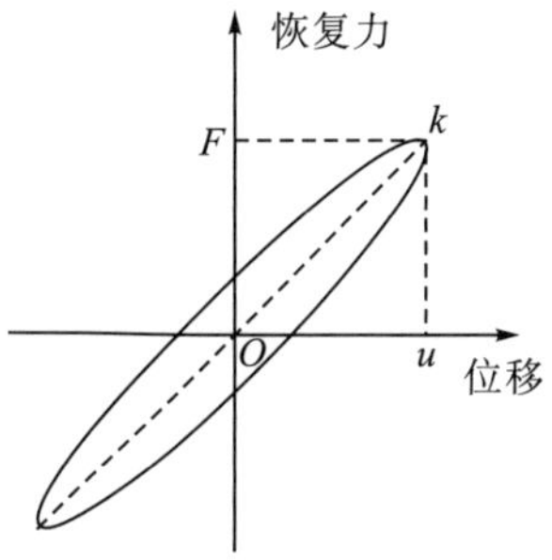

图 3.1 等效线性模型

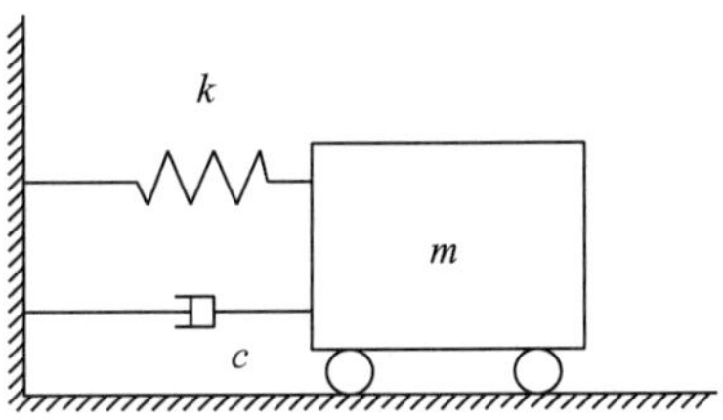

图 3.2 单自由度系统

在利用等效线性模型进行隔震结构分析时，需要通过多次迭代计算才能得到具有足够精度的隔震支座力学模型参数，所以，此分析方法称作等效线性化方法，其确定的力学模型参数称作等效刚度和等效黏滞阻尼比。等效线性模型的力学参数 k 一般采用切线刚度或割线刚度，其与恢复力和位移的关系为

$$F = ku \tag{3.1}$$

式中，F——隔震支座恢复力，kN；

u——隔震支座位移，mm；

k——等效线性刚度，kN/mm。

当对隔震支座的阻尼力进行单独分析时，阻尼力与速度的关系为

$$F = c\dot{u} \tag{3.2}$$

式中，c——等效黏滞阻尼系数。

等效黏滞阻尼系数一般由试验测定，对于承受竖向荷载的黏滞阻尼，可采用下式计算：

$$c = \frac{4\pi P\zeta}{Tg} \tag{3.3}$$

式中，P——隔震支座承受的竖向荷载，kN；

T——隔震结构第一自振周期，s；

g——重力加速度，m/s^2。

黏滞阻尼一般和振动频率有关，其模型参数通常用等效黏滞阻尼比来表示：

$$\zeta = \frac{W_{\mathrm{d}}}{4\pi W_{\mathrm{e}}} = \frac{W_{\mathrm{d}}}{2\pi k u^2} \tag{3.4}$$

式中，ζ——等效黏滞阻尼比；

W_{d}——等效阻尼耗能面积，kN·mm；

W_{e}——弹性恢复力做功面积，kN·mm。

一般的叠层橡胶隔震支座、未达到刚度刚化位移的高阻尼建筑隔震橡胶支座、各种黏滞型阻尼器、滞变型阻尼器均适用于等效线性模型。在采用等效线性化方法进行隔震结构分析时，模拟其他类型隔震支座的力-位移关系也可以采用该模型。

上述介绍了支座的单向力学模型，除此之外，还存在具有方向性的线弹性隔震支座，线弹性支座可以看作两个方向上是相互独立的。为加快动力方程的求解过程，在实际求解过程中，所有的线弹性单元可以作为合成刚度(K_x, K_y, K_r)。合成刚度中心($x_{\mathrm{K}}, y_{\mathrm{K}}$)相对于隔震层质心($x_{\mathrm{B}}, y_{\mathrm{B}}$)的刚度偏心为 $e_x^{\mathrm{B}} = x_{\mathrm{K}} - x_{\mathrm{B}}$，$e_y^{\mathrm{B}} = y_{\mathrm{K}} - y_{\mathrm{B}}$。

弹性恢复力-位移关系为

$$\begin{cases} F_x = K_x\left(u_x^{\mathrm{B}} - e_y^{\mathrm{B}} u_r^{\mathrm{B}}\right) \\ F_y = K_y\left(u_y^{\mathrm{B}} - e_x^{\mathrm{B}} u_r^{\mathrm{B}}\right) \\ T_r = K_r u_r^{B} + K_y e_x^{\mathrm{B}} u_y^{\mathrm{B}} - K_x e_y^{\mathrm{B}} u_x^{\mathrm{B}} \end{cases} \tag{3.5}$$

$$K_y = \sum_i k_{iy}\ ;\quad K_x = \sum_i k_{ix}\ ;\quad K_r = \sum_i \left(k_{ix} y_i^2 + k_{iy} x_i^2\right)$$

式中，u_x^{B}——质心在 x 方向的位移；

u_y^{B}——质心在 y 方向的位移；

u_r^{B}——x 方向与 y 方向的合成位移；

k_{ix}——第 i 个隔震支座在 x 方向的剪切刚度；

k_{iy}——第 i 个隔震支座在 y 方向的剪切刚度；

x_i——第 i 个隔震支座在 x 方向的坐标；

y_i——第 i 个隔震支座在 y 方向的坐标。

所有的线性阻尼器隔震支座可以合成为合成阻尼(C_x,C_y,C_r)。合成中心(x_C, y_C)相对于隔震层质心(x_B, y_B)的阻尼偏心为 $e_x^B = x_C - x_B$， $e_y^B = y_C - y_B$。

阻尼力-速度关系为

$$\begin{cases} F_x = C_x\left(\dot{u}_x^B - e_y^B\dot{u}_r^B\right) \\ F_y = C_y\left(\dot{u}_y^B - e_x^B\dot{u}_r^B\right) \\ T_r = C_r\dot{u}_r^B + C_y e_x^B\dot{u}_y^B - C_x e_y^B\dot{u}_x^B \end{cases} \tag{3.6}$$

$$C_x = \sum_i c_{ix}; \quad C_y = \sum_i c_{iy}; \quad C_r = \sum_i (c_{ix}y_i^2 + c_{iy}x_i^2)$$

式中，$\dot{u}_x^B$——质心在 x 方向的速度；

$\dot{u}_y^B$——质心在 y 方向的速度；

$\dot{u}_r^B$——质心在 x 方向与 y 方向的合成速度；

c_{ix}——第 i 个隔震支座在 x 方向的阻尼；

c_{iy}——第 i 个隔震支座在 y 方向的阻尼；

x_i——第 i 个隔震支座在 x 方向的坐标；

y_i——第 i 个隔震支座在 y 方向的坐标。

对于具有方向性的单向线弹性隔震支座来说，设其与主坐标轴 x 轴所成的角度为θ，则弹性恢复力和位移的关系为

$$\begin{pmatrix} F_x \\ F_y \end{pmatrix} = \begin{pmatrix} k\cos^2\theta & k\cos\theta\sin\theta \\ k\cos\theta\sin\theta & k\sin^2\theta \end{pmatrix}\begin{pmatrix} u_x \\ u_y \end{pmatrix} \tag{3.7}$$

阻尼力和速度的关系为

$$\begin{pmatrix} F_x \\ F_y \end{pmatrix} = \begin{pmatrix} c\cos^2\theta & c\cos\theta\sin\theta \\ c\cos\theta\sin\theta & c\sin^2\theta \end{pmatrix}\begin{pmatrix} \dot{u}_x \\ \dot{u}_y \end{pmatrix} \tag{3.8}$$

3.1.1.2　双线性模型

双线性模型[2]是隔震结构分析中最常用的一种非线性模型。双线性模型主要分为三种：理想弹塑性模型、线性强化弹塑性模型和具有负刚度特性的弹塑性模型。前两种模型在隔震支座的力学分析中应用较多，其力学模型如图 3.3 所示。可以用线性强化弹塑性模型来统一研究这两种情况下模型的力学特性。当结构屈服后，刚度取为 0 时，线性强化弹塑性模型就成为了理想弹塑性模型。

$$\begin{cases} F = K_e u_b, & u_b < u_{sy} \\ F = \alpha K_e u_b + (1-\alpha)F_y, & u_b > u_{sy} \end{cases} \tag{3.9}$$

式中，α——屈服后与屈服前剪切刚度的比值，$\alpha = K_p/K_e$；

F_y——屈服力，kN；

u_{sy}——屈服位移，mm；

K_e——屈服前刚度，kN/mm；

K_p——屈服后刚度，kN/mm；

F——隔震支座恢复力，kN；

u_b——隔震支座位移，mm。

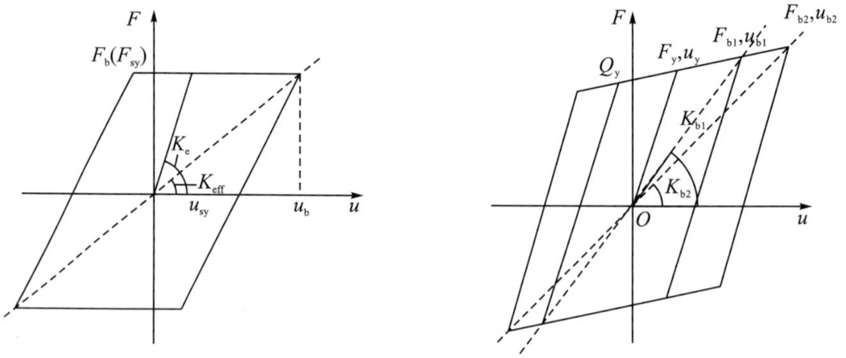

(a) 理想弹塑性模型

(b) 线性强化弹塑性模型

图 3.3　隔震支座双线性模型

K_{b1}—(F_{b1},u_{b1})的等效刚度，kN/mm；K_{b2}—(F_{b2},u_{b2})的等效刚度，kN/mm

如果把具有双线性模型特性的隔震支座用等效线性模型来模拟，则等效刚度K_{eff}和等效黏滞阻尼比分别为

$$K_{eff}=\frac{F_b}{u_b},\zeta_{eff}=\frac{2}{\pi}(1-\alpha)\left(\frac{u_b-u_{sy}}{u_b}\right)\frac{F_{sy}}{F_b} \tag{3.10}$$

低阻尼的叠层橡胶隔震支座、带铅芯的叠层橡胶隔震支座、钢阻尼器以及未达到刚度硬化时的高阻尼的橡胶隔震支座等都可以采用双线性模型进行结构分析。在实际应用中，这些类别的隔震支座的力学参数也往往以双线性力学模型给出。很多试验结果常常给出不同位移水平下的隔震支座的等效刚度和等效黏滞阻尼比，如$(F_{b1},u_{b1},K_{b1},\zeta_{b1})$、$(F_{b2},u_{b2},K_{b2},\zeta_{b2})$，它与双线性模型力学参数的换算关系见式(3.11)：

$$\begin{cases}Q_y=\dfrac{F_{b1}u_{b2}-F_{b2}u_{b1}}{u_{b2}-u_{b1}}\\[2ex]K_p=\dfrac{F_{b2}-F_{b1}}{u_{b2}-u_{b1}}\\[2ex]u_y=\dfrac{F_{b2}u_{b2}\zeta_{b2}u_{b1}-F_{b1}u_{b1}\zeta_{b1}u_{b2}}{F_{b2}u_{b2}\zeta_{b2}-F_{b1}u_{b1}\zeta_{b1}}\\[2ex]F_y=\dfrac{F_{b1}F_{b2}(u_{b2}\zeta_{b2}-u_{b1}\zeta_{b1})}{F_{b2}u_{b2}\zeta_{b2}-F_{b1}u_{b1}\zeta_{b1}}\\[2ex]K_e=\dfrac{F_{b1}F_{b2}(u_{b2}\zeta_{b2}-u_{b1}\zeta_{b1})}{F_{b2}u_{b2}\zeta_{b2}u_{b1}-F_{b1}u_{b1}\zeta_{b1}u_{b2}}\end{cases} \tag{3.11}$$

式中，ζ_{b1}——(F_{b1},u_{b1})的等效黏滞阻尼比；

ζ_{b2}——(F_{b2},u_{b2})的等效黏滞阻尼比；

Q_y——位移等于 0 时，支座对应的恢复力。

当采用双线性模型进行结构动力分析，且需要考虑隔震支座各个方向反应的相互影响时，不能分别用各个方向的独立关系来处理。对于理想弹塑性模型，其屈服模型可采用圆形屈服曲线的塑性理论来考虑，如图 3.4(a)所示。当然也可以采用其他类型的曲面，屈服后刚度不为零的隔震支座，可以采用 Prager 的移动硬化模型[5]进行结构动力分析，如图 3.4(b)所示。

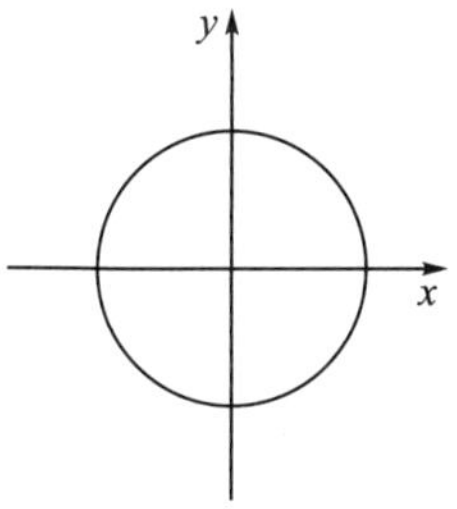

(a) 圆形屈服曲线

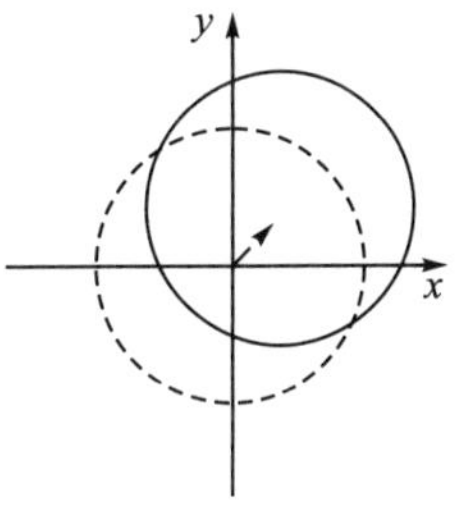

(b) Prager的移动硬化模型[5]

图 3.4　双线性模型的屈服模型

设 F_x^{sy}、Y_x、F_y^{sy}、Y_y为 x、y 方向单轴加载时的屈服力(kN)和屈服位移(mm)。

1. 屈服面函数

屈服面函数如下：

$$S_s=\left(\frac{\left|F_x-F_x^0\right|}{F_x^{sy}}\right)^{n_c}+\left(\frac{\left|F_y-F_y^0\right|}{F_y^{sy}}\right)^{n_c}-1=0 \tag{3.12}$$

式中，S_s——屈服函数；

F_x^0——x 方向加载屈服面的中心坐标；

F_y^0——y 方向加载屈服面的中心坐标；

n_c——加载屈服面的曲面指数，当 $n_c=2$ 时，即为椭/圆形屈服面。

2. 屈服面移动规则

当加载点位于屈服面之内时，隔震支座处于弹性受力状态。当加载点到达屈服面之上时，隔震支座开始屈服。若继续加载，则屈服面将与加载点一起移动。可以假设屈服面的运动服从随动硬化规则，即当屈服面运动时，它的形状和大小不发生变化，仅发生移动。随动硬化规则可以较好地模拟包辛格(Bauschinger)效应。

屈服面中心移动增量的表达式为

$$\begin{pmatrix} \mathrm{d}F_x^0 \\ \mathrm{d}F_y^0 \end{pmatrix} = \frac{1}{\begin{pmatrix} \dfrac{\partial S_\mathrm{s}}{\partial F_x} & \dfrac{\partial S_\mathrm{s}}{\partial F_y} \end{pmatrix}\begin{pmatrix} F_x - F_x^0 \\ F_y - F_y^0 \end{pmatrix}} \left(\begin{pmatrix} F_x - F_x^0 \\ F_y - F_y^0 \end{pmatrix} \begin{pmatrix} \dfrac{\partial S_\mathrm{s}}{\partial F_x} \\ \dfrac{\partial S_\mathrm{s}}{\partial F_y} \end{pmatrix}^\mathrm{T} \right) \begin{pmatrix} \mathrm{d}F_x \\ \mathrm{d}F_y \end{pmatrix} \tag{3.13}$$

对椭/圆形屈服面，屈服面中心移动增量的表达式为

$$\begin{aligned} \begin{pmatrix} \mathrm{d}F_x^0 \\ \mathrm{d}F_y^0 \end{pmatrix} &= \frac{1}{\left(\dfrac{F_x - F_x^0}{F_x^{\mathrm{sy}}}\right)^2 + \left(\dfrac{F_y - F_y^0}{F_y^{\mathrm{sy}}}\right)^2} \begin{pmatrix} \left(\dfrac{F_x - F_x^0}{F_x^{\mathrm{sy}}}\right)^2 & \dfrac{(F_x - F_x^0)(F_y - F_y^0)}{\left(F_y^{\mathrm{sy}}\right)^2} \\ \dfrac{(F_x - F_x^0)(F_y - F_y^0)}{\left(F_x^{\mathrm{sy}}\right)^2} & \left(\dfrac{F_y - F_y^0}{F_y^{\mathrm{sy}}}\right)^2 \end{pmatrix} \begin{pmatrix} \mathrm{d}F_x \\ \mathrm{d}F_y \end{pmatrix} \\ &= \begin{pmatrix} \left(\dfrac{F_x - F_x^0}{F_x^{\mathrm{sy}}}\right)^2 & \dfrac{(F_x - F_x^0)(F_y - F_y^0)}{\left(F_y^{\mathrm{sy}}\right)^2} \\ \dfrac{(F_x - F_x^0)(F_y - F_y^0)}{\left(F_x^{\mathrm{sy}}\right)^2} & \left(\dfrac{F_y - F_y^0}{F_y^{\mathrm{sy}}}\right)^2 \end{pmatrix} \begin{pmatrix} \mathrm{d}F_x \\ \mathrm{d}F_y \end{pmatrix} \end{aligned} \tag{3.14}$$

3. 本构关系

弹性状态：

$$\begin{pmatrix} \mathrm{d}u_x \\ \mathrm{d}u_y \end{pmatrix} = \begin{pmatrix} K_{\mathrm{ex}} & \\ & K_{\mathrm{ey}} \end{pmatrix}^{-1} \begin{pmatrix} \mathrm{d}F_x \\ \mathrm{d}F_y \end{pmatrix} \tag{3.15}$$

式中，K_{ex}——对 x 方向的屈服前刚度，kN/mm；

K_{ey}——对 y 方向的屈服前刚度，kN/mm。

假定塑性流动沿加载曲面上加载点处的法线方向，塑性变形为加载点所在加载曲面的塑性变形之和，可以得到屈服状态下的本构关系：

$$\begin{pmatrix} \mathrm{d}u_x \\ \mathrm{d}u_y \end{pmatrix} = \left(\begin{pmatrix} K_{\mathrm{ex}} & \\ & K_{\mathrm{ey}} \end{pmatrix}^{-1} + \frac{\begin{pmatrix} \dfrac{\partial S_\mathrm{s}}{\partial F_x} \\ \dfrac{\partial S_\mathrm{s}}{\partial F_y} \end{pmatrix} \begin{pmatrix} \dfrac{\partial S_\mathrm{s}}{\partial F_x} \\ \dfrac{\partial S_\mathrm{s}}{\partial F_y} \end{pmatrix}^\mathrm{T}}{\begin{pmatrix} \dfrac{\partial S_\mathrm{s}}{\partial F_x} \\ \dfrac{\partial S_\mathrm{s}}{\partial F_y} \end{pmatrix}^\mathrm{T} \boldsymbol{K}_\mathrm{S} \begin{pmatrix} \dfrac{\partial S_\mathrm{s}}{\partial F_x} \\ \dfrac{\partial S_\mathrm{s}}{\partial F_y} \end{pmatrix}} \right) \begin{pmatrix} \mathrm{d}F_x \\ \mathrm{d}F_y \end{pmatrix} \tag{3.16}$$

式中，$\boldsymbol{K}_\mathrm{S}$——塑性刚度矩阵。

$$\boldsymbol{K}_\mathrm{S} = \begin{pmatrix} \gamma_x K_{\mathrm{ex}} & \\ & \gamma_y K_{\mathrm{ey}} \end{pmatrix},\quad \gamma_x = \frac{\alpha_x}{1-\alpha_x},\quad \gamma_y = \frac{\alpha_y}{1-\alpha_y} \tag{3.17}$$

对于椭圆形屈服面，可写为

$$
\begin{pmatrix} \mathrm{d}u_x \\ \mathrm{d}u_y \end{pmatrix} = \left(\begin{pmatrix} K_{\mathrm{ex}} & \\ & K_{\mathrm{ey}} \end{pmatrix}^{-1} + \frac{1}{\dfrac{\alpha_x}{1-\alpha_x} K_{\mathrm{ex}} \left(\dfrac{F_x - F_x^0}{\left(F_x^{\mathrm{sy}}\right)^2} \right)^2 + \dfrac{\alpha_y}{1-\alpha_y} K_{\mathrm{ey}} \left(\dfrac{F_y - F_y^0}{\left(F_y^{\mathrm{sy}}\right)^2} \right)^2} \right.
$$

$$
\left. \cdot \begin{pmatrix} \left(\dfrac{F_x - F_x^0}{\left(F_x^{\mathrm{sy}}\right)^2} \right)^2 & \left(\dfrac{F_x - F_x^0}{\left(F_x^{\mathrm{sy}}\right)^2} \right) \left(\dfrac{F_y - F_y^0}{\left(F_y^{\mathrm{sy}}\right)^2} \right) \\ \left(\dfrac{F_y - F_y^0}{\left(F_y^{\mathrm{sy}}\right)^2} \right) \left(\dfrac{F_x - F_x^0}{\left(F_x^{\mathrm{sy}}\right)^2} \right) & \left(\dfrac{F_y - F_y^0}{\left(F_y^{\mathrm{sy}}\right)^2} \right)^2 \end{pmatrix} \right) \begin{pmatrix} \mathrm{d}F_x \\ \mathrm{d}F_y \end{pmatrix} \tag{3.18}
$$

4. 加载/卸载判断准则

加载/卸载判断准则如下：

$$
\begin{pmatrix} \dfrac{\partial S_{\mathrm{s}}}{\partial F_x} \\ \dfrac{\partial S_{\mathrm{s}}}{\partial F_y} \end{pmatrix}^{\mathrm{T}} \begin{pmatrix} K_{\mathrm{ex}} & \\ & K_{\mathrm{ey}} \end{pmatrix} \begin{pmatrix} \mathrm{d}u_x \\ \mathrm{d}u_y \end{pmatrix} \begin{cases} >0, & \text{加载} \\ =0, & \text{中性变载} \\ <0, & \text{卸载} \end{cases} \tag{3.19}
$$

对于椭圆形屈服面，加载/卸载判断准则的表达式为

$$
\frac{F_x - F_x^0}{\left(F_x^{\mathrm{sy}}\right)^2} K_{\mathrm{ex}} \mathrm{d}u_x + \frac{F_y - F_y^0}{\left(F_y^{\mathrm{sy}}\right)^2} K_{\mathrm{ey}} \mathrm{d}u_y \begin{cases} >0, & \text{加载} \\ =0, & \text{中性变载} \\ <0, & \text{卸载} \end{cases} \tag{3.20}
$$

5. 双线性刚化弹簧模型

高阻尼隔震橡胶支座在变形较大时具有明显的刚度硬化现象，双线性模型无法反映这种特性。有很多种三线性模型可供选择，但由于三线性模型在实际结构分析中应用过于复杂，下面介绍一种改进的双线性模型——双线性刚化弹簧模型，它可以看作是非线性弹性模型和理想弹塑性模型的并联。如图 3.5 所示为弹性部分恢复力的单轴模型。

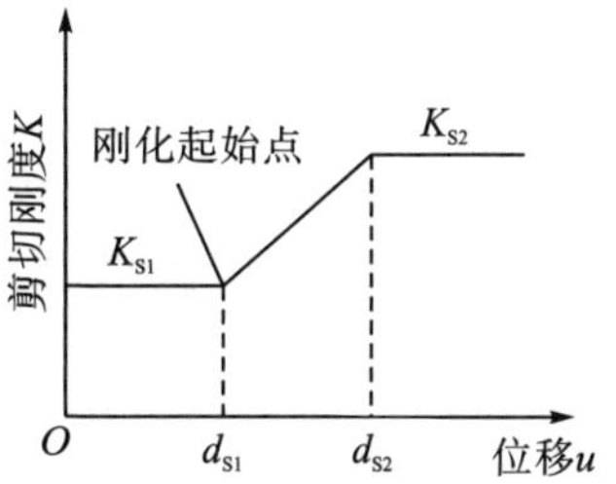

(a) 刚度变化曲线

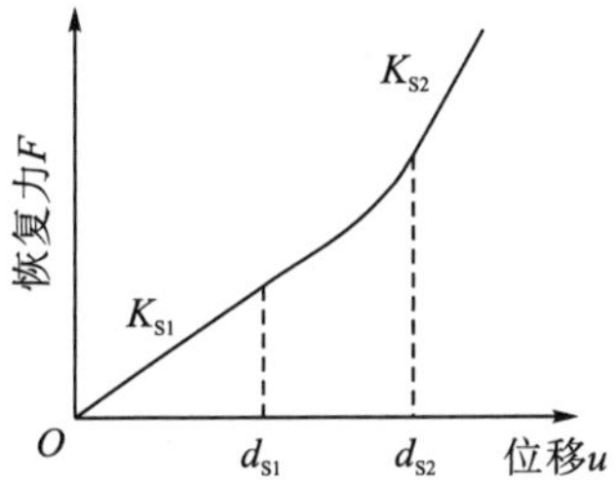

(b) 恢复力变化曲线

图 3.5　双线性刚化弹簧模型

双线性刚化弹簧模型的弹性部分恢复力-位移关系为

$$F=\begin{cases}K_{S1}u, & u\leqslant d_{S1}\\ \dfrac{\left(K_{S2}-K_{S1}\right)}{\left(d_{S2}-d_{S1}\right)}\dfrac{\left(u-d_{S1}\right)^2}{2}\operatorname{sgn}(u)+K_{S1}u, & d_{S1}<u\leqslant d_{S2}\\ \dfrac{\left(K_{S1}-K_{S2}\right)\left(d_{S1}+d_{S2}\right)}{2}\operatorname{sgn}(u)+K_{S2}u, & u>d_{S2}\end{cases}\tag{3.21}$$

式中，K_{S1}——$u\leqslant d_{S1}$时的剪切刚度，kN/mm；

K_{S2}——$u> d_{S2}$时的剪切刚度，kN/mm；

u——总位移，mm。

当双线性刚化弹簧模型考虑双向问题时，则有

$$u=\left(u_x^2+u_y^2\right)^{1/2}\tag{3.22}$$

式中，u_x——x方向的分量位移；

u_y——y方向的分量位移。

两个主轴方向的分力为

$$\begin{cases}F_{xs}=F\cos\theta\\ F_{ys}=F\sin\theta\end{cases}\tag{3.23}$$

$$\begin{cases}\theta=\theta^*, & u_x,u_y>0\\ \theta=\theta^*+\dfrac{\pi}{2}, & u_x<0,u_y>0\\ \theta=\theta^*+\pi, & u_x,u_y<0\\ \theta=-\theta^*, & u_x>0,u_y<0\\ \theta=\dfrac{\pi}{2},u=u_y, & u_x=0\\ \theta=0,u=u_x, & u_y=0\end{cases}\tag{3.24}$$

式中，$\theta^*=\arctan\left(\dfrac{|u_y|}{|u_x|}\right)$。

双线性刚化弹簧模型可以很好地模拟具有刚度刚化特征的隔震支座的力学特征，而且在程序实现方面也相对容易。

3.1.1.3 Bouc-Wen 模型

各种折线性模型在进行动力分析时，需要不断进行刚度变化点和拐点处的积分处理。对于需要考虑多轴相互作用、存在刚度刚化和退化的模型，还需要对加载面和屈服面移动、本构关系的变化、塑性流动等屈服机制进行大量处理，耗费大量的计算资源，使用起来非常复杂。Wen[6]建议的一种非线性力学模型可以有效解决这些问题，用一个微分方程来表征模型的滞回特征，在进行动力分析时，不需要进行上述的复杂处理。

1. 单轴模型

考虑隔震支座一个方向的力-位移时，按照式(3.25)进行计算：

$$\begin{cases} F = \alpha \dfrac{F_{sy}}{u_{sy}} u + (1-\alpha) F_{sy} z_B \\ \dot{z}_B = \dfrac{1}{u_{sy}} \left(A_B \dot{u} - \beta_B |\dot{u}| z_B |z_B|^{n-1} - \gamma_B \dot{u} |z_B|^n \right) \end{cases} \tag{3.25}$$

式中，F_{sy}——支座屈服力；

u_{sy}——支座屈服位移；

α——屈服后刚度与初始刚度的比值；

z_B——描述滞回行为的无量纲参数，与 A_B、β_B、γ_B 和 n_B 四个无量纲参数相关。

参数 A_B 控制着滞回环的幅度；β_B、γ_B 控制着滞回环的一般形状；n_B 控制着力-位移曲线的光滑程度。通过调整这些参数的数值，可以构造出刚度硬化或退化体系、窄带或宽带体系等各种各样的恢复力模型。图 3.6 给出了几种恢复力模型的构造实例，其中采用了无量纲的力和位移。

实际上，当 n_B 增大时，滞回环面积将增大，当 $n_B \to \infty$ 时，滞回恢复力模型将变为理想弹塑性力学模型。图 3.7 给出了一个随着 n_B 增大滞回曲线变化的实例。

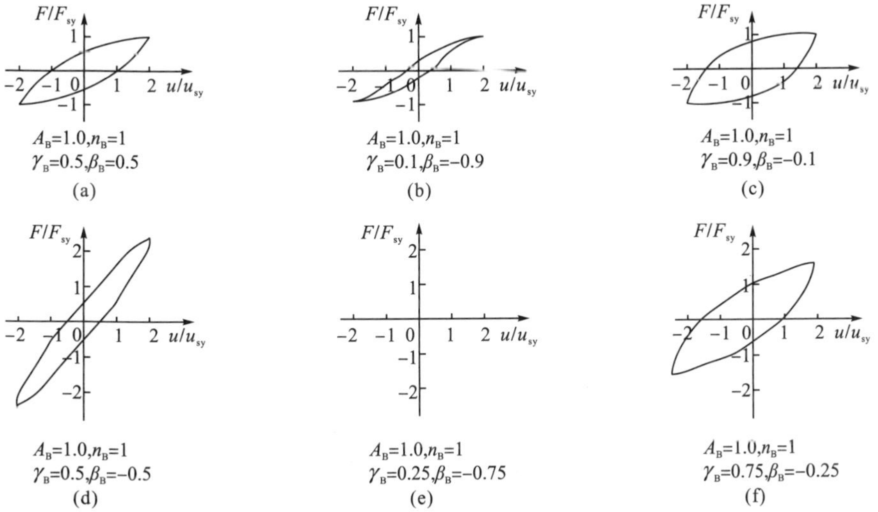

图 3.6　滞回恢复力模型实例

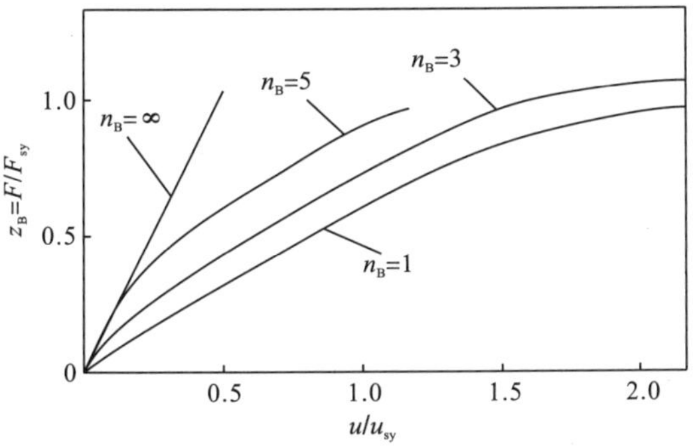

图 3.7　滞回曲线随 n_B 变化示意图

2. 多轴模型

对于从单轴模型推广到多轴模型，两个方向自由度力-变形耦合时，按照以下方式进行考虑：

$$\begin{cases} F_x = \alpha_x \dfrac{F_x^{sy}}{u_x^{sy}} u_x + (1-\alpha_x) F_x^{sy} z_{Bx} \\ F_y = \alpha_y \dfrac{F_y^{sy}}{u_y^{sy}} u_y + (1-\alpha_y) F_y^{sy} z_{By} \end{cases} \tag{3.26}$$

式中，F_x、F_y——两正交方向的支座恢复力；

α_x、α_y——支座两方向屈服后刚度与初始刚度的比值；

F_x^{sy}、F_y^{sy}——支座两方向的屈服强度；

u_x^{sy}、u_y^{sy}——支座两方向的屈服位移；

z_{Bx}、z_{By}——滞回变量，$\sqrt{z_{Bx}^2 + z_{By}^2} \leqslant 1$。

滞回变量根据式(3.27)求解：

$$\begin{pmatrix} \dot{z}_{Bx} \\ \dot{z}_{By} \end{pmatrix} = \begin{pmatrix} 1-\alpha_x z_{Bx}^2 & -\alpha_y z_{Bx} z_{By} \\ -\alpha_x z_{Bx} z_{By} & 1-\alpha_y z_{By}^2 \end{pmatrix} \begin{pmatrix} \dfrac{\dot{u}_x}{u_x^{sy}} \\ \dfrac{\dot{u}_y}{u_y^{sy}} \end{pmatrix} \tag{3.27}$$

式中，$\alpha_x = \begin{cases} 1, & \dot{u}_x z_{Bx} > 0 \\ 0, & \text{其他} \end{cases}$；$\alpha_y = \begin{cases} 1, & \dot{u}_y z_{By} > 0 \\ 0, & \text{其他} \end{cases}$。

3. Bouc-Wen 滞回模型的特点

Bouc-Wen 滞回模型最初应用于随机动力分析中，用以表征非线性力，并在土结构相互作用及对钢筋混凝土结构和钢结构的分析中得到了广泛应用，目前在隔震结构的分析中也得到了应用。其主要优点是：①这种模型比较适合于采用逐步积分法进行动力分析的情形，在积分过程中，不用反复进行拐点迭代，其多轴模型有效解决了塑性机制的判断处理问题，节省了大量计算资源；②有效解决了各种折线模型中的刚度突变问题，有效避免了由于刚度突变在计算过程中引起的较大误差。

3.1.1.4 三线性模型

许多隔震支座在变形较大时具有明显的刚度硬化或退化现象，这时可以采用三线性模型[4]进行动力分析，如图 3.8 所示。

恢复力-位移的关系为

$$F = \begin{cases} K_{T1} u, & u \leqslant d_{T1} \\ K_{T1} u + (K_{T2} - K_{T1})(u - d_{T1}), & d_{T1} < u \leqslant d_{T2} \\ K_{T1} u + (K_{T2} - K_{T1})(u - d_{T1}) + (K_{T3} - K_{T2})(u - d_{T2}), & u > d_{T2} \end{cases} \tag{3.28}$$

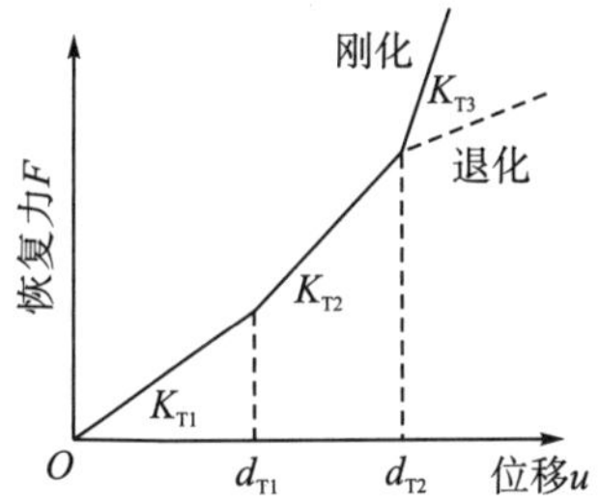

(a) 刚度硬化

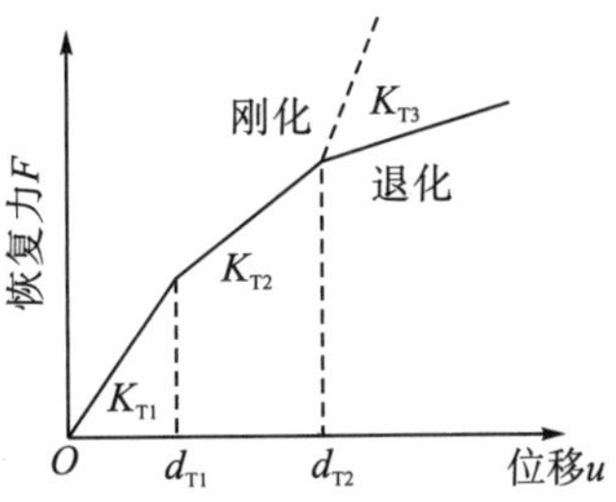

(b) 刚度退化

图 3.8　三线性模型

式中，F——恢复力，kN；

K_{T1}——$u \leqslant d_{T1}$ 时的剪切刚度，kN/mm；

K_{T2}——$d_{T1} < u \leqslant d_{T2}$ 时的剪切刚度，kN/mm；

K_{T3}——$u > d_{T2}$ 时的剪切刚度，kN/mm；

u——位移，mm。

对三线性模型来说，将单轴模型推广到多轴并考虑多轴的相互作用是非常复杂的，如何考虑加载面的形状、加载面的移动规则、塑性流动规则、变形和恢复力的本构关系变化、加载卸载判断准则等规则都需要结合隔震支座的具体类型，进行大量的试验分析，确定与其力学特性相适应的上述规则。由于对现有多轴三线性模型对隔震支座适用性的研究较少，在这里将不再介绍，若有需要可以参考结构分析模型和塑性理论方面的文献。三线性模型主要应用于高阻尼隔震橡胶支座、多个隔震支座串联体系的结构分析。

3.1.1.5　其他模型

上述四种模型的相关研究比较成熟，线性模型被广泛用于描述各种支座的基本特性，Bouc-Wen 模型、双线性模型、三线性模型以及组合模型常在各种有限元软件中作为橡胶隔震支座、铅芯橡胶支座等连接单元的本构关系。而对于一些力学关系复杂的隔震支座，则需要结合隔震支座特征使用其他的力学模型，本小节分别针对摩擦摆隔震支座、带磁流变弹性体或形状记忆合金材料的隔震支座、斜面自复位隔震支座的本构特性介绍各自常用的力学模型。

1. 摩擦摆力学模型

摩擦摆隔震系统[7]隔震效果显著，竖向承载力大、抗平扭能力和自复位能力强，造价低廉且施工简便，已经在许多实际工程中得到应用。传统摩擦摆的受力简图如图 3.9(a)所示。图中，F_s 为滑块所受水平剪力，r 为等效曲率半径，F_N、F_T 分别为滑块所受的接触面的法线方向的反力和切线方向的摩擦力。摩擦摆恢复力由两部分构成：一部分是与摩擦摆摩擦系数相关的摩擦力；另一部分是与滑移位移相关的恢复力，如式(3.29)所示：

$$f_{FPB} = \mathrm{sgn}(\dot{u})\mu W + W\frac{u}{\sqrt{r^2 - u^2}} \tag{3.29}$$

式中，f_{FPB}——摩擦摆支座的恢复力。

隔震体系最重要的作用是增加结构振动周期避开共振。但是，传统球面摩擦摆支座具有固定的隔震周期，当遇到长周期地震动时易引发共振。因此，许多研究提出了变曲率摩擦摆支座。

地震作用时，变曲率摩擦摆受力简图如图 3.9(b)所示。图中，W 为滑块所受上部结构的竖向荷载，F_s 为滑块所受水平剪力，F_N、F_T 分别为滑块所受的接触面的法线方向的反力和切线方向的摩擦力，θ 为滑块相对于滑动曲面曲率中心的转角。滑块所受的惯性力相对极小，可忽略不计。

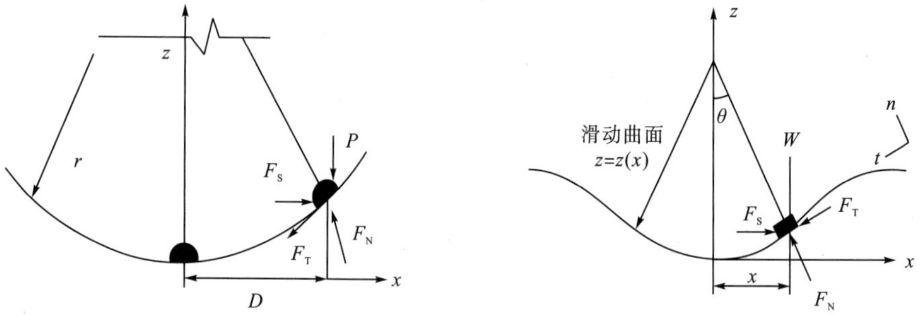

(a) 传统摩擦摆　　(b) 变曲率摩擦摆

图 3.9　摩擦摆受力简图

变曲率摩擦摆[8]通过改变金属滑盘的形状进而改变不同位置的曲率，在计算摩擦摆恢复力时需要考虑滑动位移对曲率的影响，水平力 F 为恢复力与摩擦力之和：

$$f_{\mathrm{FPB}} = W\left(\frac{u}{\sqrt{R^2 - u^2}} - 3\times 64\times C_{\mathrm{f}}\mathrm{sgn}(u)u^2\right) + \mathrm{sgn}(\dot{u})\mu W \tag{3.30}$$

式中，R_{f}——平衡位置处滑道曲率半径；

C_{f}——曲率影响系数。

随着滑动位移 x 的增大，摩擦摆会发生刚度软化现象，可以有效减小地震力向上部结构的传播；而隔震周期不断增加，可以有效避免长周期地震动下隔震支座共振现象的发生。图 3.10 分别为摩擦摆在不同摩擦系数时的滞回模型以及变曲率摩擦摆在不同频率荷载下的滞回模型。

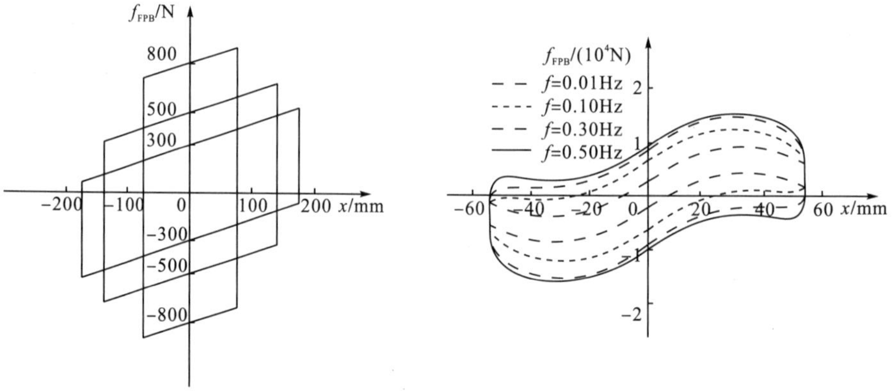

(a) 传统摩擦摆　　(b) 变曲率摩擦摆

图 3.10　摩擦摆滞回模型

2. 磁流变弹性体隔震支座力学模型

磁流变弹性体(MRE)力学性能优异，变刚度响应速度快(毫秒级)、可逆性好，并彻底解决了传统磁流变液沉降、泄漏的问题，因此常用作隔震支座的材料[9]。多数 MRE 隔震支座是基于传统叠层橡胶支座研发的，将 MRE 片/块与钢板结合形成叠层结构，该结构形式可使隔震支座在发生较大水平位移时，承担较大的竖向荷载。Eem 等[10]提出一种结合 Ramberg-Osgood 模型和麦克斯韦模型的动态模型(图 3.11)，用来描述 MRE 的力和位移的关系，如式(3.31)所示。

$$F = F_{\mathrm{R}} + F_{\mathrm{M}} \tag{3.31}$$

式中，F_{R}——Ramberg-Osgood 模型的加载力；

F_{M}——作用在麦克斯韦模型上的力。

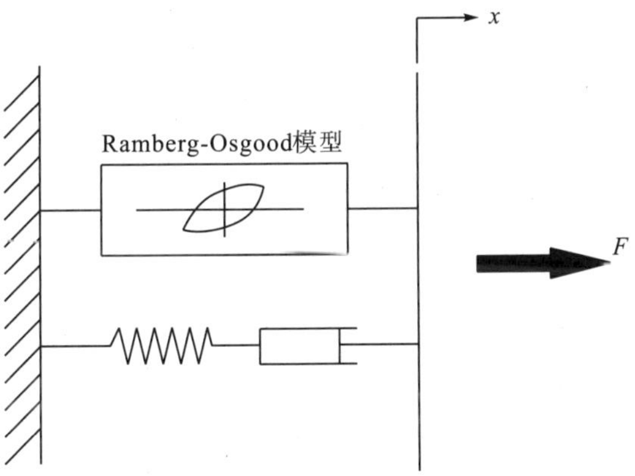

图 3.11　磁流变弹性体的力学模型

加载条件下，Ramberg-Osgood 模型的力和位移的关系可以描述为式(3.32)；卸载条件下，Ramberg-Osgood 模型的力和位移的关系可以描述为式(3.33)。

$$x = \frac{F_{\mathrm{R}}}{K_0} + \frac{F_{\mathrm{R}}}{K_0}\left(\frac{F_{\mathrm{R}}}{F_{\mathrm{sy}}}\right)^{\xi-1} \tag{3.32}$$

$$x - x_i = \frac{F_{\mathrm{R}} - F_i}{K_0} + \frac{F_{\mathrm{R}} - F_i}{K_0}\left|\frac{F_{\mathrm{R}} - F_i}{2F_{\mathrm{sy}}}\right|^{\xi-1} \tag{3.33}$$

式中，F_{R}——加载力；

x——位移；

K_0——剪切刚度；

F_{sy}——屈服力；

F_i、x_i——加载、卸载转换点的力和位移；

ξ——黏弹比例，ξ 由滞回环形状决定。

麦克斯韦模型的力和位移的关系如式(3.34)所示。

$$\frac{dx}{dt}=\frac{1}{K_M}\frac{dF_M}{dt}+\frac{F_M}{C_M} \tag{3.34}$$

式中，F_M——作用在麦克斯韦模型上的力；

K_M——弹簧系数；

C_M——阻尼系数。

将式(3.31)、式(3.32)、式(3.33)和式(3.34)联立求解，即可得到MRE的力和位移的关系。其滞回曲线如图3.12所示。其中，图3.12(a)为MRE在不同磁通量下的力-位移关系曲线；图3.12(b)为MRE在不同加载频率下的力-位移关系曲线；图3.12(c)为MRE在不同加载幅值下的力-位移关系曲线。

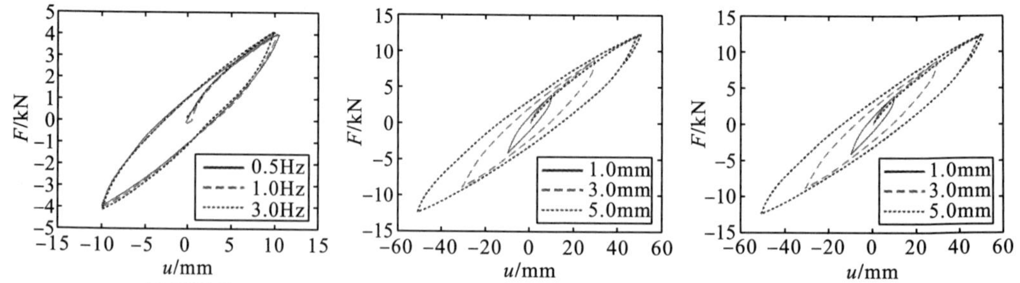

(a) 磁通量　(b) 加载频率　(c) 加载幅值

图3.12　MRE力学模型滞回曲线

3. 形状记忆合金隔震支座力学模型

形状记忆合金(SMA)因具有独特的超弹性和形状记忆效应，以及耐腐蚀、抗疲劳、阻尼性好等优势，具有广泛应用前景而备受关注与研究[11]。形状记忆合金丝与减隔震装置结合可提升传统减隔震系统的性能。基于SMA螺旋弹簧宏观实验现象和纯剪切状态下SMA的本构关系，可将SMA螺旋弹簧轴向变形λ_S和轴向力F间的关系描述为

$$\lambda_S=\frac{F_{SN}}{K_{SMA}}+\beta_{SMA}\lambda_L \tag{3.35}$$

式中，K_{SMA}——SMA螺旋弹簧的刚度系数；

β_{SMA}——SMA螺旋弹簧的形状记忆系数；

λ_L——SMA螺旋弹簧的最大记忆变形。

SMA螺旋弹簧的刚度系数K_{SMA}可表示为

$$K_{SMA}=K_1+\left(K_2-K_1\right)\beta_{SMA} \tag{3.36}$$

式中，K_1——加载过程中线弹性阶段的刚度系数；

K_2——卸载过程中线弹性阶段的刚度系数。

K_1、K_2可以表示为

$$\begin{cases}K_1=\dfrac{F_{ms}}{\lambda_{ms}}\\[2ex] K_2=\dfrac{F_{mf}-F_{as}}{\lambda_{mf}-\lambda_{as}}\end{cases} \tag{3.37}$$

式中，F_{ms}——加载过程中马氏体开始轴力；

λ_{ms}——加载过程中马氏体开始变形；

λ_{mf}——加载过程中马氏体结束变形；

F_{mf}——加载过程中马氏体结束轴力；

F_{as}——卸载过程中奥氏体开始轴力；

λ_{as}——加载过程中奥氏体开始变形。

在加载过程中，SMA 螺旋弹簧的形状记忆系数β_{SMA}和轴向力 F 间的关系描述为

$$\beta_{SMA}=\frac{1-\beta_0}{2}\cos\left(\pi\frac{F_{SN}-F_{ms}}{F_{ms}-F_{mf}}\right)+\frac{1+\beta_0}{2}\tag{3.38}$$

式中，β_0——加载开始时形状记忆系数的初值。

在卸载过程中，SMA 螺旋弹簧的形状记忆系数β_{SMA}和轴向力 F 间的关系描述为

$$\beta_{SMA}=\frac{\beta_0'}{2}\cos\left(\pi\frac{F_{SN}-F_{as}}{F_{af}-F_{as}}\right)+\frac{\beta_0'}{2}\tag{3.39}$$

式中，β_0'——卸载开始时形状记忆系数的初值；

F_{af}——卸载过程中奥氏体结束轴力。

SMA 螺旋弹簧的最大记忆变形 λ_L 可描述为

$$\lambda_L=\frac{\pi D_S^2 N_S}{d_S}(1+v)\varepsilon_L\tag{3.40}$$

式中，D_S——SMA 螺旋弹簧的平均直径；

d_S——SMA 螺旋弹簧簧丝的横截面直径；

N_S——SMA 螺旋弹簧的圈数；

v——泊松比；

ε_L——SMA 的最大残余应变，可以通过拉伸试验测定。

将式(3.36)～式(3.40)代入式(3.35)，即可得到 SMA 的力和位移的关系。如图 3.13 所示为单循环荷载下 SMA 螺旋弹簧的滞回曲线。

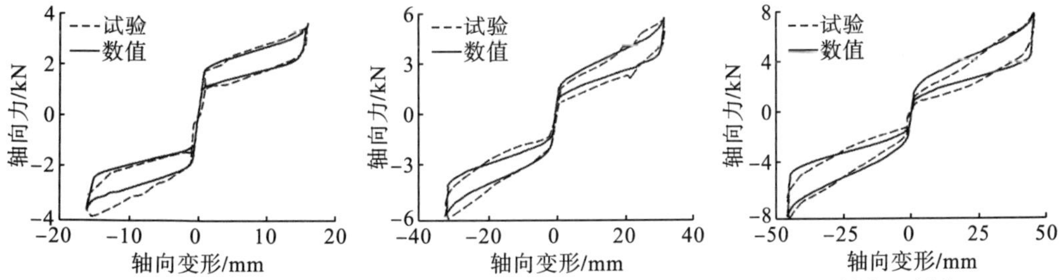

(a) λ_{max}=15.2mm　(b) λ_{max}=30.5mm　(c) λ_{max}=45.7mm

图 3.13　单循环荷载下 SMA 螺旋弹簧的滞回曲线

3.1.2　基础隔震结构动力分析模型

为了掌握地震作用下隔震层对隔震结构的动力影响，需要了解隔震层与隔震结构的动

力分析模型。基础隔震结构目前多用于三十层以下、高宽比较小、上部结构水平刚度较大的建筑结构物。因为上部结构的层间刚度远远大于隔震装置的水平刚度，上部结构可近似为单自由度体系。如果上部结构层数较多、高宽比较大、层间刚度较小，则上部结构视为多自由度体系，若隔震支座只有水平变形，即结构只做平动，则为多自由度平动体系；若隔震支座有竖向变形，即要考虑结构的摆动，则为多自由度平摆动体系。上述模型均是针对水平地震作用进行分析，当考虑地震的方向性时，还需要建立隔震结构的扭转模型或空间模型。近年来，人们对竖向地震作用也越来越关心，因此，需要建立基础隔震体系对地面竖向震动的反应分析模型进行分析。表 3.1 总结了几种常用隔震结构模型，本节将对单自由度模型、多自由度平动模型、多自由度平摆动模型以及竖向震动模型分别进行介绍。

表 3.1　基本隔震模型

模型	适用范围	假设
单质点模型	适用于高度较低，建筑体型规则，高宽比较小且隔震层位于结构底部的隔震建筑	假设隔震层上部为刚体，结构的整体刚度和阻尼与隔震层的刚度和阻尼相等
多质点模型	适用于剪力墙、框筒等有剪切变形和弯曲变形的结构	假设除隔震层外，其上部每一层都视为一个质点
扭转模型	适用于大多数结构	假设将该建筑的每一层视为可以在两个方向平动，一个方向扭转的层模型
空间模型	适用于大多数结构	假设建筑的所有构件都是一个单元，独立考虑所有单元，并计入梁板柱对于结构刚度的影响

3.1.2.1　单自由度模型

对于上部结构的层间刚度远远大于隔震装置的水平刚度的基础隔震结构，如砖混结构、剪力墙结构、框架或框剪结构等，地震中上部结构的层间水平位移很小，结构体系的水平位移集中于基底隔震装置处，上部结构在地震中只做水平整体平动。如果忽略上部结构的摆动式扭转作用，则结构可简化为一个单质点隔震结构动力分析模型。单自由度结构的隔震体系在地震作用下的变形如图 3.14(a)所示。由于结构各层相对于隔震层的变形可以忽略不计，因此 x_s 与隔震层的变形相同，隔震体系即可简化为图 3.14(b)所示的单自由度模型。图中，x_s 为结构相对于地面的位移，K、C 分别为隔震层的刚度和阻尼系数，M 为隔震结构的质量，x_g 为地震位移。

由动力平衡[12]可得，图 3.14 中结构的惯性力、刚度恢复力以及阻尼力之和应当等于 0，即

$$M\left(\ddot{x}_s+\ddot{x}_g\right)+C\dot{x}_s+Kx_s=0 \tag{3.41}$$

将式(3.41)中地震动对应的惯性力项移到等式右侧，有

$$M\ddot{x}_s+C\dot{x}_s+Kx_s=-M\ddot{x}_g \tag{3.42}$$

式(3.42)即为结构动力学中常用的相对坐标系下的动力平衡方程，根据该式可利用多种方式对结构的地震响应进行求解和分析。对于非线性结构，式(3.41)中的 Kx_s 需要换成非线性恢复力项 $f(x_s)$。对于非线性模型，也有多种方法可以将其近似简化为线性模型。其中刚度系数和阻尼系数可以用结构质量 M、结构阻尼比 ζ 以及结构频率 ω_n 来表示：

$$
\begin{aligned}
C &= 2\zeta\omega_{\mathrm{n}}M \\
K &= \omega_{\mathrm{n}}^2 M
\end{aligned}
\tag{3.43}
$$

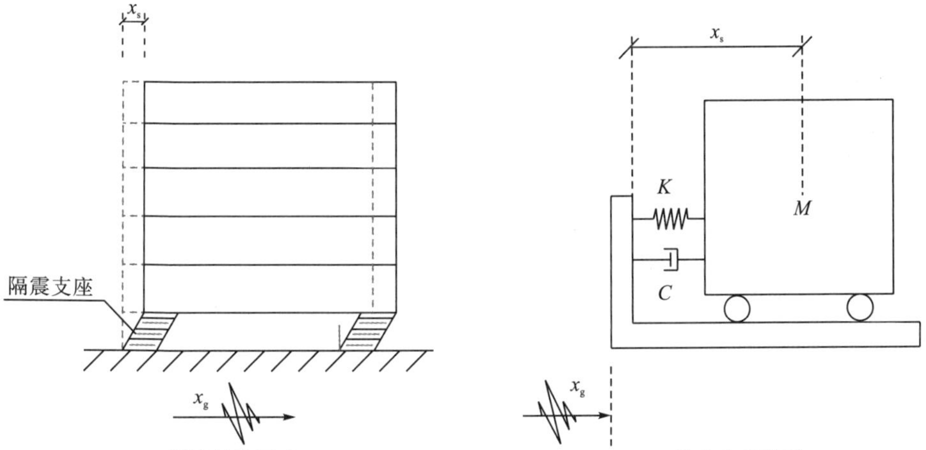

(a) 刚性结构平动　　(b) 单自由度模型

图 3.14　单自由度结构的隔震结构动力分析模型

将式(3.43)代入式(3.42)中，得

$$\ddot{x}_{\mathrm{s}} + 2\zeta\omega_{\mathrm{n}}\dot{x}_{\mathrm{s}} + \omega_{\mathrm{n}}^2 x_{\mathrm{s}} = -\ddot{x}_{\mathrm{g}} \tag{3.44}$$

式(3.44)将地震作用下的结构动力响应求解转化为数学的二阶非齐次线性微分方程，可以通过多种数值方法进行求解。以杜哈梅(Duhamel)积分法[12]为例，求解隔震结构在地震作用下的反应。杜哈梅积分法的基本思路为，先将荷载分解为一系列脉冲，先求解隔震结构在单位脉冲作用下的动力反应，如式(3.45)所示。

$$h(t-\tau) = \frac{1}{M\omega_{\mathrm{D}}}\mathrm{e}^{-\zeta\omega_{\mathrm{n}}(t-\tau)}\sin\left[\omega_{\mathrm{D}}(t-\tau)\right], t \geqslant \tau \tag{3.45}$$

式中，τ——单位脉冲作用的时刻；

t——结构体系动力反应的时间；

ω_{D}——$\omega_{\mathrm{D}} = \omega_{\mathrm{n}}\sqrt{1-\zeta^2}$。

然后考虑到线性结构的动力响应满足叠加定理，即将任意荷载分解为一系列脉冲荷载后，再将结构在这些脉冲荷载下的各种响应进行叠加即可得到在原荷载作用下的结构动力响应，如式(3.46)所示。

$$u(t) = \frac{1}{M\omega_{\mathrm{D}}}\int_0^t M\ddot{x}_{\mathrm{g}}\mathrm{e}^{-\zeta\omega_{\mathrm{n}}(t-\tau)}\sin\left[\omega_{\mathrm{D}}(t-\tau)\right]\mathrm{d}\tau \tag{3.46}$$

3.1.2.2　多自由度平动模型

某些隔震结构的上部结构是较为高柔的多层结构，其层间刚度相对较小，如多层钢框架结构或层数较多的钢筋混凝土框架结构，在地震中，结构的地震反应宜按照多质点体系进行分析。在一般情况下，因为隔震装置(如叠层橡胶隔震垫)的竖向刚度远远大于其水平刚度，所以，在进行动力分析时，可以近似认为隔震装置只做水平变形，即结构只做平动，而忽略其竖向变形引起的摆动。这种多质点隔震结构称为多质点平动体系的基础隔震结构（图 3.15），实际工程中的多质点隔震结构体系大多属于这种体系[13]。图 3.15 中，$M_{s,i}$为结构第 $i(i=1,2,\cdots,n)$层的质量；K_i为结构第 i 层的层间水平刚度；$C_{s,i}$为结构第 i 层的阻尼；M_0为隔震层的质量；K_0为隔震层水平总刚度；C_0为隔震层阻尼；$\ddot{x}_g$为地面地震加速度；$\ddot{x}_0$为隔震层相对地面的加速度反应；$\ddot{x}_{s,i}$为上部结构第 $i\,(i=1,2,\cdots,n)$层相对地面的加速度反应。

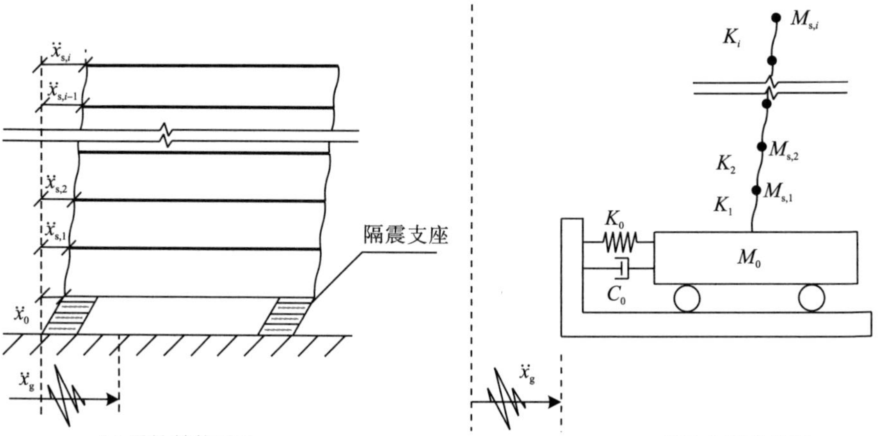

(a) 柔性结构平动　　(b) 多质点平动模型

图 3.15　多自由度平动体系基础隔震结构动力分析模型

以第 i 层质点以及隔震层为例，由动力平衡可得

$$\begin{cases} M_0\left(\ddot{x}_{s,1}+\ddot{x}_g\right)+C_0\dot{x}_0-C_{s,1}\left(\dot{x}_{s,1}-\dot{x}_0\right)+K_0x_0-K_1\left(x_{s,1}-x_0\right)=0, & \text{隔震层} \\ M_{s,i}\left(\ddot{x}_{s,i}+\ddot{x}_g\right)+C_{s,i}\left(\dot{x}_{s,i}-\dot{x}_{s,i-1}\right)-C_{s,i+1}\left(\dot{x}_{s,i+1}-\dot{x}_{s,i}\right) & \\ +K_i\left(x_{s,i}-x_{i-1}\right)-K_{i+1}\left(x_{s,i+1}-x_{s,i}\right)=0, & 1\leqslant i<n \\ M_{s,i}\left(\ddot{x}_{s,i}+\ddot{x}_g\right)+C_{s,i}\left(\dot{x}_{s,i}-\dot{x}_{s,i-1}\right)+K_i\left(x_{s,i}-x_{s,i-1}\right)=0, & i=n \end{cases} \tag{3.47}$$

同样，将式(3.47)中地震动对应的惯性力项移到公式右侧，可得该体系的动力平衡方程为

$$[M]\{\ddot{x}\}+[C]\{\dot{x}\}+[K]\{x\}=-[M]\{I\}\ddot{x}_g \tag{3.48}$$

式中，$[M]$、$[C]$、$[K]$、$\{I\}$分别为

$$[M]=\begin{bmatrix} M_0 & 0 & 0 & \cdots & 0 \\ 0 & M_{s,1} & 0 & \cdots & 0 \\ 0 & 0 & M_{s,2} & \cdots & 0 \\ \vdots & \vdots & \vdots & & \vdots \\ 0 & 0 & 0 & \cdots & M_{s,n} \end{bmatrix},$$

$$[C]=\begin{bmatrix} C_0+C_{s,1} & -C_{s,1} & 0 & \cdots & 0 & 0 \\ -C_{s,1} & C_{s,1}+C_{s,2} & -C_{s,2} & \cdots & 0 & 0 \\ 0 & -C_{s,2} & C_{s,2}+C_{s,3} & \cdots & 0 & 0 \\ \vdots & \vdots & \vdots & & \vdots & \vdots \\ 0 & 0 & 0 & \cdots & C_{s,n-1}+C_{s,n} & -C_{s,n} \\ 0 & 0 & 0 & \cdots & -C_{s,n} & C_{s,n} \end{bmatrix},$$

$$[K]=\begin{bmatrix} K_0+K_{s,1} & -K_{s,1} & 0 & \cdots & 0 & 0 \\ -K_{s,1} & K_{s,1}+K_{s,2} & -K_{s,2} & \cdots & 0 & 0 \\ 0 & -K_{s,2} & K_{s,2}+K_{s,3} & \cdots & 0 & 0 \\ \vdots & \vdots & \vdots & & \vdots & \vdots \\ 0 & 0 & 0 & \cdots & K_{s,n-1}+K_{s,n} & -K_{s,n} \\ 0 & 0 & 0 & \cdots & -K_{s,n} & K_{s,n} \end{bmatrix}, \tag{3.49}$$

$$\{I\}=\{1\quad 1\quad \cdots\quad 1\}^{\mathrm{T}}\Big|_{(n+1)\times 1}$$

式(3.49)即为多自由度结构隔震体系的动力平衡方程，基于该方程可使用时域逐步积分方法直接求解隔震体系的地震响应。隔震层阻尼的存在，使得阻尼矩阵不满足振型正交，无法直接使用振型叠加法，通常采用分部方法将隔震层和上部结构分开单独计算，下面介绍采用分部法求解隔震体系的地震响应。

根据多质点平动体系基础隔震结构动力分析模型，结构第 i 层的位移为

$$x_i = x_g + x_0 + x_{s,i} \tag{3.50}$$

式中，x_i——结构第 i 层的绝对水平位移；

x_g——地面的绝对水平位移；

x_0——隔震层与地面的相对水平位移；

$x_{s,i}$——结构第 i 层与隔震层的相对水平位移。

由达朗贝尔原理可列出隔震层的运动方程：

$$M_0\left(\ddot{x}_g+\ddot{x}_0\right)+\sum_{i=1}^{n}M_{s,i}\left(\ddot{x}_{s,i}+\ddot{x}_g+\ddot{x}_0\right)+C_0\dot{x}_0+K_0x_0=0 \tag{3.51}$$

式中，M_0——基础隔震层的质量；

$M_{s,i}$——结构第 i 层的质量；

$\ddot{x}_g$——地面水平加速度；

$\ddot{x}_0$——隔震层与地面的水平相对加速度；

$\ddot{x}_{s,i}$——结构第 i 层与隔震层的水平相对加速度；

$\dot{x}_0$——隔震层与地面的水平相对速度；

x_0——隔震层与地面的水平相对位移；

C_0——隔震层的等效阻尼；

K_0——隔震层的刚度。

上部结构的相对运动方程为

$$[M]_s[\ddot{x}_{s,i}]+[C]_s[\dot{x}_{s,i}]+[K]_s[x_{s,i}]=-[M]_s\left(\ddot{x}_g+\ddot{x}_0\right) \tag{3.52}$$

式中，$[M]_s$——上部结构质量矩阵；

$[K]_s$——上部结构刚度矩阵；

$[C]_s$——上部结构阻尼矩阵。

设结构频率特征值矩阵$[\omega]=\mathrm{diag}\{\omega_1, \omega_2, \omega_3,\cdots,\omega_n\}$，其对应的振型矩阵为$[\phi]$，并引入广义坐标$\{q\}$，则结构位移反应为

$$\{x_s\}=[\phi]\{q\} \tag{3.53}$$

将式(3.53)代入式(3.52)，并于方程两边乘以$[\phi]^T$，得

$$\begin{aligned}&[\phi]^T[M]_s[\phi]\{\ddot{q}\}+[\phi]^T[C]_s[\phi]\{\dot{q}\}+[\phi]^T[K]_s[\phi]\{q\}\\&=-\left(\ddot{x}_g+\ddot{x}_b\right)[\phi]^T[M]_s\end{aligned} \tag{3.54}$$

公式可转化为

$$[I]\{\ddot{q}\}+[C^*]\{\dot{q}\}+[\omega]\{q\}=-\left(\ddot{x}_g+\ddot{x}_b\right)[\phi]^T[M]_s \tag{3.55}$$

式中，$C^*=[\phi]^T[C]_s[\phi]$。

对于任一阶振型j的方程为

$$\ddot{q}_j+2\zeta_j\omega_j\dot{q}_j+\omega_j^2q_j=-\left(\sum_{i=1}^{n}\varphi_{ij}m_i\right)\left(\ddot{x}_g+\ddot{x}_b\right) \tag{3.56}$$

式中，ζ_j——第j阶振型的阻尼比。

从式(3.52)可得

$$q_j=-\frac{\eta_j}{\omega_j}\int_0^t\left[\ddot{x}_g(\tau)+\ddot{x}_g(\tau)\right]\mathrm{e}^{-\zeta_j\omega_j(t-\tau)}\sin\left(\omega_{jd}(t-\tau)\right)\mathrm{d}\tau \tag{3.57}$$

式中，

$$\omega_{jd}=\omega_j\sqrt{1-\zeta_j^2}$$

$$\eta_j=\sum_{i=1}^{n}\phi_{ij}m_i$$

式中，ω_{jd}——第j阶振型的有阻尼自振频率。

将式(3.57)代入式(3.56)可得到结构第i层的位移反应：

$$x_{s,i}(t)=-\sum_{j=1}^{n}\frac{\phi_{ij}\eta_j}{\omega_{jd}}\int_0^t\left[\ddot{x}_g(\tau)+\ddot{x}_0(\tau)\right]\mathrm{e}^{-\zeta_j\omega_j(t-\tau)}\sin(\omega_{jd}(t-\tau))\mathrm{d}\tau \tag{3.58}$$

式中，ϕ_{ij}——结构第j阶振型中第i层的振型坐标；

ω_j——第j阶振型的频率；

ζ_j——第j阶振型的阻尼比。

第i层的相对速度和加速度响应：

$$\begin{cases}\dot{x}_{s,i}(t)=-\sum\limits_{j=1}^{n}\dfrac{\omega_j\phi_{ij}\eta_j}{\omega_{jd}}\int_0^t\left[\ddot{x}_g(\tau)+\ddot{x}_0(\tau)\right]\mathrm{e}^{-\zeta_j\omega_j(t-\tau)}\cos(\omega_{jd}(t-\tau)+\theta_j)\mathrm{d}\tau\\ \ddot{x}_{s,i}(t)=-\sum\limits_{j=1}^{n}\phi_{ij}\eta_j\left[\ddot{x}_g(\tau)+\ddot{x}_0(\tau)\right]\\ \qquad+\sum\limits_{j=1}^{n}\dfrac{\omega_j\phi_{ij}\eta_j}{\omega_{jd}}\int_0^t\left[\ddot{x}_g(\tau)+\ddot{x}_0(\tau)\right]\mathrm{e}^{-\zeta_j\omega_j(t-\tau)}\cos(\omega_{jd}(t-\tau)-\psi_j)\mathrm{d}\tau\end{cases} \tag{3.59}$$

式中，

$$\theta_j = \arctan\frac{\zeta_j}{\sqrt{1-\zeta_j^2}}$$

$$\psi_j = \arctan\left(\frac{1-2\zeta_j^2}{2\zeta_j\sqrt{1-\zeta_j^2}}\right)$$

将上部结构相对加速度代入式(3.51)，得

$$M_0\left(\ddot{x}_{\rm g}+\ddot{x}_0\right)+\sum_{i=1}^{n}M_{{\rm s},i}\left(\ddot{x}_{\rm g}+\ddot{x}_0\right)+C_0\dot{x}_0+K_0x_0=$$

$$-\sum_{i=1}^{n}m_i\left(\begin{aligned}&-\sum_{j=1}^{n}\phi_{ij}\eta_j\left[\ddot{x}_{\rm g}(\tau)+\ddot{x}_0(\tau)\right]\\&+\sum_{j=1}^{n}\frac{\omega_j\phi_{ij}\eta_j}{\omega_{j{\rm d}}}\int_0^t\left[\ddot{x}_{\rm g}(\tau)+\ddot{x}_0(\tau)\right]{\rm e}^{-\zeta_j\omega_j(t-\tau)}\cos(\omega_{j{\rm d}}(t-\tau)-\psi_j){\rm d}\tau\end{aligned}\right) \tag{3.60}$$

上述思路是将上部结构单独拿出来分析，未将隔震层与上部结构当作一个整体。用数值方法求解式(3.60)，可得结构底层与基础面之间的水平相对位移 x_0、速度 $\dot{x}_0$、加速度 $\ddot{x}_0$，并用式(3.58)和式(3.60)求得 $x_{{\rm s},i}$、$\dot{x}_{{\rm s},i}$、$\ddot{x}_{{\rm s},i}$，而 $x_{\rm g}$、$\dot{x}_{\rm g}$、$\ddot{x}_{\rm g}$ 为已知，故可求得隔震结构任意一层的地震反应。

3.1.2.3　多自由度平摆动模型

一些隔震结构的上部结构是较为高柔的多层结构，其层间刚度相对较小，如多层钢框架结构或层数较多的钢筋混凝土框架结构，这种结构的垂直荷载较大，而其所采用的橡胶垫的橡胶总厚度较大，可能产生明显的竖向变形。对这种情况，隔震结构的地震反应不仅要按多质点平动体系进行分析，而且要考虑结构的摆动。这种体系称为多质点平摆动体系基础隔震结构，如图 3.16 所示。实际工程中只有少数的多质点体系需要按这种体系进行动力分析。图 3.16 中，M_0 为隔震层的质量；$M_{{\rm s},i}$ 为结构第 $i(i=1,2,\cdots,n)$层的质量；K_i 为结构

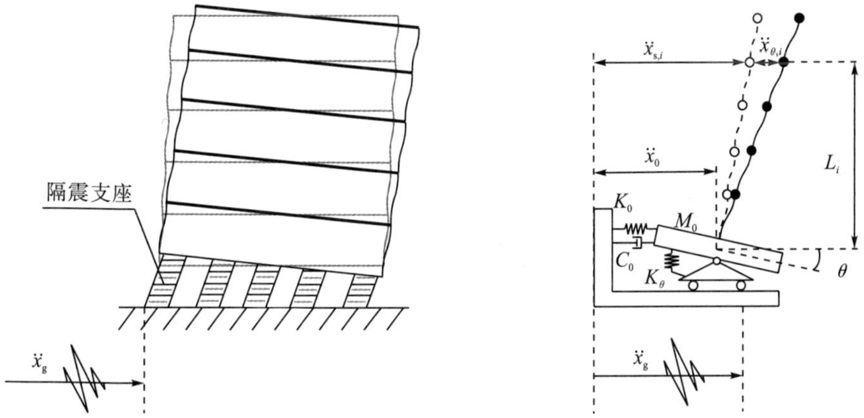

(a) 柔性结构平摆动　　(b) 多质点平摆动模型

图 3.16　多自由度平摆动体系基础隔震结构动力分析模型

第 i 层的层间水平刚度；$C_{s,i}$ 为结构第 i 层的阻尼；M_0 为隔震层的质量；K_0 为隔震层水平总刚度；C_0 为隔震层阻尼；$\ddot{x}_g$ 为地面地震加速度；$\ddot{x}_0$ 为隔震层相对于地面的加速度反应；$\ddot{x}_{\theta,i}$ 为由于隔震层摆动引起的上部结构第 i 层的加速度反应；$\ddot{x}_{s,i}$ 为由于结构平动引起的上部结构第 i 层对隔震层的加速度反应；θ为隔震层的摆动转角；K_θ为隔震层的转动刚度。

以第 i 层质点以及隔震层为例，由动力平衡可得

$$\begin{cases}\sum_{i=1}^{n} M_{s,i}\left(\ddot{x}_{s,i}+\ddot{x}_{\theta,i}+\ddot{x}_g\right)L_i+K_\theta\theta=0, & \text{隔震层摇摆}\\ M_0\left(\ddot{x}_0+\ddot{x}_g\right)+C_0\dot{x}_0-C_{s,1}\left(\dot{x}_{s,1}+\dot{x}_{\theta,1}-\dot{x}_0\right)+K_0x_0-K_1\left(x_{s,1}+x_{\theta,1}-x_0\right)=0, & \text{隔震层水平}\\ M_{s,i}\left(\ddot{x}_{s,i}+\ddot{x}_{\theta,i}+\ddot{x}_g\right)+C_{s,i}\left(\dot{x}_{s,i}+\dot{x}_{\theta,i}-\dot{x}_{s,i-1}-\dot{x}_{\theta,i-1}\right)-C_{s,i+1}\left(\dot{x}_{s,i+1}+\dot{x}_{\theta,i+1}-\dot{x}_{s,i}-\dot{x}_{\theta,i}\right) & \\ +K_i\left(x_{s,i}+x_{\theta,i}-x_{s,i-1}-x_{\theta,i-1}\right)-K_{i+1}\left(x_{s,i+1}-x_{s,i}\right)=0, & 1\leqslant i<n\\ M_{s,i}\left(\ddot{x}_{s,i}+\ddot{x}_{\theta,i}+\ddot{x}_g\right)+C_{s,i}\left(\dot{x}_{s,i}+\dot{x}_{\theta,i}-\dot{x}_{s,i-1}-\dot{x}_{\theta,i-1}\right)+K_i\left(x_{s,i}+x_{\theta,i}-x_{s,i-1}-x_{\theta,i-1}\right)=0, & i=n\end{cases}\tag{3.61}$$

其中，$x_{\theta,i}=L_i\theta$，将其代入式(3.61)中可得

$$\begin{cases}\sum_{i=1}^{n} M_{s,i}\left(\ddot{x}_{s,i}+L_i\ddot{\theta}+\ddot{x}_g\right)L_i+K_\theta\theta=0, & \text{隔震层摇摆}\\ M_0\left(\ddot{x}_0+\ddot{x}_g\right)+C_0\dot{x}_0-C_{s,1}\left(\dot{x}_{s,1}+L_1\dot{\theta}-\dot{x}_0\right)+K_0x_0-K_1\left(x_{s,1}+L_1\theta-x_0\right)=0, & \text{隔震层水平}\\ M_{s,i}\left(\ddot{x}_{s,i}+L_i\ddot{\theta}+\ddot{x}_g\right)+C_{s,i}\left(\dot{x}_{s,i}+L_i\dot{\theta}-\dot{x}_{s,i-1}-L_{i-1}\dot{\theta}\right)-C_{s,i+1}\left(\dot{x}_{s,i+1}+L_{i+1}\dot{\theta}-\dot{x}_{s,i}-L_i\dot{\theta}\right) & \\ +K_i\left(x_{s,i}+L_i\theta-x_{s,i-1}-L_{i-1}\theta\right)-K_{i+1}\left(x_{s,i+1}-x_{s,i}\right)=0, & 1\leqslant i<n\\ M_{s,i}\left(\ddot{x}_{s,i}+L_i\ddot{\theta}+\ddot{x}_g\right)+C_{s,i}\left(\dot{x}_{s,i}+L_i\dot{\theta}-\dot{x}_{s,i-1}-L_{i-1}\dot{\theta}\right)+K_i\left(x_{s,i}+L_i\theta-x_{s,i-1}-L_{i-1}\theta\right)=0, & i=n\end{cases}\tag{3.62}$$

将式(3.62)中的地震动对应的惯性力项移到等式右侧可得

$$[M]\{\ddot{x}\}+[C]\{\dot{x}\}+[K]\{x\}=-[M]\{I\}\ddot{x}_g\tag{3.63}$$

式中，$[M]$、$[C]$、$[K]$、$\{I\}$、$\{x\}$分别为

$$[M]=\begin{bmatrix}\sum_{i=0}^{n}M_{s,i}L_i & 0 & M_{s,1}L_1 & M_{s,2}L_2 & \cdots & M_{s,n}L_n\\ 0 & M_0 & 0 & 0 & \cdots & 0\\ M_{s,1}L_1 & 0 & M_{s,1} & 0 & \cdots & 0\\ M_{s,2}L_2 & 0 & 0 & M_{s,2} & \cdots & 0\\ \vdots & \vdots & \vdots & \vdots & & \vdots\\ M_{s,n}L_n & 0 & 0 & 0 & \cdots & M_{s,n}\end{bmatrix}$$

$$[C]=\begin{bmatrix}0 & 0 & 0 & 0 & \cdots & 0 & 0\\ -C_{s,1}L_1 & C_0+C_{s,1} & -C_{s,1} & 0 & \cdots & 0 & 0\\ C_{s,1}L_1-C_{s,2}\left(L_2-L_1\right) & -C_{s,1} & C_{s,1}+C_{s,2} & -C_{s,2} & \cdots & 0 & 0\\ C_{s,2}\left(L_2-L_1\right)-C_{s,3}\left(L_3-L_2\right) & 0 & -C_{s,2} & C_{s,2}+C_{s,3} & \cdots & 0 & 0\\ \vdots & \vdots & \vdots & \vdots & & \vdots & \vdots\\ C_{s,n-1}\left(L_{n-1}-L_{n-2}\right)-C_{s,n}\left(L_n-L_{n-1}\right) & 0 & 0 & 0 & \cdots & C_{s,n-1}+C_{s,n} & -C_{s,n}\\ C_{s,n}\left(L_n-L_{n-1}\right) & 0 & 0 & 0 & \cdots & -C_{s,n} & C_{s,n}\end{bmatrix},$$

$$[K]=\begin{bmatrix} K_{\theta} & 0 & 0 & 0 & \cdots & 0 & 0 \\ -K_{s,1}L_1 & K_0+K_{s,1} & -K_{s,1} & 0 & \cdots & 0 & 0 \\ K_{s,1}L_1-K_{s,2}\left(L_2-L_1\right) & -K_{s,1} & K_{s,1}+K_{s,2} & -K_{s,2} & \cdots & 0 & 0 \\ K_{s,2}\left(L_2-L_1\right)-K_{s,3}\left(L_3-L_2\right) & 0 & -K_{s,2} & K_{s,2}+K_{s,3} & \cdots & 0 & 0 \\ \vdots & \vdots & \vdots & \vdots & & \vdots & \vdots \\ K_{s,n-1}\left(L_{n-1}-L_{n-2}\right)-K_{s,n}\left(L_n-L_{n-1}\right) & 0 & 0 & 0 & \cdots & K_{s,n-1}+K_{s,n} & -K_{s,n} \\ K_{s,n}\left(L_n-L_{n-1}\right) & 0 & 0 & 0 & \cdots & -K_{s,n} & K_{s,n} \end{bmatrix},$$

$$\{I\}=\{1\ \ 1\ \ \cdots\ \ 1\}^{\mathrm{T}}\Big|_{(n+2)\times 1}$$

$$\{x\}=\{\theta\ \ x_0\ \ x_{s,1}\ \ \cdots\ \ x_{s,n}\}^{\mathrm{T}}\Big|_{(n+2)\times 1}$$

(3.64)

与前文相同，得到该体系的动力平衡方程后，即可使用相应的方法求解该隔震体系的地震响应。

3.1.2.4 竖向震动模型

如图 3.17 所示为基础隔震体系对地面竖向震动作用效应的分析模型。图 3.17 中，M_v 为上部结构总质量，因上部结构竖向刚度较大，可近似视为刚体，即近似视为单质点体系；K_v、C_v 分别为隔震层的竖向刚度和阻尼；$\ddot{x}_{vg}$ 为地面竖向加速度；$\ddot{x}_{vs}$ 为上部结构相对地面的竖向加速度反应。

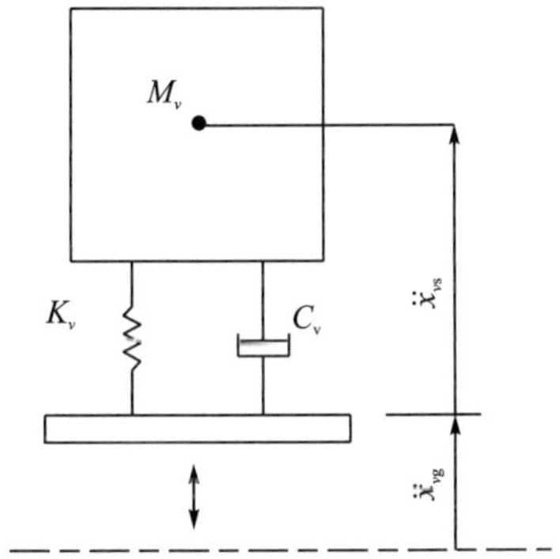

图 3.17 基础隔震体系对地面竖向震动作用效应的分析模型

隔震体系在地面竖向震动作用下的响应过程与水平地震作用类似，由动力平衡可得图 3.17 中质点的惯性力与刚度恢复力以及阻尼力的关系为

$$M_v(\ddot{x}_{vs}+\ddot{x}_{vg})+C_v\dot{x}_{vs}+K_v x_{vs}=0 \tag{3.65}$$

将地震动对应的惯性力项移到等式右侧即可得到结构在相对坐标系下受到竖向地震作用的动力平衡方程：

$$M_v\ddot{x}_{vs}+C_v\dot{x}_{vs}+K_v x_{vs}=-M_v\ddot{x}_{vg} \tag{3.66}$$

$$\ddot{x}_{vs}+2\omega_{vn}\zeta_v\dot{x}_{vs}+\omega_{vn}^2 x_{vs}=-\ddot{x}_{vg} \tag{3.67}$$

式中，ω_{vn}——结构竖向固有频率，$\omega_{vn}^2 = K_v/m$；

ζ_v——结构竖向震动等效阻尼比，$\omega_v = C/2m\omega_{vn}$。

3.2 隔震结构的频域分析方法

结构频域动力响应反映了结构受到不同频率特性荷载时的响应特征，通过对比隔震前后的结构频域响应可以较为直观地理解隔震层对于隔震结构的动力响应影响[14]。隔震结构频域分析方法的基本思想通常是基于简谐荷载作用下结构动力平衡方程的解析解，提取结构地震反应的最大幅值与简谐荷载幅值之间的关系，也称放大系数或者转换函数。本节考虑上部结构为刚性结构和柔性结构两种情况，分别介绍基于单自由度模型和多自由度模型的隔震结构频域分析方法。

3.2.1 适用范围

基础隔震结构常用于三十层以下、高宽比较小且结构水平刚度较大的建筑。对于结构刚度远大于隔震层刚度的基础隔震体系，结构各层层间变形与隔震层的变形相比较小，因此可以将上部结构简化为刚体，在地震作用下只做水平整体运动，进而可以将隔震结构简化为单自由度模型；对于结构高宽比较大的建筑，结构与隔震层的相对位移不能忽略，因此隔震结构模型需要能够体现隔震层和上部结构的动力特性，进而将隔震结构等效为多自由度模型。需要注意的是，隔震结构的频域分析结果需要将叠加原理与时域分析结果联系在一起，因此严格来说频域分析方法只适用于线性的隔震结构，其分析结果主要用于理解隔震机理和简化设计。接下来分别对简化为单自由度和多自由度的隔震体系动力模型进行介绍，从频域角度分析隔震支座对结构地震响应的影响。

3.2.2 单自由度模型

简化为单自由度模型的隔震体系在地震作用下的变形如图 3.14 所示。由于结构各层相对于隔震层的变形可以忽略不计，因此 x_s 与隔震层的变形相同，隔震体系即可简化为如图 3.14 所示的单自由度模型。

根据图 3.14，可以列出线性的单自由度隔震体系在地震作用下的动力平衡方程为

$$M\ddot{x}_s + C\dot{x}_s + Kx_s = -M\ddot{x}_g \tag{3.68}$$

对于非线性结构，式(3.68)中的 Kx_s 需要换成非线性恢复力项 $f(x_s)$。即便对于非线性模型，也有多种方法可以将其近似简化为线性模型，如 3.1 节中的各隔震支座模型的简化，因此本节主要针对线性结构的隔震原理和效果进行分析。

其中刚度系数和阻尼系数可以用总质量、阻尼比以及频率来表示：

$$\begin{aligned} C &= 2\zeta\omega_n M \\ K &= \omega_n^2 M \end{aligned} \tag{3.69}$$

将式(3.69)代入式(3.68)中，得

$$\ddot{x}_s + 2\zeta\omega_n\dot{x}_s + \omega_n^2 x_s = -\ddot{x}_g \tag{3.70}$$

式(3.70)可以用多种求解方法进行结构的动力响应时程分析，在 3.4 节中会对部分求解方法进行介绍。但是时程分析往往适用于隔震体系的个例分析，不便于揭示隔震机理和规律，现有研究中常从频域角度进行上述分析。任意一条已知持时的地震波都可以由傅里叶变换分解为多条简谐波的组合。此外，线性结构在受到简谐荷载时，结构的最终稳态响应也必定是与荷载频率相同的简谐运动，那么根据线性结构叠加定理，结构在地震作用下的最终响应就等于结构在地震波分解的各简谐分量激励下的动力响应的叠加。频域分析的基本思想就是分析结构在不同频率的简谐激励下的结构响应的幅值和相位特征，其中更为关注幅值特征。假设 $x_g(t) = U_m\cos(\omega t + \phi)$，结构阻尼比常认为小于 1，因此可假设式(3.70)对应的齐次方程的通解 x_c 为

$$x_c = e^{-\zeta\omega_n t}(A\cos\omega_D t + B\sin\omega_D t) \tag{3.71}$$

式(3.71)的特解可以假设为如下形式：

$$x_p = C\sin(\omega t + \phi) + D\cos(\omega t + \phi) \tag{3.72}$$

将式(3.72)代入式(3.70)中，得

$$\begin{aligned}&\left[\left(\omega_n^2 - \omega^2\right)C - 2\zeta\omega_n\omega D\right]\sin(\omega t + \phi) + \left[2\zeta\omega_n\omega C + \left(\omega_n^2 - \omega^2\right)\right]\cos(\omega t + \phi)\\&= U_m\omega^2\cos(\omega t + \phi)\end{aligned} \tag{3.73}$$

考虑到时间的任意性，式(3.73)中简谐函数项的系数应满足以下条件：

$$\begin{aligned}&\left[1-\left(\frac{\omega}{\omega_n}\right)^2\right]C - \left(\frac{2\zeta\omega}{\omega_n}\right)D = 0\\&\left(\frac{2\zeta\omega}{\omega_n}\right)C + \left[1-\left(\frac{\omega}{\omega_n}\right)^2\right]D = U_m\left(\frac{\omega}{\omega_n}\right)^2\end{aligned} \tag{3.74}$$

解得

$$\begin{aligned}C &= U_m\frac{2\zeta\left(\dfrac{\omega}{\omega_n}\right)^3}{\left[1-\left(\dfrac{\omega}{\omega_n}\right)^2\right]^2 + \left(\dfrac{2\zeta\omega}{\omega_n}\right)^2}\\D &= U_m\frac{\left[1-\left(\dfrac{\omega}{\omega_n}\right)^2\right]\left(\dfrac{\omega}{\omega_n}\right)^2}{\left[1-\left(\dfrac{\omega}{\omega_n}\right)^2\right]^2 + \left(\dfrac{2\zeta\omega}{\omega_n}\right)^2}\end{aligned} \tag{3.75}$$

可得结构的相对位移全解为

$$\begin{aligned}x_s &= x_c + x_p\\&= e^{-\zeta\omega_n t}(A\cos\omega_D t + B\sin\omega_D t) + C\sin(\omega t + \phi) + D\cos(\omega t + \phi)\end{aligned} \tag{3.76}$$

将初始条件 $x_s(0) = \dot{x}_s(0) = 0$ 代入式(3.76)中即可得到参数 A、B 的解：

$$\begin{cases} A = -\sin\phi C - \cos\phi D \\ B = \dfrac{(\omega\sin\phi - \zeta\omega_{\text{n}}\cos\phi)D - (\omega\cos\phi - \zeta\omega_{\text{n}}\sin\phi)C}{\omega_{\text{d}}} \end{cases} \tag{3.77}$$

地震作用下隔震结构的瞬态动力响应成分会由于阻尼比的存在很快衰减，因此一段时间后隔震体系的振动几乎完全等于稳态响应。根据结构的响应特征，将结构稳态响应的幅值与简谐激励的幅值之比称为结构的放大系数。抗震设计中常将结构的相对位移和绝对加速度作为结构等效荷载和参数设计的依据，从式(3.76)中可直接得到刚性结构隔震体系相对位移与地震动位移的放大系数为

$$R_{\text{x}} = \frac{\sqrt{C^2 + D^2}}{U_{\text{m}}} = \frac{\left(\dfrac{\omega}{\omega_{\text{n}}}\right)^2}{\sqrt{\left(\dfrac{2\zeta\omega}{\omega_{\text{n}}}\right)^2 + \left[1 - \left(\dfrac{\omega}{\omega_{\text{n}}}\right)^2\right]^2}} \tag{3.78}$$

将式(3.76)进行两次求导后与地面加速度相加即可得到隔震结构的稳态绝对加速度，进而可得隔震体系绝对加速度与地震动加速度的放大系数为

$$R_{\text{a}} = \frac{\sqrt{(C\omega^2)^2 + (D\omega^2 + U_{\text{m}}\omega^2)^2}}{U_{\text{m}}\omega^2} = \frac{\sqrt{\left(\dfrac{2\zeta\omega}{\omega_{\text{n}}}\right)^2 + 1}}{\sqrt{\left[1 - \left(\dfrac{\omega}{\omega_{\text{n}}}\right)^2\right]^2 + \left(\dfrac{2\zeta\omega}{\omega_{\text{n}}}\right)^2}} \tag{3.79}$$

在基于性能的隔震结构抗震设计中常选用多种指标评价结构的抗震能力，加速度指标是其中一个重要的参数。结构绝对加速度既可以作为结构设计中地震荷载取值的依据，也可以直接作为非结构物性能和舒适度的评价指标。因此，以式(3.79)为例，分别取不同阻尼比和频率比来分析隔震层参数对隔震系统响应的影响，如图 3.18 所示。从图 3.18 中可以看出：

(1) 当 $\omega/\omega_n < \sqrt{2}$ 时，结构绝对加速度放大系数大于 1，即该频率比范围内的地震激励成分会被结构放大，而且在该频率比范围内增大阻尼比可以降低结构响应，在这个频率范围内相当于传统抗震结构；

(2) 当 $\omega/\omega_n = \sqrt{2}$ 时，在任何阻尼比的情况下加速度放大系数均为 1，即结构的地震响应与地震激励相等，既不放大也不缩小；

(3) 当 $\omega/\omega_n > \sqrt{2}$ 时，在任何阻尼比的情况下加速度放大系数均小于 1，即结构的地震响应小于地震激励，真正起到减震作用，但阻尼比的增大会降低加速度减震效果。

对于传统抗震结构，按照传统抗震设计标准进行设计后，结构的自振周期 T_{n}=0.1～1.2s，即自振频率 f_{n}=0.8～5Hz；而场地的特征周期 T_{g}=0.2～0.85s，即特征频率 f_{g}=1.2～5Hz，可以看出结构自振频率和场地特征频率重合范围较大，对于很多结构，特征频率与结构自振频率之比都小于 $\sqrt{2}$，即会放大结构的地震响应，甚至容易出现场地特征频率与结构频率之比接近 1 的情况，结构与地震接近共振，导致结构严重破坏或倒塌。而对于隔震结构，隔震层的存在使得结构的自振周期增大，变化范围为 T_{n}=2～4s，即自振频率 f_{n}=0.25～

0.50Hz，此时场地特征频率与结构频率比基本都能满足大于 $\sqrt{2}$ 的要求，使得结构的地震响应大大衰减，达到隔震的目的。

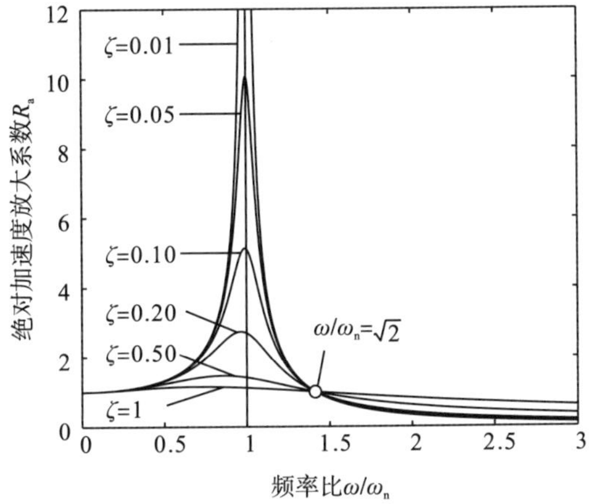

图 3.18　单自由度结构隔震体系的绝对加速度频域放大系数

3.2.3　多自由度模型

对于层间刚度较小或者结构高度较高的柔性结构，结构相对于隔震层会发生明显的变形，如图 3.19(a)所示。此时结构和隔震层的动力特性都会影响整个隔震体系在地震作用下的响应，不能再将结构简单地等效为刚体。由 3.1.2 节可知，当上部结构的动力特性较为复杂时，应当采用多自由度模型对上部结构进行建模，但是会导致隔震结构的频域分析比较复杂。由振型分解法可知，结构的动力特性主要由结构低阶模态起主导作用，因此，在本节中以仅考虑结构一阶模态对结构进行简化，即将上部结构等效为单自由度模型，将

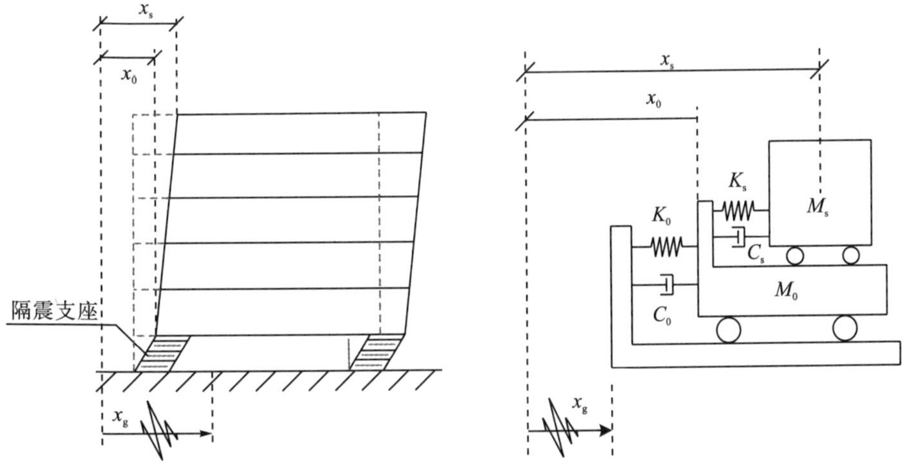

(a) 柔性结构平动　(b) 两自由度模型

图 3.19　多自由度结构的隔震结构动力分析模型

隔震层也简化为一个单自由度模型，整个隔震体系可视为串联的两自由度模型，如图 3.19(b)所示。图中，x_s为结构相对于地面的变形；x_0为隔震层相对于地面的变形；M_s、K_s、C_s分别为结构等效的单自由度模型的质量、刚度系数和阻尼系数；M_0、K_0、C_0分别为隔震层等效的单自由度模型的质量、刚度系数和阻尼系数。

将隔震结构简化为上述两自由度模型后，可基于发展较为成熟的 TMD 减震分析理论对隔震系统进行分析。假设地震位移为简谐函数 $U_g e^{i\omega t}$，则该体系在地震作用下的动力平衡方程为

$$\begin{bmatrix} m_0 & 0 \\ 0 & m_s \end{bmatrix}\begin{Bmatrix} \ddot{x}_0 \\ \ddot{x}_s \end{Bmatrix}+\begin{bmatrix} c_0+c_s & -c_s \\ -c_s & c_s \end{bmatrix}\begin{Bmatrix} \dot{x}_0 \\ \dot{x}_s \end{Bmatrix}+\begin{bmatrix} k_0+k_s & -k_s \\ -k_s & k_s \end{bmatrix}\begin{Bmatrix} x_0 \\ x_s \end{Bmatrix}=\begin{Bmatrix} \omega^2 m_0 U_g e^{i\omega t} \\ \omega^2 m_s U_g e^{i\omega t} \end{Bmatrix} \tag{3.80}$$

假设该系统处于线性工作阶段，那么系统的稳态响应也一定是简谐函数，因此设结构和隔震层的稳态响应为

$$\begin{Bmatrix} x_0 \\ x_s \end{Bmatrix}=\begin{Bmatrix} U_0 \\ U_s \end{Bmatrix} e^{i\omega t} \tag{3.81}$$

式中，U_0——隔震层稳态响应的幅值；

U_s——结构稳态响应的幅值。

将式(3.81)代入式(3.80)中，得

$$\begin{bmatrix} -\omega^2 m_0 + i\omega(c_0+c_s)+(k_0+k_s) & -i\omega c_s - k_s \\ -i\omega c_s - k_s & -\omega^2 m_s + i\omega c_s + k_s \end{bmatrix}\begin{Bmatrix} U_0 \\ U_s \end{Bmatrix}=\begin{Bmatrix} m_0 \\ m_s \end{Bmatrix}\omega^2 U_g \tag{3.82}$$

引入隔震层和结构的频率和阻尼比：

$$\omega_0=\sqrt{\frac{k_0}{m_0}},\zeta_0=\frac{c_0}{2\omega_0 m_0}$$

$$\omega_s=\sqrt{\frac{k_s}{m_s}},\zeta_s=\frac{c_s}{2\omega_s m_s}$$

则式(3.82)可以表示为

$$\begin{Bmatrix} U_0 \\ U_s \end{Bmatrix}=\begin{bmatrix} -\omega^2\frac{m_0}{m_s}+i\omega\left(2\zeta_0\omega_0\frac{m_0}{m_s}+2\zeta_s\omega_s\right)+\left(\frac{m_0}{m_s}\omega_0^{\ 2}+\omega_s^2\right) & -2\zeta_s\omega_s\omega i-\omega_s^2 \\ -2\zeta_s\omega_s\omega i-\omega_s^2 & -\omega^2+2\zeta_s\omega_s\omega i+\omega_s^2 \end{bmatrix}^{-1}\begin{Bmatrix} \frac{m_0}{m_s} \\ 1 \end{Bmatrix}\omega^2 U_g \tag{3.83}$$

引入质量比μ、外荷载频率比β_1以及隔震层频率比β_2：

$$\mu=\frac{m_0}{m_s},\beta_1=\frac{\omega}{\omega_s},\beta_2=\frac{\omega_0}{\omega_s}$$

进而可以将式(3.83)表示为

$$\begin{Bmatrix} U_0 \\ U_s \end{Bmatrix}=\begin{bmatrix} -\beta^2\mu+i\beta\left(2\zeta_0\beta_0\mu+2\zeta_s\right)+\left(\mu\beta_0^{\ 2}+1\right) & -2\zeta_s\beta i-1 \\ -2\zeta_s\beta i-1 & -\beta^2+2\zeta_s\beta i+1 \end{bmatrix}^{-1}\begin{Bmatrix} \mu \\ 1 \end{Bmatrix}\beta^2 U_g \tag{3.84}$$

由式(3.84)可以得到柔性结构的隔震体系中结构相对位移和隔震层相对位移与地震位移的幅值之比，即放大系数。

$$\begin{Bmatrix} R_{0u} \\ R_{su} \end{Bmatrix} = \begin{Bmatrix} \dfrac{|U_0|}{|U_g|} \\ \dfrac{|U_s|}{|U_g|} \end{Bmatrix}$$

$$= \begin{Bmatrix} \left| \dfrac{\beta^2 \sqrt{(-\mu\beta^2 + \mu + 1)^2 + \left[(\mu+1)2\zeta_s\beta\right]^2}}{\sqrt{\left[-4\zeta_s\zeta_0\beta_0\beta^2\mu - \beta^2 + \mu(1-\beta^2)\left(\beta_0^2 - \beta^2\right)\right]^2 + \left[2\zeta_0\beta_0\beta\mu(1-\beta^2) - 2\zeta_s\beta\left(\beta^2 + \beta^2\mu - \beta_0^2\mu\right)\right]^2}} \right| \\ \left| \dfrac{\beta^2 \sqrt{\left[(1-\beta^2)\mu + \left(\mu\beta_0^2 + 1\right)\right]^2 + \beta^2(2\zeta_0\beta_0\mu + 2\zeta_s + 2\zeta_s\mu)^2}}{\sqrt{\left[-4\zeta_s\zeta_0\beta_0\beta^2\mu - \beta^2 + \mu(1-\beta^2)\left(\beta_0^2 - \beta^2\right)\right]^2 + \left[2\zeta_0\beta_0\beta\mu(1-\beta^2) - 2\zeta_s\beta(\beta^2 + \beta^2\mu - \beta_0^2\mu)\right]^2}} \right| \end{Bmatrix} \tag{3.85}$$

将结构位移两次求导得到结构的相对加速度响应，然后与地震加速度相加即可得到结构的绝对加速度，进而得到柔性结构隔震体系中结构绝对加速度与地震加速度的放大系数为

$$\begin{Bmatrix} R_{0a} \\ R_{sa} \end{Bmatrix} = \begin{Bmatrix} \dfrac{|a_{0m}|}{|a_{gm}|} \\ \dfrac{|a_{sm}|}{|a_{gm}|} \end{Bmatrix}$$

$$= \begin{Bmatrix} \left| \dfrac{\sqrt{\left(-4\zeta_s\zeta_0\beta_0\beta^2\mu + \mu\beta_0{}^2 - \mu\beta^2\beta_0{}^2\right)^2 + \left[2\beta_0\beta\mu(\zeta_0 - \zeta_0\beta^2 + \zeta_s\beta_0)\right]^2}}{\sqrt{\left[-4\zeta_s\zeta_0\beta_0\beta^2\mu - \beta^2 + \mu(1-\beta^2)\left(\beta_0{}^2 - \beta^2\right)\right]^2 + \left[2\zeta_0\beta_0\beta\mu(1-\beta^2) - 2\zeta_s\beta\left(\beta^2 + \beta^2\mu - \beta_0^2\mu\right)\right]^2}} \right| \\ \left| \dfrac{\sqrt{\left(-4\zeta_s\zeta_0\beta_0\beta^2\mu + \mu\beta_0{}^2\right)^2 + \left[2\beta_0\beta\mu(\zeta_0 + \zeta_s\beta_0)\right]^2}}{\sqrt{\left[-4\zeta_s\zeta_0\beta_0\beta^2\mu - \beta^2 + \mu(1-\beta^2)\left(\beta_0{}^2 - \beta^2\right)\right]^2 + \left[2\zeta_0\beta_0\beta\mu(1-\beta^2) - 2\zeta_s\beta\left(\beta^2 + \beta^2\mu - \beta_0{}^2\mu\right)\right]^2}} \right| \end{Bmatrix} \tag{3.86}$$

一般在对某一结构进行隔震设计时，隔震层的动力设计参数主要有质量、刚度和阻尼系数，即为质量、频率和阻尼比，而其他参数，如结构频率、质量、阻尼比以及地震动的特征周期都可以由已知的结构参数和场地类别得到，因此，式(3.86)中的主要变量有隔震层频率与结构频率之比β_0、隔震层阻尼比ζ_0以及隔震层质量与结构质量之比μ。接下来，通过式(3.86)从频域角度分析上述参数对隔震体系中的结构响应R_{sa}的影响，其中结构阻尼比取 0.05，地震特征频率与结构频率之比的取值范围为[0,4]。在分析隔震层频率与结构频率比β_0对隔震效果的影响时，分别选取β_0为 0.2、0.5、1.0 和 2.0 进行对比。

从地震反应谱中也可以看出，阻尼比越大的结构地震响应越小。在隔震设计中为了增加隔震体系的阻尼比，常将隔震层的阻尼比设计为较大值，因此分别选取ζ_0为 0.05、0.20、0.50 以及 1.00 进行对比。

隔震结构常将结构底层或者地下室作为隔震支座与上部结构的连接点，以保证多个隔震支座联合发挥作用，因此隔震层质量与结构质量比接近于结构层数的倒数。考虑对不同层数的高度进行减震，分别选取μ为 1/5、1/10、1/20 以及 1/30 进行对比分析。图 3.20 所示为隔震层频率与结构频率比对柔性结构隔震体系动力放大系数的影响。

图 3.20 分析了β_0对结构加速度动力放大系数的影响，其中质量比取 1/10，隔震层阻尼比取 0.2。由图 3.18 可知，当地震动频率大于结构自振频率的$\sqrt{2}$倍时，地震作用下产生的结构绝对加速度响应小于地震激励加速度。从图 3.20 中可以看出，相比于抗震结构，增加隔震层会较大程度地降低结构的自振频率。这相当于在更宽的频率范围内，使得结构绝对加速度响应小于地震激励加速度，从而降低了结构绝对加速度响应。

图 3.21 所示为不同隔震层阻尼比对结构加速度放大系数的影响，其中隔震层频率与结构频率之比取 2，质量比取 1/10。

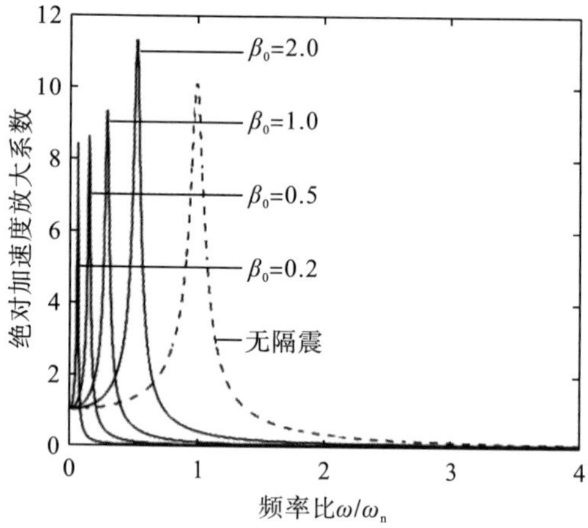

图 3.20　隔震层频率与结构频率比对柔性结构隔震体系加速度放大系数的影响

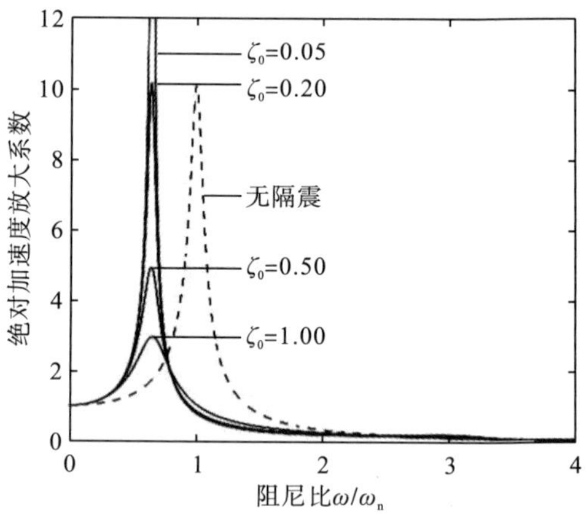

图 3.21　隔震层阻尼比对柔性结构隔震体系加速度放大系数的影响

由图 3.21 可知，阻尼比为 5%的抗震结构共振峰大于隔震层阻尼比为 5%的隔震结构，和隔震层阻尼比为 20%的隔震结构共振峰相当。这说明，为了保证隔震结构共振峰相比于抗震结构不被放大，需要在隔震层设置一定数量阻尼，可同时控制隔震层的位移和共振加速度分量。同时，增加阻尼比，可以较大幅度地降低频率小于隔震结构自振频率$\sqrt{2}$倍时的地震动输入成分加速度响应，但会较小幅度的增大频率大于隔震结构自振频率$\sqrt{2}$倍时的地震动输入成分加速度响应。

图 3.22 所示为不同隔震层质量与结构质量比对柔性结构隔震体系加速度放大系数的影响，其中隔震层频率与结构频率之比取 2，隔震层阻尼比取 0.2。

由图 3.22 可得，在隔震刚度不变的情况下，隔震结构自振频率随隔震层与结构质量比减小而减小，反之，隔震结构自振频率随之增大。这说明，当被隔震结构为柔性结构时，隔震层的质量会在一定程度上影响隔震结构自振频率，进而影响隔震效果。上述分析结果针对隔震层频率与刚度和质量共同相关的隔震支座（比如橡胶支座）展开，摩擦摆的隔震频率与质量无关，需单独分析。

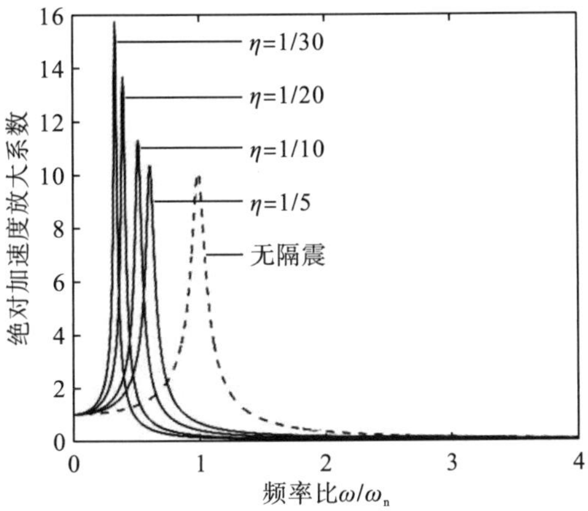

图 3.22　隔震层质量与结构质量比对柔性结构隔震体系加速度放大系数的影响

3.3　隔震结构的振型分解反应谱法

隔震结构可以通过实振型强制解耦或者复振型分解，求得结构全时程的响应[15]。与直接结构动力方法相比，可以大大简化隔震结构计算过程，通过振型分解，可以利用反应谱理论分析结构的最大地震反应，地震反应谱可理解为一个确定的地面运动，通过一组阻尼比相同但自振周期各不相同的单自由度体系，所引起的各体系最大反应与相应体系自振周期间的关系曲线，其代表了最大地震反应和地震反应随周期的变化，这种分析方法称作隔震结构反应谱分析方法。

3.3.1　适用范围

反应谱法因其计算简单快捷的特点目前被广泛应用，大大简化了隔震结构的分析计算。振型分解反应谱法可以考虑多阶振型的耦合作用，若只存在一阶振型，振型分解反应谱法和底部剪力法应该相同，所以底部剪力法一般用在层高较低、简单规则的结构中，而振型分解反应谱法适用于更大范围的线性结构计算。

3.3.2　振型分解法

当采用比例阻尼假定对线性结构进行分析时，利用结构无阻尼模态的完备正交振型体系可以将动力方程解耦，再通过将对应于各阶振型的结构反应组合来确定结构地震反应的变形和内力，这种方法称为振型分解法。

振型分解法利用结构振型将多自由度体系的方程组转化为仅含一个变量的一系列独立方程，这些独立方程本质上是多个单自由度体系的独立运动方程，通过求解单自由度体系的叠加便可得到原结构的反应。因此振型分解法一般用于多自由度结构。此外，由于原结构的反应是多个单自由度结构的叠加，非线性结构的恢复力特性并不满足叠加原理，因此振型分解法仅用于线性结构。

线性结构中，自由振动的位移可用振型$\{\phi\}$来表示，这些振型构成 n 个独立的位移模式，任意位移$\{x\}=[\phi]\{q\}$，即

$$\{x\}=\{\phi\}_1 q_1+\{\phi\}_2 q_2+\cdots+\{\phi\}_n q_n=\sum_{i=1}^{n}\{\phi\}_i q_i \tag{3.87}$$

式中，$\{\phi\}_i$——第 i 个振型；

q_i——第 i 个振型的幅值。

线性结构的振型满足正交条件：

$$\begin{cases}\{\phi\}_i^{\mathrm{T}}[M]\{\phi\}_j=\{0\}\\ \{\phi\}_i^{\mathrm{T}}[K]\{\phi\}_j=\{0\}\end{cases},\quad i\neq j \tag{3.88}$$

多自由度体系的运动方程为

$$[M]\{\ddot{x}\}+[C]\{\dot{x}\}+[K]\{x\}=\{F(t)\} \tag{3.89}$$

将$\{x\}=[\phi]\{q\}$代入式(3.89)，得

$$[M][\phi]\{\ddot{q}\}+[C][\phi]\{\dot{q}\}+[K][\phi]\{q\}=\{F(t)\} \tag{3.90}$$

在式(3.90)两侧左乘$[\phi]^{\mathrm{T}}$，得

$$[\phi]^{\mathrm{T}}[M][\phi]\{\ddot{q}\}+[\phi]^{\mathrm{T}}[C][\phi]\{\dot{q}\}+[\phi]^{\mathrm{T}}[K][\phi]\{q\}=[\phi]^{\mathrm{T}}\{F(t)\} \tag{3.91}$$

根据振型$\{\phi\}$的质量和刚度正交性，可得

$$[M^*]\{\ddot{q}\}+[\phi]^{\mathrm{T}}[C][\phi]\{\dot{q}\}+[K^*]\{q\}=\{F^*(t)\} \tag{3.92}$$

式中，$[M^*]$、$[K^*]$——对角阵。

$$M_i^*=\{\phi\}_i^{\mathrm{T}}[M]\{\phi\}_i,K_i^*=\{\phi\}_i^{\mathrm{T}}[K]\{\phi\}_i,F_i^*=\{\phi\}_i^{\mathrm{T}}\{F^*(t)\}$$

振型$[\phi]$不一定对阻尼矩阵正交，这要取决于阻尼矩阵的形式。若阻尼矩阵是比例阻尼的形式，则振型$[\phi]$也满足阻尼正交性，式(3.92)可写为

$$M_i^*\ddot{q}_i+C_i^*\dot{q}_i+K_i^*q_i=F_i^*(t),i=1,2,\cdots,n \tag{3.93}$$

隔震结构为了减小结构的位移反应会设置一定的阻尼装置，可能导致振型$[\phi]$与阻尼矩阵不正交，即$[C^*]=[\phi]^{\mathrm{T}}[C][\phi]$不是对角矩阵。处理方式有两种，一是采用强迫解耦法通过实振型分析方法进行分析，这样处理具有一定的近似性；二是采用复振型分析方法。下面分别介绍这两种分析方法。

3.3.2.1 实振型分解法

若采用实振型分解法计算隔震结构响应，通常采用强迫解耦法[12]，忽略$[C^*]$中的非对角线元素，这样便可按照传统的振型分解法进行计算。

经过上述简化处理，结构动力方程可以解耦为与单自由度体系形式相同的动力方程：

$$\ddot{q}_i+2\zeta_i\omega_i\dot{q}_i+\omega_i^2 q_i=-\gamma_i\ddot{x}_{\mathrm{g}},i=1,2,\cdots,N \tag{3.94}$$

第 i 阶振型的初始条件为

$$q_i(0)=\frac{\{\phi\}_i^{\mathrm{T}}[M]\{\phi(0)\}}{\{\phi\}_i^{\mathrm{T}}[M]\{\phi\}_i},\dot{q}_i(0)=\frac{\{\phi\}_i^{\mathrm{T}}[M]\{x(0)\}}{\{\phi\}_i^{\mathrm{T}}[M]\{\phi\}_i} \tag{3.95}$$

式中，q_i——第 i 阶振型的广义位移；

ζ_i——第 i 阶振型的黏滞阻尼比；

γ_i——第 i 阶振型的振型参与系数。

$$\gamma_i=\frac{\{\phi\}_i^{\mathrm{T}}[M]\{I\}}{\{\phi\}_i^{\mathrm{T}}[M]\{\phi\}_i} \tag{3.96}$$

其中，

$$\sum_{i=1}^{N}\gamma_i\{\phi\}_i=\{I\} \tag{3.97}$$

利用式(3.94)求出每阶振型的地震反应后，结构的总体动力反应可表示为

$$\{x\}=[\phi]\{q\}=\sum_{i=1}^{N}\{\phi\}_i z_i(t) \tag{3.98}$$

若求解隔震结构的弯矩、剪力、轴向力、变形等地震作用效应，可以先求出各振型下结构的地震作用效应 $q_i(t)$，然后结构的地震作用效应可以采用振型叠加法由式(3.99)求出：

$$\{s\}=\sum_{i=1}^{N}\{\phi\}_i q_i(t) \tag{3.99}$$

式中，振型个数可以在实际应用中根据结构的自振特性合理选择。

实振型分解法的计算步骤总结如下：

(1) 根据结构的频率方程：$|K-\omega^2M|=0$，求得结构的各阶振型$\{\phi\}_i$和频率ω_i；

(2) 依次取每个振型向量$\{\phi\}_i$，计算 $M_i^*=\{\phi\}_i^{\mathrm{T}}[M]\{\phi\}_i$、$K_i^*=\{\phi\}_i^{\mathrm{T}}[K]\{\phi\}_i$、$C_i^*=\{\phi\}_i^{\mathrm{T}}[C]\{\phi\}_i$、$F_i^*=\{\phi\}_i^{\mathrm{T}}\{F(t)\}$，采用强制解耦法获得满足振型正交的阻尼矩阵；

(3) 将 M_i^*、K_i^*、C_i^*、F_i^*代入动力方程用数值积分方法求解，得各单自由度体系的位移反应 q_i；

(4) $\{q\}=(q_1,q_2,\cdots,q_n)^{\mathrm{T}}$，最后解得多自由度结构的位移反应$\{x\}=[\phi]\{q\}$。

3.3.2.2 复振型分解法

对于阻尼矩阵为不满足正交性条件的非比例阻尼的隔震结构，使用实振型分解法求解存在一定误差，若将动力方程转化为状态空间形式，并将状态空间表达式中的各特征矩阵写为对称阵，特征矩阵便可满足振型正交性，接下来的计算与实振型分解法相同，通过状态空间求得的振型是复数，所以该方法称为复振型分解法[16]。下面介绍复振型分解法的计算过程。

多自由度体系的运动方程可写为状态空间的形式，如式(3.100)所示：

$$[M_{\mathrm{c}}]\{\dot{U}\}+[K_{\mathrm{c}}]\{U\}=\{B_{\mathrm{c}}\}\{F\} \tag{3.100}$$

式中，

$$\{U\}=\begin{pmatrix}x\\ \dot{x}\end{pmatrix},[M_{\mathrm{c}}]=\begin{bmatrix}C & M\\ M & 0\end{bmatrix},[K_{\mathrm{c}}]=\begin{bmatrix}K & 0\\ 0 & -M\end{bmatrix},\{B_{\mathrm{c}}\}=\begin{bmatrix}I\\ 0\end{bmatrix} \tag{3.101}$$

与实振型分解法类似，取式(3.100)等式右侧为0，且

$$\{U\} = \{\psi\}e^{\lambda t} \tag{3.102}$$

式中，

$$[\psi] = \begin{pmatrix} [\phi] \\ [\phi][\lambda] \end{pmatrix} \tag{3.103}$$

由此得到特征方程：

$$([M_c][\lambda] + [K_c])\{\psi\}e^{\lambda t} = 0 \tag{3.104}$$

对应的频率方程为

$$\left|[\lambda][M_c] + [K_c]\right| = 0 \tag{3.105}$$

通过求解频率方程，可得到 $2n$ 个复特征值和复特征向量，这些特征值和特征向量共轭出现，记为

$$\lambda_1, \lambda_2, \cdots, \lambda_n, \lambda_1^*, \lambda_2^*, \cdots, \lambda_n^*, \psi_1, \psi_2, \cdots, \psi_n, \psi_1^*, \psi_2^*, \cdots, \psi_n^* \tag{3.106}$$

很容易证明这些振型满足正交条件：

$$\begin{cases} \{\psi\}_i^{\mathrm{T}}[M_c]\{\psi\}_j = 0 \\ \{\psi\}_i^{\mathrm{T}}[K_c]\{\psi\}_j = 0 \end{cases}, \quad i \neq j \tag{3.107}$$

令

$$\{U\} = [\psi]\{z_c\} \tag{3.108}$$

将式(3.108)代入式(3.100)，并在方程两侧左乘$\{\psi\}^{\mathrm{T}}$，引入复振型的正交条件，可得到 $2n$ 个微分方程组：

$$\dot{z}_i + \lambda_i z_i = \eta_i, \quad i = 1, 2, \cdots, 2n \tag{3.109}$$

式中，

$$\lambda_i = \frac{b_i}{a_i}, \{\eta\}_i = \frac{\{\psi\}_i^{\mathrm{T}}\{B_c\}\{F\}}{a_i}, a_i = \{\psi\}_i^{\mathrm{T}}[M_c]\{\psi\}_i, b_i = \{\psi\}_i^{\mathrm{T}}[K_c]\{\psi\}_i \tag{3.110}$$

式(3.109)为 $2n$ 个一阶线性微分方程，再通过计算式(3.108)，即可得到多自由度结构的状态矩阵$\{U\}$，其中前 n 项为结构的位移响应，后 n 项为结构的速度响应。

由此可看出，复振型分解法的求解过程与实振型分解法基本相同，只是增加了一个将运动方程转化为状态方程的过程。采用复振型分解法得到的振型和特征值都是复数。由于振型向量共轭，虚部最终互相抵消，最后求得结构的反应均为实数。

复振型分解法的计算步骤总结如下：

(1)将结构参数$[M]$、$[K]$、$[C]$代入式(3.101)得到状态方程的各参数$[M_c]$、$[K_c]$、$[B_c]$；

(2)根据结构的频率方程$|[K_c]+[\lambda_c][M_c]|=0$，求得结构的各阶振型$\{\phi_c\}_i$；

(3)依次取每个振型向量$\{\phi_c\}_i$，代入式(3.110)得到λ_i、η_i；

(4)将λ_i、η_i代入动力方程求解得各单自由度体系的位移反应；

(5)$z_c = (z_1, z_2, \cdots, z_n, z_1^*, z_2^*, \cdots, z_n^*)$，最后解得多自由度结构的位移反应$\{U\}=[\phi_c]\{z_c\}$。

3.3.3 地震作用计算

振型分解法通过对隔震结构每个时刻的振型进行叠加，得到结构全时程动力响应分析。在实际工程中，最关心是隔震结构的最大反应，特别是隔震结构的最大地震内力反应。通过振型分解反应谱理论，可以用较小的计算工作量得到隔震结构的最大响应。振型分解反应谱理论的基本假设如下：

(1) 隔震结构的地震反应假定为线弹性，可以采用叠加原理计算；

(2) 结构基础为无限刚体，各支撑处的地震动输入完全相同；

(3) 结构的最不利结构反应是结构的最大地震反应；

(4) 地震动过程是平稳随机过程。

3.3.3.1 实振型分解反应谱法

为了和反应谱理论相一致，令 $q_i(t)=\gamma_i z_i(t)$，$z_i(t)$是式(3.111)运动方程的结构反应：

$$\ddot{z}_i + 2\zeta_i\omega_i\dot{z}_i + \omega_i^2 z_i = -\ddot{u}_{\rm g} \tag{3.111}$$

式(3.111)即为计算反应谱时所采用的单自由度体系结构动力方程。隔震结构的弯矩、剪力、轴向力、变形等地震作用效应可以表示为

$$s(t) = \sum_{i=1}^{N} s_i(t) = \sum_{i=1}^{N} \gamma_i \phi_i z_i(t) \tag{3.112}$$

当计算结构位移时，$\{s_i(t)\} = \gamma_i\{\phi\}_i z_i(t)$，在计算地震作用时，$\{s_i(t)\} = \gamma_i M_i^*\left(\ddot{z}_i(t) + \ddot{u}_{\rm g}\right)$，振型分解反应谱法基于每阶振型反应的最大值$(z_i(t))_{\max}$来近似计算整体系统的最大值，设第 i 个振型地震作用效应的最大值为 S_i，计算结构位移时有

$$S_i = \sum_{i=1}^{N} \gamma_i \phi_i (z_i(t))_{\max} \tag{3.113}$$

计算地震作用时：

$$S_i = \gamma_i M_i^*\left(\ddot{z}_i(t) + \ddot{u}_{\rm g}\right)_{\max} \tag{3.114}$$

其中，$(z_i(t))_{\max}$可以利用相对位移反应谱来求得

$$(z_i(t))_{\max} = S_{\rm d}(\omega_i, \zeta_i) \tag{3.115}$$

当地震动为平稳随机过程时，随机振动分析理论表明结构的最大动力反应可近似表示为

$$S = \sqrt{\sum_{i=1}^{N}\sum_{j=1}^{N} \rho_{ij} S_i S_j} \tag{3.116}$$

式(3.116)是 CQC 振型组合公式，式中ρ_{ij}为振型互相关函数[16]，可采用下式近似计算：

$$\rho_{ij} = \frac{8(\omega_i\zeta_i + \omega_j\zeta_j)(\omega_i\omega_j)^{3/2}(\zeta_i\zeta_j)^{1/2}}{2(\omega_i\zeta_i + \omega_j\zeta_j)^2\left(\omega_i^2 + \omega_j^2\right) - \left(\omega_i^2 - \omega_j^2\right)^2} \tag{3.117}$$

通常，若体系的自振频率满足：

$$\omega_i < \frac{0.2}{0.2+\zeta_i+\zeta_j}\omega_j, i<j \tag{3.118}$$

则可认为体系的自振频率相隔较远，这时，可取$\rho_{ij}=0(i\neq j)$，$\rho_{ii}=1$，振型组合公式变为

$$S=\sqrt{\sum_{i=1}^{N}S_i^2} \tag{3.119}$$

式(3.119)就是平方和开平方(SSRS)振型组合公式。

在实际工程设计中，通常采用地震作用来计算振型的内力或位移等地震反应。将地震作用作为荷载施加在结构上，将其振型的地震反应作为静力问题计算，然后利用公式(3.116)组合计算结构的整体最大地震反应分布。与此分析相对应，在抗震设计中采用地震影响系数 α 谱曲线作为计算地震作用的依据。地震影响系数与绝对加速度反应谱的关系为

$$\alpha(\omega,\zeta)=\frac{S_{\mathrm{a}}(\omega,\zeta)}{g} \tag{3.120}$$

地震作用是指地震动引起结构产生的惯性力，根据动力学原理：

$$f(t)=-\{I\}^{\mathrm{T}}[M]\left(\{\ddot{x}(t)\}+\{I\}\{\ddot{x}_0(t)\}\right) \tag{3.121}$$

将式(3.97)和式(3.98)代入式(3.121)，得

$$f_I(t)=-\sum_{i=1}^{N}\{I\}^{\mathrm{T}}[M]\left(\{\phi\}_i\{\gamma\}_i\{\ddot{z}\}(t)+\{\ddot{x}_{\mathrm{g}}(t)\}\right)=\sum_{i=1}^{N}f_{Ii}(t) \tag{3.122}$$

记

$$f_{Ii}(t)=-\{I\}^{\mathrm{T}}[M]\{\phi\}_i\{\gamma\}_i\left(\{\ddot{z}_i\}(t)+\{\ddot{x}_{\mathrm{g}}(t)\}\right) \tag{3.123}$$

为第 i 振型的地震作用力。第 i 个振型地震作用力最大值为

$$F_i=(f_{Ii}(t))_{\max}=-\{I\}^{\mathrm{T}}[M]\{\phi\}_i\{\gamma\}_iS_{\mathrm{a}}(\omega_i,\zeta_i)=-[G]\{\phi\}_i\{\gamma\}_i\alpha_i \tag{3.124}$$

式中，

$$[G]=\{I\}^{\mathrm{T}}[M]g,\ \alpha_i=\alpha(\omega_i,\zeta_i) \tag{3.125}$$

以结构基底反力为例，上述基于振型分解反应谱法计算结构基底反力的基本步骤整理[17]如下：

(1) 进行结构模态分析，求解结构的自振频率和振型，计算振型参与系数等参数；

(2) 结合反应谱得到结构的各阶振型对应的地震影响系数 α_i；

(3) 将 α_i 替换式(3.114)中的$\left(\ddot{z}_i(t)+\ddot{u}_{\mathrm{g}}\right)_{\max}$ 计算结构各阶振型的基底反力最大值 S_i；

(4) 利用式(3.116)采用振型组合法计算结构的总体地震结构基底反力最大值 S。

采用静力法计算多自由度体系各阶振型地震反应的计算工作量较大，因此可先求出各阶振型对应的最大位移响应，根据式(3.126)各阶振型的位移计算各阶振型的内力和地震反应[18]。

$$U_i = \frac{\alpha_i \gamma_i g}{\omega_i^2} \tag{3.126}$$

式中，U_i——第 i 阶振型的位移响应。

此外，当采用式(3.126)进行振型组合时，对于固有频率相对密集的结构采用 CQC 法，如考虑结构体系的平移和扭转耦合振动；SRSS 方法主要用于自振频率相差较大的情况，如比较规则的剪切型串联多自由度结构体系。反应谱理论通过反应谱将变化的地震作用转化为最大等效侧向力，进而将地震作用下的结构效应转化为等效侧向力下的作用效应进行分析，使结构的抗震分析得到简化。

3.3.3.2 复振型分解反应谱法

参考周锡元等[19]一般非正交阻尼系统的地震反应可按复振型分解为

$$\begin{aligned} x(t) = \sum_{i=1}^{N} \frac{2}{a_i^2 + b_i^2} \Big[& (p_i\{\varphi_c\}_i + q_i\{\psi_c\}_i) \int_0^t x_g(\tau) e^{-\alpha_i(t-\tau)} \cos\beta_i(t-\tau) d\tau \\ & + (q_i\{\varphi_c\}_i - p_i\{\psi_c\}_i) \int_0^t x_g(\tau) e^{-\alpha_i(t-\tau)} \sin\beta_i(t-\tau) d\tau \Big] \end{aligned} \tag{3.127}$$

式中，$\{x(t)\}$——地震作用下多自由度体系的位移向量。

$$\begin{aligned} a_i = & -2\alpha_i \left(\{\varphi_c\}_i^T [M] \{\varphi_c\}_i - \{\psi_c\}_i^T [M] \{\psi_c\}_i \right) - 4\beta_i \{\varphi_c\}_i^T [M] \{\psi_c\}_i \\ & + \{\varphi_c\}_i^T [C] \{\varphi_c\}_i - \{\psi_c\}_i^T [C] \{\psi_c\}_i \end{aligned} \tag{3.128}$$

$$b_i = 2\beta_i \left(\{\varphi_c\}_i^T [M] \{\varphi_c\}_i - \{\psi_c\}_i^T [M] \{\psi_c\}_i \right) - 4\alpha_i \left(\{\varphi_c\}_i^T [M] \{\psi_c\}_i + 2\{\varphi_c\}_i^T [C] \{\psi_c\}_i \right) \tag{3.129}$$

$$p_i = a_i c_i + b_i d_i,\ q_i = b_i c_i - a_i d_i \tag{3.130}$$

$$c_i = \{\varphi_c\}_i^T [M] \{I\},\ d_i = \{\psi_c\}_i^T [M] \{I\} \tag{3.131}$$

α_i 和 β_i 分别为复特征值 λ_{ci} 的实部和虚部，并有 $\lambda_{ci} = -\alpha + i_c \beta_i$。

$$\alpha_i = \zeta_i \omega_i,\ \beta_i = \omega_{Di} = \omega_i \sqrt{1-\zeta_i^2} \tag{3.132}$$

式中，ω_{Di}——第 i 阶振型有阻尼结构的自振频率。

$[\varphi_c]$和$[\psi_c]$分别为相应特征向量$[\phi_c]$的实部和虚部，即$[\phi_c]_i=[\varphi_c]_i+i_c[\psi_c]_i$，式(3.127)表示的解是两个杜哈梅积分的线性组合，其后者是可以表述为下述方程解的广义坐标。

$$\ddot{x}_i + 2\zeta_i \omega_i \dot{x}_i + \omega_i^2 x_i = -\ddot{x}_g(t) \tag{3.133}$$

即

$$x_i = -\frac{1}{\omega_{Di}} \int_0^t e^{-\zeta_i \omega(t-\tau)} \sin\left(\sqrt{1-\zeta_i^2}\, \omega_i (t-\tau)\right) \ddot{x}_g(\tau) d\tau \tag{3.134}$$

此处，$\omega_{Di} = \sqrt{1-\zeta_i^2}\, \omega_i$。

为了消除式(3.127)中对 $\cos\beta_i(t)$的杜哈梅积分，对上式求导，得

$$x_i' = -\zeta_i \omega_i q_i - \int_0^t e^{-\zeta_i \omega(t-\tau)} \cos\left(\sqrt{1-\zeta_i^2}\, \omega_i (t-\tau)\right) \ddot{x}_g(\tau) d\tau \tag{3.135}$$

由此得

$$\int_0^t e^{-\zeta_i \omega(t-\tau)} \cos\left(\sqrt{1-\zeta_i^2}\, \omega_i (t-\tau)\right) \ddot{x}_g(\tau) d\tau = -\zeta_i \omega_i x_i - x_i' \tag{3.136}$$

故(3.127)式可重新写为如下形式：

$$\{x(t)\}=-\sum_{i=1}^{N}\frac{2}{a_i^2+b_i^2}\left\{\left[\left(\zeta_i q_i+\sqrt{1-\zeta_i^2}\,p_i\right)\varphi_{\mathrm{c}i}-\left(\zeta_i p_i-\sqrt{1-\zeta_i^2}\,q_i\right)\psi_{\mathrm{c}i}\right]\omega_i x_i(t)+\left(q_i\psi^n-p_i\varphi^n\right)x'(t)\right\} \tag{3.137}$$

由式(3.137)可知 N 个自由度体系地震反应的复振型叠加形式可写为

$$X(t)=\sum_{i=1}^{N}\left[A_i x_i(t)+B_i\dot{x}_i(t)\right] \tag{3.138}$$

展开式中

$$X(t)=\{x(t)\}=[x_1,x_2,\cdots,x_i]^{\mathrm{T}} \tag{3.139}$$

$$A_n=[A_1,A_2,\cdots,A_i]^{\mathrm{T}},\ B_n=[B_1,B_2,\cdots,B_i]^{\mathrm{T}} \tag{3.140}$$

$$A_i=-\frac{2}{a_i^2+b_i^2}\left[\left(\zeta_i q_i+\sqrt{1-\zeta_i^2}\,p_i\right)\varphi_{\mathrm{c}i}-\left(\zeta_i p_i-\sqrt{1-\zeta_i^2}\,q_i\right)\psi_{\mathrm{c}i}\right]\omega_i \tag{3.141}$$

$$B_i=-\frac{2}{a_i^2+b_i^2}(q_i\varphi_{\mathrm{c}i}-p_i\psi_{\mathrm{c}i}) \tag{3.142}$$

a_i、b_i、p_i、q_i 定义同前，$x_i(t)$是方程 $\ddot{x}_i+\zeta_i\omega_i\dot{x}_i+\omega_i^2x_i=-\ddot{x}_{\mathrm{g}}(t)$ 的解。当输入为白噪声时，$X(t)$的方差为

$$E[X(t)]=\sum_{j=1}^{N}\sum_{i=1}^{N}\left(A_iA_j\left\langle x_ix_j\right\rangle+B_iB_j\left\langle\dot{x}_i\dot{x}_j\right\rangle+2A_iB_j\left\langle x_i\dot{x}_j\right\rangle\right) \tag{3.143}$$

若忽略交叉项，即假设$\left\{\begin{matrix}\left\langle x_ix_j\right\rangle\\ \left\langle\dot{x}_i\dot{x}_j\right\rangle\end{matrix}\right\}(j\neq i)$和$\left\langle q_i\dot{q}_j\right\rangle=0$时，上式改写为

$$E[X^2(t)]=\sum_{i=1}^{N}\left(A_i^2\left\langle x_i^2(t)\right\rangle+B_i^2\left\langle\dot{x}_i^2(t)\right\rangle\right) \tag{3.144}$$

从随机振动理论可知，当输入为白噪声时，在稳定状态下单自由度线性系统速度响应与位移响应的方差之间存在以下关系：

$$\left\langle\dot{x}_i^2(t)\right\rangle=\omega_i^2\left\langle x_i^2(t)\right\rangle \tag{3.145}$$

因此式(3.145)可改写为

$$E\left[X^2(t)\right]=\sum_{i=1}^{N}\left(A_i^2+\omega_i^2B_i^2\right)\left\langle x_i^2(t)\right\rangle \tag{3.146}$$

由此得

$$G_X=\sqrt{\left\langle X^2(t)\right\rangle}=\sqrt{\sum_{i=1}^{N}\left(A_i^2+\omega_i^2B_i^2\right)G_{qi}^2} \tag{3.147}$$

在一定保证概率之下可以假定在反应方差与最大值之间存在某种比例关系，因此可得到关于最大反应的复振型组合公式：

$$[X(t)]_{\max}=\sqrt{\sum_{i=1}^{N}\left(A_i^2+\omega_i^2B_i^2\right)[x_i(t)]_{\max}^2} \tag{3.148}$$

3.4　隔震结构的底部剪力法

3.4.1　适用范围

对于一般的隔震结构，应采用时程分析法或振型分解反应谱法计算地震作用效应，当隔震结构满足以下条件后，可采用底部剪力法简化计算[20]。

(1)隔震层以上结构：房屋高度不超过 24m，结构以剪切变形为主，质量和刚度沿高度较均匀分布，地震作用的扭转效应可忽略。

(2)建筑场地：距离活动断层 10km 以上，属于 I_0、I_1、II 或III类场地。

(3)隔震层：采用的隔震支座类型相同，支座的水平力学性能基本不受竖向承载力影响。隔震层不配备速度型附加阻尼装置和限位装置。

3.4.2　地震作用计算

底部剪力法的主要思想是首先计算隔震结构的总水平地震作用，即结构的底部剪力，然后将总水平地震作用按规律分配到每个质点上，以获得每个质点的水平地震作用。

当隔震结构采用底部剪力法计算时可取为单个自由度，结构的水平地震作用力的标准值按式(3.149)确定：

$$F_{\text{ek}} = \alpha_1 G_{\text{eq}} \tag{3.149}$$

式中，F_{ek}——隔震结构总水平地震作用标准值；

α_1——相应于结构基本自振周期的设防地震的水平地震影响系数，多层砌体房屋、底部框架砌体房屋宜取为地震影响系数最大值；

G_{eq}——结构等效总重力荷载，单质点应取总重力荷载代表值，多质点可取重力代表值的 85%。

在计算得到水平地震总反应后，各层作用力可按式(3.150)和式(3.151)分配：

$$F_{i\text{k}} = \frac{G_i H_i}{\sum_{j=1}^{n} G_j H_j} F_{\text{ek}}(1-\delta_{\text{n}}) \tag{3.150}$$

$$\Delta F = \delta_{\text{n}} F_{\text{ek}} \tag{3.151}$$

式中，$F_{i\text{k}}$——质点 i 的水平地震作用标准值；

G_i、G_j——集中于质点 i、j 的重力荷载代表值；

H_i、H_j——质点 i、j 的计算高度；

δ_{n}——顶部附加地震作用系数，可按照标准规定取值；

ΔF——顶部附加水平地震作用。

3.5 隔震结构的时程分析法

3.5.1 适用范围

由于隔震支座存在复杂的力学性能，隔震结构的阻尼往往大于传统结构。与传统结构相比，隔震结构地震响应的计算略为复杂，某些隔震结构方案并不满足底部剪力法和振型分解反应谱法的适用条件。时程分析方法是分析隔震结构动力响应时，应用最广泛、计算最高效的方法，常用于隔震结构的补充设计及性能验算。时程分析方法包括地震响应解析方法和数值积分方法，前者基于叠加原理因而仅适用于线弹性体系，后者对于线弹性和弹塑性体系普遍适用。

3.5.2 地震响应解析

由 3.1 及 3.2 节所述，对于上部结构刚度远大于隔震层刚度的基础隔震体系，相比于结构各层层间变形，隔震层的变形较大。因此，可以将上部结构简化为刚体，分析地震作用下结构的整体运动，即将隔震体系简化为单自由度模型。当地震作用较小，隔震层处于线弹性状态时，可由杜哈梅积分法和傅里叶变换法求解结构的时程响应解析解，下面对两种方法进行简单介绍。

3.5.2.1 杜哈梅积分法

杜哈梅积分法先将地震荷载分解为一系列单位脉冲荷载，然后获得结构在每一个单位脉冲作用下的响应，最后将结构在每一个单位脉冲作用下的反应相叠加，即可得到结构的地震响应。由于使用了叠加原理，该方法仅适用于线弹性体系。

所谓单位脉冲，即作用时间很短，冲量等于 1 的荷载，可表示为 δ 函数，其满足：

$$\delta(t-\tau)=\begin{cases}\infty, & t=\tau \\ 0, & \text{其他}\end{cases} \tag{3.152}$$

$$\int_0^{\infty}\delta(t-\tau)\mathrm{d}t=1 \tag{3.153}$$

在 τ 时刻的一个单自由度体系上作用一个单位脉冲，脉冲结束后，结构质点获得一个单位冲量，其初速度满足：

$$M\dot{x}(\tau+\varepsilon)=\int_{\tau}^{\tau+\varepsilon}p(t)\mathrm{d}t=\int_{\tau}^{\tau+\varepsilon}\delta(t)\mathrm{d}t=1 \tag{3.154}$$

式中，M——隔震结构的质量；

$\dot{x}$——质点速度；

p——脉冲荷载。

当 $\varepsilon\to 0$ 时，

$$\dot{x}(\tau)=\frac{1}{M} \tag{3.155}$$

由于脉冲作用时间很短，当 $\varepsilon\to 0$ 时，由单位脉冲引起的质点位移为 0，即

$$x(\tau)=0 \tag{3.156}$$

求解体系在单位脉冲作用下的反应即是求解给定初始条件的自由振动问题。单自由度低阻尼体系自由振动的一般解见式(3.157)，将初始条件[式(3.155)和式(3.156)]代入式(3.157)，可得阻尼体系的单位脉冲反应函数：

$$x(t)=\mathrm{e}^{-\zeta\omega_{\mathrm{n}}t}\left[x(0)\cos\omega_{\mathrm{D}}t+\left(\frac{\dot{x}(0)+\zeta\omega_{\mathrm{n}}x(0)}{\omega_{\mathrm{D}}}\right)\sin\omega_{\mathrm{D}}t\right] \tag{3.157}$$

$$h(t-\tau)=x(t)=\frac{1}{m\omega_{\mathrm{D}}}\mathrm{e}^{-\zeta\omega_{\mathrm{n}}(t-\tau)}\sin[\omega_{\mathrm{D}}(t-\tau)],\quad t\geqslant\tau \tag{3.158}$$

式中，ω_{n}——无阻尼体系的自振圆频率；

ω_{D}——有阻尼体系的自振圆频率。

如果已经将地震荷载 $P(\tau)$离散成一系列脉冲，首先计算其中任一脉冲 $P(\tau)\mathrm{d}\tau$的动力反应。此时由于脉冲的冲量等于 $P(\tau)\mathrm{d}\tau$，则直接利用单位脉冲反应函数可得在该脉冲作用下结构的反应为

$$\mathrm{d}x(t)=P(\tau)h(t-\tau)\mathrm{d}\tau,\quad t>\tau \tag{3.159}$$

在任意时间 t 结构的反应，就是在 t 以前所有脉冲作用下反应的和。

$$x(t)=\int_0^t \mathrm{d}x=\int_0^t P(\tau)h(t-\tau)\mathrm{d}\tau \tag{3.160}$$

将式(3.158)代入式(3.160)得到阻尼体系动力反应的杜哈梅积分公式：

$$x(t)=\frac{1}{m\omega_{\mathrm{D}}}\int_0^t P(\tau)\mathrm{e}^{-\zeta\omega_{\mathrm{n}}(t-\tau)}\sin\left[\omega_{\mathrm{D}}(t-\tau)\right]\mathrm{d}\tau \tag{3.161}$$

在水平地震响应计算中以上外荷载 $P(\tau)$等于反向的地震加速度 $\ddot{x}_{\mathrm{g}}(\tau)$ 与质点质量 M 的乘积，即 $-M\ddot{x}_{\mathrm{g}}(\tau)$。式(3.161)所示杜哈梅积分的解是由地震荷载引起的相应于静止初始条件的特解。如果初始条件不为零，则需要再叠加上由非零初始条件引起的自由振动。

3.5.2.2　傅里叶变换法

傅里叶变换法是求解结构动力响应时程的频域方法。对任意地震荷载，可以采用傅里叶变换法，在频域求得隔震结构简化单自由度线性模型的动力反应。

傅里叶变换的定义为

$$\left.\begin{aligned}X(\omega)&=\int_{-\infty}^{+\infty}x(t)\mathrm{e}^{-\mathrm{i}\omega t}\mathrm{d}t, &&\text{正变换}\\ x(t)&=\frac{1}{2\pi}\int_{-\infty}^{+\infty}X(\omega)\mathrm{e}^{\mathrm{i}\omega t}\mathrm{d}\omega, &&\text{逆变换}\end{aligned}\right\} \tag{3.162}$$

式中，$X(\omega)$ ——位移 $x(t)$的傅里叶谱；

ω——圆频率。

根据傅里叶变换的性质，结构速度和加速度的傅里叶变换为

$$\left.\begin{aligned}\int_{-\infty}^{+\infty}\dot{x}(t)\mathrm{e}^{-\mathrm{i}\omega t}\mathrm{d}t&=\mathrm{i}\omega X(\omega)\\\int_{-\infty}^{+\infty}\ddot{x}(t)\mathrm{e}^{-\mathrm{i}\omega t}\mathrm{d}t&=-\omega^2X(\omega)\end{aligned}\right\}\tag{3.163}$$

单自由度体系运动方程为

$$\ddot{x}(t)+2\zeta\omega_{\mathrm{n}}\dot{x}(t)+\omega_{\mathrm{n}}^2x(t)=\frac{1}{m}F(t)\tag{3.164}$$

式中，$F(t)$——t 时刻的外荷载。

对式(3.164)两边同时进行傅里叶正变换得

$$-\omega^2X(\omega)+2\mathrm{i}\zeta\omega_{\mathrm{n}}\omega X(\omega)+\omega_{\mathrm{n}}^2X(\omega)=F(\omega)\tag{3.165}$$

式中，$X(\omega)$——位移 $x(t)$的傅里叶谱；

$F(\omega)$——外荷载 $F(t)$的傅里叶谱。

$$\left.\begin{aligned}X(\omega)\leftarrow\text{傅里叶变换}\rightarrow x(t)\\F(\omega)\leftarrow\text{傅里叶变换}\rightarrow F(t)\end{aligned}\right\}\tag{3.166}$$

可以看到，通过傅里叶变换，把问题从自变量为 t 的时间域，变到自变量为 ω 的频率域，由频域的运动方程(3.166)可得

$$X(\omega)=H(\mathrm{i}\omega)F(\omega)\tag{3.167}$$

式中，$H(\mathrm{i}\omega)$——传递函数，它是一个复数函数，如式(3.168)所示：

$$H(\mathrm{i}\omega)=\frac{1}{k}\left\{\frac{1}{\left[1-\left(\dfrac{\omega}{\omega_{\mathrm{n}}}\right)^2\right]+\mathrm{i}\left[2\zeta\left(\dfrac{\omega}{\omega_{\mathrm{n}}}\right)\right]}\right\}\tag{3.168}$$

由此便在频率域完成了频域解的推导，再根据式(3.162)中的傅里叶逆变换得到体系的位移解，即

$$x(t)=\frac{1}{2\pi}\int_{-\infty}^{+\infty}H(\mathrm{i}\omega)F(\omega)\mathrm{e}^{\mathrm{i}\omega t}\mathrm{d}\omega\tag{3.169}$$

从上述基于傅里叶变换的频域分析方法可以看出，其基本计算步骤如下。

(1)对外荷载 $F(t)$作傅里叶变换，得到荷载的傅里叶谱 $F(\omega)$:

$$F(t)\rightarrow\text{傅里叶变换}\rightarrow F(\omega)$$

(2)利用式(3.167)，根据外荷载的傅里叶谱 $F(\omega)$和传递函数 $H(\mathrm{i}\omega)$，得到结构反应的频域解——傅里叶谱 $X(\omega)$:

$$X(\omega)=H(\mathrm{i}\omega)F(\omega)$$

(3)最后由式(3.169)，应用傅里叶逆变换，由频域解 $X(\omega)$得到时域解 $x(t)$:

$$X(\omega)\rightarrow\text{傅里叶逆变换}\rightarrow x(t)$$

杜哈梅积分法和傅里叶变换法是隔震结构反应时程的理论求解方法，它们给出了用积分形式表示的体系运动解析式，广泛应用于隔震体系动力反应分析的理论研究。杜哈梅积分法和傅里叶变换法适用于隔震结构简化单自由度线性模型，最终求得结果为支座位移时程的解析解。在支座设计时，想要获取支座反力，还需对位移解析解等式左右同时求导以获取速度与加速度，从而由式(3.170)或式(3.171)计算恢复力时程。

$$F = M\left(\ddot{x}_{\mathrm{s}} + \ddot{x}_{\mathrm{g}}\right) \tag{3.170}$$

$$F = C\dot{x}_{\mathrm{s}} + Kx_{\mathrm{s}} \tag{3.171}$$

式中，M、C、K——结构的质量、刚度、阻尼；

F——隔震支座水平恢复力；

x_{s}、$\dot{x}_{\mathrm{s}}$ 和 $\ddot{x}_{\mathrm{s}}$——结构与地面的相对位移、速度和加速度；

$\ddot{x}_{\mathrm{g}}$——地震加速度。

3.5.3　地震响应数值积分

隔震结构的地震响应可依据动力平衡方程，由数值积分方法求解。当地震荷载较大时，隔震层可能进入非线性状态，叠加原理不再适用，不可使用杜哈梅积分法和傅里叶变换法。而数值积分方法不仅适用于线性体系，还适用于隔震结构的非线性地震响应求解。

3.5.3.1　隔震结构动力方程

将隔震层视为整体结构的一个自由度，则整个隔震结构体系可简化为一个多自由度模型。对于任意隔震支座力学模型，均满足动力平衡方程式(3.172)，对该式采用合适的时域逐步积分方法，即可求解出结构动力响应：

$$\{f_{\mathrm{I}}(t)\} + \{f_{\mathrm{S}}(t)\} + \{f_{\mathrm{D}}(t)\} = \{F(t)\} \tag{3.172}$$

式中，$\{f_{\mathrm{I}}(t)\}$——t 时刻的惯性力向量；

$\{f_{\mathrm{D}}(t)\}$——t 时刻的阻尼力向量；

$\{f_{\mathrm{S}}(t)\}$——t 时刻的刚度恢复力向量；

$\{F(t)\}$——t 时刻的外荷载向量。

在线弹性阶段式(3.172)可直接写作式(3.173)，而弹塑性阶段非线性恢复力的表示将在后续小节讲解。

$$[M]\{\ddot{x}_{\mathrm{s}}\} + [C]\{\dot{x}_{\mathrm{s}}\} + [K]\{x_{\mathrm{s}}\} = -[M]\{I\}\ddot{x}_{\mathrm{g}} \tag{3.173}$$

式中，$[M]$、$[K]$和$[C]$——结构的质量、刚度、阻尼矩阵；

$\{x_{\mathrm{g}}\}$、$\{\dot{x}_{\mathrm{g}}\}$ 和 $\{\ddot{x}_{\mathrm{g}}\}$——结构与地面的相对位移、相对速度和相对加速度向量；

$\{I\}$——单位向量；

$\ddot{x}_{\mathrm{g}}$——地震加速度。

3.5.3.2　时域逐步积分方法

目前常用的时域逐步积分法有中心差分法、Newmark-β 法和 Wilson-θ 法等。时域逐步积分法假设结构的本构关系在一个微小的时间步距内是线性的，使用分段直线逼近实际的曲线。它研究的是离散时间点上的值，如位移 $x_i = x(t_i)$，速度 $\dot{x}_i = \dot{x}(t_i)$，$i = 0,1,2,\cdots$。一般情况下采用等步长离散，$t_i = i\Delta t$，Δt 为时间离散步长。体系的运动微分方程仅要求在离散时间点上满足，而不一定在全部时间点上满足。不同逐步积分方法对离散时间点之间的运动量，如位移、速度和加速度的变化模式采取不同假设，通过数值方法求得运动方程的近似解。衡量一种数值积分方法优劣的指标主要包括收敛性、计算精度、稳定性和计算效率四个方面。

对于单自由度体系，在时域逐步积分的第 i 步，有

$$M\ddot{x}_i + C\dot{x}_i + Kx_i = F_i \tag{3.174}$$

式中，M、C、K——结构的质量、刚度、阻尼；

x_i、$\dot{x}_i$ 和 $\ddot{x}_i$——t_i 时刻结构的位移、速度和加速度；

F_i——t_i 时刻的外荷载，在地震响应计算中等于 $-M\ddot{x}_{gi}$。

每一种时域逐步积分方法均可由假设的运动量，如位移、速度和加速度变化模式列出相应的运动量关系方程。将运动量关系方程与式(3.174)联立，即可逐步求解体系的运动量，下面以 Newmark-β 法为例进行讲解。

Newmark-β 法的基本原理是对每一离散步长内的加速度变化规律提出假设，其假设 t_i 至 t_{i+1} 时段内的加速度为介于 $\ddot{x}_i$ 和 $\ddot{x}_{i+1}$ 之间的常量，记为 a，如图 3.23 所示。

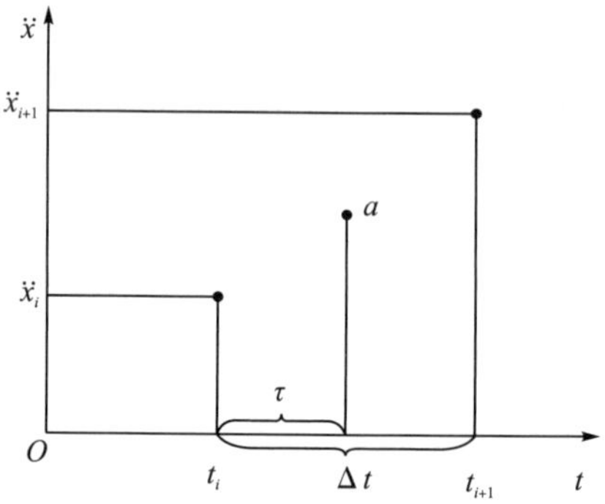

图 3.23 Newmark-β 法离散时间点及加速度假设

根据 Newmark-β 法的基本假设，引入控制参数γ，有

$$a = (1-\gamma)\ddot{x}_i + \gamma\ddot{x}_{i+1}, \quad 0 \leqslant \gamma \leqslant 1 \tag{3.175}$$

式中，a——假设的 t_i 至 t_{i+1} 时段内的加速度；

γ——Newmark-β 法的控制参数；

$\ddot{x}_i$、$\ddot{x}_{i+1}$——t_i 时刻和 t_{i+1} 时刻的加速度。

为得到稳定和高精度的算法，a 也采用另一控制参数 β 表示，即

$$a = (1-2\beta)\ddot{x}_i + 2\beta\ddot{x}_{i+1}, \quad 0 \leqslant \beta \leqslant 1/2 \tag{3.176}$$

式中，β——Newmark-β 法的控制参数。

通过在 t_i 到 t_{i+1} 时间段上对加速度 a 进行积分，可得 t_{i+1} 时刻的速度和位移：

$$\dot{x}_{i+1} = x_i + \Delta t a \tag{3.177}$$

$$x_{i+1} = x_i + \Delta t\dot{x}_i + \frac{1}{2}\Delta t^2 a \tag{3.178}$$

式中，Δt——时间步长。

分别将式(3.175)代入式(3.177)和将式(3.176)代入式(3.178)，可得到 Newmark-β 法

的两个基本递推公式：

$$\begin{aligned}\dot{x}_{i+1} &= \dot{x}_i + (1-\gamma)\Delta t\ddot{x}_i + \gamma\Delta t\ddot{x}_{i+1} \\ x_{i+1} &= x_i + \Delta t\dot{x}_i + \left(\frac{1}{2}-\beta\right)\Delta t^2\ddot{x}_i + \beta\Delta t^2\ddot{x}_{i+1}\end{aligned} \tag{3.179}$$

求解式(3.179)可得 t_{i+1} 时刻加速度和速度的计算公式：

$$\begin{aligned}\ddot{x}_{i+1} &= b_{N1}(x_{i+1}-x_i) - b_{N2}\dot{x}_i - b_{N3}\ddot{x}_i \\ \dot{x}_{i+1} &= b_{N4}(x_{i+1}-x_i) - b_{N5}\dot{x}_i - b_{N6}\ddot{x}_i\end{aligned} \tag{3.180}$$

式中，

$$b_{N1} = \frac{1}{\beta\Delta t^2},\quad b_{N2} = \frac{1}{\beta\Delta t},\quad b_{N3} = \frac{1}{2\beta} - 1$$

$$b_{N4} = \frac{\gamma}{\beta\Delta t},\quad b_{N5} = \frac{\gamma}{\beta} - 1,\quad b_{N6} = \left(\frac{\gamma}{2\beta} - 1\right)\Delta t$$

由式(3.180)给出 t_{i+1} 时刻的运动控制方程：

$$M\ddot{x}_{i+1} + C\dot{x}_{i+1} + Kx_{i+1} = F_{i+1} \tag{3.181}$$

将式(3.180)代入式(3.181)得结构 t_{i+1} 时刻位移 x_{i+1} 的计算公式：

$$\hat{K}x_{i+1} = \hat{F}_{i+1} \tag{3.182}$$

式中，

$$\hat{K} = K + b_1M + b_4C$$

$$\hat{F}_{i+1} = F_{i+1} + \left(b_{N1}x_i + b_{N2}\dot{x}_i + b_{N3}\ddot{x}_i\right)M + \left(b_{N4}x_i + b_{N5}\dot{x}_i + b_{N6}\ddot{x}_i\right)C$$

可见 $\hat{F}_{i+1}$ 是由 t_i 时刻的位移、速度、加速度和 t_{i+1} 时刻的外荷载决定的，是已知和预先已求得的，则用式(3.182)可求得 t_{i+1} 时刻的位移 x_{i+1}，再利用式(3.180)可求得 t_{i+1} 时刻的速度 $\dot{x}_{i+1}$ 和加速度 $\ddot{x}_{i+1}$，循环以上步骤，得到所有离散时间点上的位移、速度和加速度。

对于由式(3.89)表示的多自由度隔震结构，Newmark-β 法的逐步积分公式为

$$\left.\begin{aligned}&[\hat{K}]\{x_{i+1}\} = \{\hat{F}_{i+1}\} \\ &\{\ddot{x}_{i+1}\} = b_{N1}(\{x_{i+1}\} - \{x_i\}) - b_{N2}\{\dot{x}_i\} - b_{N3}\{\ddot{x}_i\} \\ &\{\dot{x}_{i+1}\} = b_{N4}(\{x_{i+1}\} - \{x_i\}) - b_{N5}\{\dot{x}_i\} - b_{N6}\{\ddot{x}_i\}\end{aligned}\right\} \tag{3.183}$$

其中等效刚度矩阵和等效荷载向量分别为

$$[\hat{K}] = [K] + b_{N1}[M] + b_{N4}[C]$$

$$\{\hat{F}_{i+1}\} = \{F_{i+1}\} + [M]\left(b_{N1}\{x_i\} + b_{N2}\{\dot{x}_i\} + b_{N3}\{\ddot{x}_i\}\right) + [C]\left(b_{N4}\{x_i\} + b_{N5}\{\dot{x}_i\} + b_{N6}\{\ddot{x}_i\}\right)$$

Newmark-β 法的求解步骤如下。

(1) 基本数据准备和初始条件计算：①选择时间步长Δt、参数 β 和γ，并计算积分常数 b_{N1}、b_{N2}、b_{N3}、b_{N4}、b_{N5}、b_{N6}；②确定运动的初始值 $\{x_b\}$、$\{\dot{x}_b\}$和$\{\ddot{x}_b\}$。

(2) 形成刚度矩阵[K]、质量矩阵[M]和阻尼矩阵[C]。

(3) 形成等效刚度矩阵，即

$$[\hat{K}] = [K] + b_{N1}[M] + b_{N4}[C]$$

(4) 计算 t_{i+1} 时刻的等效荷载：

$$\{\hat{F}\}_{i+1} = \{F\}_{i+1} + [M]\left(b_{N1}\{x\}_i + b_{N2}\{\dot{x}\}_i + b_{N3}\{\ddot{x}\}_i\right) + [C]\left(b_{N4}\{x\}_i + b_{N5}\{\dot{x}\}_i + b_{N6}\{\ddot{x}\}_i\right)$$

(5) 求解 t_{i+1} 时刻的位移，即

$$[\hat{K}]\{x\}_{i+1}=\{\hat{F}\}_{i+1}$$

(6) 计算 t_{i+1} 时刻的速度和加速度：

$$\left.\begin{aligned}\{\ddot{x}_{i+1}\}&=b_{\mathrm{N1}}(\{x_{i+1}\}-\{x_i\})-b_{\mathrm{N2}}\{\dot{x}_i\}-b_{\mathrm{N3}}\{\ddot{x}_i\}\\ \{\dot{x}_{i+1}\}&=b_{\mathrm{N4}}(\{x_{i+1}\}-\{x_i\})-b_{\mathrm{N5}}\{\dot{x}_i\}-b_{\mathrm{N6}}\{\ddot{x}_i\}\end{aligned}\right\}$$

循环第 (2) ～ (6) 步，可得到非线性体系的动力时程响应，而对于线弹性体系仅需循环第 (4) ～ (6) 步。

在 Newmark-β 法中，参数 γ 和 β 影响着积分方法的稳定性和精度，为保证算法不低于二阶精度，要求参数 γ=1/2，一般情况下可取 β =1/8～1/4。当结构的自振周期为 T_{n} 时，Newmark-β 法的稳定性条件为 $\Delta t\leqslant T_{\mathrm{n}}/\left(\pi\sqrt{2\gamma-4\beta}\right)$。

3.5.3.3 非线性力处理

当隔震结构（主要指隔震层）进入弹塑性状态时，整体结构的地震时程响应仍可由时域逐步积分方法求解动力平衡方程式 (3.172) 获得，仅需对非线性恢复力进行进一步考虑。通常情况下隔震支座的非线性刚度恢复力增量 Δf_{S} 是当前时间段 Δt 的位移、速度增量及滞变位移的函数，存在一定的非线性，无法直接求解。在进行数值计算时，可采用两种方式处理非线性恢复力。

1. 近似求解

结构的刚度恢复力是刚度对位移的积分，如式 (3.184) 所示。

$$f_{\mathrm{S}}(x)=\int_0^x k\mathrm{d}x \tag{3.184}$$

式中，$f_{\mathrm{S}}(x)$ ——结构在位移 x 处的刚度恢复力；

k_x ——结构在位移 x 处的刚度；

x ——结构的位移。

近似求解方法假设在每一步求解时非线性恢复力增量 Δf_{SN} 是已知的，不同时域逐步积分方法对于 Δf_{SN} 采用不同的近似方法。例如，Newmark-β 法对于 Δf_{SN} 的近似计算如式 (3.185) 所示，中心差分法对于 Δf_{SN} 的近似计算如式 (3.186) 所示。

$$\left.\begin{aligned}\Delta f_{\mathrm{SN}i}&=k_{i-1}\Delta x_{i-1}\\ f_{\mathrm{SN}i}&=f_{\mathrm{SN}i-1}+\Delta f_{\mathrm{SN}i}\end{aligned}\right\} \tag{3.185}$$

式中，$\Delta f_{\mathrm{SN}i}$ ——t_{i-1} 时刻到 t_i 时刻的非线性刚度恢复力增量；

k_{i-1} ——t_{i-1} 时刻的刚度；

$f_{\mathrm{SN}i-1}$、$f_{\mathrm{SN}i}$ ——t_{i-1} 时刻和 t_i 时刻的非线性刚度恢复力；

Δx_{i-1} ——t_{i-2} 时刻到 t_{i-1} 时刻的位移增量。

$$\left.\begin{aligned}\Delta f_{\mathrm{SN}i}&=k_i\Delta x_{i+1}\\ f_{\mathrm{SN}i}&=f_{\mathrm{SN}i-1}+\Delta f_{\mathrm{SN}i}\end{aligned}\right\} \tag{3.186}$$

式中，$\Delta f_{\mathrm{SN}i}$ ——t_{i-1} 时刻到 t_i 时刻的非线性刚度恢复力增量；

k_{t_i} ——t_i 时刻的刚度；

$f_{\mathrm{SN}i-1}$、$f_{\mathrm{SN}i}$——t_{i-1}时刻和 t_i时刻的非线性刚度恢复力；

Δx_{i+1}——t_i时刻到 t_{i+1}时刻的位移增量。

2. 迭代求解

迭代求解方法在每一积分步中反复迭代，近似求得非线性刚度恢复力增量Δf_{SN}的真实值，迭代过程如下：

(1) 在迭代过程开始时，根据经验设定非线性刚度恢复力增量初始值，如采用式(3.185)或式(3.186)中的近似方法；

(2) 根据整体动力方程计算体系的位移、速度和加速度；

(3) 根据计算得到的隔震体系的运动状态，已知隔震支座的本构关系，计算非线性刚度恢复力增量；

(4) 计算第(3)步得到的非线性恢复力增量与第(1)步中所设定初始值的误差；

(5) 如果计算得到的误差满足设定的计算精度要求，则迭代过程完成；

(6) 如果计算得到的误差不满足设定的计算精度要求，则将计算得到的非线性恢复力增量作为假设的非线性恢复力增量，再次计算体系的位移、速度和加速度；

(7) 根据算得的隔震体系的运动状态，计算非线性恢复力增量，并与最新的假设非线性恢复力增量进行误差对比；

(8) 如果计算得到的误差满足设定的计算精度要求，则迭代过程完成；

(9) 如果计算得到的误差仍不满足设定的计算精度要求，则回到第(6)步重新计算。

迭代求解方法解决非线性问题所得的结果更为准确，且解决高度非线性问题具有较好的优越性。本节仅针对非线性恢复力进行了讨论，对于需要考虑阻尼力非线性的情况，其原理与此类似，此处不再赘述。

3. 时域逐步积分方法

时域逐步积分方法可直接求得隔震结构各层与地面的相对位移、速度和加速度，在隔震结构设计中，隔震层或某层的恢复力可通过如下方法计算：

(1) 由阻尼力与刚度恢复力相加，对于线性体系可按式(3.187)计算，非线性体系中阻尼力和刚度恢复力则用积分方法计算。

$$F_k = C_k \dot{x}_k + K_k x_k \tag{3.187}$$

式中，F_k——第 k 自由度的反力；

C_k——第 k 自由度的阻尼系数；

K_k——第 k 自由度的刚度；

$\dot{x}_k$——第 k 自由度与地面的相对速度；

x_k——第 k 自由度与地面的相对位移。

(2) 由结构各层质量与绝对加速度计算，如式(3.188)所示，适用于线性、非线性体系。

$$F_k = -\sum_{j=k}^{n} M_j\left(\ddot{x}_j + \ddot{x}_{\mathrm{g}}\right) \tag{3.188}$$

式中，F_k——第 k 自由度的反力；

n——隔震结构简化模型自由度个数；

M_j——第 j 自由度的质量；

$\ddot{x}_j$——第 j 自由度与地面的相对加速度；

$\ddot{x}_g$——地震加速度。

3.6 隔震结构的能量分析法

基于能量的隔震分析方法可以跟踪地震能量在隔震结构中传递、吸收和转换的情况。地震输入能量和结构耗能被国内外许多学者用作衡量地震作用效应的定量指标，Housner[21]早在 1956 年就提出了能量法的概念并应用于简单的结构设计中，后来日本的秋山宏等[22]提出了完整的基于能量平衡的建筑结构抗震设计体系，国内的朱玉华、叶列平等[23,24]就能量角度的隔震分析和抗震设计进行了大量研究。基于能量角度的隔震结构分析方法目前还有待完善，因此本节主要就隔震结构的能量计算方法和地震作用计算进行简单的介绍。

3.6.1 适用范围

隔震结构的能量分析方法也可以视为是基于地震时程反应发展的一种方法，但是与前面三种时域分析方法的重点有所区别。反应谱法、底部剪力法以及时程分析法重点关注的是地震作用效应的幅值，尤其是前两者，而能量分析法可以体现地震作用过程的结构累积损伤。从能量角度看，隔震层对上部结构的隔震原理如下：一方面隔震层的设置减少了地震对隔震结构的总能量输入；另一方面隔震结构中的地震输入能量主要被隔震层耗散。目前能量分析法还不能直接用于隔震设计。常见的地震能量计算方法有时域积分法和频域积分法，前者广泛适用于非线性结构，而后者涉及频域的地震响应叠加，因此仅适用于线性结构的地震输入能量预测。

3.6.2 时域积分法

时域积分法是基于结构动力平衡方程的时域积分发展起来的地震能量计算方法，对于单自由度模型和多自由度模型能量计算也比较成熟，在翟希梅和吴知丰[25]和 Shen 和 Akbas 等[26,27]的研究中可见详细介绍。地震作用下多自由度非线性系统的运动控制微分方程可表示为

$$[M]\{\ddot{x}(t)\}+[C]\{\dot{x}(t)\}+\{F(t)\}=-[M][I]\ddot{x}_g(t) \tag{3.189}$$

式中，$[M]$——质量矩阵；

$[C]$——阻尼矩阵；

$\{\ddot{x}(t)\}$、$\{\dot{x}(t)\}$——相对加速度和相对速度；

$\{F(t)\}$——非线性恢复力；

$[I]$——单位矩阵；

$\{\ddot{x}_{\mathrm{g}}(t)\}$——地面运动加速度时程。

对运动控制方程左右两边同时对位移进行积分，可得到能量方程，即

$$\int\{\mathrm{d}x(t)\}^{\mathrm{T}}[M]\{\ddot{x}(t)\}+\int\{\mathrm{d}x(t)\}^{\mathrm{T}}[C]\{\dot{x}(t)\}+\int\{\mathrm{d}x(t)\}^{\mathrm{T}}\{F(t)\}=-\int\{\mathrm{d}x(t)\}^{\mathrm{T}}[M][I]\ddot{x}_{\mathrm{g}}(t) \quad (3.190)$$

其中，

$$\{\mathrm{d}x(t)\}=\{\dot{x}(t)\}\mathrm{d}t \quad (3.191)$$

$$\{\mathrm{d}\dot{x}(t)\}=\{\ddot{x}(t)\}\mathrm{d}t \quad (3.192)$$

式中，$\{\mathrm{d}x(t)\}$——相对位移的导数。

能量方程可变换为

$$\int\{\dot{x}(t)\}^{\mathrm{T}}[M]\{\mathrm{d}\dot{x}(t)\}+\int\{\dot{x}(t)\}^{\mathrm{T}}[C]\{\mathrm{d}x(t)\}+\int\{\mathrm{d}x(t)\}^{\mathrm{T}}\{F_{\mathrm{r}}(t)\}=-\int\{\mathrm{d}x(t)\}^{\mathrm{T}}[M][I]\ddot{x}_{\mathrm{g}}(t) \quad (3.193)$$

式(3.193)所示的能量平衡方程中的各项，按照顺序可以重新按式(3.194)进行定义：

$$E_{\mathrm{e}}(t)+E_{\mathrm{h}}(t)+E_{\mathrm{p}}(t)=E_{\mathrm{in}}(t) \quad (3.194)$$

式中，$E_{\mathrm{e}}(t)$——t 时刻的弹性振动能；

$E_{\mathrm{h}}(t)$——t 时刻的黏滞阻尼耗能；

$E_{\mathrm{p}}(t)$——t 时刻的结构塑性变形耗能；

$E_{\mathrm{in}}(t)$——t 时刻的能量输入。

隔震结构在地震作用下的能量时程反应模式可用图 3.24 表示。

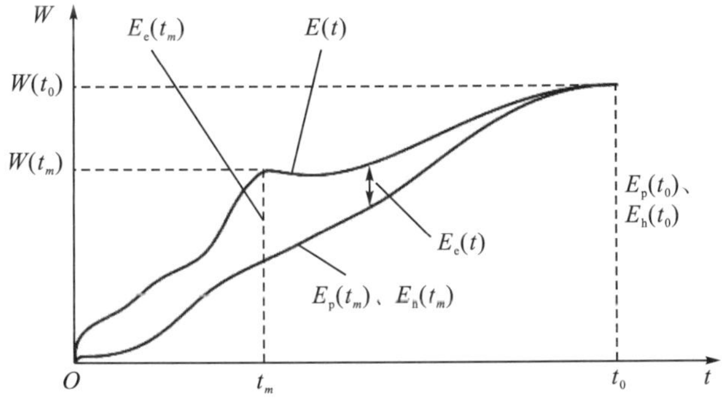

图 3.24　隔震结构的能量时程反应

$E_{\mathrm{e}}(t)$在 $t=t_m$ 时达到峰值 $E(t_m)$，$t=t_0$ 时几乎消失。因此在 $t=t_m$、$t=t_0$ 时隔震结构的能量方程可分别表示为

$$E_{\mathrm{e}}(t_m)+E_{\mathrm{h}}(t_m)+E_{\mathrm{p}}(t_m)=E_{\mathrm{in}}(t_m) \quad (3.195)$$

$$E_{\mathrm{e}}(t_0)+E_{\mathrm{h}}(t_0)+E_{\mathrm{p}}(t_0)=E_{\mathrm{in}}(t_0) \quad (3.196)$$

可以用弹性振动能几乎为零时的能量输入 $E_{\mathrm{in}}(t_0)$代替式(3.195)中的 $E_{\mathrm{in}}(t_m)$，这样在隔震结构设计中偏于安全，即

$$E_{\mathrm{e}}(t_m)+E_{\mathrm{h}}(t_m)+E_{\mathrm{p}}(t_m)=E_{\mathrm{in}}(t_0) \quad (3.197)$$

3.6.3 频域积分法

由基于时域的能量积分方法，可知

$$E_{\text{in}}^{\text{r}} = -\int \{\dot{x}(t)\}^{\text{T}}[M][I]\ddot{x}_{\text{g}}(t)\text{d}t \tag{3.198}$$

为了获取任意时刻地震输入能量的频域表达式，对式(3.198)中的变量进行重新定义：

$$E_{\text{in}}^{\text{r}}(t) = -\int \{\dot{x}(\tau,t)\}^{\text{T}}[M][I]\ddot{x}_{\text{g}}(\tau,t)\text{d}t \tag{3.199}$$

式中，$\{\dot{x}(\tau,t)\}$——在 t 时刻的体系相对速度响应值，在 t 时刻之前 $\{\dot{x}(\tau,t)\}$ 值与 $\{\dot{x}(t)\}$ 相同，之后为零值。

对式(3.199)进行傅里叶变换和傅里叶逆变换[28,29]，可得

$$\begin{aligned} E_{\text{in}}^{\text{r}}(t) &= -\int_{-\infty}^{\infty}\frac{1}{2\pi}\int_{-\infty}^{\infty}\{\dot{X}(\omega,t)\}^{\text{T}}\text{e}^{\text{i}\omega t}[M][I]\ddot{x}_{\text{g}}(\tau,t)\text{d}\omega\text{d}t \\ &= -\int_{-\infty}^{\infty}\frac{1}{2\pi}\int_{-\infty}^{\infty}\{\dot{X}(\omega,t)\}^{\text{T}}\text{e}^{\text{i}\omega t}[M][I]\ddot{x}_{\text{g}}(\tau,t)\text{d}\omega\text{d}t \\ &= \int_{0}^{\infty}\left|\ddot{X}_{\text{g}}(\omega,t)\right|^{2}f(\omega)\text{d}\omega \end{aligned} \tag{3.200}$$

式中，$\ddot{X}_{\text{g}}(\omega,t)$——地震加速度时程的傅里叶变换值；

$f(\omega)$——结构相对加速度与地面加速度之间的传递函数。

$f(\omega)$按式(3.201)计算：

$$f(\omega) = \frac{\text{Re}[\text{i}\omega[I]^{\text{T}}[M]^{\text{T}}A^{-1}[M][I]]}{\pi} \tag{3.201}$$

上式中，A 的计算方式见式(3.202)：

$$A = -\omega^{2}[M] + \text{i}\omega[C] + [K] \tag{3.202}$$

3.6.4 地震作用计算

采用能量法计算时，对隔震结构作如下假设：

(1)结构不完全对称，分析时不考虑结构的扭转效应；

(2)假定地震动输入能量集中在隔震层，上部结构假定为刚体，忽略上部结构的耗能；

(3)根据隔震建筑的场地类别和设防水准确定地震动输入，计算结构的地震动总输入能量：

$$E(t_0) = \frac{1}{2}M(\lambda V_{\text{E}})^{2} \tag{3.203}$$

式中，λ——能量反应影响系数；

V_{E}——地震动能量谱值。

隔震系统吸收的能量：

$$E_{\text{a}}(t_m) = E_{\text{e}}(t_m) + E_{\text{p}}(t_m) \tag{3.204}$$

式中，$E_{\text{a}}(t_m)$——t_m 时刻系统的弹性变形能；

$E_p(t_m)$——t_m 时刻系统的塑性变形能。

等效线性方法常用来进行简化分析，根据地震动实际输入水平得到隔震系统的等效刚度 K_H 和等效黏滞阻尼比 ζ_{eq}。

隔震结构水平自振周期可简化为

$$T_H = 2\pi\sqrt{\frac{M}{K_H}} \tag{3.205}$$

式中，K_H——隔震层水平等效剪切刚度；

M——隔震结构的质量。

隔震系统达到最大变形时的最大弹性变形能可按式(3.206)计算[30]：

$$E_e(t_m) = \frac{1}{2}K_H\delta_{max}^2 = \frac{2\pi^2 M}{T_H^2}\delta_{max}^2 \tag{3.206}$$

具有理想弹塑性滞回关系的耗能装置在达到最大变形时，累积塑性变形和最大变形之间存在如式(3.207)所示的近似关系：

$$\delta_p = 8\delta_{max} \tag{3.207}$$

平均塑性变形倍数与平均累积塑性变形系数之间的关系为

$$\overline{\eta}_m = 4\overline{\mu}_m \tag{3.208}$$

通过式(3.207)和式(3.208)可得，在最大变形时刻耗能装置的塑性应变能近似为

$$E_p(t_m) = 2\Delta E E_p(t_m) = 2\Delta E \tag{3.209}$$

式中，ΔE——最大变形时刻耗能装置滞回变形一圈所消耗的能量，如式(3.210)所示：

$$\Delta E = Q_y(\delta_{pm} - \delta_y) = 4\pi\zeta_{eq}E_e = \frac{8\pi^3\zeta_{eq}M}{T_H^2}\delta_{max}^2 \tag{3.210}$$

将式(3.210)代入式(3.209)，所得结果与式(3.206)一起代入式(3.197)得

$$\frac{2\pi^2 M}{T_H^2}\delta_{max}^2 + 2\frac{8\pi^3\zeta_{eq}M}{T_H^2}\delta_{max}^2 = \frac{1}{2}M(\lambda V_E)^2 \tag{3.211}$$

整理可得

$$\delta_{max} = \frac{T_H\lambda V_E}{2\pi}\sqrt{\frac{1}{1+8\pi\zeta_{eq}}} \tag{3.212}$$

基底最大剪力为

$$Q_{max} = K_H\delta_{max} \tag{3.213}$$

3.7　基础隔震结构分析算例

某一框架结构可以简化为如图 3.25(a)所示的层间剪切模型，各等效质点的质量、刚度系数和阻尼系数如图所示。为了降低结构的地震响应，某设计师对其进行了隔震设计，隔震参数如图 3.25(b)所示。接下来将基于上述隔震分析理论，对该隔震结构的地震响应进行分析，基础隔震结构分析程序见附录 A。

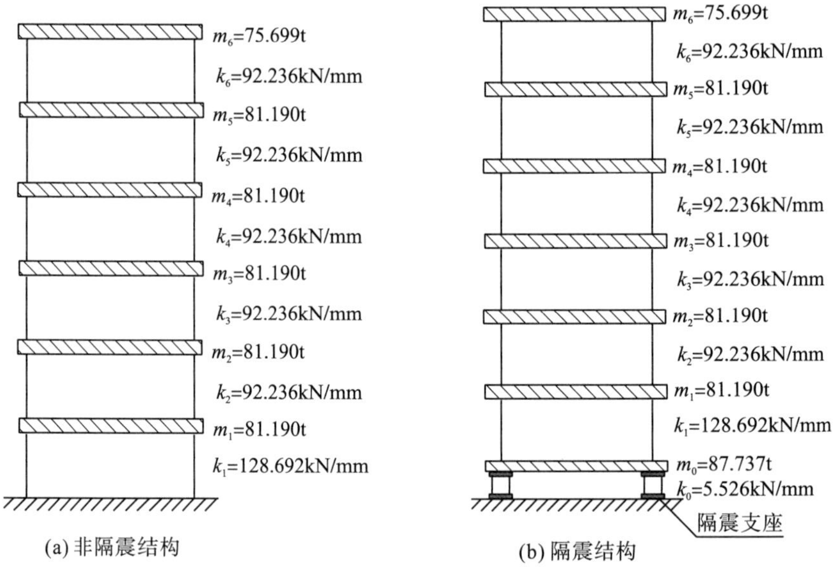

图 3.25 隔震前后结构的简化模型

3.7.1 隔震结构动力分析模型

由于图 3.25 中的隔震层的刚度相比于结构层间刚度较小，因此首先将隔震系统中的上部结构视为刚体，进而将隔震系统简化为单自由度体系，其动力平衡方程及系统动力参数为

$$M\ddot{u}+C\dot{u}+Ku=-Ma_{\mathrm{g}}$$

$$M=569.386\mathrm{t},K=5.526\mathrm{kN/mm},C=9.695\mathrm{kN\cdot s/m}$$

若考虑到结构的变形，则需要建立多自由度的隔震模型，动力平衡方程及系统动力参数为

$$[M]\{\ddot{u}\}+[C]\{\dot{u}\}+[K]\{u\}=-[M]\{I\}a_{\mathrm{g}}$$

$$[M]=\begin{bmatrix} m_0 & 0 & \cdots & 0 & 0 \\ 0 & m_1 & \cdots & 0 & 0 \\ \vdots & \vdots & & \vdots & \vdots \\ 0 & 0 & \cdots & m_5 & 0 \\ 0 & 0 & \cdots & 0 & m_6 \end{bmatrix}$$

$$[K]=\begin{bmatrix} k_0+k_1 & -k_1 & 0 & \cdots & 0 & 0 \\ -k_1 & k_1+k_2 & -k_2 & \cdots & 0 & 0 \\ 0 & -k_2 & k_2+k_3 & \cdots & 0 & 0 \\ \vdots & \vdots & \vdots & & \vdots & \vdots \\ 0 & 0 & 0 & \cdots & k_5+k_6 & -k_6 \\ 0 & 0 & 0 & \cdots & -k_6 & k_6 \end{bmatrix}$$

$$[C]=\begin{bmatrix} c_0+c_1 & -c_1 & 0 & \cdots & 0 & 0 \\ -c_1 & c_1+c_2 & -c_2 & \cdots & 0 & 0 \\ 0 & -c_2 & c_2+c_3 & \cdots & 0 & 0 \\ \vdots & \vdots & \vdots & & \vdots & \vdots \\ 0 & 0 & 0 & \cdots & c_5+c_6 & -c_6 \\ 0 & 0 & 0 & \cdots & -c_6 & c_6 \end{bmatrix}$$

首先对多自由度结构进行振型分解，将多自由度求解问题简化为多个单自由度问题进行求解。该结构各阶振型和频率的计算式为

$$([K]-\omega^2[M])\{\phi\}=\{0\}$$

非隔震结构的质量、刚度和阻尼矩阵相当于步骤一中[M]、[K]、[C]中去掉第一行和第一列的其他元素。求得的非隔震结构的频率和振型为

$$\{\omega\}=\begin{Bmatrix} 8.588 \\ 25.157 \\ 39.970 \\ 52.060 \\ 60.760 \\ 65.825 \end{Bmatrix}\text{rad/s},[\phi]=\begin{bmatrix} 0.103 & -0.297 & 0.454 & -0.544 & -0.524 & -0.341 \\ 0.240 & -0.545 & 0.449 & 0.006 & 0.447 & 0.483 \\ 0.361 & -0.490 & -0.187 & 0.546 & -0.033 & -0.535 \\ 0.459 & -0.162 & -0.560 & -0.203 & -0.406 & 0.482 \\ 0.527 & 0.257 & -0.146 & -0.468 & 0.539 & -0.340 \\ 0.561 & 0.532 & 0.473 & 0.383 & -0.266 & 0.133 \end{bmatrix}$$

非隔震结构各阶振型的形状如图 3.26 所示。

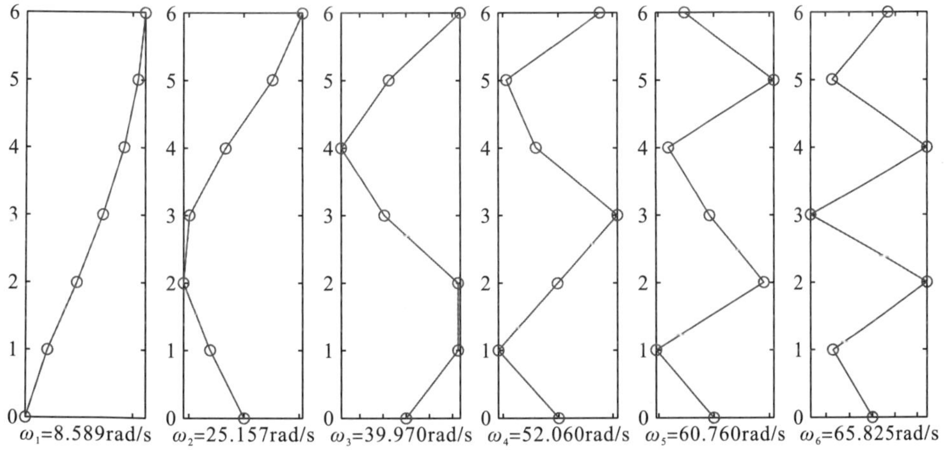

图 3.26　非隔震结构各阶振型的形状

对于隔震系统，若将上部结构等效为刚体，则等效频率为

$$\sqrt{\frac{5.526\times10^6}{569.386\times10^3}}=3.115(\text{rad/s})$$

若将隔震系统视为多自由度模型：7 自由度，计算得到各阶频率和振型为

$$\{\omega\}=\begin{Bmatrix}2.973\\15.660\\30.171\\43.724\\54.979\\62.970\\67.118\end{Bmatrix}\text{rad/s},[\phi]=\begin{bmatrix}0.343&-0.501&0.426&-0.352&0.304&0.277&0.286\\0.356&-0.439&0.180&0.092&-0.310&-0.459&-0.580\\0.371&-0.257&-0.307&0.558&-0.343&0.117&0.510\\0.383&-0.021&-0.548&0.086&0.535&0.286&-0.421\\0.392&0.221&-0.350&-0.531&-0.010&-0.542&0.316\\0.398&0.415&0.128&-0.255&-0.529&0.520&-0.199\\0.401&0.519&0.503&0.450&0.358&-0.231&0.074\end{bmatrix}$$

隔震结构各阶振型的形状如 3.27 所示。隔震结构建模分析程序详见附录 A.1。

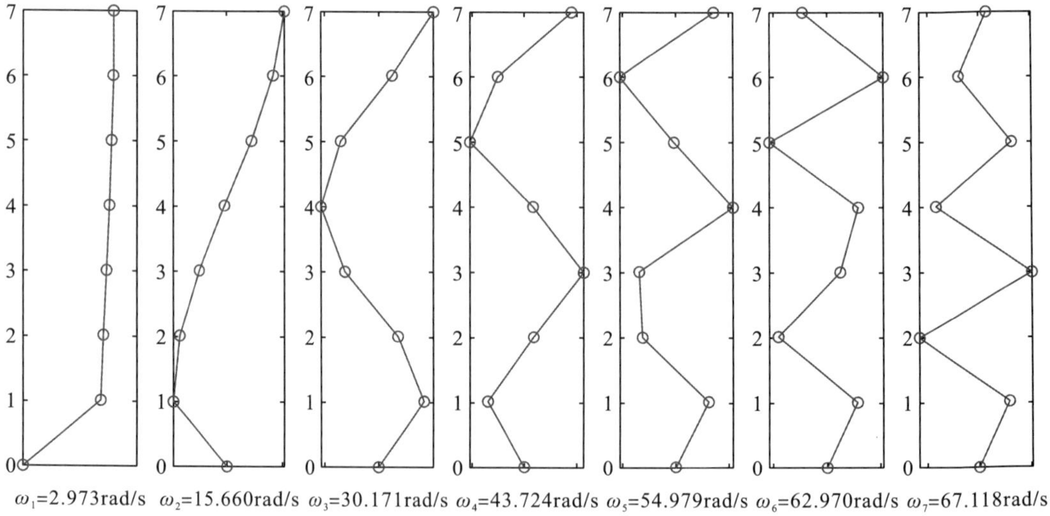

图 3.27 隔震结构七阶振型的形状

3.7.2 线性隔震结构的地震响应分析

对隔震前后地震激励下的结构底部剪力时程进行对比，其中隔震前的结构模型如图 3.25(a)所示，隔震后的整体模型则分别按照简化单自由度模型以及图 3.25(b)中的多自由度模型进行计算，求解方法采用 3.5.3 节中的 Newmark-β 法。为了验证求解的正确性，使用 MATLAB 自带的微分求解器 Lsim 对结构动力平衡方程进行求解。地震荷载选用 EI Centro 波，时间间隔为 0.001s。求解采用 MATLAB 软件实现，线性结构响应计算程序详见附录 A.2。计算结果如图 3.28 所示。

从图 3.28 中可以看出，震后结构底部剪力有了明显的下降，剪力幅值下降了 36%，表明该隔震方法起到了较好的隔震作用。使用 Newmark-β 法和 Lsim 求解器计算的多自由度模型的结果几乎完全吻合，其中隔震前最大误差为 0.03%，隔震后最大误差约占地震响应幅值的 0.11%，可以忽略不计。将该隔震结构简化为单自由度模型后的基底反力幅值与实际多自由度模型计算结果相比增大了 43.80%，因此对于某些结构，在隔震分析和设计中需要考虑结构的多阶模态特性。

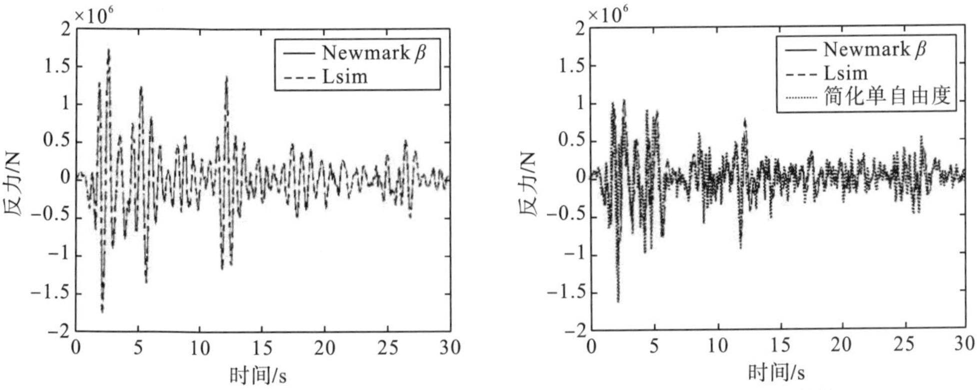

(a) 非隔震结构　　(b) 隔震结构

图 3.28　隔震前后结构底部剪力时程

3.7.3　非线性隔震结构的地震响应分析

一般隔震层在地震激励下具有明显的非线性特征，以消耗地震输入到结构中的能量。因此在本小节中将隔震层模型设置为双线性模型，计算非线性隔震体系在地震激励下的响应。假设当水平剪力大于 20kN 时隔震层进入非线性阶段，刚度衰减为初始刚度的 0.1 倍，采用 Newmark-β 法近似求解和迭代求解基础隔震结构的动力时程响应。地震激励采用 EI Centro 波。其中使用虚拟荷载法求解时步长取 0.02s，为保证收敛，Newmark-β 法求解时步长取 0.001s，基底反力的计算结果如图 3.29 所示。非线性结构响应计算程序详见附录 A.3。

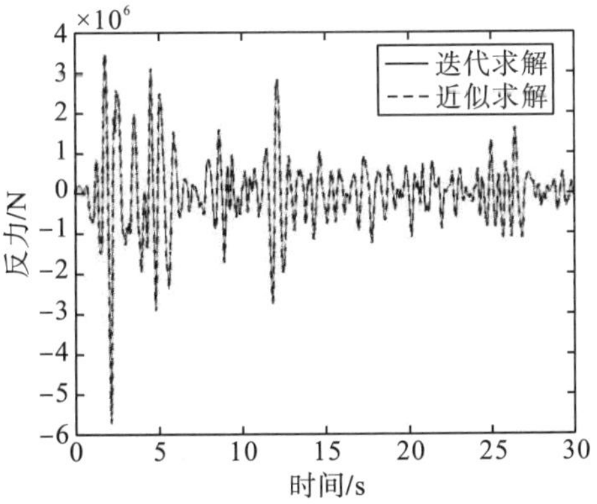

图 3.29　反力时程曲线

根据上述数值求解方法可以获得结构隔震前后的每一层动力响应，代入式(3.193)中即可计算隔震前后地震对结构的输入能量，如图 3.30 所示。计算中采用 Newmark-β 法的时程计算结构能量。

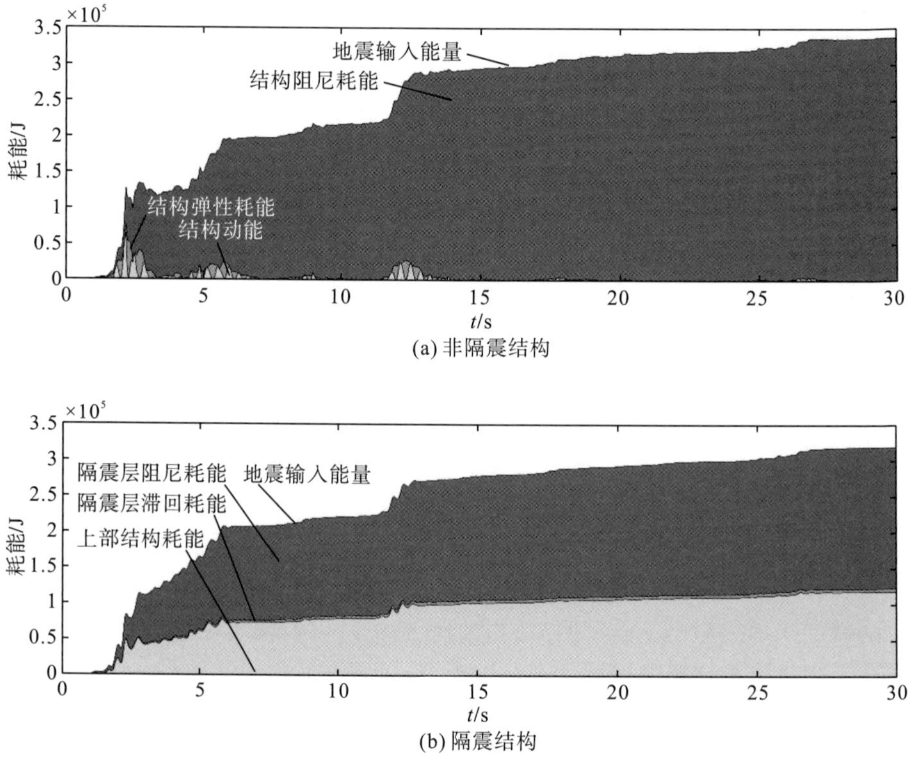

图 3.30 隔震前后结构能量

在图 3.30(b)中，将上部结构的阻尼耗能、弹性势能和动能之和称为上部结构耗能。可以看出，一方面隔震结构的地震输入总能量相比于非隔震结构有所减少，另一方面隔震结构中的地震输入能量大部分都被隔震层耗散掉，最终地震输入到上部结构的能量减少了65.68%，表明隔震层达到了理想的隔震效果。

3.7.4 隔震结构的反应谱计算

在 3.3 节中给出了多自由度隔震结构的时程求解方法，下面将结合图 3.25(b)中的隔震结构，对结构刚度进行调幅，以获得不同的结构一阶周期，对于每一种调幅情况，分别按照 Newmark-β 法计算隔震结构的底部剪力幅值，以及根据 3.4.2.1 节的内容和 EI Centro 波的单自由度模型底部剪力反应谱，通过振型分解反应谱法计算 EI Centro 波的多自由度模型底部剪力反应谱。计算结果如图 3.31(a)所示。振型分解反应谱计算程序详见附录 A.4。

由图 3.31 可知，采用实振型强制解耦分解法求得的底部剪力的反应谱和 Newmark-β 法求得的反应谱吻合较好，因此，强制解耦振型分解反应谱法可以应用到隔震结构的动力分析中。

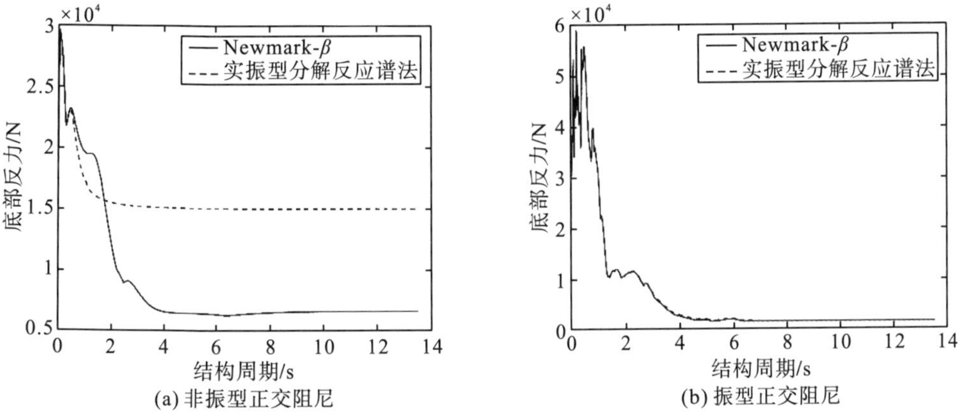

图 3.31　隔震结构底部剪力反应谱

参 考 文 献

[1] 胡聿贤. 地震工程学[M]. 北京：地震出版社, 2006.

[2] Iwan W D. The Dynamic response of bilinear hysteretic systems[D]. Pasadena: California Institute of Technology, 1961.

[3] Bouc R. Forced vibration of mechanical systems with hysteresis[C]//Proceedings of the Fourth Conference on Non-linear Oscillation. Prague: Czechoslovakia, 1967: 315.

[4] Liu L, Zhao J X, Li S. Nonlinear displacement ratio for seismic design of self-centering buckling-restrained braced steel frame considering trilinear hysteresis behavior[J]. Engineering Structures, 2018, 158: 199-222.

[5] Prager W. Recent developments in the mathematical theory of plasticity[J]. Journal of Applied Physics, 1949, 20(3): 235-241.

[6] Wen Y K. Approximate method for nonlinear random vibration[J]. Journal of the Engineering Mechanics Division, 1975, 101(4): 389-401.

[7] 洪越, 唐贞云, 李振宝. Housner 模型在隔震储罐计算中的适用性研究[J]. 世界地震工程, 2020, 36(4): 1-7.

[8] 洪越, 唐贞云, 林树潮, 等. 一种新型变曲率摩擦摆力学性能的试验研究[J]. 工程力学, 2018, 35(S1): 113-119.

[9] 雷拓, 郭绪新, 刘伯权, 等. 磁流变弹性体及其隔震(振)应用研究进展[J]. 建筑科学与工程学报, 2021, 38(1): 61-77.

[10] Eem S H, Jung H J, Koo J H. Modeling of magneto-rheological elastomers for harmonic shear deformation[J]. IEEE Transactions on Magnetics, 2012, 48(11): 3080-3083.

[11] 周博, 王志勇, 薛世峰. 形状记忆合金超弹性螺旋弹簧的力学模型[J]. 机械工程学报, 2019, 55(8): 56-64.

[12] 刘晶波, 杜修力. 结构动力学[M]. 北京：机械工业出版社, 2005.

[13] 周颖, 陈鹏, 马开强. 建筑结构隔震[M]. 北京：机械工业出版社, 2020.

[14] 刘豹, 唐万生. 现代控制理论[M]. 3 版. 北京：机械工业出版社, 2006.

[15] 李海岭, 葛修润. 土-结构动力相互作用对隔震结构影响的模态分析方法[J]. 振动与冲击, 2000, 19(3): 65-69, 96.

[16] 苏经宇, 曾德民, 田杰. 隔震建筑概论[M]. 北京：冶金工业出版社, 2012.

[17] 黄海荣, 朱玉华. 基础隔震结构反应谱研究[J]. 结构工程师, 2010, 26(3): 123-129.

[18] 陶泉. 隔震结构反应谱研究[D]. 武汉：华中科技大学, 2013.

[19] 周锡元, 董娣, 苏幼坡. 非正交阻尼线性振动系统的复振型地震响应叠加分析方法[J]. 土木工程学报, 2003, 36(5): 30-36, 45.

[20] 叶昆, 胡广杰. 基于直接设计法的基础隔震结构抗震性能评估[J]. 建筑结构学报, 2023, 44(4): 276-285.

[21] Housner G W. Limit design of structures to resist earthquakes[C] //Proceedings of 1st World Conference on Earthquake Engineering. California: Earthquake Engineering Research Institute, 1956: 5. 1-5. 11

[22] 秋山宏, 等. 基于能量平衡的建筑结构抗震设计[M]. 叶列平, 裴星洙, 译. 北京: 清华大学出版社, 2010.

[23] 朱玉华, 吕西林, 施卫星, 等. 基础隔震房屋模型振动台试验研究[J]. 地震工程与工程振动, 2000, 20(3): 123-129.

[24] 叶列平, 缪志伟, 程光煜, 等. 建筑结构基于能量抗震设计方法研究[J]. 工程力学, 2014, 31(6): 1-12, 20.

[25] 翟希梅, 吴知丰. 多层结构能量计算的振型分解方法[J]. 哈尔滨工业大学学报, 1998, 30(1): 121-125.

[26] Shen J, Akbas B. Seismic energy demand in steel moment frames[J]. Journal of Earthquake Engineering, 2022, 3(4): 519-559.

[27] Akbas B, Shen J, Hao H. Energy approach in performance-based seismic design of steel moment resisting frames for basic safety objective[J]. The Structural Design of Tall Buildings, 2001, 10(3): 193-217.

[28] Kuwamura H, Kirino Y, Akiyama H. Prediction of earthquake energy input from smoothed Fourier amplitude spectrum[J]. Earthquake Engineering & Structural Dynamics, 1994, 23(10): 1125-1137.

[29] Ordaz M, Huerta B, Reinoso E. Exact computation of input-energy spectra from Fourier amplitude spectra[J]. Earthquake Engineering & Structural Dynamics, 2003, 32(4): 597-605.

[30] Yamamoto K, Fujita K, Takewaki I. Instantaneous earthquake input energy and sensitivity in base-isolated building[J]. The Structural Design of Tall and Special Buildings, 2011, 20(6): 631-648.

第 4 章　隔震结构的设计方法

隔震结构的设计方法是从理论分析到工程应用的关键环节。目前，隔震结构的设计方法有两种：分部设计法和直接设计法。其中，《建筑抗震设计标准》(GB/T 50011—2010)[1]采用分部设计法进行设计，该方法具有一定的合理性，简化了隔震设计流程，对隔震技术的推广有积极作用；《建筑隔震设计标准》(GB/T 51408—2021)[2]采用直接设计法进行设计，其考虑了隔震结构的上部结构所承受的地震作用，为国际上隔震工程设计所广泛采用。本章从隔震结构设计概述出发，首先，介绍隔震层的布置、隔震结构的设计方法和地震波的选取；然后，阐述隔震结构的验算，包括上部结构、隔震层、下部结构和基础的验算；接着，讲解采用两种方法进行隔震设计的算例；最后，总结两种隔震结构的设计方法在设防目标、设计思路和验算指标等方面的异同。

4.1　隔震结构设计概述

4.1.1　隔震设计的目标

隔震结构的设计目标是“双保护”，即在地震发生后，既保证结构的主体结构与非结构构件的安全，也保证结构的内部设备功能正常。按照《建筑抗震设计标准》进行隔震设计的建筑，其基本的抗震设防目标是：当遭受低于本地区抗震设防烈度的多遇地震影响时，主体结构不受损坏或不需修理可继续使用；当遭受相当于本地区抗震设防烈度的设防地震影响时，可能发生损坏，但经一般性修理后仍可继续使用；当遭受高于本地区抗震设防烈度的罕遇地震影响时，不致倒塌或发生危及生命的严重破坏。对于使用功能或其他方面有专门要求的建筑，当采用抗震性能化设计时，具有更具体或更高的抗震设防目标[3]。

按照《建筑隔震设计标准》进行隔震设计的建筑，其基本设防目标是：当遭受相当于本地区基本烈度的设防地震时，主体结构基本不受损坏或不需修理即可继续使用[4]；当遭受罕遇地震时，结构可能发生损坏，经修复后可继续使用；特殊设防类建筑遭受极罕遇地震时，不致倒塌或发生危及生命的严重破坏。隔震建筑的结构构件、非结构构件和附属设备的使用功能有专门要求时，除应符合基本设防目标外，还应符合结构构件、非结构构件和附属设备的抗震性能标准的规定。

值得注意的是，《建筑抗震设计标准》规定设防目标是：“小震不坏、中震可修、大震不倒”，而《建筑隔震设计标准》规定隔震建筑的基本设防目标是：“中震不坏、大震可修、巨震不倒”，后者的设计目标相较于前者提高了一个等级。

4.1.2 隔震结构的适用范围

隔震结构的适用范围较大，几乎所有结构都可以采用隔震设计。由于隔震结构的安全性较一般建筑高，位于高烈度设防地区、地震重点监视防御区的新建学校、幼儿园、医院、养老机构、儿童福利机构、应急指挥中心、应急避难场所、广播电视等建筑按照《建设工程抗震管理条例》应采用隔震减震等技术，以保证发生本区域设防地震时能够满足正常使用要求，对于未处于“两区八类”中的建筑鼓励采用隔震减震技术[5]。随着研究工作的深入、支座生产技术的提高和设计经验的积累，隔震技术也逐渐应用到了中高层建筑中。在隔震技术发展成熟的日本，隔震技术大量用于高层甚至是超高层建筑。

《建筑隔震设计标准》取消了隔震层只能位于基础顶部、隔震时结构基本周期小于10s和高度不超过40m三个主要限制，还取消了隔震结构主要应用于8、9区的条款。具体要求如下。

(1)结构高宽比宜小于4，且变形特征接近剪切形，最大高度应满足标准对非隔震结构的要求；高宽比大于4或非隔震结构相关规定的结构采用隔震设计时，应进行专门研究。

(2)建筑场地宜为Ⅰ、Ⅱ、Ⅲ类，并应选用稳定性较好的基础类型。

(3)风荷载和其他非地震作用的水平荷载标准值产生的总水平力，不宜超过结构总重力的10%。

(4)隔震层应提供必要的竖向承载力、侧向刚度与阻尼；穿过隔震层的设备配管、配线，应采用柔性连接或其他有效措施适应隔震层的罕遇地震水平位移。

4.1.3 隔震结构的场地

隔震结构宜在Ⅰ类、Ⅱ类、Ⅲ类场地建设，因为这几类场地较硬，而软弱场地会过滤掉地震波的中高频分量，使地震波的主要形式以长周期为主，不利于结构的隔震。对于Ⅳ类场地，一般不宜进行隔震[6]。若必须在此类场地上进行隔震设计，则必须采取有效措施。

4.1.4 隔震结构的高度

砌体隔震结构的最大高度与层数满足表4.1的要求。

表4.1 砌体结构最大高度与层数取值表

房屋类别		最小墙厚度/mm	烈度和设计基本地震加速度											
			6		7				8				9	
			0.05g		0.10g		0.15g		0.20g		0.30g		0.40g	
			高度/m	层数/层	高度/m	层数/层	高度/m	层数/层	高度/m	层数/层	高度/m	层数/层	高度/m	层数/层
多层砌体房屋	普通砖	240	21	7	21	7	21	7	18	6	15	5	12	4
	多孔砖	240	21	7	21	7	18	6	18	6	15	5	9	3
	多孔砖	190	21	7	18	6	15	5	15	5	12	4	—	—
	小砌块	190	21	7	21	7	18	6	18	6	15	5	9	3

续表

房屋类别		最小墙厚度/mm	烈度和设计基本地震加速度											
			6		7				8				9	
			0.05g		0.10g		0.15g		0.20g		0.30g		0.40g	
			高度/m	层数/层	高度/m	层数/层	高度/m	层数/层	高度/m	层数/层	高度/m	层数/层	高度/m	层数/层
底部框架-抗震墙砌体房屋	普通砖 多孔砖	240	22	7	22	7	19	6	16	5	—	—	—	—
	多孔砖	190	22	7	19	6	16	5	13	4	—	—	—	—
	小砌块	190	22	7	22	7	19	6	16	5	—	—	—	—

注：1.砌体隔震结构高度从隔震层顶板算起；
2.横墙较少的隔震砌体房屋总高度降 3m，层数减少一层，横墙很少的层数再少一层；
3.乙类隔震砌体房屋的总高度减少 3m，层数减少一层，隔震加固砌体房屋层数可不减。

相应地，混凝土隔震结构的最大高度见表 4.2。

表 4.2　混凝土隔震结构的最大高度取值表

结构类型	烈度				
	6	7	8(0.2g)	8(0.3g)	9
框架	60	50	40	35	24
框架-抗震墙	130	120	100	80	50
抗震墙	140	120	100	80	60
部分框支抗震墙	120	100	80	50	不应采用
框架-核心筒	150	130	100	90	70
筒中筒	180	150	120	100	80
板柱-抗震墙	80	70	55	40	不应采用

注：基础隔震时，混凝土隔震结构高度从隔震层顶板算起，中间层隔震时，高度从室外地面起算。

4.2　隔震层布置

4.2.1　隔震层与隔震支座的位置布置

根据《建筑隔震设计标准》，隔震层位置布置应该符合以下规定：

(1) 隔震层宜设置在结构的底部或中下部，隔震层中的隔震支座应该设置在受力较大的部位，隔震支座的规格、数量和分布应根据竖向承载力、侧向刚度和阻尼的要求由计算确定；

(2) 隔震层的刚度中心与质量中心宜重合，设防烈度地震作用下的偏心率不宜大于 3%；

(3) 各隔震支座底部宜布置在相同标高上；

(4)隔震支座的平面布置宜与上部结构和下部结构中竖向受力构件的平面位置相对应，如果不能相对应，则需要采用可靠的结构转换措施。

4.2.2 地下室对隔震层位置的影响

隔震层的位置也可根据需要设置。无地下室时，隔震层可设置在基础和上部结构之间。有地下室时有三种设置方法：一是将隔震层设置在基础和地下室之间[图 4.1(a)]，该设置方法隔震沟较深，处理困难；二是将隔震层设置在地下室内墙顶标高处[图 4.1(b)]，该设置方法隔震沟较浅，隔震层可少设一层楼板，但四周围护做法要求较高；三是将隔震层设置在地下室顶板和上部结构之间[图 4.1(c)]，该设置方法隔震沟较浅，地下室使用完整，隔震层以下结构易满足设计要求。当建筑物有较大范围裙房时，隔震层可设置在裙房与上部结构之间。在一些特殊情况下，隔震层也可设置在上部结构之间，称为中间层隔震。隔震层置于基础顶或地下室顶是最基本的隔震构造型式，可最大限度地隔离地震能量。

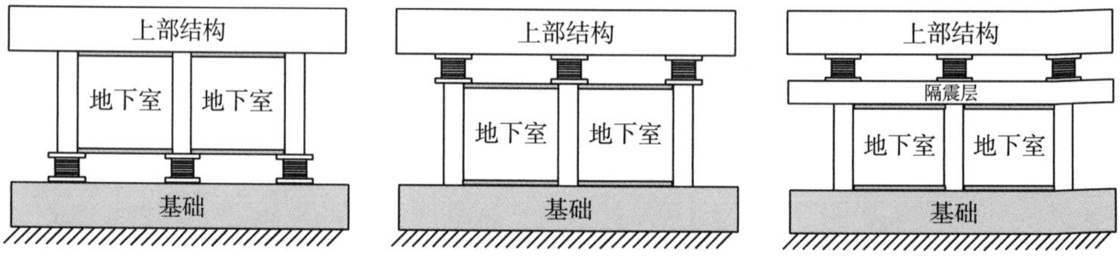

(a) 在基础和地下室之间　(b) 在地下室内墙顶标高处　(c) 在地下室顶板和上部结构之间

图 4.1 地下室与隔震层的位置示意

4.3 隔震结构设计方法

4.3.1 隔震结构设计基本要求

(1)隔震结构上部结构重心应尽可能与隔震层的刚度中心接近，保证隔震结构在地震时不至因太大的扭转而发生意外的破坏。

(2)合理设置隔震结构(隔震层)的基本周期，避开场地和上部结构的周期，有效发挥隔震技术的效用。

(3)隔震设计应根据预期的水平向减震系数和位移控制要求，选择适当的隔震支座和阻尼器(消能器)。如果需要，还要设置抵抗风荷载的部件(如抗风拉杆或抗风销键)。

(4)隔震支座应进行竖向承载力验算和罕遇地震下水平位移验算。

(5)隔震层以上结构的水平地震作用应根据水平向减震系数确定。

(6)隔震层以下结构的抗震验算应采用罕遇地震下隔震支座底部的作用进行设计。

(7)隔震结构地基基础的抗震验算应按设防烈度进行。

4.3.2　隔震结构设计一般方法

目前，主流的隔震设计方法有两种：《建筑抗震设计标准》中提出的分部设计法以及《建筑隔震设计标准》中提出的直接设计法(又称“整体设计法”)。

分部设计法[7]是指将整个隔震结构分为上部结构、隔震层、下部结构及基础等部分，分别进行设计。对上部结构，仍然沿用抗震结构的设计方法，但水平地震作用应采用隔震以后的地震作用值，由于叠层橡胶隔震支座不能隔离竖向地震作用，因此竖向地震作用不能降低。隔震层以上结构的抗震措施，可根据具体情况区别对待；隔震层设计首先要满足承载力的要求，应当根据预期的水平向减震系数和位移控制要求，选择隔震层的等效刚度和等效阻尼比，即选择适当的橡胶支座来满足这两部分要求，还应验算隔震层在罕遇地震作用下的强度和稳定性；隔震层下部结构的地震作用计算、抗震验算和抗震措施，应采用罕遇地震下隔震支座底部的竖向力、水平力和力矩进行抗震验算，隔震结构地基基础的抗震验算不考虑隔震产生的减震效应，仍应按照本地区设防烈度进行。

直接设计法是指以隔震结构整体为对象(不再区分上部结构、下部结构和隔震层)，基于设防地震进行隔震设计，整个设计过程力学概念清晰合理，真实地反映了隔震结构所承受的地震作用，求得地震作用后，即可对结构进行设计及相应的验算。当结构中存在隔震层时，根据振型分解反应谱法直接对上部进行强制解耦分析设计。为了简化隔震结构分析与计算，可人为忽略广义阻尼矩阵中的非对角元素，以达到强制解耦的目的。这是一种近似的计算方法，适用于隔震结构非比例阻尼特性不强的情况[8]。对于结构中非比例阻尼特性较强的情况，则需要采用复振型叠加法。R. W. Traill-Nash[9]提出复振型和振型类似存在正交性，并提出复振型叠加法。周锡元[10,11]等提出了一种复振型的数值计算方法，并将复特征值的实部和虚部组合成实振型的阻尼和频率。复振型叠加法可以准确计算结构的自振周期，然而复振型状态下结构的复特征值和特征向量都是复数形式，求解的计算量往往比较大。当结构进入非线性状态时，振型分解反应谱法就不再适用，此时可以用时域逐步积分法求解结构的响应。逐步积分法是将外荷载等步长离散，假设结构的本构关系在微小的时间步内是线性的，求解每个微小步内结构的反应，用很多小段的直线来逼近实际的曲线。根据是否求解耦联的方程组可以将逐步积分法分为显式算法和隐式算法。隐式算法中每一步都需要对刚度矩阵进行求逆，工作量的增加与自由度的平方成正比，如 Newmark 法和 Wilson 法。显式算法的公式是解耦的方程组，每一步计算不需要对刚度矩阵进行求逆，计算的工作量较小，如中心差分法。当计算隔震结构的非线性时，可以采用子结构的概念计算隔震层的非线性，从而减少非线性属性的自由度，提高结构的计算效率。例如，美国 CSI 公司利用子结构将运动方程降阶，将非线性作为荷载移动到方程右侧，从而形成一种快速非线性计算方法——FNA 法。

随着隔震结构应用的增多，国内外专家学者提出了丰富的隔震设计方法，本节介绍两种隔震设计方法，即基于位移的一体化抗震设计方法[12]及面向多级性能设防目标的优化设计方法[13]。

基于位移的一体化抗震设计方法，即基础隔震结构直接基于位移设计(direct

displacement-based design，DDBD）的一体化抗震设计方法。对于给定地震水准下的预先设定目标（即 LRB 隔震系统最大水平变形和上部结构最大层间位移角），通过一体化抗震设计方法可以确定 LRB 隔震系统的力学性能参数并进行上部结构的结构设计。在一体化抗震设计方法中，首先采用标准的 DDBD 方法根据上部结构的目标将上部结构等效为一个线性单自由度体系，连同 LRB 隔震系统以及隔震层所代表的另外一个自由度，将基础隔震结构等效为双自由度（2DOF）模型；然后通过 LRB 隔震系统的等效线性化和振型分解反应谱法，建立起等效 2DOF 模型中隔震层和上部结构位移反应与结构参数之间简单而又明确的数学表达式；基于数学表达式并结合标准的 DDBD 方法可得到基础隔震结构的基于位移的一体化抗震设计方法。

面向多级性能设防目标的 LRB 基础隔震结构优化设计方法可以优化设计隔震层力学参数，同时满足罕遇地震和极罕遇地震作用下结构的抗震性能。对于双自由度体系的简化模型，基于振型分解反应谱法可以推导基础隔震系统力学性能参数与水平向减震系数、隔震层最大水平变形之间的数学关系和简化公式，将优化目标取为性能目标的线性组合从而确定隔震层力学参数，并根据隔震层最优力学参数所对应的水平向减震系数进行上部结构设计，建立面向多级性能设防目标的 LRB 基础隔震结构优化设计方法。

4.3.3 隔震结构设计一般流程

4.3.3.1 分部设计法

采用分部设计法对隔震结构进行设计的流程如图 4.2 所示。

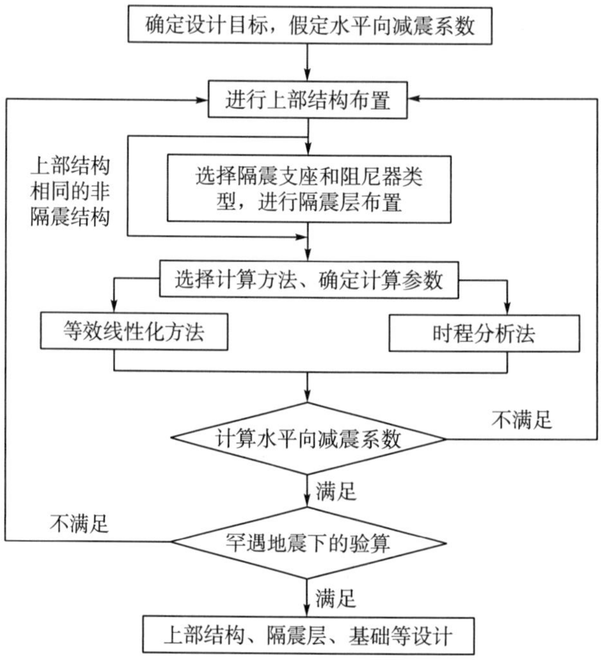

图 4.2 分部设计法流程

分部设计法的主要步骤如下：

(1) 确定拟建建筑的设防标准和水平向减震系数。水平向减震系数的计算可以采用时程分析法和等效线性化方法。采用等效线性化方法时，应取 100%剪切变形时的等效刚度和等效阻尼比；对罕遇地震进行验算，宜采用 250%剪切变形时的等效刚度和等效阻尼比。水平向减震系数对隔震结构在水平地震作用下烈度的影响见表 4.3。

表 4.3　水平向减震系数对隔震结构在水平地震作用下烈度的影响

本地区设防烈度（设计基本地震加速度）	水平向减震系数 β		
	$0.53\geqslant\beta>0.40$	$0.40\geqslant\beta>0.27$	$\beta\leqslant0.27$
9 (0.40*g*)	8 (0.30*g*)	8 (0.20*g*)	7 (0.15*g*)
8 (0.30*g*)	8 (0.20*g*)	7 (0.15*g*)	7 (0.10*g*)
8 (0.20*g*)	7 (0.15*g*)	7 (0.10*g*)	7 (0.10*g*)
7 (0.15*g*)	7 (0.10*g*)	7 (0.10*g*)	6 (0.05*g*)
7 (0.10*g*)	7 (0.10*g*)	6 (0.05*g*)	6 (0.05*g*)

(2) 确定隔震层初始设计方案。根据隔震支座的竖向承载能力、隔震层偏心率、屈重比、抗风以及恢复力等相关需求，确定隔震层的初始设计方案。

(3) 选择合适的分析方法(时程分析法、等效线性化方法)对隔震结构和非隔震结构进行设防烈度地震下的验算；检查水平向减震系数是否与假定相符，如果与假定相差较大，应重新进行上部结构布置或者重新选择隔震装置并进行隔震层布置。计算隔震层上部结构的地震作用。《建筑抗震设计标准》明确提出了隔震后的水平地震影响系数最大值的表达式：

$$\alpha_{\max1}=\frac{\beta\alpha_{\max}}{\psi} \tag{4.1}$$

式中，$\alpha_{\max1}$——隔震后的水平地震影响系数最大值；

$\alpha_{\max}$——非隔震的水平地震影响系数最大值，按《建筑抗震设计标准》第 5.1.4 条采用；

β——水平向减震系数；

ψ——调整系数，一般橡胶支座取 0.80，支座剪切性能偏差为 S-A 类时，取 0.85，隔震装置带有阻尼器时，相应减小 0.05。

(4) 罕遇地震作用验算。采用考虑隔震层非线性力学特性的模型计算隔震结构响应，进行罕遇地震作用下的水平位移验算，若不满足标准要求，应重新进行上部结构布置或者重新选择隔震装置并进行隔震层布置。

(5) 验算满足要求以后，分别进行上部结构设计、隔震层设计和基础设计。

4.3.3.2　直接设计法

采用直接设计法中的等效线性化方法对隔震结构进行设计的流程如图 4.3 所示。

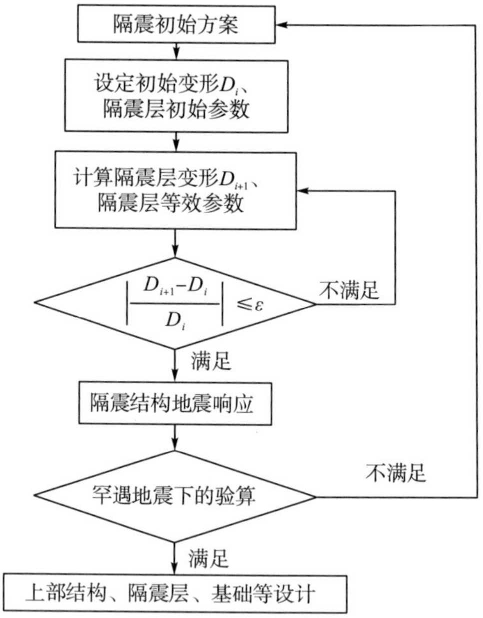

图 4.3　直接设计法流程

直接设计法的主要步骤如下：

(1) 确定隔震层初始设计方案。根据隔震支座的竖向承载能力、隔震层偏心率、屈重比、抗风以及恢复力等相关需求，确定隔震层的初始设计方案。

(2) 设定初始变形 D_i、隔震层初始参数。设定隔震层在设防烈度地震作用下的位移 D_i，确定隔震层等效刚度 K_{eq} 和等效阻尼比 ξ_{eq}，并计算隔震结构的初始周期与初始阻尼比。通常情况下，对于采用叠层橡胶支座的隔震层，建议初始变形设定为 D_i=100%γ，γ为支座等效剪切变形值。

利用假设的隔震层初始水平位移 D_i，以及支座的屈服前、后刚度，屈服剪力，按照下式分别计算隔震支座的等效阻尼比和等效刚度(图 4.4)。

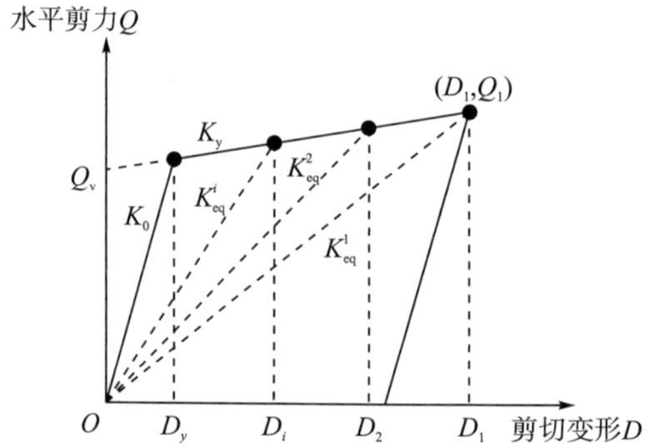

图 4.4　铅芯橡胶支座等效刚度迭代原理图

$$\xi_{eq}=\frac{4Q_d k_e[D(k_e-k_p)-Q_d]}{2\pi K_{eq}D^2(k_e-k_p)^2} \tag{4.2}$$

$$K_{eq}=k_y+\frac{Q_d}{D} \tag{4.3}$$

式中，K_{eq}——隔震后水平地震影响系数最大时铅芯橡胶支座的等效刚度；

ξ_{eq}——等效阻尼比；

Q_d——隔震支座的屈服剪力；

D——隔震支座的水平位移；

k_e——隔震支座的屈前刚度；

k_p——隔震支座的屈后刚度。

(3) 计算隔震层变形 D_{i+1}、隔震层等效参数。采用上一步获得的等效参数，计算隔震层在设防烈度地震作用下的变形、隔震结构的等效周期与等效阻尼比，并反复迭代直到设定隔震层变形 D_i 与计算隔震层变形 D_{i+1} 收敛(设定变形 D_i 与计算变形 D_{i+1} 的相对误差小于工程误差限值ε)。

(4) 计算隔震结构的地震响应。将最后一次迭代获得的等效周期、等效阻尼比作为等效线性化法的计算结果，计算出此时隔震单元对应的等效刚度，使用结构设计软件，采用设防地震的设计反应谱对隔震结构进行设计配筋。

(5) 罕遇地震作用验算。采用考虑隔震层非线性力学特性的模型计算隔震结构响应，验算隔震层位移、支座最大拉/压应力等。计算罕遇地震作用下隔震层变形和支座最大拉/压应力是否小于容许限值，对于高宽比较大的结构还应进行抗倾覆验算。若不满足《建筑隔震设计标准》的要求，则应重新调整初始设计方案。

(6) 进行地基基础的设计，采用直接设计法进行隔震结构的设计。

4.3.3.3　基于位移的一体化抗震设计方法

采用基于位移的一体化抗震设计方法对隔震结构进行设计的流程如图 4.5 所示。其主要步骤如下：

(1) 隔震上部结构的初步设计。从建筑物的功能性要求出发，根据经验确定隔震上部结构的结构模型，包括层间质量，层间高度，跨度长度，梁、柱截面尺寸等。假设上部结构的质量沿高度均匀分布，将上部结构建模为 N 层固定基础剪力式结构，其中 m_i、k_i、c_i 和 $h_i(i=1,2,\cdots,N)$分别是第 i 层的质量、横向刚度、阻尼系数和高度。计算固定基础上部结构的基本周期 T_{IS} 及上部结构的基本周期 T_S。

(2) 确定基础隔震结构的性能目标。通常在设防地震(DBE)或罕遇地震(MCE)作用下，要求隔震上部结构满足对应性能等级目标。为了避免满足此性能要求的非结构性组件的损坏，隔震上部结构的层间位移角限值不应超过允许的极限 θ_S^0。对于铅芯橡胶隔震支座，相应的性能目标应该是在设防地震或者罕遇地震作用下的设计位移。因此，基础隔震结构的性能目标可以表示为隔震系统的目标位移 D_{IS}^0 和上部结构的层间位移角 θ_S^0。

(3) 计算隔震结构的目标位移曲线。利用两个位移参数 D_{IS}^0 和 θ_S^0，计算隔震结构的目标位移曲线(每个楼层的位移阈值)。基础隔震结构的目标轮廓 Δ_i 是 LRB 隔震系统设计位

移 D_{IS}^{0} 和隔震上部结构变形 D_i 刚性平移的总和：

$$\varDelta_i = D_{\mathrm{IS}}^{0} + D_i \tag{4.4}$$

$$D_i = \theta_{\mathrm{S}}^{0} h_1 \frac{\varPhi_i}{\varPhi_1} \tag{4.5}$$

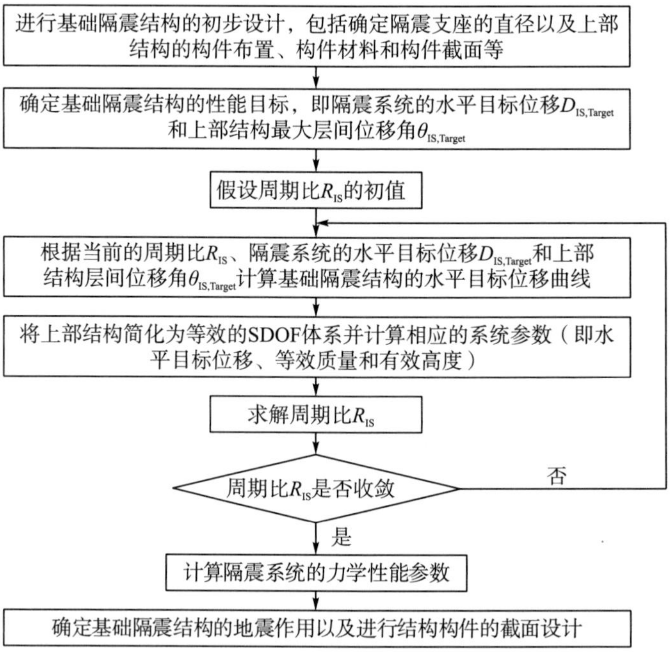

图 4.5　基于位移的一体化抗震设计方法

对于基础隔震结构采用凹形的归一化轮廓函数：

$$\varPhi_i = \cos\left(\left(\frac{1}{R_{\mathrm{IS}}}\right)\left(1-\frac{h_i}{H}\right)\frac{\pi}{2}\right) - \cos\left(\left(\frac{1}{R_{\mathrm{IS}}}\right)\frac{\pi}{2}\right) \tag{4.6}$$

式中，H——上部结构的总高度；

R_{IS}——周期比，$R_{\mathrm{IS}} = T_{\mathrm{IS}}/T_{\mathrm{S}}$。

(4) 建立等效的双自由度(2DOF)模型。根据上一步确定的目标位移曲线，计算等效模型中上部结构的设计位移 $D_{\mathrm{S,eq}}$、有效质量 $m_{\mathrm{S,eq}}$ 和有效高度 $h_{\mathrm{S,eq}}$。

$$D_{\mathrm{S,eq}} = \frac{\theta_{\mathrm{S}}^{0} h_1}{\varPhi_1} \frac{\sum_{i=1}^{N} m_i \varPhi_i^2}{\sum_{i=1}^{N} m_i \varPhi_i} \tag{4.7}$$

$$m_{\mathrm{S,eq}} = \frac{\left(\sum_{i=1}^{N} m_i \varPhi_i\right)^2}{\sum_{i=1}^{N} m_i \varPhi_i^2} \tag{4.8}$$

$$h_{S,eq} = \frac{\sum_{i=1}^{N} m_i D_i h_i}{\sum_{i=1}^{N} m_i D_i} \tag{4.9}$$

(5) 求解周期比。在等效的 2DOF 模型中，周期比 R_{IS} 可通过目标位移阈值(即 D_{IS}^0 和 θ_S^0)的显式关系来计算，然后重复第(3)～(5)步，直到 R_{IS} 求解收敛。

$$R_{IS}^2 = \frac{\Phi_1 D_{IS}^0}{\theta_S^0 h_1} \frac{m_T \sum_{i=1}^{N} m_i \Phi_i}{\left[m_{IS} \sum_{i=1}^{N} m_i \Phi_i^2 + \left(\sum_{i=1}^{N} m_i \Phi_i \right)^2 \right]} \tag{4.10}$$

(6) 估算 LRB 系统的有效刚度和等效阻尼比。求解出周期比 R_{IS} 后，可通过以下公式计算 LRB 隔震系统的等效刚度：

$$k_{IS} = 4\pi^2 \frac{m_T}{(R_{IS} T_S)^2} \tag{4.11}$$

等效阻尼比 ζ_{IS} 的计算包括三个步骤。首先计算等效 2DOF 模型的第一模态周期 $T_{1,eq}$：

$$T_{1,eq} = 2\pi \sqrt{\frac{m_{IS} + m_{S,eq}}{k_{IS}(1 - \mu_{eq}\varepsilon_{eq})}} \tag{4.12}$$

式中，μ_{eq}——基础隔震结构的 2DOF 等效模型的质量比；

ε_{eq}——基础隔震结构的 2DOF 等效模型的频率比。

基础隔震结构 2DOF 等效模型的一阶模态阻尼比 $\zeta_{1,eq}$ 可以通过下式确定：

$$D_{IS}^0 = (1 - \mu_{eq}\varepsilon_{eq}) S_D(T_{1,eq}, \zeta_{1,eq}) \tag{4.13}$$

式中，S_D——设计位移反应谱。

由于上式中的设计位移反应谱一般是分段函数，因此可以通过图表法或者数值插值的方式求得 ζ_{IS}。最后 LRB 隔震系统的等效阻尼比为

$$\zeta_{IS} = \frac{\zeta_{1,eq}}{1 - \frac{3\mu_{eq}\varepsilon_{eq}}{2}} \sqrt{\frac{m_{IS} + m_{S,eq}}{m_T}} \tag{4.14}$$

(7) 设计 LRB 支座和基础隔震结构。将 LRB 隔震系统的屈服变形 μ_Y 固定为 10mm，这样根据 LRB 隔震系统的等效刚度 k_{IS} 和等效阻尼比 ξ_{IS} 就可以得到相应的屈服力 Q_d 和屈服后刚度 k_p：

$$Q_d = \frac{\pi k_{IS} \xi_{IS} \left(D_{IS}^0 \right)^2}{2\left(D_{IS}^0 - \mu_Y \right)} \tag{4.15}$$

$$k_p = k_{IS} - \frac{Q_d}{D_{IS}^0} \tag{4.16}$$

(8)根据层质量 m_i 和相关目标位移沿上部结构高度的分布可以得到各层的水平地震力：

$$F_i = V_B \frac{m_i \Delta_i}{\sum_{i=1}^{N} m_i \Delta_i} \tag{4.17}$$

式中，V_B ——基底剪力。

根据得到的地震力计算出基础隔震结构的地震内力，并与其他荷载效应的内力进行组合，最终确定结构构件的截面配筋。

(9)根据第(8)步的设计结果，建立隔震结构的整体弹塑性模型，并进行罕遇地震时程分析，对隔震单元进行罕遇地震作用下的压应力、拉应力和变形验算，对于高宽比较大的结构还应进行抗倾覆验算，保证隔震结构在罕遇地震作用下不会发生倾覆破坏，隔震单元的各项验算指标应符合《建筑抗震设计标准》中的相关规定。

(10)进行地基基础的设计，采用基于位移的一体化抗震设计方法进行隔震结构的设计。

4.3.3.4 面向多级性能设防目标的优化设计方法

由于在基础隔震结构中上部结构的自振周期远小于结构中隔震结构的自振周期，因此可以将多自由度体系的上部结构转化为单自由度体系，这样 LRB 基础隔震结构就可以简化为双自由度体系。以双自由度体系为例，采用基于位移的一体化抗震设计方法对 LRB 基础隔震结构进行设计的主要步骤如下：

(1)按照等效模态转换的方法将多自由度体系的上部结构转化为单自由度体系，将隔震结构简化为双自由度体系，如图 4.6 所示。图中，x_b 和 x_s 分别为隔震层的水平变形和上部结构的层间变形；m_s、k_s 和 c_s 分别为上部结构的等效质量、侧向刚度和阻尼系数；m_b、k_b 和 c_b 分别为 LRB 隔震系统(或隔震层)的质量、水平等效刚度和等效阻尼系数，其中 k_b 和 c_b 需要通过等效线性化方法确定。

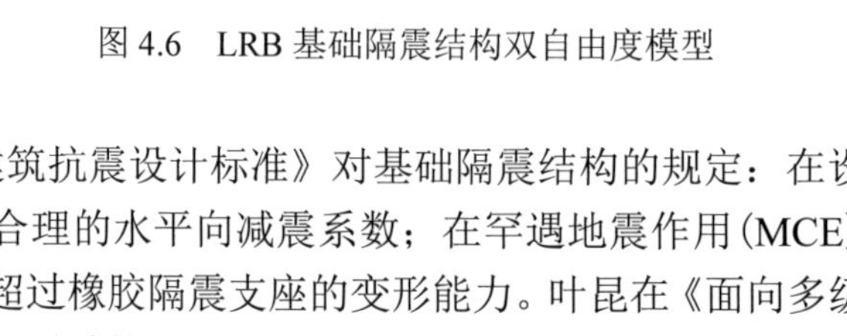

图 4.6 LRB 基础隔震结构双自由度模型

(2)参照现行《建筑抗震设计标准》对基础隔震结构的规定：在设计地震作用(DBE)下的设计目标是确定合理的水平向减震系数；在罕遇地震作用(MCE)下的设计目标是确保隔震层水平变形不超过橡胶隔震支座的变形能力。叶昆在《面向多级性能设防目标的铅芯橡胶隔震支座基础隔震结构优化设计及分析》中推导了设计地震作用下水平向减震系数 β 和隔震层最大水平变形 $U_{Iso,MCE}$ 的数学表达式：

$$\beta=\frac{\sqrt{\left[S_{\mathrm{A}}^{\mathrm{DBE}}\left(\hat{\omega}_{\mathrm{b}},\hat{\zeta}_{\mathrm{b}}\right)\right]^{2}+(1-2\beta_{\mathrm{s}})\left[\beta_{\mathrm{s}}(1-\Omega_{1})S_{\mathrm{A}}^{\mathrm{DBE}}\left(\hat{\omega}_{\mathrm{s}},\hat{\zeta}_{\mathrm{s}}\right)\right]^{2}}}{S_{\mathrm{A}}^{\mathrm{DBE}}(\omega_{\mathrm{s}},\zeta_{\mathrm{s}})} \tag{4.18}$$

$$U_{\mathrm{Iso,MCE}}=\left(1-\beta_{\mathrm{s}}\Omega_{1}\right)\frac{S_{\mathrm{A}}^{\mathrm{MCE}}\left(\hat{\omega}_{\mathrm{b}},\hat{\zeta}_{\mathrm{b}}\right)}{\hat{\omega}_{\mathrm{b}}^{2}} \tag{4.19}$$

式中，$S_{\mathrm{A}}^{\mathrm{DBE}}(\omega,\zeta)$——设计地震作用下规范加速度反应谱的谱值；

$S_{\mathrm{A}}^{\mathrm{MCE}}(\omega,\zeta)$——罕遇地震作用下规范加速度反应谱的谱值；

$\hat{\omega}_{\mathrm{b}}$ 和 $\hat{\omega}_{\mathrm{s}}$——上述基础隔震结构的一阶和二阶模态频率；

ω_{s}——上部结构的自振圆频率；

ω_{b}——基础隔震结构的自振圆频率；

β_{s} 和 Ω_{1}——上部结构和基础隔震结构之间的频率比 $\beta_{\mathrm{s}}=(\omega_{\mathrm{b}}/\omega_{\mathrm{s}})^{2}$ 和质量比 $\Omega_{1}=m_{\mathrm{s}}/(m_{\mathrm{s}}+m_{\mathrm{b}})$；

$\hat{\zeta}_{\mathrm{b}}$ 和 $\hat{\zeta}_{\mathrm{s}}$——该基础隔震结构的一阶和二阶模态阻尼比。

(3) LRB 隔震系统的力学性能不仅可以通过屈后刚度 $K_{\mathrm{p}}\left(=\sum k_{\mathrm{p}}\right)$、屈服剪力 $Q_{\mathrm{d}}\left(=\sum q_{\mathrm{d}}\right)$ 和屈服位移 x_{y} 三个参数加以描述，也可以基于隔震结构周期 $T_{\mathrm{Iso}}\left(=2\pi\sqrt{(m_{\mathrm{s}}+m_{\mathrm{b}})/K_{\mathrm{p}}}\right)$、屈服强度比 $\gamma_{\mathrm{d}}\left[=Q_{\mathrm{d}}/(m_{\mathrm{s}}+m_{\mathrm{b}})g\right]$ 和屈服位移 x_{y} 三个参数进行描述，因此建立水平向减震系数 β 和隔震层最大水平变形 $U_{\mathrm{Iso,MCE}}$ 与隔震结构周期 T_{Iso}、屈服强度比 γ_{d} 和屈服位移 x_{y} 的函数关系：

$$[\beta,U_{\mathrm{Iso,MCE}}]=f(T_{\mathrm{Iso}},\gamma_{\mathrm{d}},x_{\mathrm{y}}) \tag{4.20}$$

式中，x_{y}——隔震系统的屈服位移。

研究表明，β 和 $C_{\mathrm{U,MCE}}$ 两个性能指标对隔震结构周期 T_{Iso}、屈服位移 x_{y} 的变化并不敏感，隔震层变形比 $C_{\mathrm{U,MCE}}$ 随屈服强度比 γ_{d} 的增大不断减小；然而当屈服强度比 γ_{d} 大于临界屈服强度比 γ_{cr} 时，设计地震作用下水平向减震系数 β 却随屈服强度比 γ_{d} 的增大而增大，可见 β 和 $C_{\mathrm{U,MCE}}$ 两个性能目标是互相抵触的，不可能同时得到满足，这实际上就是多目标优化问题。

(4) 对于多目标优化问题的求解，通常的做法是通过各性能目标的线性组合转化为单目标函数进行优化，本节研究中的优化问题就可以表述为如下的单目标优化问题：

$$\text{Find } \gamma_{\mathrm{opt}},\ \min F_{\mathrm{obj}}=w_{1}\beta(\gamma_{\mathrm{d}})+w_{2}C_{\mathrm{U,MCE}}(\gamma_{\mathrm{d}}) \tag{4.21}$$

式中，w_1、w_2——对应性能目标的权重，本节研究中权重 $w_1=w_2=0.5$。

最优屈服强度比 γ_{opt} 确定后即可得到相应的水平向减震系数 $\beta(\gamma_{\mathrm{opt}})$，上部结构的结构设计就可以根据现行抗震设计标准进行。

(5) 罕遇地震作用验算。采用考虑隔震层非线性力学特性的模型计算隔震结构响应，验算隔震层位移、支座最大拉压应力等。计算罕遇地震作用下隔震层变形和支座最大拉压应力是否小于容许限值，对于高宽比较大的结构还应进行抗倾覆验算。若不满足《建筑抗震设计标准》中的要求，则需重新调整初始设计方案。

(6) 进行地基基础的设计，采用面向多级性能设防目标的优化设计方法进行隔震结构的设计。

4.4 地震波选取

《建筑抗震设计标准》对选取地震波有如下规定：①地震波的反应谱的形状在结构特征周期附近与规范反应谱要在统计意义上吻合；②时程分析得到结构的基底剪力，对于单条波不少于标准的 65%，多条波平均值不少于标准的 80%；③输入的地震加速度时程曲线的有效持续时间一般为结构基本周期的 5～10 倍。

对以上规定条款的解读如下：

(1) 反应谱的拟合程度要求。实际强震记录地震动加速度时程曲线，应根据地震烈度、设计地震分组、场地类别进行归类，并依据相似原则进行选择。实际强震记录地震动加速度时程曲线在隔震结构主要振型对应周期点附近时，每条实际强震记录对应的反应谱与设计反应谱的谱值最大偏差不应超过 20%。人工模拟地震动加速度时程曲线，应满足设计反应谱的基本要求。所合成的人工模拟加速度时程曲线对应的反应谱与设计反应谱在隔震结构各对应周期点的偏差平均值不宜大于 5%，最大偏差不宜大于 10%。在人工模拟地震动加速度合成时，宜考虑不同阻尼比对反应谱的影响和天然相位信息的非平稳特征对结构响应的影响。

(2) 基底剪力要求。每条时程曲线计算所得结构底部剪力不应小于振型分解反应谱法计算结果的 65%，多条时程曲线计算所得结构底部剪力的平均值不应小于振型分解反应谱法计算结果的 80%。

(3) 有效持时要求。输入的地震加速度时程曲线的有效持续时间，一般从首次达到该时程曲线最大峰值的 10%那一点算起，到最后一点达到最大峰值的 10%为止；不论是实际的强震记录还是人工模拟波形，有效持续时间一般均为结构基本周期的 5～10 倍。

此外，需要注意的是，对于隔震结构选波，设计反应谱应选择设防地震烈度对应的规范反应谱，且应检验隔震结构与非隔震结构的前三阶振型对应周期点附近，每条实际强震记录对应的反应谱与设计反应谱的谱值最大偏差；而对于非隔震结构选波，设计反应谱应选择多遇地震烈度对应的规范反应谱，且应检验非隔震结构的前三阶振型对应周期点附近，每条实际强震记录对应的反应谱与设计反应谱的谱值最大偏差。

在进行时程分析时，应按建筑场地类别和设计地震分组选用实际强震记录和人工模拟的加速度时程曲线，其中实际强震记录的数量不应少于总数的 2/3。如果取 3 组地震波作为输入，则计算结果应该取时程分析的包络值和复振型分解反应谱法的最大值；如果取 7 组地震波作为输入，则计算结果应该取时程分析的平均值和复振型分解反应谱法的最大值。

4.5 上部结构验算

4.5.1 上部结构水平地震作用取值

上部结构水平地震作用计算方法有两种：一种是《建筑抗震设计标准》中提出的水平

向减震系数法；另一种是《建筑隔震设计标准》中提出的隔震结构复振型分解反应谱法。水平向减震系数法是一种近似方法，适用于现有结构计算软件(如 PKPM)；复振型分解反应谱法结果更准确，需专门的计算软件。

1. 水平向减震系数法

隔震结构按非隔震结构设计时，计算地震作用的最大地震影响系数按隔震后的减震系数进行调整。

水平向减震系数法存在以下不足之处：

(1) 水平向减震系数计算时以楼层剪力或楼层弯矩最大值为基础，因此，对其他层的剪力或弯矩存在放大作用，构件内力计算值相应偏大[14]。

(2) 由于隔震结构承受的地震作用近似均匀或梯形分布，而非隔震结构为近似倒三角形或弯曲形分布，因此非隔震结构每一层的剪力和弯矩值均高于隔震结构，这样设计虽然偏于安全，但不准确，高层隔震结构误差会更大。

(3) 对于中间层隔震结构采用这种方法无法解决下部结构的设计计算，需要投入更多的精力进行简化。

(4) 采用非隔震结构的计算模型不能准确反映隔震结构的边界条件，底部结构构件内力值不准确。

2. 复振型分解反应谱法

复振型分解反应谱法是建立隔震结构的计算模型，进行结构的振型分析，获得结构的自振周期和振型后，按《建筑隔震设计标准》中提出的反应谱方法计算地震作用。由于振型和自振周期同时考虑上部结构、隔震层和下部结构，因此，计算获得的结构内力较为准确，且一次计算就可得到全部构件的内力。

3. 隔震结构水平地震作用需满足的条件

(1) 最小剪重比要求。各楼层地震剪力还应满足相应设防烈度下的最小减重比的要求。当楼层地震剪力不满足最小减震比的要求时，对楼层剪力进行放大调整。

抗震验算时，结构任一楼层的水平地震剪力应符合式(4.22)的要求，《建筑抗震设计标准》是在多遇地震作用下进行验算，而《建筑隔震设计标准》是在设防地震作用下进行验算。

$$V_{\mathrm{eK}i}=\lambda\sum_{j=1}^{n}G_j \tag{4.22}$$

式中，$V_{\mathrm{eK}i}$——第 i 层对应于水平地震作用标准值的楼层剪力；

λ——剪力系数，不应小于表 4.4 规定的楼层最小地震剪力系数值，对竖向不规则结构的薄弱层，还应乘以 1.15 的增大系数；

G_j——第 j 层的重力荷载代表值。

表 4.4 楼层最小地震剪力系数值

类别	6 度	7 度	8 度	9 度
扭转效应明显或基本周期小于 3.5s 的结构	0.008	0.016(0.024)	0.032(0.048)	0.064
基本周期大于 5.0s 的结构	0.006	0.012(0.018)	0.024(0.036)	0.048

注：1.基本周期介于 3.5～5s 的结构，按插入法取值。
2.括号内数值分别用于设计基本地震加速度为 0.15g 和 0.30g 的地区。

(2)总水平地震作用要求。《建筑抗震设计标准》要求隔震结构的总水平作用不得低于相应非隔震结构在 6 度设防时的总水平地震作用。实际操作时，可以按下式确定：

$$\alpha_{\max 1} > \alpha_{\max 6} \tag{4.23}$$

式中，$\alpha_{\max 6}$——6 度设防时的最大地震影响系数；

$\alpha_{\max 1}$——隔震时的最大地震影响系数。

当 $\alpha_{\max 1} < \alpha_{\max 6}$ 时，取 $\alpha_{\max 1} = \alpha_{\max 6}$。

4.5.2 上部结构竖向地震作用取值

在以下情况下，隔震结构多遇地震设计时需考虑竖向地震：

(1)9 度区的隔震结构；

(2)9 度区的长悬臂结构和大跨度隔震结构；

(3)8 度区，减震系数不大于 0.3 的隔震结构。

隔震结构竖向地震作用仍按非隔震结构的计算方法计算，竖向地震没有任何降低。竖向地震作用标准值 F_{Evk} 的取值规则如下：

(1)8 度(0.2g)取隔震层以上结构总重力荷载代表值的 20%；

(2)8 度(0.3g)取隔震层以上结构总重力荷载代表值的 30%；

(3)9 度取隔震层以上结构总重力荷载代表值的 40%。

上部结构楼层竖向地震作用标准值分配按下式确定：

$$F_{vi} = \frac{G_i \mathrm{H}_i}{\sum G_j H_j} F_{\mathrm{Evk}} \tag{4.24}$$

式中，F_{vi}——第 i 层的竖向地震作用标准值。

楼层中的竖向地震作用效应按各构件承受的重力荷载代表值的比例分配。

多遇地震设计时，隔震结构的竖向地震作用较非隔震结构放大了一倍左右，考虑高烈度区的隔震结构竖向地震力可能有放大作用，应予以重视并做相应的验算[15]。

4.5.3 上部结构强度验算及构造措施

1. 混凝土结构

(1)在框架、框架抗震墙、抗震墙和框架筒体结构中，隔震层顶部的纵、横梁和楼板体系应作为上部结构的一部分进行计算。

(2) 框架抗震墙结构、抗震墙结构和框架筒体结构抗震墙需采用转换梁支承隔震支座，转换梁可采用一次转换和二次转换，不宜采用三次以上的转换。转换梁设计可参照框支转换梁的设计要求，其中抗剪承载力按罕遇地震验算。

(3) 抗震措施根据减震系数适当降低。隔震结构的抗震措施参照非隔震结构，根据减震系数采取一定的降低措施。

当水平向减震系数大于 0.4（设置黏滞阻尼器时为 0.38）时，不应降低非隔震时的有关要求。

当水平向减震系数不大于 0.4（设置黏滞阻尼器时为 0.38）时，可适当降低对非隔震结构的要求，但烈度不得超过 1 度，即最多降低 1 度采用抗震措施。

需要注意的是，标准中抗震措施一般没有 7 度（0.15g）和 8 度（0.3g）的具体规定，仍分别按 7 度和 8 度取值。与抵抗竖向地震作用有关的抗震构造措施（墙柱轴压比）不应降低。

2. 砌体结构

(1) 隔震层顶部纵横承重梁。可按受均布荷载的单跨简支或多跨连续托墙梁计算，均布荷载按标准中底部框架砖房的钢筋混凝土托梁的规定取值；当按连续梁计算的正弯矩小于按单跨简支梁计算的跨中弯矩 0.8 倍时，应按 0.8 倍单跨简支梁跨中弯矩取值；当计算出现负弯矩时，应进行双向配筋。

截面宽度不应小于 300mm，高度不应小于跨度的 1/10；箍筋直径不应小于 8mm，间距不应大于 200mm；梁端在 1.5 倍梁高且不小于 1/5 梁净跨范围内，以及上部墙体的洞口处两侧各 500mm 且不小于梁高的范围内，箍筋间距不应大于 100mm。

沿梁高应设腰筋，数量不应小于 2Φ14，间距不应大于 200mm。

梁的纵向受力钢筋和腰筋应按受拉钢筋的要求锚固在柱内，且支座上部的纵向钢筋在柱内的锚固长度应符合钢筋混凝土框支梁的有关要求。

(2) 承重墙外墙尽端至门窗洞边的最小距离及圈梁截面和配筋构造，应符合标准对非隔震砌体结构的要求。

(3) 对托墙梁顶砌体应进行局部验算，并在构造上采取适当加强措施。

(4) 丙类砌体隔震结构上部砌体结构的抗震构造措施应符合下列要求。

①砖砌体房屋钢筋混凝土构造柱的设置，水平向减震系数大于 0.4 时（设置阻尼器时为 0.38），仍按非隔震砖砌体房屋的要求设置；水平向减震系数不大于 0.4 时（设置阻尼器时为 0.38），按表 4.5 设置。

表 4.5 隔震后砖砌体房屋构造柱设置要求

<table>
<tr><th colspan="3">房屋层数</th><th colspan="2" rowspan="2">设置部位</th></tr>
<tr><th>7 度</th><th>8 度</th><th>9 度</th></tr>
<tr><td>三、四</td><td>二、三</td><td></td><td rowspan="4">楼梯、电梯间四角，楼梯段上下端对应的墙体处；外墙四角和对应转角；错层部位横墙与外纵墙交接处，较大洞口两侧，大房间内外墙交接处</td><td>每隔 12m 或单元横墙与外墙交接处</td></tr>
<tr><td>五</td><td>四</td><td>二</td><td>每隔三开间的横墙与外墙交接处</td></tr>
<tr><td>六</td><td>五</td><td>三、四</td><td>隔开间横墙（轴线）与外墙交接处，山墙与内纵墙交接处；9 度四层，外纵墙与内墙（轴线）交接处</td></tr>
<tr><td>七</td><td>六、七</td><td>五</td><td>内墙（轴线）与外墙交接处，内墙局部较小墙垛处；8 度七层，内纵墙与隔开间横墙交接处；9 度五层，内纵墙与横墙（轴线）交接处</td></tr>
</table>

②混凝土小砌块房屋芯柱的设置，水平向减震系数大于 0.4 时(设置阻尼器时为 0.38)，仍按非隔震混凝土小砌块房屋的要求设置；水平向减震系数不大于 0.4 时(设置阻尼器时为 0.38)，按表 4.6 设置。

表 4.6　隔震后混凝土小砌块房屋构造柱设置要求

<table>
<tr><th colspan="3">房屋层数</th><th colspan="2" rowspan="2">设置部位</th></tr>
<tr><th>7 度</th><th>8 度</th><th>9 度</th></tr>
<tr><td>三、四</td><td>二、三</td><td></td><td>外墙转角，楼梯间四角，楼梯段上下端对应的墙体外；大房间内外墙交接处；每隔 12m 或单元横墙与外墙交接处外墙转角，楼梯间四角，楼梯段上下端对应的墙体处</td><td rowspan="2">外墙转角，灌实 3 个孔内外墙交接处，灌实 4 个孔</td></tr>
<tr><td>五</td><td>四</td><td>二</td><td>外墙转角，楼梯间四角，楼梯段上下端对应的墙体处；大房间内外墙交接处，山墙与内纵墙交接处，隔三开间横墙(轴线)与外纵墙交接处</td></tr>
<tr><td>六</td><td>五</td><td>三、四</td><td>外墙转角，楼梯间四角，楼梯段上下端对应的墙体处；大房间内外墙交接处，隔开间横墙(轴线)与外纵墙交接处，山墙与内纵墙交接处；8、9 度时，外纵墙与横墙(轴线)交接处，大洞口两侧</td><td>外墙转角，灌实 5 个孔内外墙交接处，灌实 5 个孔洞口两侧各灌实 1 个孔</td></tr>
<tr><td>七</td><td>六、七</td><td>五</td><td>外墙转角，楼梯间四角，楼梯段上下端对应的墙体处；各内外墙(轴线)与外墙交接处；内纵墙与横墙(轴线)交接处；8、9 度时洞口两侧</td><td>外墙转角，灌实 7 个孔内外墙交接处，灌实 4 个孔内墙交接处，灌实 4～5 个孔洞口两侧各灌实 1 个孔</td></tr>
</table>

4.5.4　上部结构变形验算

《建筑抗震设计标准》规定上部结构的变形验算包括多遇地震下的弹性变形验算和罕遇地震下的弹塑性变形验算，其楼层内最大的层间位移角应分别符合表 4.7 和表 4.8 的要求。

表 4.7　上部结构多遇地震作用下弹性层间位移角限值

结构类型	$[\theta_e]$
钢筋混凝土框架结构	1/550
钢筋混凝土框架-抗震墙、板柱-抗震墙、框架-核心筒结构	1/800
钢筋混凝土抗震墙、筒中筒	1/1000
钢筋混凝土框支层	1/1000
多、高层钢结构	1/250

表 4.8　上部结构罕遇地震作用下弹塑性层间位移角限值

结构类型	$[\theta_e]$
钢筋混凝土框架结构	1/50
底部框架砌体房屋中的框架-抗震墙结构	1/100
钢筋混凝土框架-抗震墙、板柱-抗震墙、框架-核心筒结构	1/100
钢筋混凝土抗震墙、筒中筒	1/120
多、高层钢结构	1/50

《建筑隔震设计标准》规定上部结构的变形验算包括设防地震下的弹性变形验算和罕遇地震下的弹塑性变形验算，对于特殊设防类的隔震结构需进行极罕遇地震下的弹塑性变形验算。

(1) 在设防地震作用下，结构楼层内最大的弹性层间位移应符合下式规定：

$$\Delta u_e < [\theta_e] H_s \tag{4.25}$$

式中，Δu_e——设防地震作用标准值产生的楼层内最大弹性层间位移，mm；

$[\theta_e]$——弹性层间位移角限值，应符合表 4.9 的规定；

H_s——计算楼层层高，mm。

表 4.9　上部结构设防地震作用下弹性层间位移角限值

结构类型	$[\theta_e]$
钢筋混凝土框架结构	1/400
底部框架砌体房屋中的框架-抗震墙、钢筋混凝土框架-抗震墙、框架-核心筒结构	1/500
钢筋混凝土抗震墙、板柱-抗震墙结构	1/600
钢结构	1/250

(2) 上部结构在罕遇地震作用下，楼层内最大的弹塑性层间位移应符合下式规定：

$$\Delta u_p < [\theta_p] H_s \tag{4.26}$$

式中，Δu_p——弹塑性层间位移，宜采用动力弹塑性时程分析方法，对规则结构，也可采用静力弹塑性分析方法或等效线性化方法；

$[\theta_p]$——弹塑性层间位移角限值，罕遇地震作用下应符合表 4.10 的规定。

H_s——计算楼层层高，mm。

表 4.10　上部结构罕遇地震作用下弹塑性层间位移角限值

结构类型	$[\theta_p]$
钢筋混凝土框架结构	1/100
底部框架砌体房屋中的框架-抗震墙、钢筋混凝土框架-抗震墙、框架-核心筒结构	1/200
钢筋混凝土抗震墙、板柱-抗震墙结构	1/250
钢结构	1/100

(3) 特殊设防类隔震结构上部结构的楼层内最大弹塑性层间位移，尚应进行极罕遇地震作用下的验算，且弹塑性层间位移角限值应符合表 4.11 的规定。

表 4.11　上部结构极罕遇地震作用下弹塑性层间位移角限值

结构类型	$[\theta_p]$
钢筋混凝土框架结构	1/50
底部框架砌体房屋中的框架-抗震墙、钢筋混凝土框架-抗震墙、框架-核心筒结构	1/100
钢筋混凝土抗震墙、板柱-抗震墙结构	1/120
钢结构	1/50

4.6 隔震层验算

4.6.1 隔震支座压应力承载力验算

(1)隔震支座在重力荷载代表值作用下，竖向压应力设计值不应超过表 4.12 的规定。

(2)对于隔震橡胶支座，当第二形状系数(有效直径与橡胶层总厚度之比)小于 5.0 时，应降低平均压应力限值：小于 5 且不小于 4 时降低 20%，小于 4 且不小于 3 时降低 40%；标准设防类建筑外径小于 300mm 的支座，其压应力限值为 10MPa。

(3)对于弹性滑板支座，橡胶支座部分及滑移材料的压应力限值均应满足表 4.12 的规定，支座部分外径不宜小于 300mm。

(4)对于摩擦摆隔震支座，摩擦材料的压应力限值也应满足表 4.12 的规定。

(5)在结构设计工作年限内，隔震支座刚度、阻尼特性变化不应超过初期值的±20%；橡胶支座的徐变量不应超过内部橡胶总厚度的 5%。

表 4.12 隔震支座在重力荷载代表值作用下的压应力限值 (单位：MPa)

支座类型	特殊设防类建筑	重点设防类建筑	标准设防类建筑
隔震橡胶支座	10	12	15
弹性滑板支座	12	15	20
摩擦摆隔震支座	20	25	30

4.6.2 隔震层抗风及弹性恢复力验算

4.6.2.1 隔震层抗风验算

与隔震层相比，上部结构楼层刚度较大，一般情况下，抗风设计基本不存在问题。而隔震结构由于隔震支座水平刚度和屈服强度较低，应特别注意抗风设计，隔震层应具有足够的水平刚度和强度，保证隔震结构在风荷载作用下的舒适性和安全性。

隔震结构风荷载计算与非隔震结构相同，首先根据荷载标准确定基本风压，经计算得到上部结构各楼层所受的风荷载标准值，将隔震层以上楼层风荷载叠加，得到隔震层在风荷载作用下的总水平剪力：

$$V_{\mathrm{wk}}=\sum_{i}F_{\mathrm{wk},i} \tag{4.27}$$

式中，i——从隔震层以上楼层算起；

V_{wk}——风荷载作用下隔震层总水平剪力标准值。

标准要求：

(1) V_{wk} 不宜超过结构总重力的 10%。

(2)风荷载作用下，隔震结构抗风应按下式进行验算：

$$\gamma_w V_{wk} \leqslant V_{Rw} \tag{4.28}$$

式中，γ_w——风荷载分项系数，采用 1.4；

V_{Rw}——抗风装置的水平承载力设计值。

当抗风装置是隔震支座的组成部分时，取隔震支座的水平屈服荷载设计值；当抗风装置单独设置时，取抗风装置的水平承载力，可按材料屈服强度设计值确定。

橡胶隔震支座作为抗风装置时，通常要采用铅芯橡胶支座，利用铅芯屈服前的承载力作为水平抗风承载力。单独设置的抗风装置常用的是抗风拉杆，设计时要求抗风拉杆的承载仅满足抗风承载力即可，并应小于多遇地震下隔震层的地震剪力，否则抗风拉杆会影响地震下隔震结构功能的发挥。

4.6.2.2　隔震层弹性恢复力验算

隔震支座的弹性恢复力应符合下式要求：

$$K_{100} t_r \geqslant 1.4 V_{Rw} \tag{4.29}$$

式中，t_r——隔震支座橡胶层总厚度；

K_{100}——隔震支座在水平剪切应变为 100%时的水平有效刚度。

通常，隔震支座剪切应变为 100%被假定为设防烈度下的变形，因此上述验算公式可认为，隔震支座设防烈度地震下的弹性恢复力必须大于抗风装置受剪承载力设计值或隔震支座水平屈服荷载设计值 1.4 倍，以保证隔震支座在多次地震作用后仍具有良好的复位性能。

4.6.3　罕遇地震下隔震层的位移验算

计算罕遇地震下隔震层位移时采用时程分析法，宜选择三向地震波，分别为两个水平方向(X、Y)和竖向(Z)，三个方向的峰值比为 1∶0.85∶0.65，即一个水平方向为主向时为 1，另一个水平方向为 0.85，竖向为 0.65。

隔震支座对应于罕遇地震水平剪力的水平位移，应符合下列要求：

$$u_i \leqslant [u_i] \tag{4.30}$$

$$u_i = \eta_i u_c \tag{4.31}$$

式中，u_i——罕遇地震作用下，第 i 个隔震支座考虑扭转的水平位移；

$[u_i]$——第 i 个隔震支座的水平位移限值；

u_c——罕遇地震下隔震层质心处或不考虑扭转时的水平位移；

η_i——第 i 个隔震支座的扭转影响系数，应取考虑扭转和不考虑扭转时主支座计算位移的比值，当隔震层以上结构的质心与隔震层刚度中心在两个主轴方向均无偏心（$\rho_x = 0$，$\rho_y = 0$）时，边支座的扭转影响系数不应小于 1.15。

隔震支座在地震作用下的水平位移按如下规定取值：

(1) 橡胶隔震支座，$[u_i]$不应超过该支座有效直径的 0.55 倍和支座橡胶层总厚度的 3.0 倍中的较小值。

(2) 弹性滑板支座的$[u_i]$取值不应大于其产品水平极限位移的 0.75 倍。

(3) 摩擦摆隔震支座的$[u_i]$取值不应大于其产品水平极限位移的 0.85 倍。

(4) 对特殊设防类，在极罕遇地震作用下隔震橡胶支座的$[u_i]$值可取各层橡胶厚度之和的 4.0 倍；弹性滑板支座、摩擦摆隔震支座的$[u_i]$值可取产品水平极限位移；隔震层宜设置超过极罕遇地震下位移的限位装置。

(5) 罕遇地震作用下，隔震支座的水平剪力可以按隔震支座的水平等效刚度分配；当按扭转耦联计算时，还应计算隔震层的扭转刚度。

(6) 隔震结构按三维整体建立计算模型，采用时程法计算时，各支座的变形已计入扭转的影响，η_i可以取 1.0，当边支座变形小于 1.15u_c时，取 1.15u_c。

4.6.4 隔震层水平刚度和阻尼验算

隔震层的水平等效刚度和等效阻尼比，可按下列公式计算：

$$K_{eq}=\sum k_j \tag{4.32}$$

$$\zeta_{eq}=\sum\frac{k_j\zeta_j}{K_{eq}} \tag{4.33}$$

式中，ζ_{eq}——隔震层等效阻尼比；

K_{eq}——隔震层水平等效刚度，N/mm；

ζ_j——隔震支座j的等效阻尼比；

k_j——隔震支座j（含阻尼器）由试验确定的水平等效刚度，N/mm。

当隔震层设有附加阻尼装置时，还应计入阻尼装置的阻尼。

隔震支座和阻尼装置的设计参数，应与产品型式检验的结果相符，检验时支座竖向荷载应采用表 4.10 规定的压应力限值，对应不同地震烈度作用时的隔震层水平位移可求得等效刚度和等效阻尼比。对水平向减震系数计算，应取剪切变形为 100%时的等效刚度和等效阻尼比；对罕遇地震验算，宜采用剪切变形为 250%时的等效刚度和等效阻尼比，当隔震支座直径较大时可采用剪切变形为 100%时的等效刚度和等效阻尼比。当采用时程分析时，应以试验所得滞回曲线作为计算依据。

4.6.5 隔震层偏心率验算

为了尽量减少扭转效应对结构的影响，布置隔震装置时，应尽量使隔震层的刚度中心与上部结构的总质量中心重合。实际工程中，很难做到隔震层的刚度中心与上部结构的质量中心完全重合，因此，《建筑隔震设计标准》规定隔震层的偏心率不宜大于 3%，当隔震层偏心率较大时，隔震层会产生较大的扭转，对抗震不利，抗震设计时应考虑扭转效应的不利影响。

4.6.6 隔震结构抗倾覆验算

(1) 隔震结构应进行结构整体抗倾覆验算和隔震支座拉压承载能力验算。

(2)结构整体抗倾覆验算时，应按罕遇地震作用计算倾覆力矩，并应按上部结构重力代表值计算抗倾覆力矩，抗倾覆力矩与倾覆力矩之比不应小于 1.1。

(3)隔震层在罕遇地震作用下应保持稳定，不宜出现不可恢复的变形。

(4)上部结构传递到隔震支座的重力代表值应考虑倾覆力矩引起的增加值。

(5)在罕遇地震作用下，隔震支座不宜出现受拉应力。当隔震支座不可避免处于受拉状态时，其拉应力不应大于 1.0MPa，《建筑隔震设计标准》规定隔震支座出现拉应力的支座数量不宜超过支座总数的 30%。

4.7　下部结构及基础验算

4.7.1　下部结构验算

1. 结构要求

隔震层以下的结构(包括地下室和隔震塔楼下的大底盘)，应满足嵌固比的要求，即隔震层下一层的楼层刚度应大于隔震层上一层楼层刚度的 2 倍。

地下室计算楼层刚度，有土层约束时，计入土层刚度，通常情况下就可以满足嵌固比的要求。当地下室只有单侧有土层约束时，则不考虑土层刚度。

2. 地震作用

采用《建筑抗震设计标准》中的减震系数法时，下部结构计算应将上部结构载荷通过隔震支座的承载构件施加到下部结构，上部结构在地震作用下的内力有正负两个方向，共四组荷载工况。采用整体计算模型时，上部结构的荷载作用自动通过隔震支座传至下部结构。

下部结构要求按设防地震作用计算，采用整体计算模型时，可以对构件内力进行直接调整，调整系数分别为设防地震/罕遇地震影响系数与多遇地震影响系数的比值，见表 4.13。

表 4.13　构件设防及罕遇地震下的内力调整系数

系数	烈度			
	6	7	8	9
设防地震	2.78	2.86(2.72)	2.86(2.72)	2.86
罕遇地震	6.94	6.29(5.63)	5.71(4.64)	4.42

注：括号中的数分别是 7 度 0.15g 和 8 度 0.3g 的调整系数。

3. 结构强度验算及构造措施

隔震层与下部结构为一体时，支承隔震支座的支墩、柱和抗震墙为悬臂构件，此时应按罕遇地震验算柱和抗震墙的抗弯、抗剪承载力，构件罕遇地震下的内力取值可乘一个放大系数。

下部结构有独立的梁板系统时，支承隔震支座的柱或抗震墙不再是悬臂构件，此时直接支撑隔震支座的柱和抗震墙的抗剪承载力仍按罕遇地震验算，抗弯承载力则按设防地震作用验算；其他构件按设防地震作用验算。

下部结构的抗震措施宜比非隔震结构提高一个抗震等级，超过一级时取一级。

4. 结构变形验算

《建筑隔震设计标准》规定隔震层以下的地下室，或塔楼底盘结构中直接支撑隔震塔楼的部分及其相邻一跨的相关构件，应满足设防烈度地震作用下的抗震承载力要求，层间位移角限值应符合表 4.14 的规定。隔震层以下地面以上的结构在罕遇地震下的层间位移角限值应符合表 4.15 的规定。特殊设防类结构应进行极罕遇地震作用下的弹塑性变形验算，其层间位移角限值应符合表 4.16 的规定。

《建筑抗震设计标准》规定下部结构应进行罕遇地震下的弹塑性变形验算，其楼层内最大的层间位移角与表 4.15 的要求相同。

表 4.14　下部结构在设防烈度地震作用下弹性层间位移角限值

下部结构类型	$[\theta_e]$
钢筋混凝土框架结构	1/500
底部框架砌体房屋中的框架-抗震墙、钢筋混凝土框架-抗震墙、架-核心筒结构	1/600
板柱-抗震墙、钢筋混凝土抗震墙结构	1/700
钢结构	1/300

表 4.15　下部结构在罕遇地震作用下弹塑性层间位移角限值

下部结构类型	$[\theta_p]$
钢筋混凝土框架结构	1/100
底部框架砌体房屋中的框架-抗震墙、钢筋混凝土框架-抗震墙、架-核心筒结构	1/200
板柱-抗震墙、钢筋混凝土抗震墙结构	1/250
钢结构	1/100

表 4.16　下部结构在极罕遇地震作用下弹塑性层间位移角限值

下部结构类型	$[\theta_p]$
钢筋混凝土框架结构	1/60
底部框架砌体房屋中的框架-抗震墙、钢筋混凝土框架-抗震墙、架-核心筒结构	1/130
板柱-抗震墙、钢筋混凝土抗震墙结构	1/150
钢结构	1/60

4.7.2　基础验算

1. 场地要求

(1) Ⅳ类场地建隔震结构应进行专门研究，并通过专项论证后，方可实施。

(2) 隔震结构抗液化措施应提高一个液化级，并全部消除液化沉陷。

(3) 隔震结构不应跨跃断层，并应远离断层。

2. 设计要求

隔震结构地基基础的抗震验算和地震处理仍按本地震区抗震设防烈度进行，即按多遇地震下，结构传至基础的载荷设计。当下部结构或地基基础需要考虑竖向地震作用时，也按多遇地震下结构承受的竖向地震作用进行验算。

根据标准要求，下列隔震结构可不进行天然地基及基础的抗震承载力验算。

(1) 砌体房屋。

(2) 地基主要受力层范围内不存在软弱黏性土层(指 7 度、8 度和 9 度时，地基承载力特征值分别小于 80kPa、100kPa 和 120kPa 的土层)的下列建筑：

①不超过 8 层且高度在 25m 以下的一般民用框架房屋；

②基础荷载与上述民用建筑框架相当的多层框架厂房。

(3) 标准规定可不进行上部结构抗震验算的建筑。

3. 地基液化处理

隔震结构承担地基不均匀沉降的能力较弱，而地震时，若地基为液化土，又极易产生不均匀沉降。因此，隔震结构地基必须采取抗液化措施。

采取抗液化措施前需先进行地基的液化判别，根据液化等级和地基情况采用不同的措施。目前，地基抗液化的方法有置换法、灌浆法、深层搅拌法、降低水位法、振冲水冲法、强力夯实法、深层挤密法、砂井预压法等。对甲、乙类建筑的液化判别和抗液化措施应更加严格，应全部消除液化沉陷。

4.8　基础隔震结构设计算例

4.8.1　算例概况

本节对一栋 6 层基础隔震结构进行设计，分别采用分部设计法和直接设计法进行设计，该结构为钢筋混凝土框架结构，以下简要介绍设计过程中的关键结构参数。

办公楼采用现浇混凝土框架结构，主体结构为 6 层，层高 3.6m，设计使用年限为 50 年，环境类别为一类，安全等级为二级，抗震设防烈度为 8 度，设计基本加速度为 $0.3g$，设计地震分组为第二组，场地类别为Ⅱ类，抗震设防类别为乙类。建筑平面布置图和立面图如图 4.7 和图 4.8 所示。

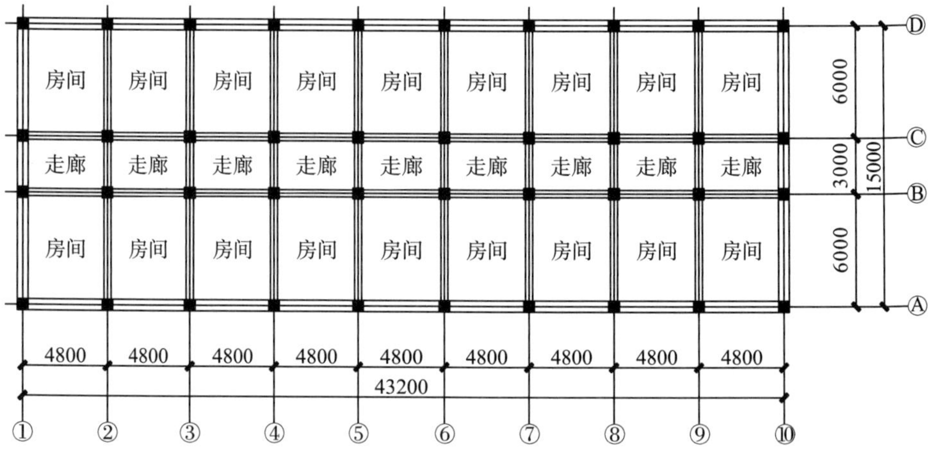

图 4.7　平面布置图

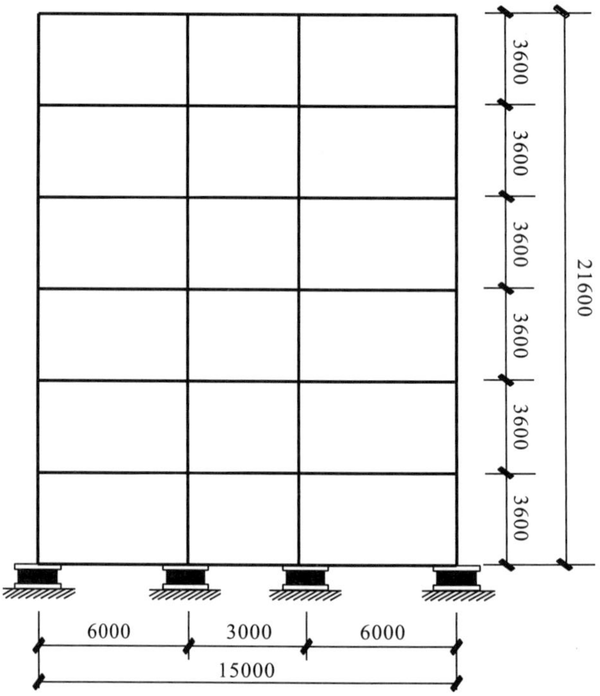

图 4.8　结构立面图

(1) 对隔震结构进行初步设计，材料参数见表 4.17 和表 4.18；所有框架柱截面尺寸均为 550mm×550mm，框架梁截面尺寸见表 4.19；上部结构楼板、屋面板板厚均为 120mm，隔震层楼板板厚为 160mm。

表 4.17　混凝土材料参数

使用部位	强度等级	f_c/(N/mm^2)	f_t/(N/mm^2)	E_c/(N/mm^2)
柱	C40	19.1	1.71	3.35×10^4
梁、板、基础	C40	19.1	1.71	3.35×10^4

表 4.18　钢筋材料参数

使用部位	强度等级	$f_y = f_y'$ /(N/mm^2)
柱、梁、板、基础中的主要受力钢筋	HRB400	360
板构造钢筋、箍筋以及其他构造钢筋	HRB335	300

表 4.19　框架梁截面取值

梁部位		取值依据	截面尺寸/(mm×mm)
上部结构	横向边跨梁	$h=\left(\frac{1}{14}\sim\frac{1}{8}\right)l$ $b=\left(\frac{1}{3}\sim\frac{1}{2}\right)h$	300×600
	横向中跨梁		300×400
	纵向梁		300×500
隔震层	横向边跨梁	相较上部结构适当增大	350×750
	横向中跨梁		350×600
	纵向梁		350×750

(2) 选取 A6～D6 一榀框架进行设计，得到活荷载和恒荷载的计算简图，如图 4.9 所

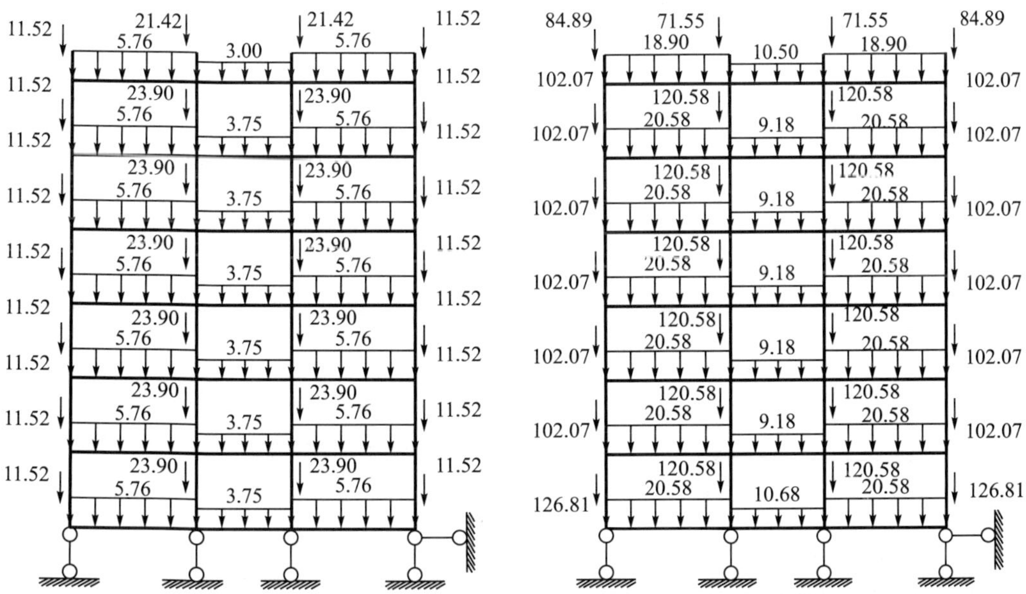

(a) 活荷载　　(b) 恒荷载

图 4.9　活荷载和恒荷载的计算简图

示。集中力单位为kN，均布荷载单位为kN/m。同时计算不隔震时上部结构的基本自振周期，为T_s=0.519s。

(3)假定LRB隔震支座采用同一规格，根据《建筑抗震设计标准》对LRB隔震支座压应力限值的规定，当建筑类别为乙类时，LRB 隔震支座的竖向压应力不应超过12MPa，再根据结构底部传来的荷载，确定LRB隔震支座的直径为500mm，假定LRB隔震支座的第二形状系数为 5，则橡胶层总厚度$T_r=100$mm，LRB 隔震支座的具体规格见表4.20。

表4.20 LRB500隔震支座的技术参数

型号	有效直径/mm	橡胶层总厚度/mm	屈服前刚度/(kN/mm)	屈服后刚度/(kN/mm)	屈服剪力/kN
LRB500	500	100	10.211	0.785	63.0

4.8.2 分部设计法

1. 选取时程分析所需的波并验证波的有效性

根据《建筑抗震设计标准》要求，本算例在8度(0.3*g*)条件下选取了2条天然地震波和 1 条人工地震波，本算例选用的天然波为 PEER 地面运动数据库中的 RSN1148_KOCAELI_ARE090波和RSN1511_CHICHI_TCU076-E波，分别记为TR1波、TR2波，人工波采用迭代生成的RG1波，地震反应谱曲线如图4.10所示。

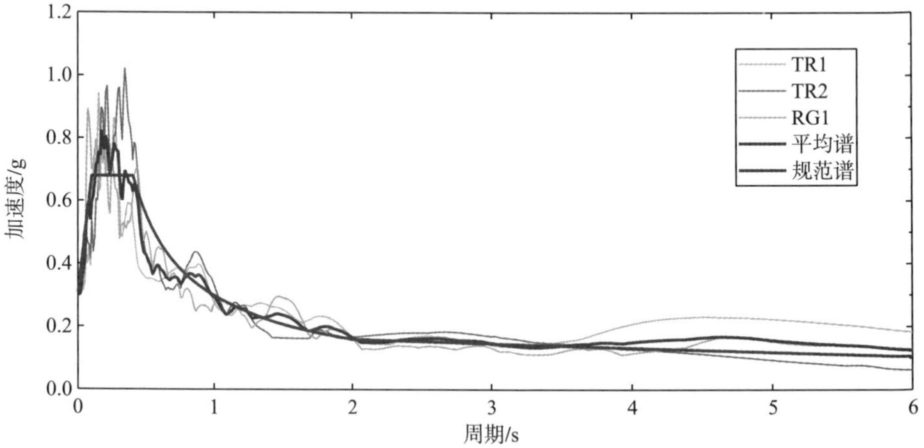

图4.10 地震反应谱曲线

各地震波在隔震前后前三阶振型周期对应的加速度谱值见表4.21。由表可知，各条波的平均地震影响系数曲线与振型分解反应谱法所采用的地震影响系数曲线在统计意义上相符。

表 4.21　地震影响系数对比

结构类型		RG1	TR1	TR2	平均谱	规范谱	误差/%
非隔震结构	第一周期	0.387	0.318	0.318	0.341	0.386	−11.66
	第二周期	0.744	0.719	0.690	0.718	0.680	5.54
	第三周期	0.794	0.600	0.772	0.722	0.680	6.18
隔震结构	第一周期	0.147	0.172	0.128	0.149	0.158	−5.70
	第二周期	0.563	0.772	0.587	0.641	0.680	−5.78
	第三周期	0.784	0.774	0.756	0.771	0.680	13.43

从表 4.22 可以看出，所选的每条波计算所得结构底部剪力大于振型分解反应谱法计算结果的 65%，三条波计算所得底部剪力的平均值大于振型分解反应谱法计算结果的 80%，满足《建筑抗震设计标准》5.1.2 条 3 款的规定。

表 4.22　底部剪力对比

参数	RG1	TR1	TR2	平均谱	反应谱
剪力/kN	2199	1759	1871	1943	2136
比值	1.03	0.82	0.87	0.91	—

本算例非隔震结构的固有周期 T_1 为 0.519，$5T_1$=2.595s，各地震波的有效持续时间见表 4.23。从表 4.23 可知，各条波的有效持续时间均满足基本周期 T_1 的 5 倍的要求。

表 4.23　地震波有效持续时间　（单位：s）

参数	RG1	TR1	TR2
总时间	164.79	30.00	90.00
有效持续时间	124.98	19.11	40.71

2. 计算水平向减震系数

《建筑抗震设计标准》12.2.5 条 2 款规定：对于多层建筑，水平向减震系数为按弹性计算所得的隔震和非隔震各层层间剪力的最大比值。根据规定：当采用时程分析法时按设计基本地震加速度输入进行计算。本算例设防烈度为 8 度(0.3g)，中震下非隔震结构和隔震结构的层间剪力计算结果见表 4.24。

表 4.24　层间剪力计算结果

楼层	层剪力/kN						水平向减震系数		
	隔震结构			非隔震结构			隔震/非隔震		
	RG1	TR1	TR2	RG1	TR1	TR2	RG1	TR1	TR2
6	142.44	151.34	96.90	436.67	446.73	392.13	0.3262	0.3388	0.2471
5	271.14	296.03	199.18	943.38	975.60	747.10	0.2874	0.3034	0.2666

续表

楼层	层剪力/kN						水平向减震系数		
	隔震结构			非隔震结构			隔震/非隔震		
	RG1	TR1	TR2	RG1	TR1	TR2	RG1	TR1	TR2
4	391.41	412.09	261.12	1325.03	1357.62	970.10	0.2954	0.3035	0.2692
3	414.29	431.14	278.06	1597.46	1582.50	1181.65	0.2593	0.2724	0.2353
2	502.23	455.28	273.31	1749.34	1585.97	1416.43	0.2871	0.2871	0.1930
1	429.47	460.31	273.10	1834.69	1607.18	1459.56	0.2341	0.2864	0.1871

从表 4.24 可以看出，除去坡屋顶层，上部结构(隔震层以上)层间剪力比最大值为 0.3388，即水平向减震系数为 0.3388，满足《建筑抗震设计标准》12.2.5 条中上部结构降一度设计的要求。

3. 计算基础隔震结构水平地震作用

根据计算出的水平向减震系数将上部结构当作基底固定的结构，采取降一度[即 7 度(0.15g)]进行设计。采用振型分解反应谱法，计算基础隔震结构所受的水平地震作用力，如图 4.11(a)所示。

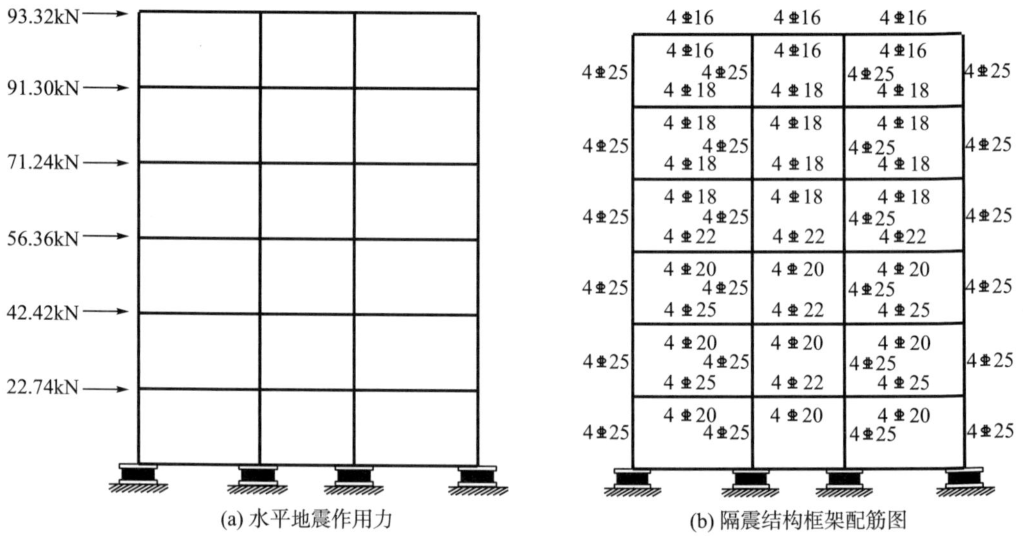

(a) 水平地震作用力　　(b) 隔震结构框架配筋图

图 4.11　水平地震作用力与配筋图

4. 计算结构配筋

利用分层法和 D 值法计算结构的内力，并在完成弯矩调幅和支座处内力调整后进行内力组合。结构的地震作用内力计算完成以后，进行上部结构的设计，本书根据《建筑抗震设计标准》5.4.2 条的规定，进行结构构件配筋，并按式(4.34)验算。

$$S \leqslant \frac{R}{\gamma_{RE}} \tag{4.34}$$

最终计算得到隔震结构的截面配筋，如图 4.11(b)所示。

5. 罕遇地震下隔震层位移验算

《建筑抗震设计标准》12.2.6 条规定：隔震支座对应于罕遇地震水平剪力的水平位移应满足限值要求，本算例采用的隔震支座的有效直径为 500mm，隔震结构罕遇地震下隔震支座的水平位移见表 4.25。

表 4.25　罕遇地震下隔震支座的水平位移

地震波	水平位移/mm
RG1 波	148.02
TR1 波	185.30
TR2 波	132.57
包络值	185.30
$[u_i]$	275.00

从表 4.25 可以看出，隔震支座在罕遇地震下的最大位移为 185.30mm，小于允许值 275mm，满足《建筑抗震设计标准》的要求。

6. 隔震支座压应力的验算

《建筑抗震设计标准》12.2.3 条 3 款规定：对于乙类建筑，橡胶隔震支座在重力荷载代表值的竖向压应力不应超过 12MPa。隔震支座压应力验算见表 4.26，各支座的压应力限值均满足要求。

表 4.26　隔震支座压应力验算

支座编号	支座类型	平均压力/kN	平均压应力/MPa
1	LRB500	1560.56	7.95
2	LRB500	1329.82	6.77
3	LRB500	1329.82	6.77
4	LRB500	1560.56	7.95

7. 罕遇地震下结构层间位移角

根据《建筑抗震设计标准》12.2.9 条 2 款的规定：隔震层以下地面以上的结构在罕遇地震下的楼层层间位移角限值为 1/100。

从表 4.27 可以看出，7 度 0.15g 罕遇地震作用下各层层间位移角均小于 1/100，且基本接近弹性状态。满足《建筑抗震设计标准》的规定。

表 4.27 罕遇地震作用下的最大层间位移角

楼层	地震波			包络值
	RG1	TR1	TR2	
6	1/1421	1/1241	1/1565	1/1241
5	1/727	1/720	1/734	1/720
4	1/512	1/486	1/467	1/467
3	1/372	1/356	1/360	1/356
2	1/289	1/302	1/313	1/289
1	1/312	1/352	1/340	1/312

8. 隔震支座拉压应力的验算

《建筑抗震设计标准》12.2.4 条 1 款规定：隔震层在罕遇地震下应保持稳定，不宜出现不可恢复的变形；其橡胶支座在罕遇地震的水平和竖向地震同时作用下，拉应力不应大于 1MPa。在罕遇地震下隔震支座的压应力值不应超过 25MPa。

从表 4.28 可以看出，在罕遇地震作用下，橡胶隔震支座仅出现受压状态，且最大压应力为 12.42MPa，未超过《建筑抗震设计标准》规定的最大竖向压应力限值 25MPa。

表 4.28 罕遇地震作用下隔震支座的拉压应力 （单位：MPa）

支座编号	应力类型	RG1	TR1	TR2
1、4	最大应力	10.39	12.42	11.41
	最小应力	6.74	8.44	7.42
2、3	最大应力	8.23	9.45	8.23
	最小应力	6.25	8.12	7.04

注：规定支座受压应力为正，受拉应力为负。

4.8.3 直接设计法

1. 复振型分解反应谱法

取 A6～D6 一榀框架采用直接设计法设计隔震结构，采用前文介绍的等效刚度迭代原理，求出隔震层的等效刚度和等效阻尼比，隔震层等效参数的迭代过程见表 4.29。

表 4.29 隔震层等效参数迭代过程

迭代次数	阻尼调整系数	衰减系数	谱加速度/(m/s^2)	谱位移/mm	等效周期/s	等效刚度/(kN/mm)	等效阻尼比
1	0.614	0.797	1.105	119.697	2.068	4.820	0.212
2	0.590	0.791	1.110	110.442	1.982	5.245	0.241
3	0.582	0.789	1.114	107.226	1.950	5.422	0.252
4	0.580	0.788	1.116	106.056	1.937	5.490	0.256
5	0.579	0.788	1.116	105.623	1.933	5.516	0.257
6	0.578	0.788	1.116	105.462	1.931	5.526	0.257

由第 6 次迭代的结果可知，隔震层的等效刚度为 5.526kN/mm，等效阻尼比为 0.257，等效阻尼系数 $c = 2m\omega\xi = 2\times580.01\times3.252\times0.257\times10^3 = 969.50\times10^3$ (kg/s)。

现考虑上部结构的阻尼矩阵，采用瑞利阻尼矩阵，即 $[C]=\alpha[M]+\beta[K]$，为了简化计算，令 $\alpha=0$，只考虑一阶振型阻尼比，由于建筑结构采用了隔震支座，所以一阶振型阻尼比 ξ_1 取值为 0.02，根据式(4.35)计算 β。

$$\xi_1 = \frac{\alpha}{2\omega_1} + \frac{\beta\omega_1}{2} \tag{4.35}$$

求得 $\beta=3.31\times10^{-3}$，代入瑞利阻尼矩阵表达式中，计算得到上部结构的层间阻尼系数 $[c_1\ c_2\ c_3\ c_4\ c_5\ c_6\ c_7\ c_8]$ =[398.95 285.93 285.93 285.93 285.93 285.93 285.93 285.93 285.93]× 10^3 (kg/s)。

通过上述工作得到了各层的重力荷载代表值、抗侧刚度和阻尼系数，见表 4.30。

表 4.30　⑥轴一榀框架

层号	重力荷载代表值/kN	层号	抗侧刚度/(kN/m)	阻尼系数/(10^3kg/s)
隔震层	873.37	隔震层	5526	969.50
1～5	811.90	1	128692	398.95
6	756.99	2～6	92236	285.93

采用振型分解反应谱法，计算基础隔震结构所受的水平地震作用力，结果如图 4.12(a)所示。

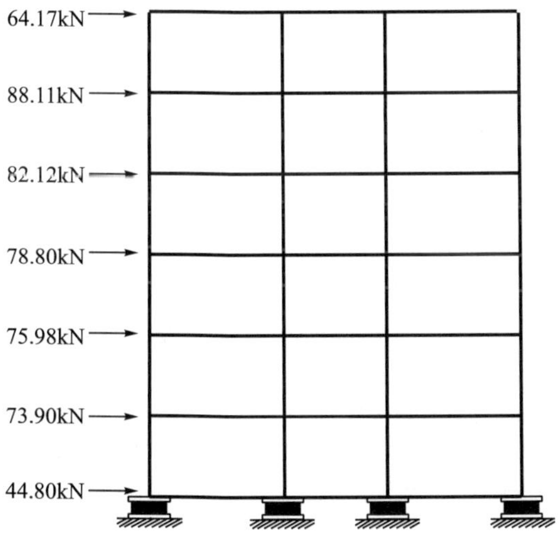

(a) 水平地震作用力

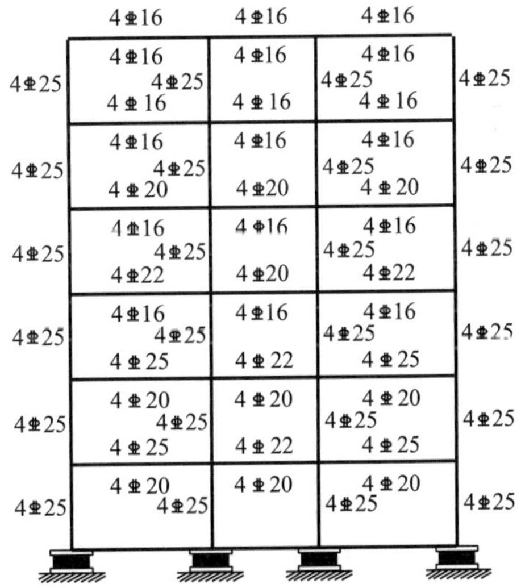

(b) 隔震结构框架配筋图

图 4.12　水平地震作用力与配筋图

利用分层法和 D 值法计算结构的内力，并在完成弯矩调幅和支座处内力调整后进行内力组合。结构的地震作用内力计算完成以后，进行上部结构的设计，本节根据《建筑隔震设计标准》4.4.6 条的规定，在设防地震作用下进行隔震结构的结构构件配筋，并按式(4.36)验算。

$$\gamma_G S_{GE} + \gamma_{Eh} S_{Ehk} + \gamma_{Ev} S_{Evk} \leqslant \frac{R}{\gamma_{RE}} \tag{4.36}$$

最终计算得到隔震结构的截面配筋，如图 4.12(b)所示。

2. 选取时程分析所需的波并验证波的有效性

采用直接设计法时，输入的地震波与分部设计法输入的地震波相同，本算例选用的天然波仍为 PEER 地面运动数据库中的 RSN1148_KOCAELI_ARE090 波和 RSN1511_CHICHI_TCU076-E 波，分别记为 TR1 波、TR2 波，人工波仍选用生成的 RG1 波。地震波有效性的验证从略。

3. 隔震支座压应力的验算

《建筑隔震设计标准》4.6.3 条 1 款规定：对于乙类建筑，橡胶隔震支座在重力荷载代表值的竖向压应力不应超过 12MPa。隔震支座压应力验算见表 4.31，各支座的压应力限值均满足要求。

表 4.31　隔震支座压应力验算

支座编号	支座类型	平均压力/kN	平均压应力/MPa
1	LRB500	1560.56	7.95
2	LRB500	1379.72	7.03
3	LRB500	1379.72	7.03
4	LRB600	1560.56	7.95

4. 层间位移角的验算

利用有限元软件 Seismostruct 对设计的框架进行弹塑性时程分析，求得各级地震作用下的最大层间位移角，结果见表 4.32。可以看出，8 度 0.3g 设防地震作用下各层层间位移角小于 1/400，上部结构处于弹性状态；罕遇地震作用下各层层间位移角小于 1/100，极罕遇地震作用下各层层间位移角小于 1/50，均满足《建筑隔震设计标准》的要求。

表 4.32　各级地震作用下的最大层间位移角

楼层	最大层间位移角		
	设防地震	罕遇地震	极罕遇地震
6	1/2368	1/1714	1/1295
5	1/1314	1/891	1/481
4	1/909	1/596	1/235
3	1/623	1/462	1/148
2	1/605	1/392	1/109
1	1/659	1/429	1/108

5. 隔震支座水平位移的验算

《建筑隔震设计标准》4.6.6 条 1 款规定：在罕遇地震作用下，隔震橡胶支座的水平位移不应大于支座直径的 0.55 倍和各层橡胶厚度之和 3.0 倍中的较小值。通过弹塑性时程分析得到隔震橡胶支座在罕遇地震作用下的水平位移，见表 4.33。可以看出，支座的水平位移未超过水平位移限值。

表 4.33　隔震支座的水平位移

地震波	水平位移/mm		
	设防地震	罕遇地震	极罕遇地震
RG1 波	89.84	152.82	212.89
TR1 波	100.69	170.94	226.25
TR2 波	78.99	134.69	199.54
包络值	100.69	170.94	226.25
$[u_i]$	—	275.00	—

6. 隔震支座拉压应力的验算

《建筑隔震设计标准》6.2.1 条 3 款规定：对于乙类建筑，在罕遇地震作用下，橡胶隔震支座的最大竖向压应力限值为 25MPa，最大竖向拉应力限值为 1.0MPa，且同一地震动加速度时程曲线作用下出现拉应力的支座数不宜超过支座总数的 30%。

从表 4.34 可以看出，在罕遇地震作用下，橡胶隔震支座仅出现受压状态，且最大压应力为 11.24MPa，未超过《建筑隔震设计标准》规定的最大竖向压应力限值 25MPa。

表 4.34　隔震支座的拉压应力(罕遇)　(单位：MPa)

支座编号	应力类型	RG1	TR1	TR2
1、4	最大应力	10.89	11.24	10.53
	最小应力	6.74	6.52	6.96
2、3	最大应力	8.48	8.53	8.44
	最小应力	7.95	7.92	7.98

注：规定支座受压应力为正，受拉应力为负。

4.8.4　算例结果对比

1. 地震作用力对比

采用分部设计法时，上部结构当作基底固定的非隔震结构进行设计，在本算例中，对上部结构采取降低一度[即 7 度(0.15g)]进行设计，计算得到上部结构所受地震力为 377.38kN；采用直接设计法时，隔震结构不降低烈度设计，计算得到隔震结构所受地震力为 507.88kN，如图 4.13 所示。

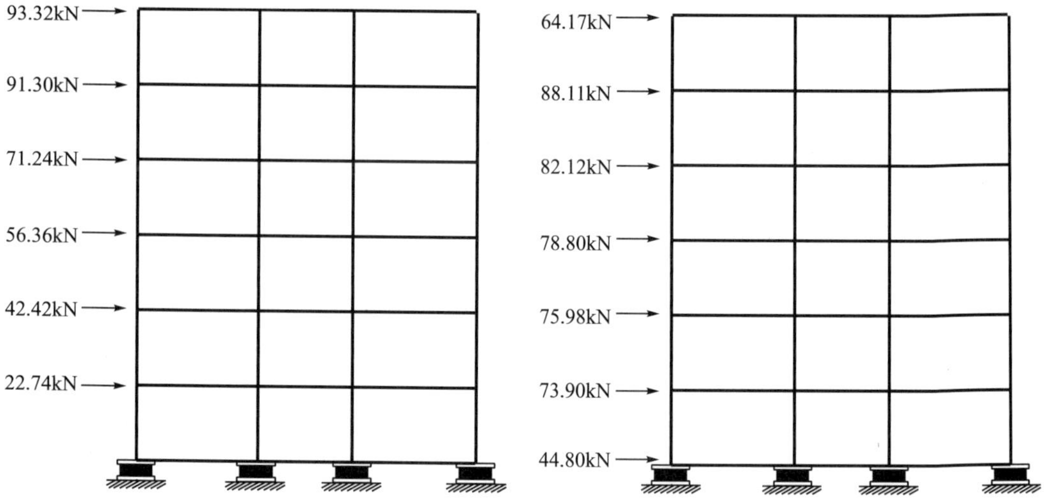

(a) 分部设计法　　(b) 直接设计法

图 4.13　地震作用力对比

2. 配筋结果对比

采用基础隔震后，隔震结构所受地震作用力大大减小，无论是采用分部设计法还是采用直接设计法，得到的配筋结果都接近构造配筋，两种方法配筋结果差距不大，如图 4.14 所示。

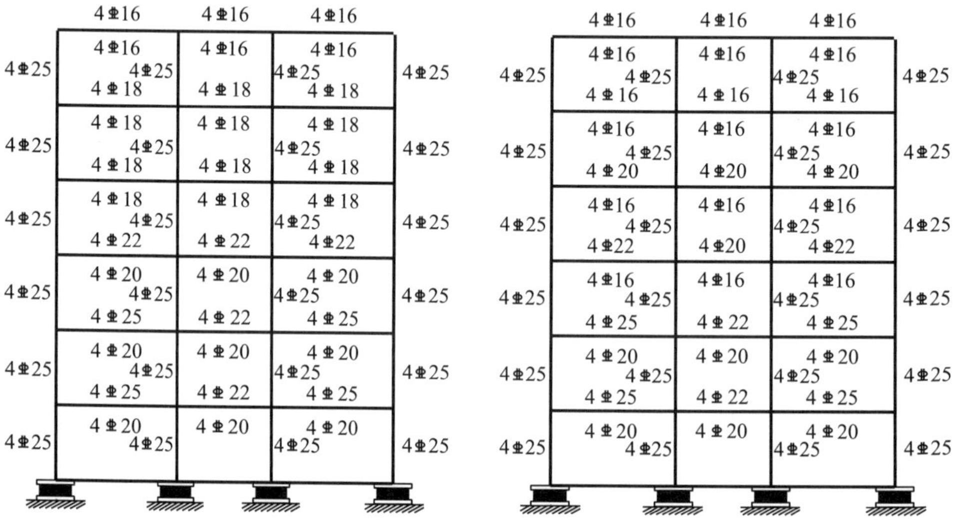

(a) 分部设计法　　(b) 直接设计法

图 4.14　配筋结果对比

3. 罕遇地震响应对比

表 4.35 给出了采用直接设计法和分部设计法设计的结构在罕遇地震作用下的结构动力响应对比，两种方法得到的最大地震响应相差不大，且隔震支座均未出现拉应力，采用直接设计法设计的结构的罕遇地震响应略低，两种方法设计的隔震结构均满足标准要求。在实际工程中采用分部设计法和直接设计法进行隔震设计的区别，本书给出了具体案例，详见附录 B。

表 4.35　结构最大动力响应对比(罕遇)

方法	上部结构最大层间位移角	隔震支座最大压应力/MPa	隔震支座最大水平位移/mm
分部设计法	1/289	12.42	185.30
直接设计法	1/392	11.24	170.94

4.9　直接设计法与分部设计法的异同

《建筑抗震设计标准》首次将隔震技术纳入其中，并提出基于水平向减震系数的隔震结构的分部设计法，自此建筑隔震技术进入了正式的工程应用阶段。分部设计法一方面采用水平向减震系数反映结构的隔震效果，另一方面将隔震结构的上部结构分离出来并视为基底固定结构进行抗震设计。因此分部设计法能够使广大工程设计人员依然采用传统方法进行隔震结构的设计，对于隔震技术大规模的工程应用起到了良好的推动作用。虽然通过水平向减震系数将分离出来的上部结构的地震作用进行折减，但这并不是实际隔震结构中上部结构所承受的地震作用，而且分部设计法将基底固定的上部结构等同于隔震结构的上部结构，在物理力学概念上也是不合适的[16]。

为了解决分部设计法的不足之处，2021 年 9 月 1 日正式颁布执行的《建筑隔震设计标准》提出了一种新的隔震结构设计方法：直接设计法，又称“整体设计法”。不同于分部设计法，直接设计法以隔震结构整体为对象(不再区分上部结构、下部结构和隔震层)，基于设防地震进行抗震设计，整个设计过程力学概念清晰合理，真实地反映了隔震结构所承受的地震作用。直接设计法与分部设计法在设防目标、设计思路、性能优化与隔震支座设计等方面均有明显差别。

1. 基本设防目标不同

直接设计法规定隔震建筑的基本设防目标为“中震不坏、大震可修、巨震不倒”，而分部设计法则规定设防目标为“小震不坏、中震可修、大震不倒”，直接设计法相较于分部设计法提高了一个等级。从而也决定了按照直接设计法进行隔震结构设计不再是小震设计，而是中震设计。

直接设计法从常规结构的小震设计直接过渡到中震设计。在设防地震作用下，应进行结构以及隔震层的承载力设计和变形验算；在罕遇地震作用下，应进行结构以及隔震层的变形验算，并应对隔震层的承载力进行验算；在极罕遇地震作用下，对特殊设防类建筑应进行结构及隔震层变形验算。与分部设计法相比，直接设计法提出应验算在设防地震作用下结构的承载力和变形，结构的性能将有较大提升；应验算在极罕遇地震作用下隔震支座的变形，对支座性能提出了更高的要求。

2. 设计思路不同

分部设计法的基本思路是：首先计算水平向减震系数，将规范反应谱对应的地震影响系数最大值进行折减，最后使用折减后的地震影响系数最大值对上部结构进行设计。在设计中分别对隔震层、隔震层上部结构和隔震层下部结构进行分开设计。而直接设计法的基本设计思路是：将隔震装置的隔震单元作为结构构件放入整体结构中，基于反应谱和迭代方式确定设防地震作用下隔震层的等效刚度和等效阻尼比，然后按照设防烈度作用下直接进行隔震设计。所以直接设计法可以真实地体现隔震结构的地震响应情况和受力状态。

由图 4.15 可知，在设计过程中，两种设计方法采用的地震影响系数曲线前半部分完全相同，但是后半部分曲线不同。抗震标准的反应谱的地震影响系数可以分为四段：直线上升段、水平阶段、曲线下降段和直线下降段。该反应谱使用范围为多遇地震(小震)、设防地震(中震)、罕遇地震(大震)。而隔震标准将抗震标准的四段变成了三段，去除了最后的直线下降段。该反应谱使用范围为设防地震(中震)、罕遇地震(大震)、极罕遇地震(巨震)。

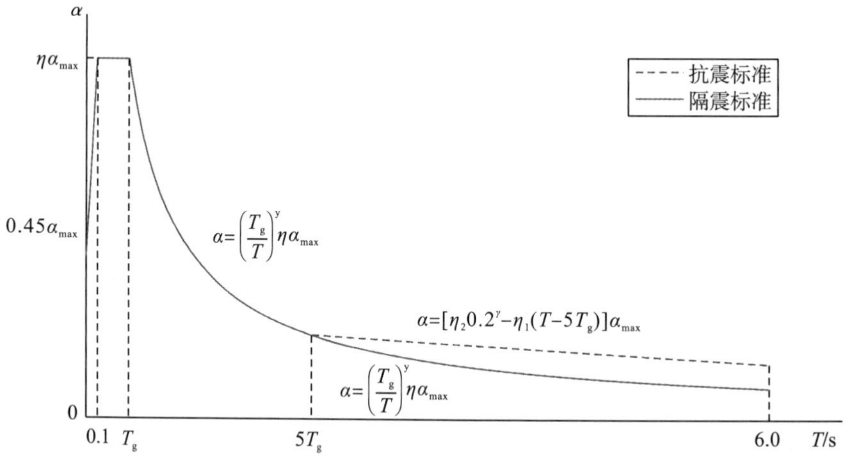

图 4.15　两种设计方法采用的地震影响系数曲线

3. 性能优化设计不同

与《建筑抗震设计标准》不同的是，《建筑隔震设计标准》中引入了性能化设计的思想，将隔震结构构件划分为关键构件、普通竖向构件、重要水平构件和普通水平构件。并采用不同的性能目标进行承载力设计，即进行正截面设计时，除关键构件采用中震弹性设计外，其余构件均采用中震不屈服进行设计，进行斜截面设计时，除普通构件采用中震不屈服设计外，其余构件均采用中震弹性设计。由于不是所有构件都满足中震弹性的性能目标，因而隔震结构的性能目标并不是真正意义上的“中震不坏”，而是“中震基本不坏”。这种按照不同安全标准的设计方式，更有利于贯彻强柱弱梁、强剪弱弯等设计目标。

4. 隔震支座设计不同

使用直接设计法时，不仅要对隔震橡胶支座压应力限值进行规定，还要对弹性滑板支座和摩擦摆隔震支座压应力限值进行规定。此外，在同一地震动加速度时程曲线作用下出现拉应力的支座数量不宜超过支座总数的 30%；而采用分部设计法时，只需对橡胶隔震支座压应力限值进行规定。

以上是《建筑抗震设计标准》和《建筑隔震设计标准》推荐的分部设计法与直接设计法的主要不同之处，为了更直观地展现两种设计方法的差异，将其归纳汇总于表 4.36。

表 4.36　分部设计法与直接设计法的不同点

不同点	分部设计法	直接设计法
抗震性能目标	小震不坏、中震可修、大震不倒	中震基本不坏、大震可修、巨震不倒
上部结构地震作用	将减震系数转换为烈度设计，按照小震设计	对上部结构直接按照中震设计
性能化设计		区分关键构件、普通竖向构件、重要水平构件及普通水平构件，按不同的安全标准
地震影响系数曲线	采用四段反应谱	采用三段反应谱
极罕遇地震作用验算		对特殊设防类建筑应进行结构及隔震层变形验算
地震作用计算方法	以 CQC 实振型分解反应谱法和时程分析法为主	以 CCQC 复振型分解反应谱法为主
上部结构的抗震等级	按照结构体系、高度、烈度等确定结构的抗震等级	直接按照结构体系及烈度确定抗震等级
隔震结构抗倾覆控制	设置结构高宽比的限值	要求支座拉应力小于 1MPa，出现拉应力的支座数量不宜超过支座总数的 30%
隔震结构设计		新增了大跨结构、砌体结构及底框抗震墙结构、核电厂建筑等隔震设计，增加了既有建筑与历史建筑隔震加固设计、村镇低矮房屋简易隔震设计等

分部设计法与直接设计法对隔震结构设计的要求，有以下相同点：

(1) 对隔震建筑的相关基本要求、隔震支座、隔震支座与上部结构的连接及构造等要求基本一致。

(2) 对隔震层上部无论是按照小震设计还是按照中震设计，都要按照正常的抗震标准的相关要求进行对应的调整，比如强柱弱梁、强剪弱弯等。

(3) 对隔震层的验算要求基本一致。均要求进行隔震层抗风验算、偏心率验算、重力荷载代表值作用下的长期面压验算、罕遇地震作用下支座的拉应力及压应力验算、罕遇地震作用下支座水平位移验算等。

(4) 对隔震支座性能试验内容要求(竖向抗压承载力、竖向抗拉能力、压剪刚度、拉剪刚度、阻尼比、水平变位能力、相关性能试验、耐久性试验等)基本一致。

(5)对于隔震层下部结构的设计要求相同。两个标准对隔震层下部结构均要求进行罕遇地震作用下构件承载力的验算。

参考文献

[1] 中华人民共和国住房和城乡建设部, 中华人民共和国国家质量监督检验检疫总局. 建筑抗震设计标准: GB/T 50011—2010[S]. 北京: 中国标准出版社, 2024.

[2] 中华人民共和国住房和城乡建设部. 建筑隔震设计标准: GB/T 51408—2021[S]. 北京: 中国标准出版社, 2021.

[3] 杨学林, 李晓良, 茆诚, 等. 复杂超限高层建筑结构性能化设计研究与应用[J]. 建筑结构学报, 2010, 31(S2): 5-11.

[4] 滕晓飞, 谭平, 周林丽, 等. 基于性能的隔震结构直接设计方法研究[J]. 建筑结构, 2019, 49(9): 71-76.

[5] 周福霖. 隔震、消能减震与结构控制体系——终止我国城乡地震灾难的必然技术选择[J]. 城市与减灾, 2016(5): 1-10.

[6] 曲哲, 叶列平, 潘鹏. 高层建筑的隔震原理与技术[J]. 工程抗震与加固改造, 2009, 31(5): 58-63, 51.

[7] 林功丁. 建筑隔震与分部设计法评述[J]. 福建建筑, 2011, 29(10): 55-58.

[8] 陈华霆, 谭平, 彭凌云, 等. 基于隔震结构 Benchmark 模型的复振型叠加反应谱方法[J]. 振动与冲击, 2017, 36(23): 157-163.

[9] Traill-Nash R W. Modal methods in the dynamics of systems with non-classical damping[J]. Earthquake Engineering & Structural Dynamics, 1981, 9(2): 153-169.

[10] 周锡元, 董娣, 苏幼坡. 非正交阻尼线性振动系统的复振型地震响应叠加分析方法[J]. 土木工程学报, 2003, 36(5): 30-36.

[11] 周锡元, 马东辉, 俞瑞芳. 工程结构中的阻尼与复振型地震响应的完全平方组合[J]. 土木工程学报, 2005, 38(1): 31-39.

[12] 叶昆, 徐誉铭, 倪管乐, 等. 基础隔震结构直接基于位移设计的一体化抗震设计方法[J]. 建筑结构学报, 2022, 43(4): 58-67.

[13] 叶昆, 骆江成, 朱宏平. 面向多级性能设防目标的铅芯橡胶隔震支座基础隔震结构优化设计及分析[J]. 建筑结构学报, 2018, 39(10): 37-45.

[14] 薛彦涛, 巫振弘. 隔震结构振型分解反应谱计算方法研究[J]. 建筑结构学报, 2015, 36(4): 119-125.

[15] 曾德民. 橡胶隔震支座的刚度特征与隔震建筑的性能试验研究[D]. 北京: 中国建筑科学研究院, 2007.

[16] 周颖, 陈鹏. 基于三联反应谱的隔震结构整体设计法研究[J]. 建筑结构学报, 2020, 41(S2): 53-59.

第5章　隔震结构的构造措施

与传统抗震结构相比，隔震结构的构造措施主要是保证在地震作用下，隔震层的水平相对位移不受阻碍[1-3]。隔震结构的地震响应控制效果与构造措施密切相关，若隔震结构的构造措施处理不当，可能导致隔震功能发挥不充分，甚至失效[4-6]。因此，隔震构造措施对于保证隔震结构的隔震效果至关重要。构造措施的关键点是隔震支座各节点处的柔性连接、水平和竖向隔离缝，竖向隔震沟的构造措施和防火措施，设备管线的材料选择和连接方式等[7-9]。本章依次介绍隔震支座、隔震层墙体、穿越隔震层的设备管线、楼梯、电梯井及室外工程的隔震构造措施。

5.1　隔 震 支 座

隔震支座作为隔震结构的主要承重与耗能装置，其构造措施直接关系着结构的隔震效果。隔震支座的构造措施主要包括隔震支座的节点布置、连接措施和防火构造等方面[10-12]。

5.1.1　隔震支座节点布置

5.1.1.1　隔震支座置于地下室柱顶

隔震支座置于地下室柱顶时，应当妥当处理隔震支座、地下室墙体、上部结构纵横梁之间的关系。隔震支座四周的地下室墙体须预留特定宽度的距离，即竖向隔离缝；墙体与隔震层纵横梁之间须预留连续且具有一定高度的缝隙，即水平隔离缝[13-15]。根据隔震支座与墙体连接节点位置的不同，《建筑隔震构造详图》(22G610-1)[16]中提供了框架中柱节点、框架边柱节点、框架角柱节点构造措施。下面给出不同位置框架节点的隔震支座说明及大样图。

1. 框架中柱节点

对于框架中柱节点，隔震支座通常与四个方向的墙体相交，节点平面如图5.1(a)所示。节点构造可分为上支墩底部与隔震层框架梁底部平齐、上支墩底部低于框架梁底部两种情况。为避免隔震支座与填充墙碰撞，当上支墩底部与隔震层框架梁底部平齐时，在隔震支座与填充墙之间预留尺寸不小于 d 的竖向隔离缝，如图5.1(b)所示；当上支墩底部与隔震层框架梁底部不平齐时，在隔震支座上支墩与填充墙之间预留不小于 d 的竖向隔离缝，如图5.1(c)所示。同时在隔震层框架梁与墙体之间设置连续且高度不小于20mm的水平隔离

缝 h。其中，竖向隔离缝 d 取值为不应小于隔震层在罕遇地震下最大水平位移(设计计算提供)的 1.2 倍，且不小于 300mm。下文中 d 均表示竖向隔离缝或竖向隔震沟的宽度；h 均表示水平隔离缝的高度。

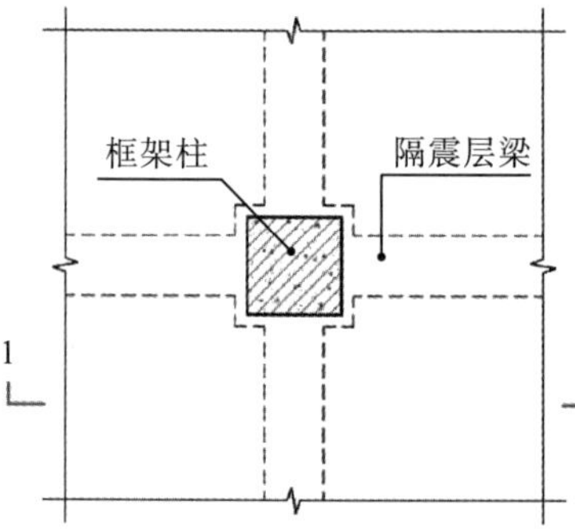

(a) 节点平面

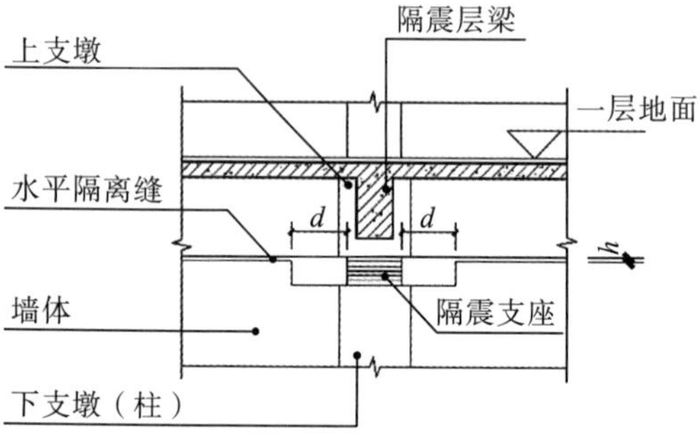

(b) 1—1剖面1
(上支墩底部与隔震层框架梁底部平齐)

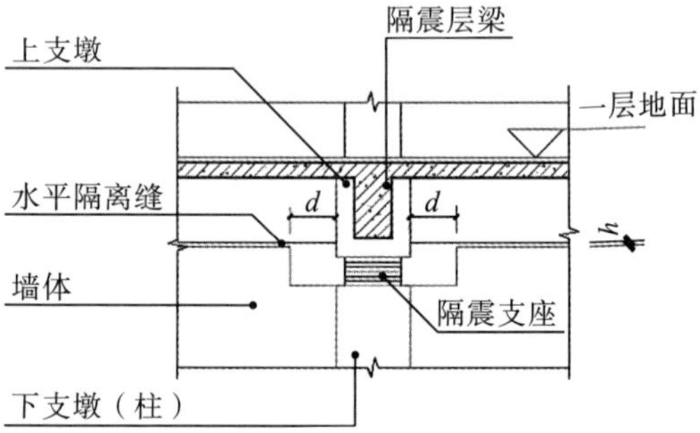

(c) 1—1剖面2
(上支墩底部低于隔震层框架梁底部)

图 5.1　框架中柱节点大样图

2. 框架边柱节点

对于框架边柱节点，隔震支座通常与三个方向的墙体相交。根据边梁与柱是否对中，节点构造可分为边梁与柱对中、边梁与柱不对中两种情况，其构造如图 5.2(a) 和图 5.2(b) 所示；梁与柱对中时剖面如图 5.2(c)～图 5.2(e) 所示；边梁与柱不对中时剖面 1—1 和 2—2 的剖面图与对中情况相似，不再单独列出，剖面 3—3(俯视图) 如图 5.2(f) 所示。

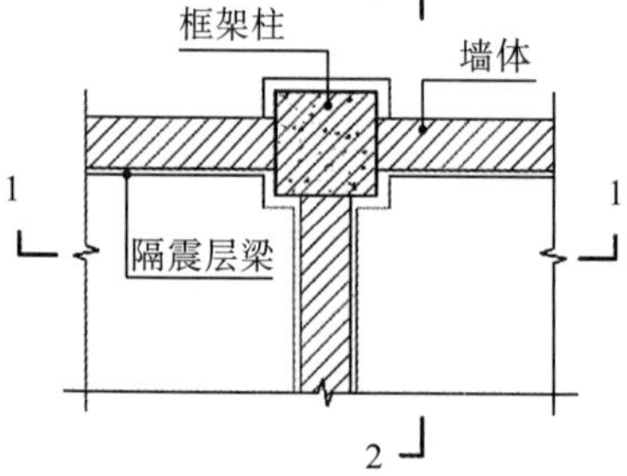

(a) 边柱节点（边梁与柱对中）

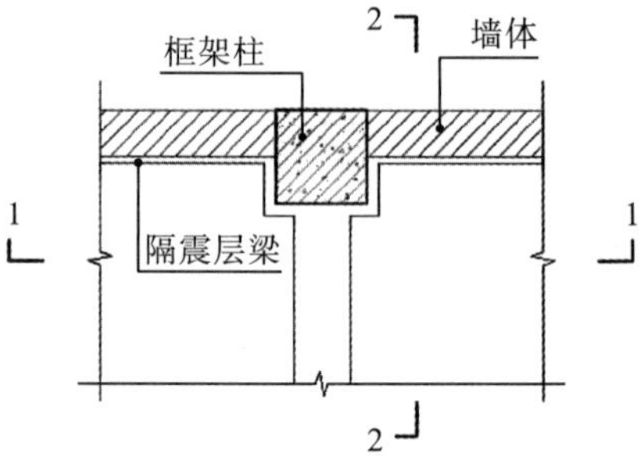

(b) 边柱节点（边梁与柱不对中）

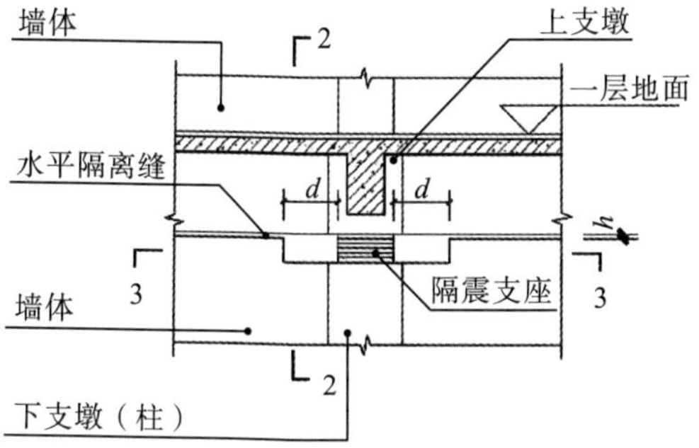

(c) 1—1剖面（边梁与柱对中）

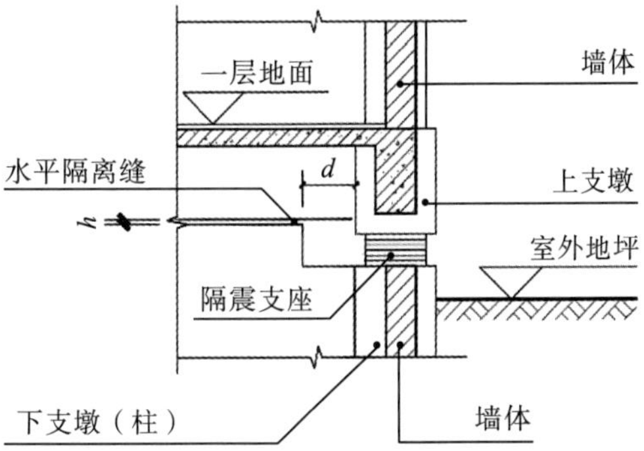

(d) 2—2剖面（边梁与柱对中）

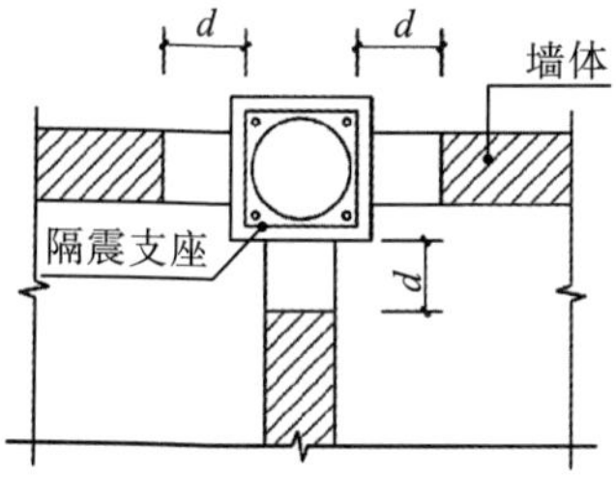

(e) 3—3剖面（边梁与柱对中）

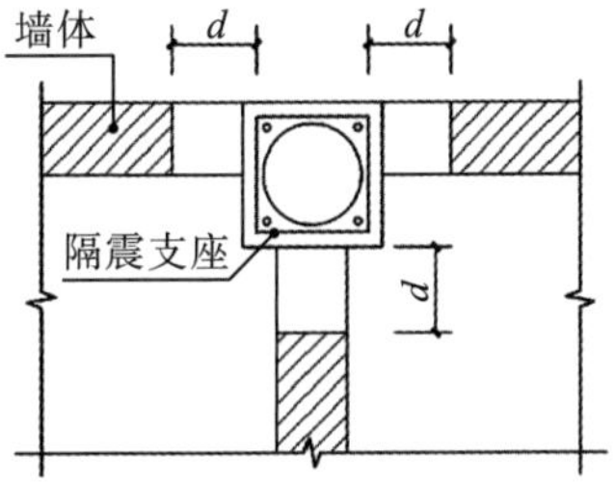

(f) 3—3剖面（边梁与柱不对中）

图 5.2　框架边柱节点大样图

3. 框架角柱节点

对于框架角柱节点，隔震支座通常与两个方向的墙体相交。根据边梁与柱是否对中，节点构造可分为边梁与柱对中、边梁与柱不对中两种情况，其构造如图 5.3(a)和图 5.3(b)所示；边梁与柱对中时剖面如图 5.3(c)～图 5.3(e)所示；边梁与柱不对中时剖面 1—1、2—2 的剖面图与对中情况相似，不再单独列出，剖面 3—3(俯视图)如图 5.3(f)所示。

5.1.1.2　隔震支座置于地下室底板以下

隔震支座置于地下室底板以下时，需要在地下室底板设置上支墩(柱)，在基础顶面设置下支墩(柱)，隔震层中的上支墩由纵横向分布的隔震层梁板相互连接。为满足隔震支座

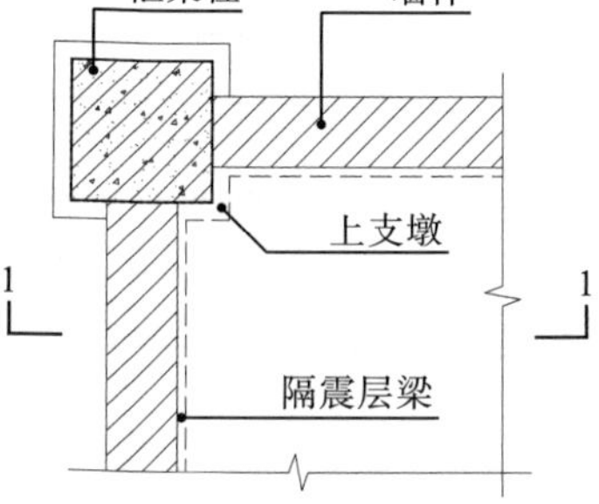

(a) 角柱节点（边梁与柱对中）

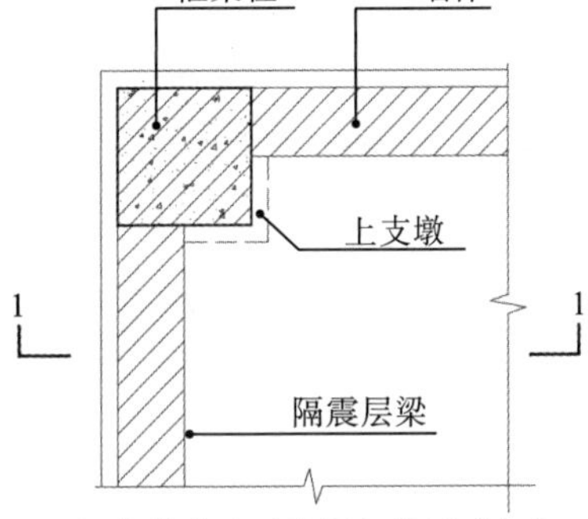

(b) 角柱节点（边梁与柱不对中）

在运营维护过程中的检查和更换需求，隔震层梁板底面到下部基础梁顶面之间需预留不小于 800mm 的净空，同时在地下室底板适当位置设置检查口[16]。地下室外侧墙到挡土墙之间需设置竖向隔震沟，构造措施如图 5.4 所示。

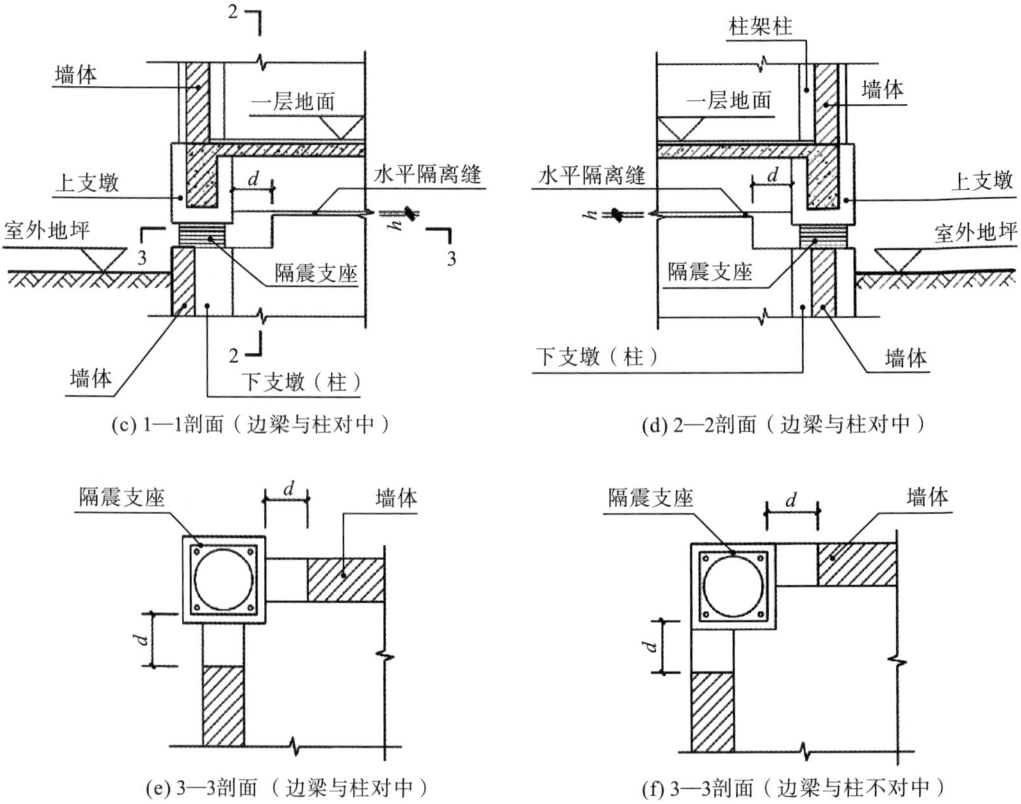

(c) 1—1剖面（边梁与柱对中）

(d) 2—2剖面（边梁与柱对中）

(e) 3—3剖面（边梁与柱对中）

(f) 3—3剖面（边梁与柱不对中）

图 5.3　框架角柱节点大样图

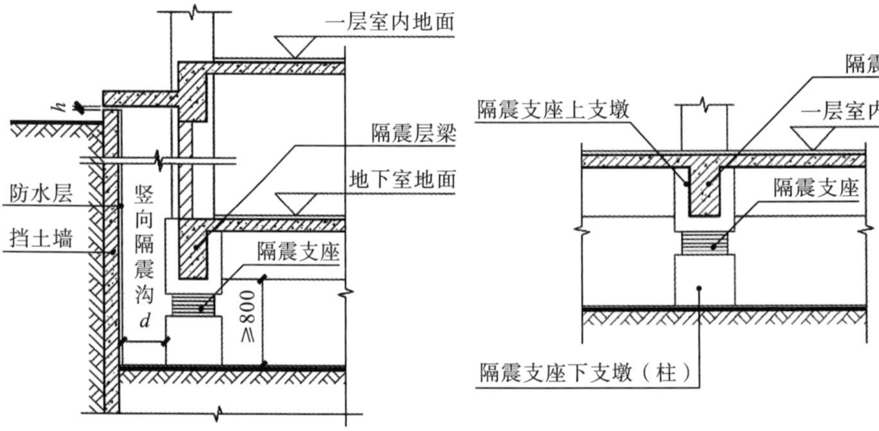

(a) 角柱节点震支座

(b) 中柱节点隔震支座

图 5.4　地下室底板下的节点构造(单位：mm)

5.1.1.3　隔震支座节点密封处理

隔震构造形成的竖向隔离缝、水平隔离缝、竖向隔震沟、节点空间等应进行密封处理[14-16]。其作用主要体现在：

(1)防止雨水通过竖向隔离缝、水平隔离缝、竖向隔震沟、节点空间等部位灌入室内；

(2)防止隔震支座及连接件产生锈蚀；

(3)防止异物落入，阻碍上部结构在地震作用时的水平变形；

(4)防止行人落入竖向隔震沟，发生伤亡事故。

根据《建筑隔震设计标准》(GB/T 51408—2021)[17]规定，对于隔震构造中的水平隔离缝，一般采用柔性材料填充，如沥青麻丝或橡胶条等；对于隔震支座与墙体相邻的竖向隔离缝，一般采用柔性材料填充，如沥青麻丝或发泡剂等，墙体表面采用镀锌铁皮、不锈钢板、硅酸钙板等覆盖；对于竖向隔震沟，其上部采用牢固的盖板遮盖。

5.1.2　连接措施

隔震支座应与上、下部结构连接牢固，确保隔震支座在达到极限破坏状态时不会在连接处产生破坏。连接件一般包括预埋钢板、连接螺栓套筒、锚筋等，其设计应符合现行国家标准《建筑隔震橡胶支座》(JG/T 118—2018)[18]、《混凝土结构设计标准》(2024 年版)(GB/T 50010—2010)[19]和《钢结构设计标准》(GB 50017—2017)[20]的规定。隔震支座与上、下部结构的连接措施应符合下列要求：

(1)隔震支座与上、下部结构之间的连接件，应能传递罕遇地震下隔震支座的最大水平剪力和弯矩。

(2)应设置防止隔震支座的柱头局部受压破坏的构造措施。

(3)下支墩(柱)和上支墩应当设置预埋钢板，预埋钢板的边长大于隔震支座的连接板，预埋钢板和隔震支座的连接板采用螺栓套筒连接。

(4)锚筋通常分为抗拉锚筋和抗剪锚筋，其长度应当按照规范要求取值。

(5)预埋件的锚固钢筋应与钢板牢固连接，采用螺栓孔连接或者穿孔塞焊连接。

(6)外露的预埋件应有可靠的防锈措施。外露的金属部件表面应进行防腐处理。

5.1.3　防火构造

隔震支座内部由多层薄钢板与橡胶交替叠合硫化而成，而钢板与橡胶均不耐火。当隔震支座安装于有使用要求的地下室或楼层时，其自身耐火极限不能满足《建筑防火设计规范》(GB 50016—2014)[21]要求，隔震支座及其连接应根据耐火极限要求采取相应的防火措施，从而达到规范要求。

国内外针对隔震支座防火性能及构造措施已经开展了多方面的研究，在多种条件下进行了抗火性能试验[22-25]，研究成果见表 5.1 所示。

表 5.1 隔震支座防火试验研究成果

序号	有无竖向加载	隔震构造防火构造	隔震支座表面最高温度/℃	受火时间/h	研究结论
1	无	无	420	0.5	温度达 420℃时隔震支座表面保护层橡胶开始起火、剥落
2	有	无	500	0.5	隔震支座表面保护层橡胶燃烧形成的碳化层具有一定热阻，可延缓隔震支座内部的进一步燃烧
3	有	无	600～1000	1.5	受火 0.5h 后，隔震支座水平极限变形能力仍可满足使用要求；受火 1.5h 左右，隔震支座的整体性和承载能力完全丧失，而竖向荷载的变化对隔震支座受火后的力学性能影响不大
4	有	支座侧面、连接板处涂 TB 厚型防火涂料，配钢筋网	600～1000	3.0	持续 3h 明火试验后，隔震支座水平极限变形能力满足现行规范要求，各项力学性能指标与受火前相比变化幅度均小于 8%，低于规范规定的 15%
5	有	支座外包防火墙	600～1000	4.0	耐火 3h 后，隔震支座表面温度最高仅为 103.6℃，低于 120℃的规范要求，且试验前后隔震支座力学性能基本一致，拟静力试验也验证了防火构造的变形性能符合要求
6	有	支座外包防火棉	420	1.0	隔震支座在承载状态下经 420℃高温后形态发生明显变化，并伴有冒黑烟现象，外包防火棉耐热能力不超过 0.5h

隔震支座防火构造不仅要满足耐火极限的要求，还要保证隔震支座变形不受限制，其设计方法主要有以下两种。

第一种方法是将隔震层整体作为防火分区和保护对象，使其与外界分离，并在分离通道的间隙处采取防火构造，其隔离式防火构造如图 5.5 所示。

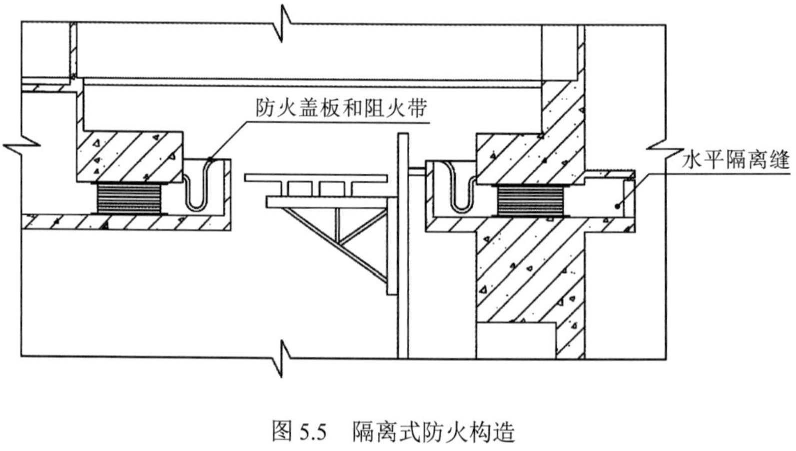

图 5.5 隔离式防火构造

第二种方法是将每个隔震支座外包裹防火保护装置，如图 5.6 所示。常见的构造有三种形式：①蛇腹式防火构造形式，采用柔性防火材料外包裹隔震支座，且预留足够的延展长度以适应隔震支座水平变形，如图 5.6(a)所示；②板式防火构造形式，采用特制的硬质防火板包裹隔震支座，并设水平缝将防火板分为上防火板和下防火板两部分，使得防火板可适应隔震支座的水平变形，再使用防火填缝材料填充水平缝，如内包防火纤维的耐火垫圈，如图 5.6(b)所示；③复合式防火构造形式，在外包裹防火保护装置的基础上，外部加设消防喷淋头，着火时有针对性地对隔震支座进行灭火降温，如图 5.6(c)所示。

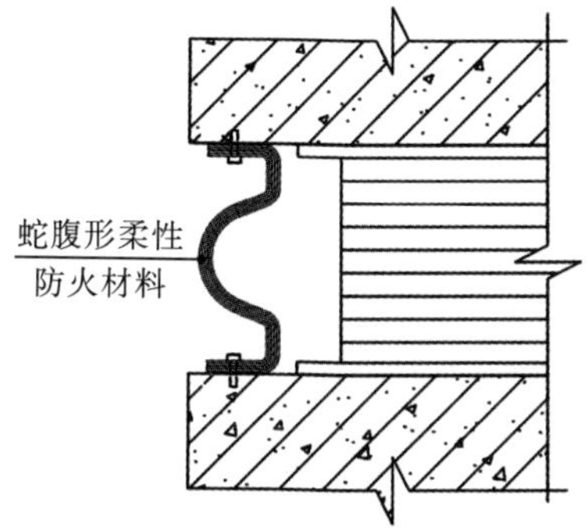

(a) 蛇腹式防火构造

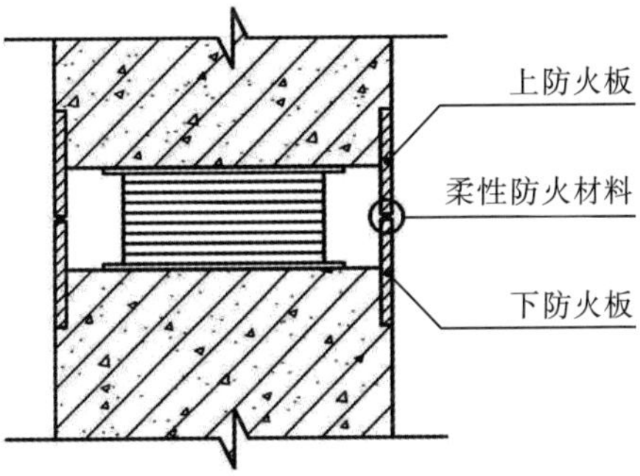

(b) 板式防火构造

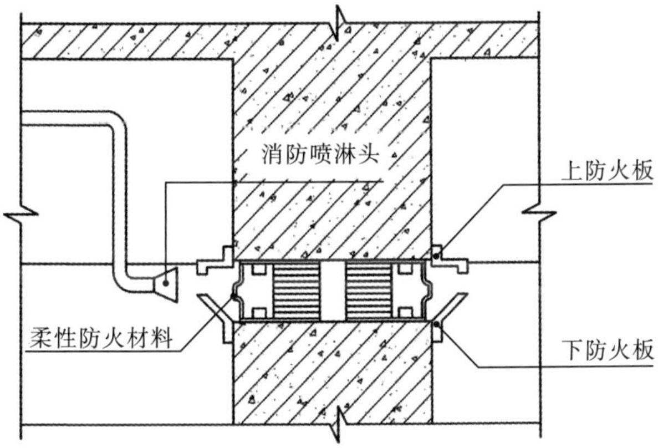

(c) 复合式防火构造

图 5.6　隔震支座防火构造

目前国内隔震支座主要采用外包防火保护装置的设计，常用防火岩棉包裹隔震支座，并在柱子截面处安装硅酸钙板层围护，如图 5.7 所示。

(a) 防火岩棉

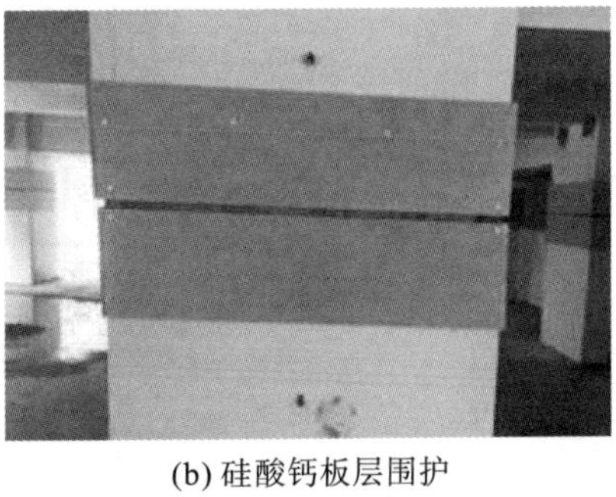

(b) 硅酸钙板层围护

图 5.7　隔震支座外包防火装置

此外，《福建省隔震建筑结构构造图集》(DBJT13-112)[26]中推荐的防火构造措施如下：首先，外露的金属部件表面涂刷室内薄型防火涂料；其次，在隔震支座的橡胶保护层外包裹一层成品阻火带作为防火材料，成品阻火带由一次挤压成型的不锈钢衬板包裹硅酸铝组成，阻火带呈圆弧状，上端固定于上支墩，下端为自由端；接着，在隔震支座外侧安装不锈钢板等材料作为围护层，围护层薄板中部断开分为上板和下板，分别固定于上、下支墩；最后，上、下板间预留的水平缝用防火填缝材料充填，确保外围护板能够在隔震层平动时贴合。推荐的隔震支座防火构造如图 5.8 所示。

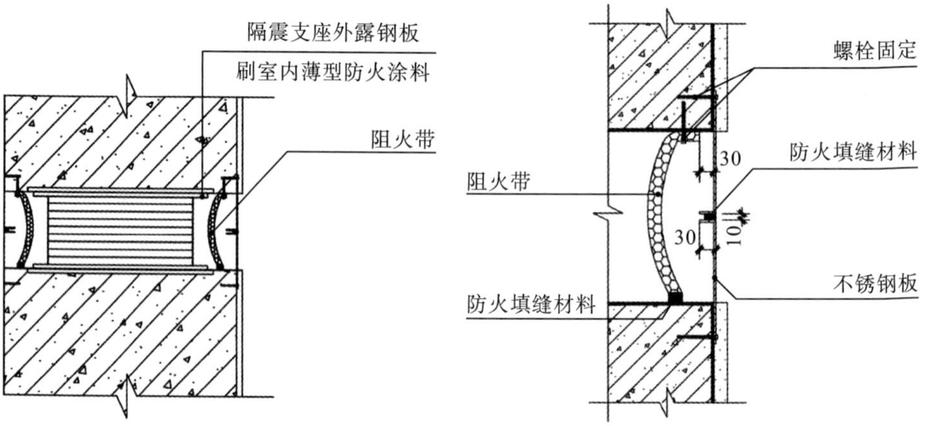

(a) 防火构造剖面　　(b) 防火构造大样

图 5.8　推荐的隔震支座防火构造

为了便于隔震支座防火构造的施工，尽可能减小对建筑使用功能的影响，可采用在隔震层的上、下支墩(柱)端部向四周外扩一定的宽度，形成支墩挑耳式防火构造形式，如图 5.9 所示。

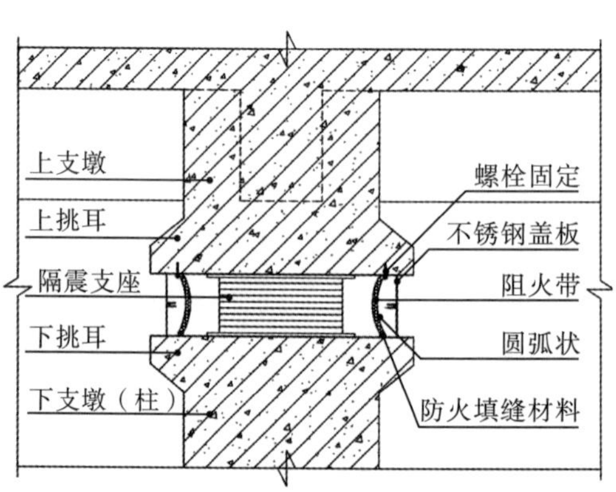

图 5.9　支墩挑耳式防火构造

5.2　隔震层墙体

隔震层墙体需在隔震支座四周预留足够宽度的竖向隔离缝，保证隔震支座水平变形不受阻碍；同时在隔震层墙体上部须设置一条水平贯通且高度为 h 的水平隔离缝，并使用柔性材料填充[11,12,16]。此外，在隔震层的墙体中，与隔震支座下支墩顶面或下方位置须设置现浇钢筋混凝土圈梁，并与下支墩刚性连接，墙体中还须设置钢筋混凝土构造柱，但要注意，构造柱高度略低于框架梁底面，不与框架梁相连，如图 5.10 所示。

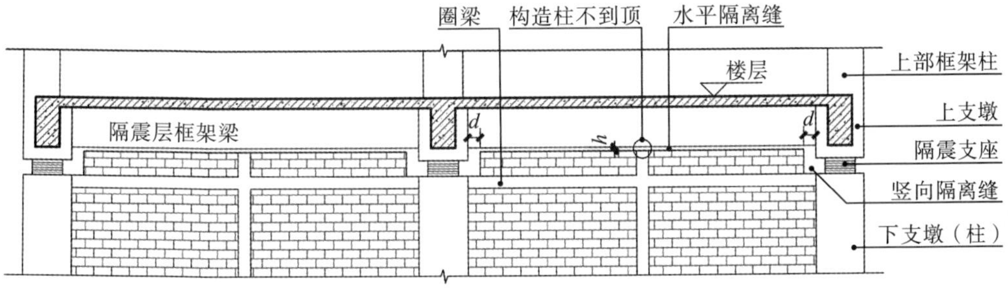

图 5.10　隔震层与下部墙体构造

目前，经过大量调研发现，隔震层墙体构造仍存在一些施工错误。例如，构造柱纵筋在水平隔离缝处与隔震层梁直接连接，构造柱钢筋未断开，如图 5.11(a)所示；竖向隔离缝预留宽度不足，如图 5.11(b)所示。

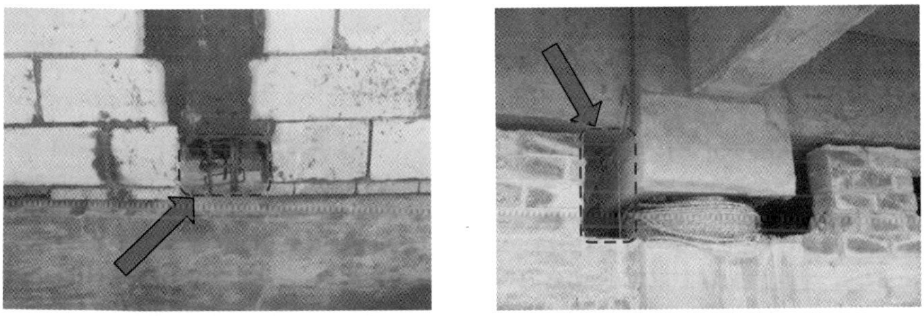

(a) 构造柱钢筋未断开　　(b) 竖向隔离缝预留宽度不足

图 5.11　隔震层墙体构造施工错误

5.3　穿越隔震层的设备管线

在罕遇地震作用下，隔震层会产生较大水平位移，因此，为使穿越隔震层的设备管线满足大变形的需求，要求其必须采用柔性连接[27-29]。柔性连接变形示意图如图 5.12 所示。

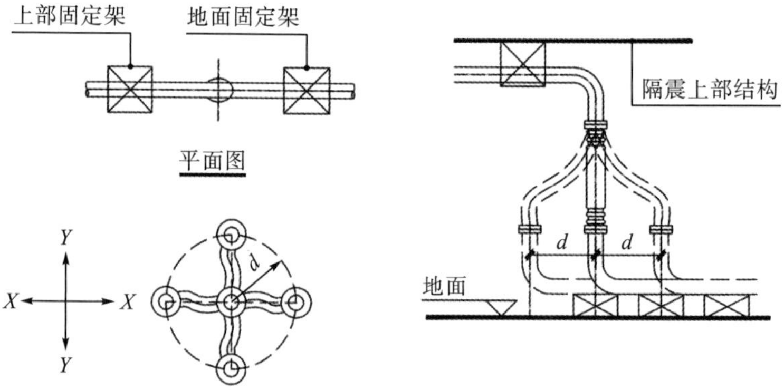

图 5.12　柔性连接变形示意图

根据《建筑隔震设计标准》(GB/T 51408—2021)[17]5.5 节，穿越隔震层的设备管线柔性连接应符合下列要求：

(1) 一般设备管线柔性连接预留的水平变形量不应小于隔离缝宽度。

(2) 重要管道和可能泄漏有害介质或可燃介质的管道，其柔性连接预留的水平变形量不应小于隔离缝宽度的 1.4 倍。

(3) 利用构件钢筋作避雷针时，应采用柔性导线连接隔震层上部结构和下部结构的钢筋，其预留的水平变形量不应小于隔离缝宽度的 1.4 倍。

柔性连接的管道按照空间连接形式分类，可分为水平管柔性连接、立管柔性连接[12]。两种连接方式应满足以下要求：

(1) 水平管柔性连接形式应按照其布置空间大小、管道的类型和使用功能要求等，由设计人员选定。水平管的固定可以使用吊架、支撑架或二者组合，固定方式如图 5.13 所示。

(2) 立管柔性连接可在立管上使用强柔软性、可挠性的接头来适应配管上产生的位移。当管道靠墙、柱时刚性管不得超过隔震层梁底，若管道离墙、柱的距离超过立管长度限值，则不受此限制；柔性管和卡箍式接头应根据管道使用功能和可靠性要求不同(如消防管、燃气管及上下水道管等)，由设计人员选定。有压力管柔性连接如图 5.14(a) 所示；无压力管柔性连接如图 5.14(b) 所示；水平吊管与支撑架组合固定连接如图 5.14(c) 所示。

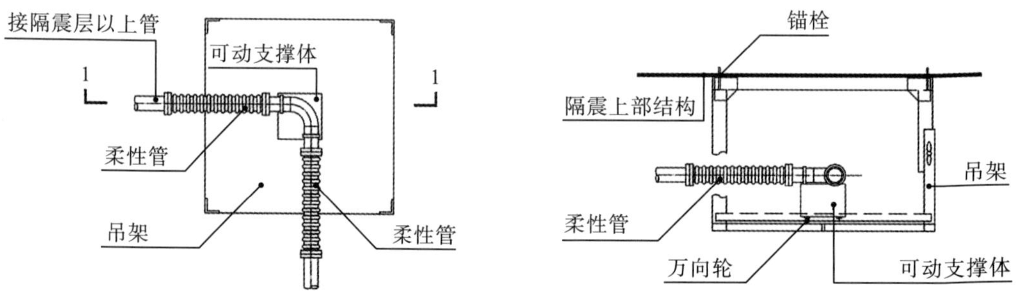

(a) 固定吊架平面　　(b) 1—1剖面图

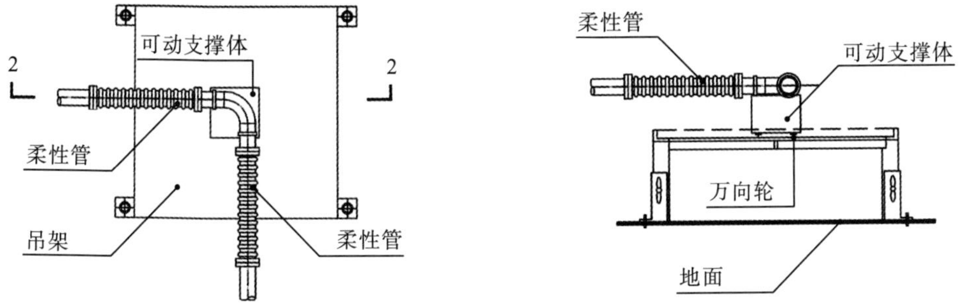

(c) 固定支撑架平面　　(d) 2—2剖面图

图 5.13　水平管柔性连接

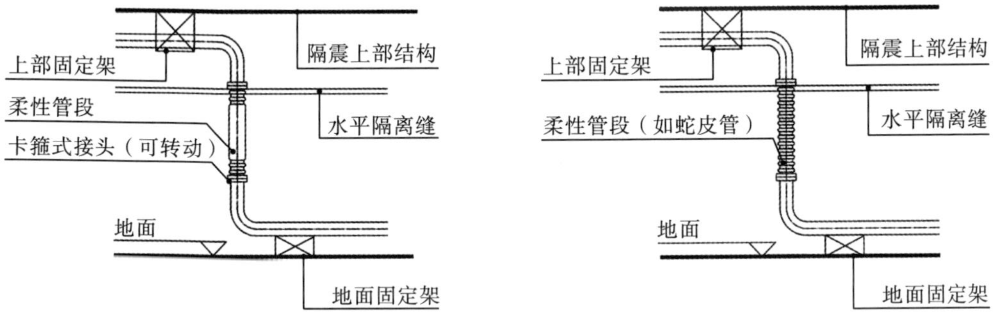

(a) 有压力管柔性构造　　(b) 无压力管柔性构造

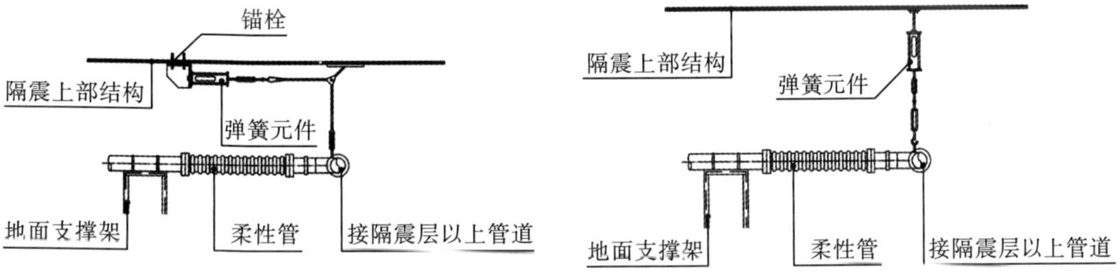

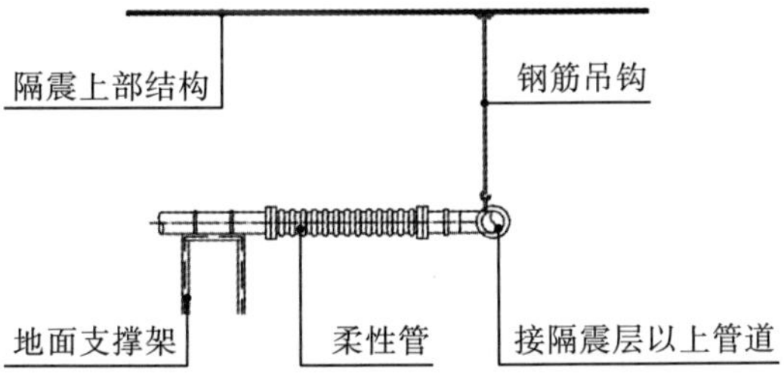

(c) 水平吊管与支撑架组合固定构造

图 5.14　立管柔性连接

柔性连接材料还应具有拉伸、挤压和扭曲特性，柔性管按材料分类有金属软管、橡胶软管和 PVC 伸缩管等。

(1)金属软管。金属软管一般适用于给水管、空调管、消防管、蒸汽管、燃气管、医疗气体管道等。金属软管的水平连接如图 5.15(a)所示；竖向连接如图 5.15(b)所示。

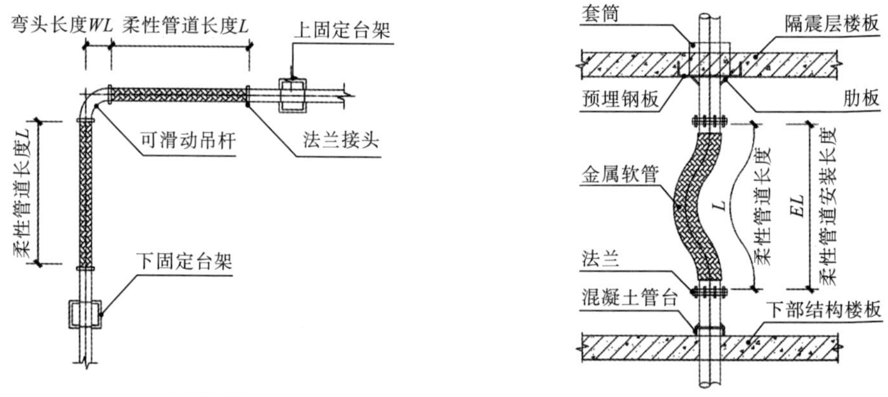

(a) 水平连接　　(b) 竖向连接

图 5.15　金属软管的连接构造

(2)橡胶软管。橡胶软管一般适用于空调管、雨水管、排水管、医疗气体管道等，如图 5.16 所示。水平连接如图 5.17(a)所示；竖向连接如图 5.17(b)所示。

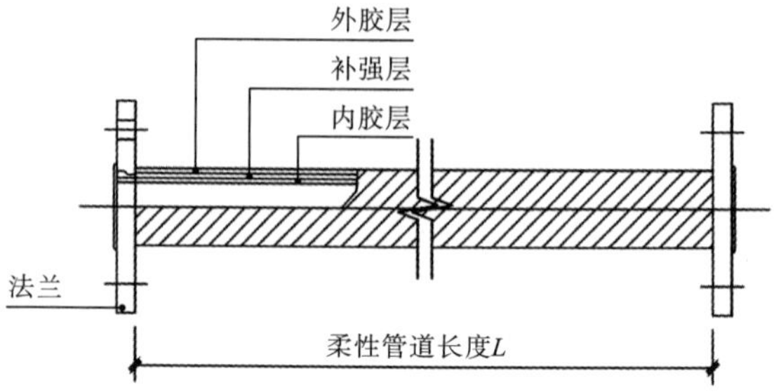

图 5.16　橡胶软管的构造

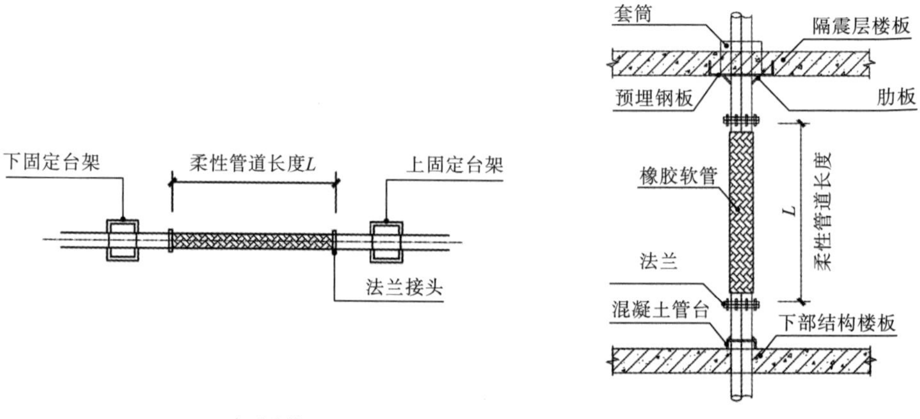

(a) 水平连接　　(b) 竖向连接

图 5.17　橡胶软管的连接构造

(3) PVC 伸缩管。PVC 伸缩管一般适用于排水管、雨水管等。连接构造如图 5.18 所示。

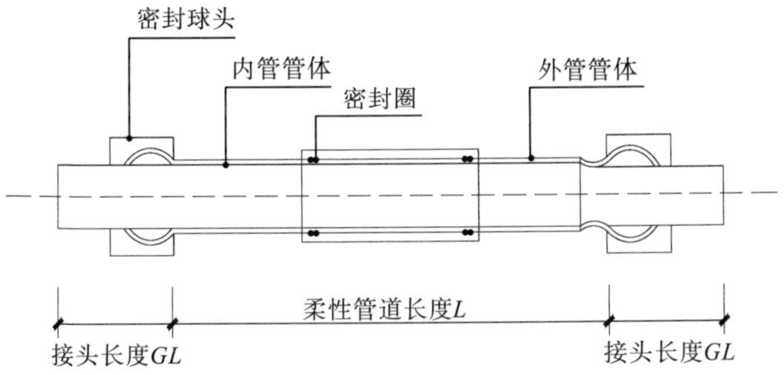

图 5.18　PVC 伸缩管的连接构造

目前，隔震工程中仍然存在一些管线柔性连接的错误做法。例如，消防给水管道未设置柔性管段(即采用刚性连接)或柔性管段长度不足，如图 5.19 所示。

(a) 刚性连接　(b) 柔性管段长度不足

图 5.19　消防给水管道连接错误做法

5.4　楼　　梯

室内、外楼梯穿越和连接隔震层时，需要采取特定的构造措施使其能适应隔震层的位移和变形，避免因楼梯受损导致人员逃生受阻。相应地，楼梯栏杆、扶手也需要采取合适的构造措施，保证其在地震发生时既可正常使用，又不会阻碍隔震结构的变形[30,31]。

5.4.1　楼梯梯段板

跨越隔震层的楼梯通常分两种情况采取构造措施。

第一种是楼梯的梯段较长，且穿越隔震层。通常将梯段板在隔震层标高处断开分为两部分，上梯段板悬挂于隔震上部结构，下梯段板支撑于地面或下部结构上，且下段楼梯顶面应低于隔震层框架梁底面标高，上、下梯段板之间设置水平隔离缝，如图 5.20 所示。

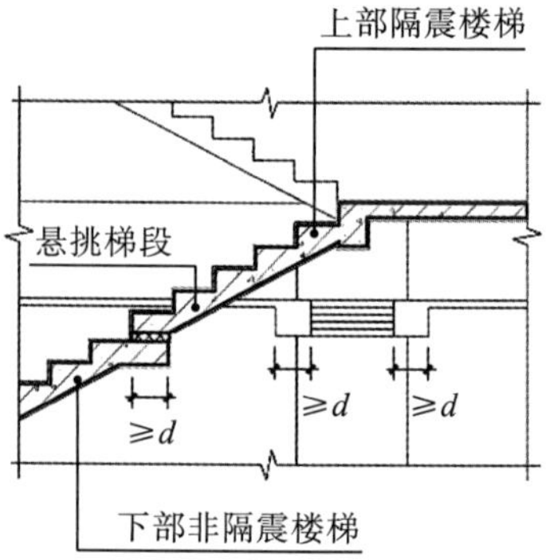

图 5.20 梯段板隔震大样

第二种是楼梯的梯段较短，且位于隔震层上方。通常将梯段板悬挂于上部结构框架梁上，形成下悬式楼梯，构造措施做法参照图 5.21 (a)。

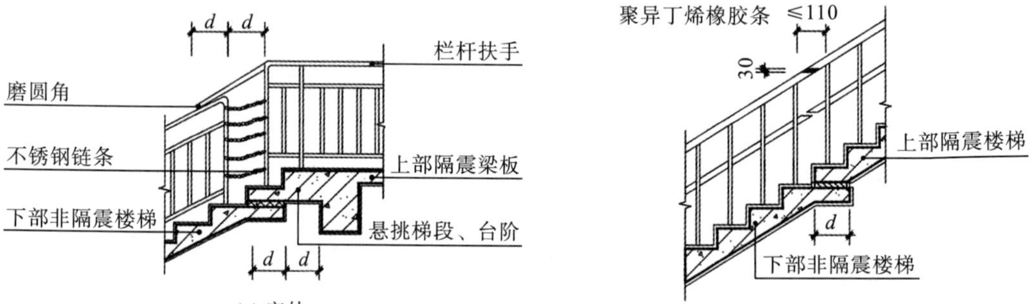

(a) 室外

(b) 室内

图 5.21 楼梯栏杆和扶手隔震大样(单位：mm)

5.4.2 楼梯栏杆和扶手

在楼梯的隔震构造中，穿越隔震层的楼梯栏杆和扶手也需要采取隔震构造措施，地震发生时，栏杆应保证可以正常使用，且不阻碍楼梯的水平位移。若水平隔离缝设置在梯段中间，则应将楼梯扶手在相应位置断开，防止发生碰撞，楼梯栏杆构造还应符合《民用建筑设计通则》(GB 50352—2019) [32]的规定。室内外楼梯栏杆和扶手隔震大样如图 5.21 所示。

5.5 电 梯 井

电梯井隔震构造的作用是在地震来临时，避免电梯井道与周边构件发生碰撞，保证电梯能够正常使用。电梯井通常采用悬挂式电梯井和支撑式电梯井，井底部常设有隔离坑。根据电梯井布置位置的不同，可分为三种平面布置方式，如图 5.22 所示。图中的剖面示意见下文。

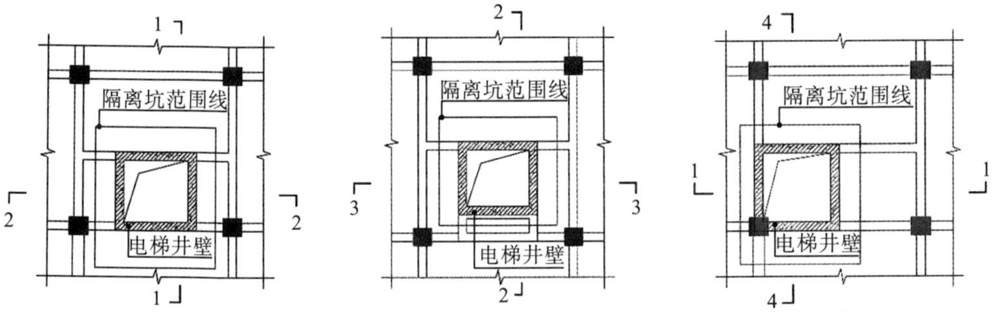

(a)平面一　(b) 平面二　(c) 平面三

图 5.22　电梯井平面布置示意图

5.5.1　悬挂式电梯井

悬挂式电梯井通常是将电梯井整体悬挂于上部结构，即电梯井属于上部结构的一部分。悬挂式电梯井与周边构件需要预留一定宽度的隔震沟，因此其占用的空间较大。根据有无设置隔离坑，可将电梯井分为两种类型。

第一种是当建筑有地下室时，不设置隔离坑，利用地下室空间满足电梯井水平位移要求，构造做法如图 5.23 所示。

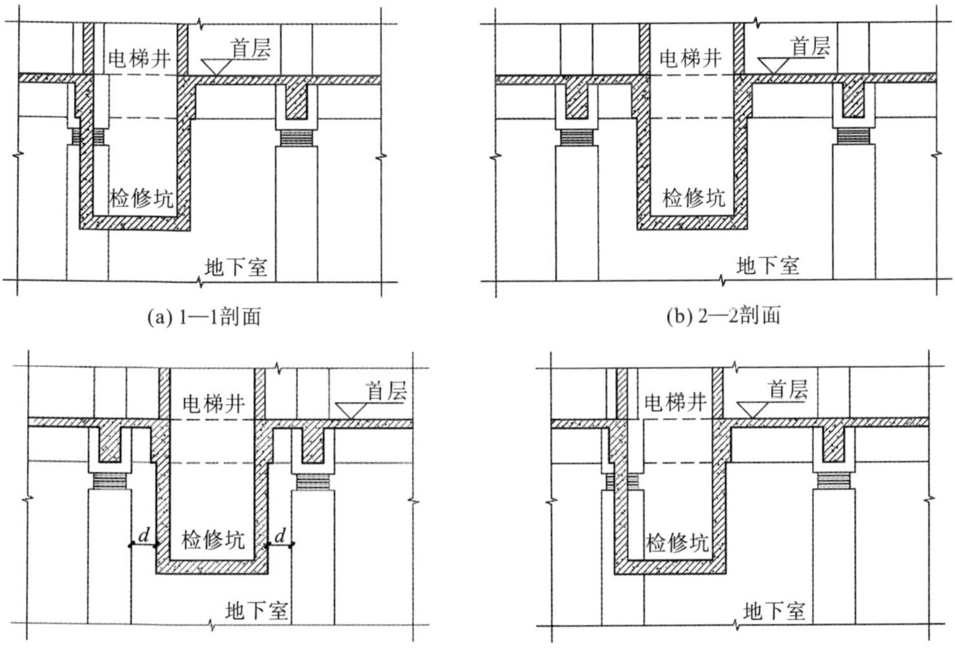

(a) 1—1剖面　(b) 2—2剖面　(c) 3—3剖面　(d) 4—4剖面

图 5.23　悬挂式电梯井大样(有地下室)

第二种是当建筑无地下室或者电梯下至地下室底时，设置隔离坑以满足电梯井水平位移要求。其中，当建筑无地下室时，隔离坑至电梯井道的距离为 d，构造如图 5.24 所示。

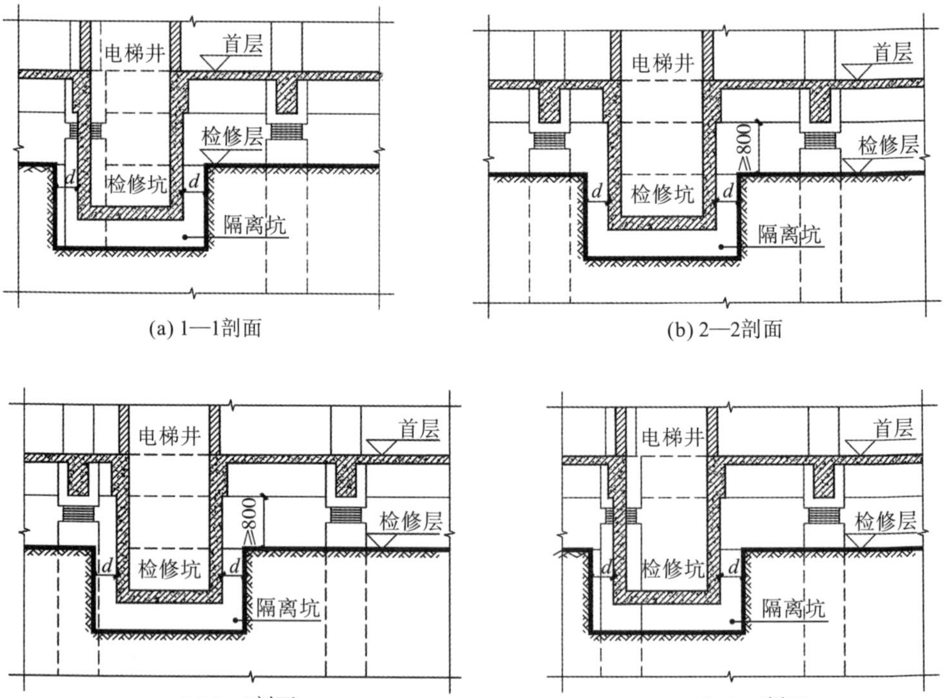

(a) 1—1剖面 (b) 2—2剖面

(c) 3—3剖面 (d) 4—4剖面

图 5.24 悬挂式电梯井大样(无地下室)(单位：mm)

当电梯下至地下室底时，检修坑距隔离坑底不小于 600mm，电梯隔离坑宽度为 L，构造如图 5.25 所示。L 取 d 和 600mm 中较大的值，以满足隔震支座检修维护与清理垃圾残积物操作空间的要求。在电梯井出入口与外部非隔震地面之间应当设置钢盖板，防止人员或杂物掉落。需要说明的是，以下剖面图来自平面布置示意图(图 5.22)。

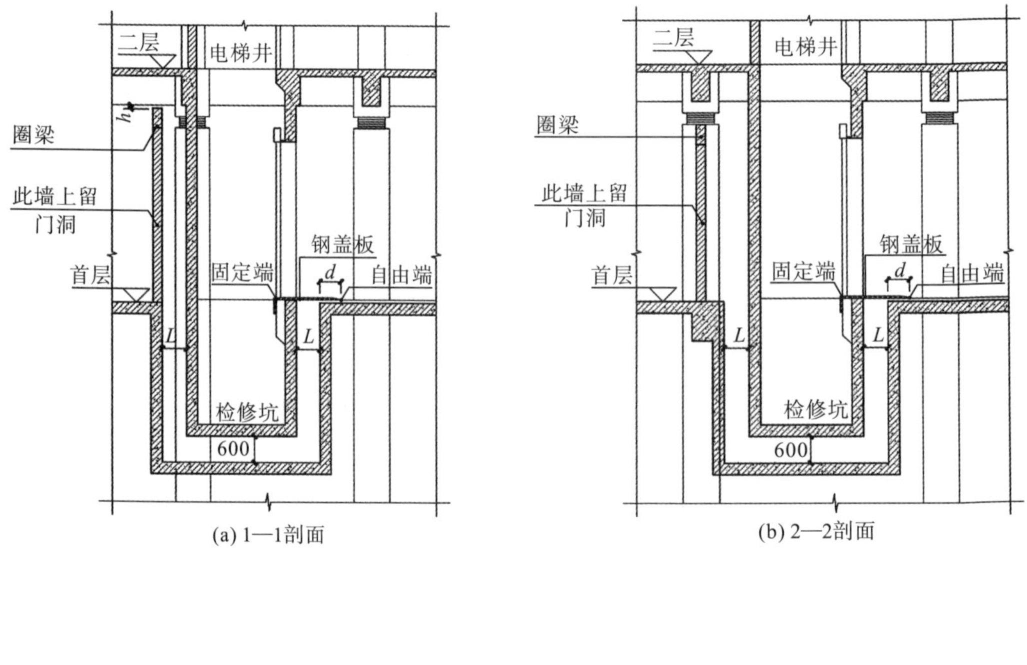

(a) 1—1剖面 (b) 2—2剖面

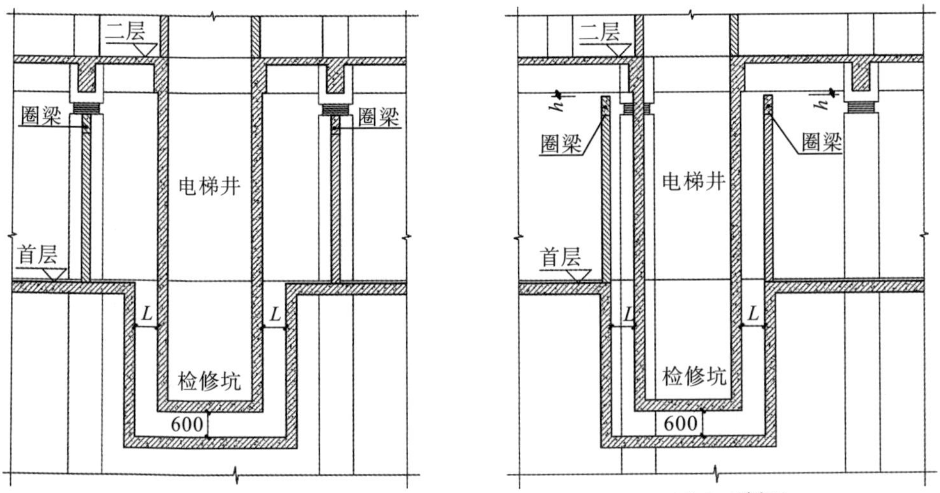

(c) 3—3剖面　　(d) 4—4剖面

图 5.25　悬挂式电梯井大样（电梯下至地下室底）（单位：mm）

5.5.2　支撑式电梯井

当电梯井占用过大的空间、存在多个电梯或隔震层梁受力较大时，不宜采用悬挂式电梯井，宜采用支撑式电梯井。支撑式电梯井通常是在电梯井底部设置隔震支座，该支座一般与其他隔震支座处于不同标高。根据有无设置隔离坑，将电梯井分为两种类型。

第一种是当建筑有地下室时，不设置隔离坑，构造如图 5.26 所示。

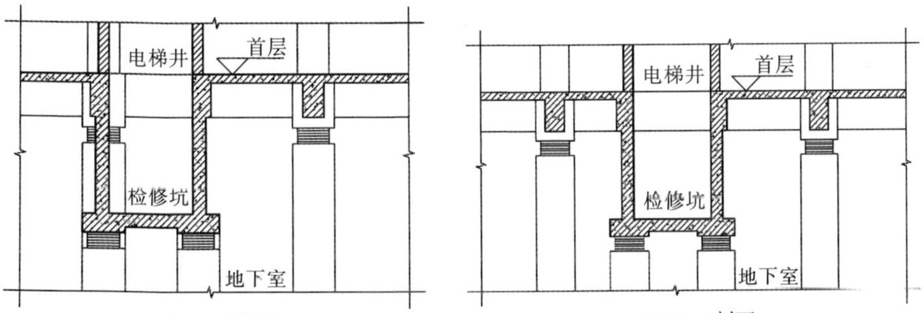

(a) 1—1剖面　　(b) 2—2剖面

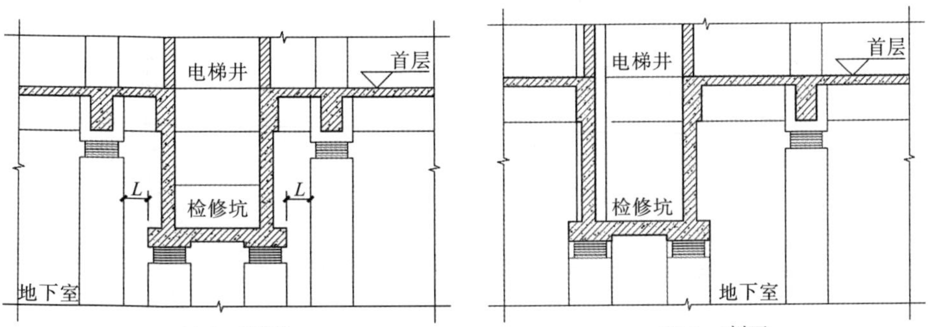

(c) 3—3剖面　　(d) 4—4剖面

图 5.26　支撑式电梯井大样（有地下室）

第二种是当建筑无地下室或者电梯下至地下室底时，设置隔离坑以满足电梯井水平位移要求，构造如图 5.27 和图 5.28 所示。电梯井周边及隔震支座处应留有足够空间，以满

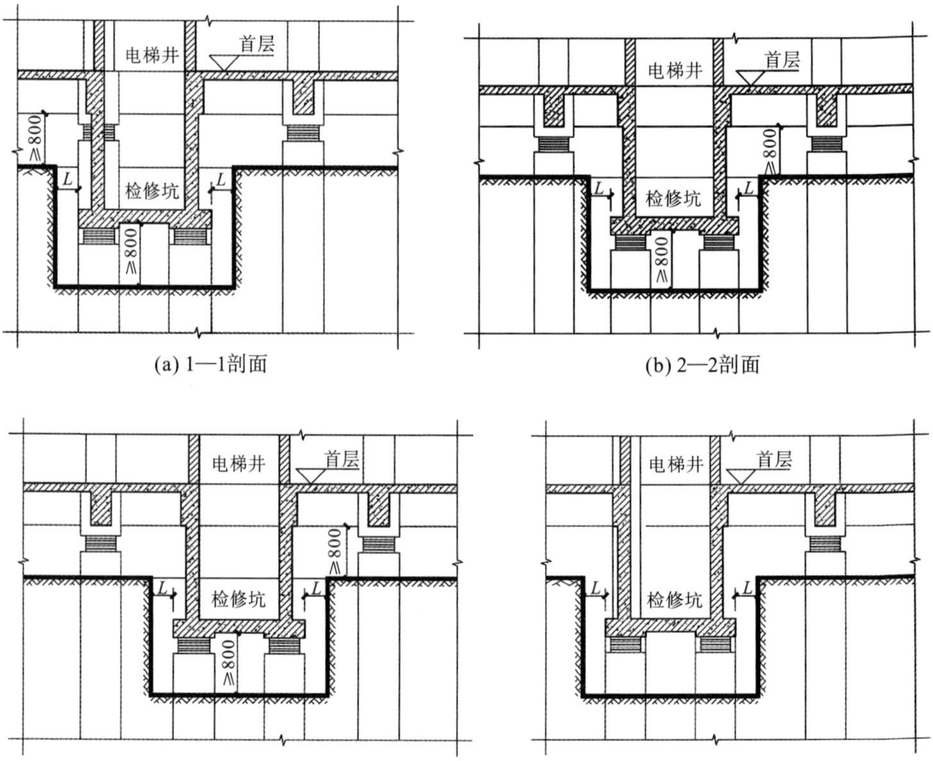

(a) 1—1剖面　　(b) 2—2剖面

(c) 3—3剖面　　(d) 4—4剖面

图 5.27　支撑式电梯井大样(无地下室)(单位：mm)

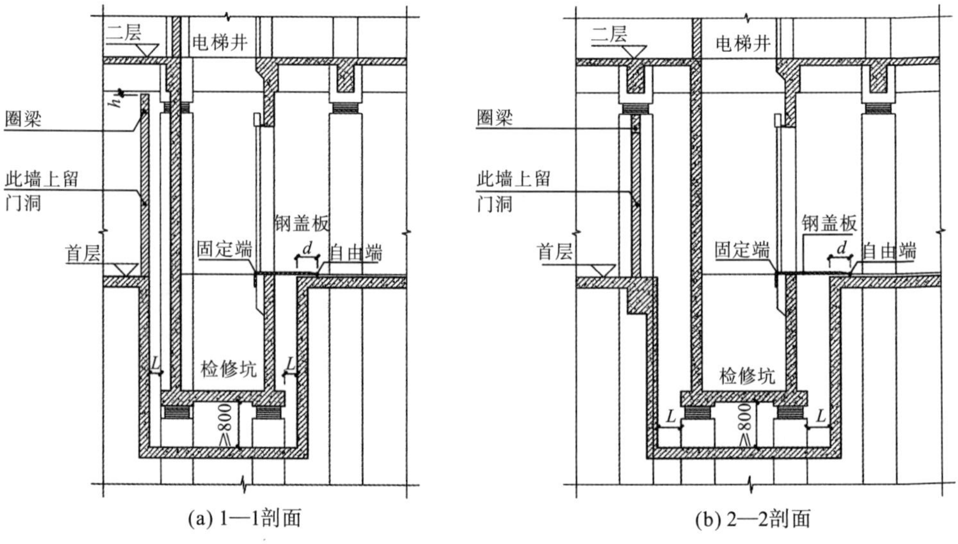

(a) 1—1剖面　　(b) 2—2剖面

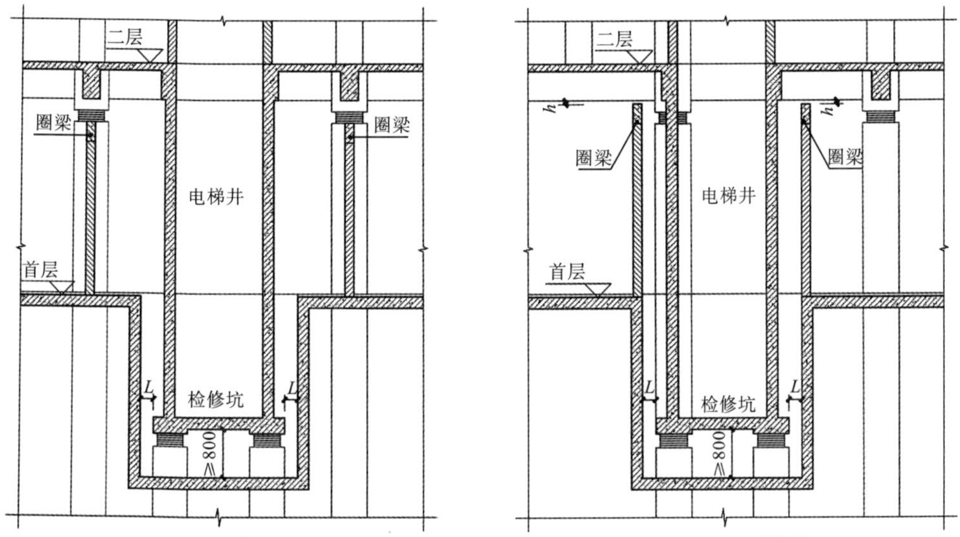

图 5.28　支撑式电梯井大样(电梯下至地下室底)(单位：mm)

足隔震支座维护要求，隔离坑宽度 L 取值同悬挂式电梯井。在电梯井出入口与外部非隔震地面之间应当设置钢盖板，以防止人员或杂物掉落。需要说明的是，以下剖面图来自平面布置示意图(图 5.22)。

5.6　室 外 工 程

室外工程隔震构造是指设置在隔震建筑与外周场地、周边的附属构件、构筑物等之间，在罕遇地震时，可以保证隔震建筑拥有足够水平变形的措施[1,17]。建筑的室外工程隔震构造内容主要是建筑出入口的室外台阶、坡道、隔震沟和排水沟等。

5.6.1　室外台阶

室外台阶与隔震建筑之间需要设置竖向隔震沟。根据室外台阶与主体结构的连接方式，构造做法可分为以下两种。

(1) 设置室外台阶。台阶与主体结构之间设置竖向隔震沟，隔震沟上部需设置钢盖板(盖板可单独设置或与主体结构整体浇筑形成室外平台)，以防止人员或杂物掉落，室外台阶与盖板之间设置水平隔离缝，如图 5.29 所示。当室内外高差较大时，宜设置独立结构的室外楼梯，如图 5.30 所示。

(2) 设置悬挑台阶。悬挑台阶属于上部隔震结构，如图 5.31 所示。台阶与主体结构之间设置竖向隔震沟，台阶与室外地坪连接处设置水平隔离缝。

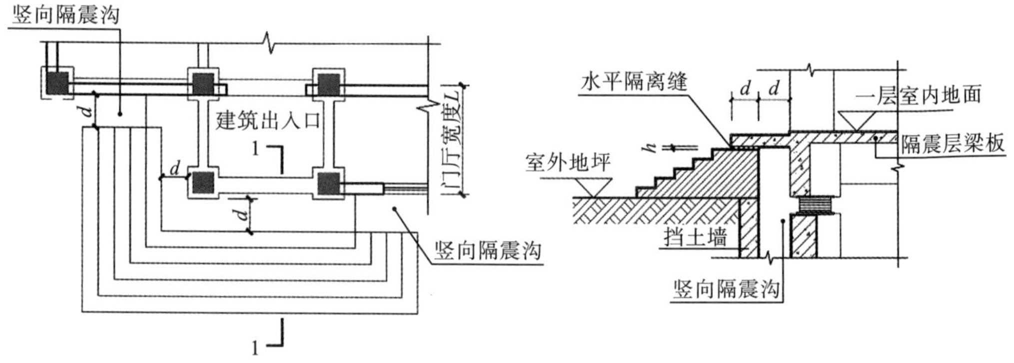

(a) 平面示意图　　(b) 1—1剖面

图 5.29　室外台阶构造

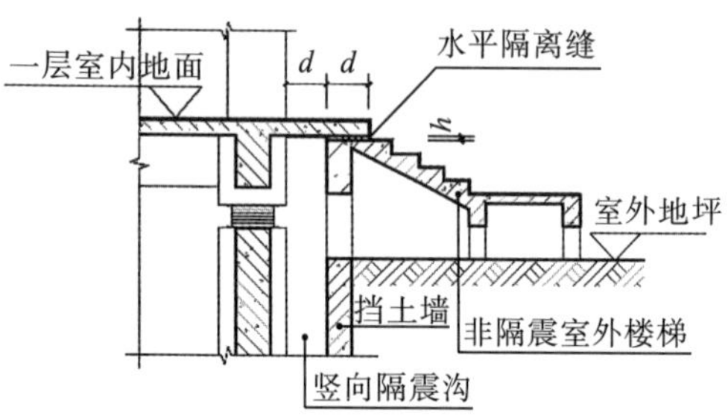

图 5.30　独立结构室外楼梯隔震构造

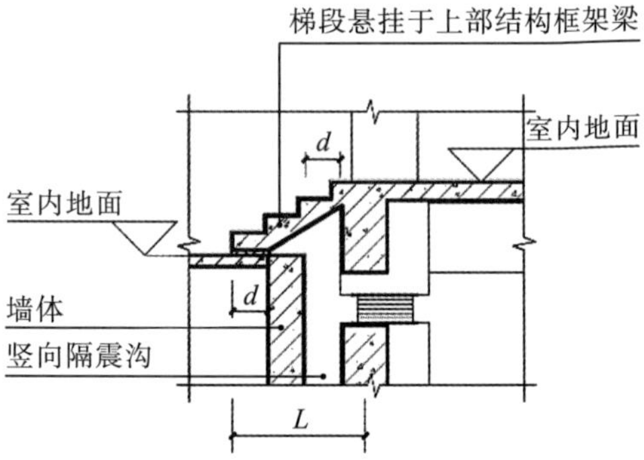

图 5.31　悬挑台阶隔震构造

注：L 为室外台阶挑出长度。

5.6.2　坡道

坡道与建筑出入口或主体结构等连接处需设置竖向隔震沟，坡道与建筑物或其他构件需要有宽度不小于 *d* 的安全距离，保证主体结构水平变形不受阻碍[1,17]。无障碍坡道构造如图 5.32 所示。目前，隔震工程中仍然存在一些坡道构造的错误做法，例如，坡道与建筑物之间的预留宽度不足，如图 5.33 所示。

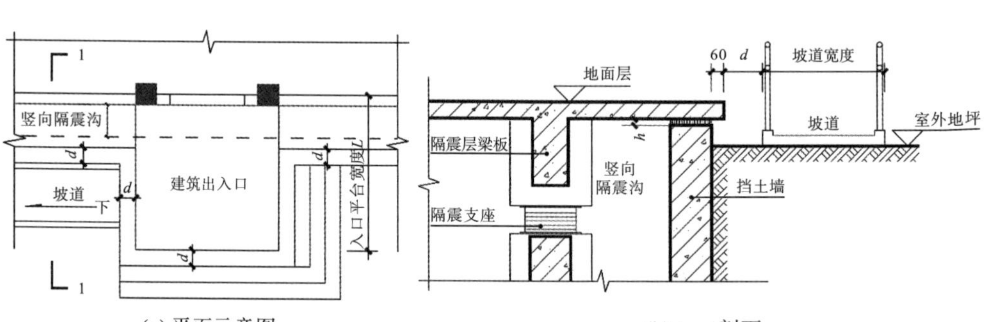

(a) 平面示意图　　(b) 1—1剖面

图 5.32　无障碍坡道构造详图

图 5.33　无障碍坡道隔震构造的错误做法

5.6.3　隔震沟和排水沟

隔震沟是设置于隔震建筑周边的外拓安全空间，用于保证隔震建筑发生水平位移时，不与周边的附属构件、构筑物等发生碰撞[11,12,17]。隔震沟设置应当满足设计规定的宽度要求，同时考虑定期检修和维护所需空间。为防止人员或杂物等掉落，应当在隔震沟上方开口处设置钢盖板。盖板可单独设置为可移动盖板，或者与上部结构整浇形成悬挑盖板，其中靠近挡土墙的盖板应通过设置完全贯通的水平隔离缝与挡土墙脱离，缝高不小于 20mm，并在缝中使用柔性材料填充。

隔震沟外侧通常设有排水沟(明沟、暗沟)，根据隔震沟盖板与排水沟相对位置和高度的不同，可分为以下 4 种构造措施：

(1)当隔震沟盖板高于排水沟时，采用做法一。在隔震沟外侧墙外设置明排水沟，如图 5.34(a)所示。

(2)当隔震沟盖板高于排水沟时，采用做法二。在隔震沟外侧墙外单独设置明排水沟，如图 5.34(b)所示。

(3)当隔震沟盖板与排水沟高度相平时，采用做法三。在隔震沟外侧墙外设置明排水沟，可采用钢板作为沟盖板，钢板一端固定于隔震沟盖板上，另一端为自由端，如图 5.34(c)所示。

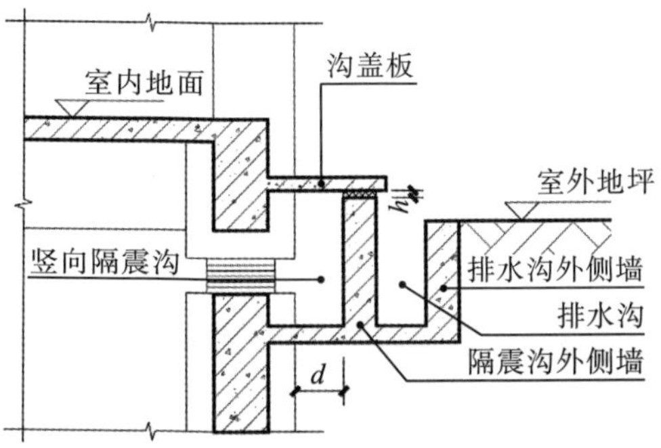

(a) 做法一

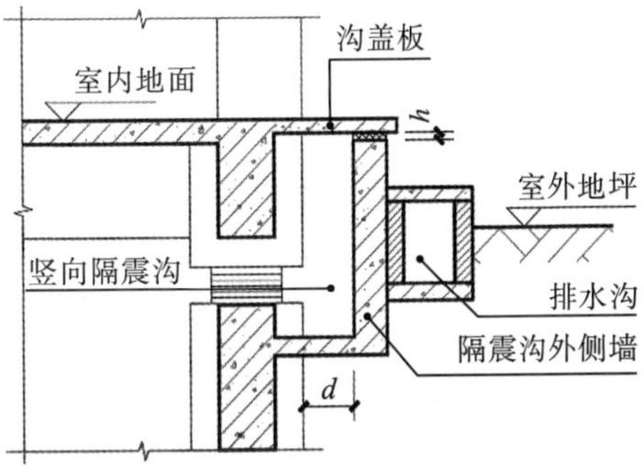

(b) 做法二

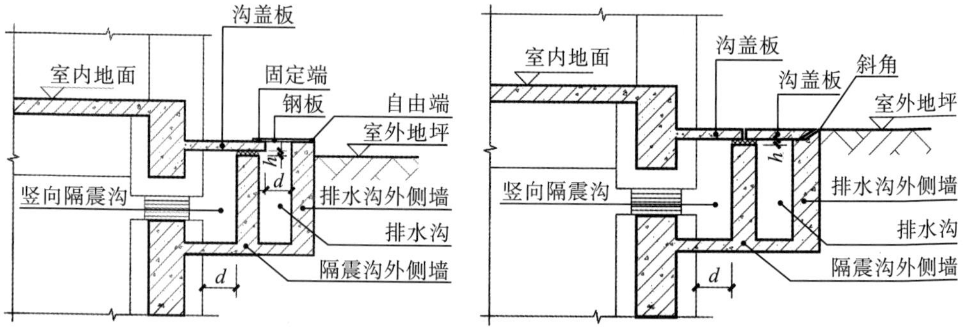

(c) 做法三　　　　(d) 做法四

图 5.34　隔震沟与排水沟构造

(4) 当隔震沟盖板与排水沟高度相平，且排水沟盖板采用坚硬的现浇混凝土板等材料时，采用做法四。此时在排水沟盖板外侧做 30° 斜角作为滑移面，如图 5.34(d) 所示。

参 考 文 献

[1] 中华人民共和国住房和城乡建设部, 中华人民共和国国家质量监督检验检疫总局. 建筑抗震设计标准: GB/T 50011—2010[S]. 北京: 中国建筑工业出版社, 2010.

[2] 周福霖. 工程结构减震控制[M]. 北京: 地震出版社, 1997.

[3] 中泽俊幸, 吉敷祥一, 曲哲, 等. 免震構造物における耐震安全性の確率論的評価に関する基礎検討[J]. 日本建筑学会構造系論文集, 2011, 6(662): 745-754.

[4] 周颖, 等. 建筑结构隔震[M]. 北京: 机械工业出版社, 2020.

[5] 苏经宇, 曾德民, 田杰. 隔震建筑概论[M]. 北京: 冶金工业出版社, 2012.

[6] 广州大学, 中国科学研究院. 叠层橡胶支座隔震技术规程: CECS 126—2001[S]. 中国工程建设标准化协会, 2001

[7] 北京市建筑设计研究院有限公司, 北规院宏都规划建筑设计研究院有限公司, 北京建筑大学. 建筑工程减隔震技术规程: DB11/ 2075—2022[S]. 北京市市场监督管理局, 北京市规划和自然资源委员会, 2023.

[8] 党育, 杜永峰, 李慧. 基础隔震结构设计及施工指南[M]. 北京: 水利水电知识产权出版社, 2007.

[9] 吴应雄, 黄净, 林树枝, 等. 建筑隔震构造设计与应用现状[J]. 土木工程学报, 2018, 51(2): 62-73, 94.

[10] 中华人民共和国住房和城乡建设部. 建筑隔震工程施工及验收规范: JGJ 360—2015[S]. 北京: 中国建筑工业出版社, 2015.

[11] 日本免震构造协会. JSSI 隔震施工规范 2009[S]. 陈禧耘, 汪向荣, 译. 北京: 科技图书出版社, 2011.

[12] 日本免震构造协会. 国外建筑设计详图图集 8——减震建筑设计与细部[M]. 慕春暖, 译. 北京: 中国建筑工业出版社, 2002.

[13] 震安科技股份有限公司, 昆明理工大学. 建筑工程叠层橡胶隔震支座施工及验收标准: DBJ 53/T-48—2020[S]. 昆明: 云南科技出版社, 2020.

[14] 四川省住房和城乡建设厅. 四川省建筑叠层橡胶隔震支座应用技术标准: DBJ 51/T 083—2017[S]. 成都: 西南交通大学出版社, 2018.

[15] 福州大学, 福建省建筑工程技术中心. 福建省建筑工程隔震橡胶支座和装置施工及验收规程: DBJ/T13-252—2016[S]. 福建省住房和城乡建设厅, 2016.
[16] 中国建筑标准设计研究院. 建筑结构隔震构造详图: 22G610-1[S]. 北京: 中国计划出版社, 2023.
[17] 中华人民共和国住房和城乡建设部. 建筑隔震设计标准: GB/T 51408—2021[S]. 北京: 中国计划出版社, 2021.
[18] 中华人民共和国住房和城乡建设部. 建筑隔震橡胶支座: JG/T 118—2018[S]. 北京: 中国标准出版社, 2018.
[19] 中华人民共和国建设部. 混凝土结构设计标准: GB/T 50010—2010[S]. 2024 年版. 北京: 中国建筑工业出版社, 2011.
[20] 中华人民共和国住房和城乡建设部. 钢结构设计标准(附条文说明[另册]): GB 50017—2017[S]. 北京: 中国建筑工业出版社, 2018.
[21] 中华人民共和国住房和城乡建设部. 建筑设计防火规范: GB 50016—2014[S]. 2018 年版. 北京: 中国计划出版社, 2018.
[22] 吴波, 韩力维, 周福霖, 等. 建筑隔震橡胶支座的耐火性能试验[J]. 土木工程学报, 2011, 44(12): 50-57.
[23] 吴波, 韩力维, 周福霖, 等. 隔震橡胶支座防火保护试验研究[J]. 建筑结构学报, 2011, 32(2): 107-112.
[24] 杜志超, 邓烜, 刘进章, 等. 建筑隔震防火构造试验研究[J]. 建筑结构, 2016, 46(19): 76-82.
[25] 王岚, 管庆松, 王俊胜, 等. 建筑隔震橡胶支座耐火性能和防火保护研究[J]. 天津大学学报(自然科学与工程技术版), 2020, 53(11): 1146-1155.
[26] 福州大学, 福建省泷澄建设集团有限公司. 福建省隔震建筑结构构造图集: 闽 2019-G-130[S]. 福州: 福建省住房和城乡建设厅, 2019.
[27] 中华人民共和国住房和城乡建设部. 建筑隔震柔性管道: JG/T 541—2017[S]. 北京: 中国标准出版社, 2018.
[28] 尚庆学, 王涛. 隔震建筑柔性管线的抗震性能试验研究[J]. 自然灾害学报, 2018, 27(1): 50-60.
[29] 周盟, 魏智辉, 潘毅, 等. 隔震建筑维护与管理措施[J]. 土木建筑与环境工程, 2016, 38(S2): 40-43.
[30] 辛力, 曾凡生, 梁兴文, 等. 隔震橡胶支座楼梯间模型结构振动台试验研究[J]. 建筑结构学报, 2017, 38(8): 35-44.
[31] 朱宏平, 周方圆, 袁涌. 建筑隔震结构研究进展与分析[J]. 工程力学, 2014, 31(3): 1-10.
[32] 中华人民共和国住房和城乡建设部. 民用建筑设计统一标准: GB 50352—2019[S]. 北京: 中国建筑工业出版社, 2019.

第6章　隔震工程的施工、验收与维护

与传统抗震结构相比，隔震结构由于设置隔震层，增加了隔震层的施工和验收，且需要特殊的维护，从而保证隔震支座在地震时正常发挥作用[1-3]。隔震结构上部结构、下部结构和基础的施工、验收与传统抗震结构相同[4-6]，因此不再赘述。本章仅介绍隔震支座的检验、隔震层的施工、隔震工程的施工监测、隔震工程的验收及隔震工程的维护。

6.1　隔震支座的检验

隔震支座在应用于实际工程项目之前，应进行隔震支座的检验，检验类型分为型式检验、出厂检验和见证检验[7-9]。其中，型式检验是制造商为了取得特定规格和型号隔震支座的生产资格，委托具有相应资质的第三方检测机构进行的产品性能及相关性的检验，制造商必须提供相应的技术资格证明文件，型式检验不针对具体工程项目；出厂检验是由制造商质检部门自检或具有相应资质的第三方检测机构进行检验的活动，是隔震支座产品应用于实际工程前必须进行的基本力学性能检验，是隔震支座产品用于建设工程的合法依据；见证检验是施工单位在建设单位的见证下，从项目产品中随机抽取试样，送至具备相应资质的第三方检测机构进行检验的活动。

6.1.1　型式检验

隔震支座应进行型式检验，检验合格后方可进行生产，检验报告有效期不得超过6年[10]。根据《建筑隔震橡胶支座》(JG/T 118—2018)[11]第8.1.3条规定，当隔震支座存在下列情况之一时，应进行型式检验：

(1)新产品的试制、定型、鉴定；

(2)当原料、结构、工艺等有较大改变，有可能对产品质量影响较大时；

(3)正常生产时，每4年检验一次；

(4)停产1年以上恢复生产时。

型式检验应对隔震支座的性能做全面的检测，才能保证产品能应用于实际工程。型式检验的检验项目包括橡胶材料的物理机械性能、外观质量、尺寸偏差、支座竖向和水平力学性能、耐久性性能和相关性性能。各种检验项目又包括不同性能检验，如图6.1所示。

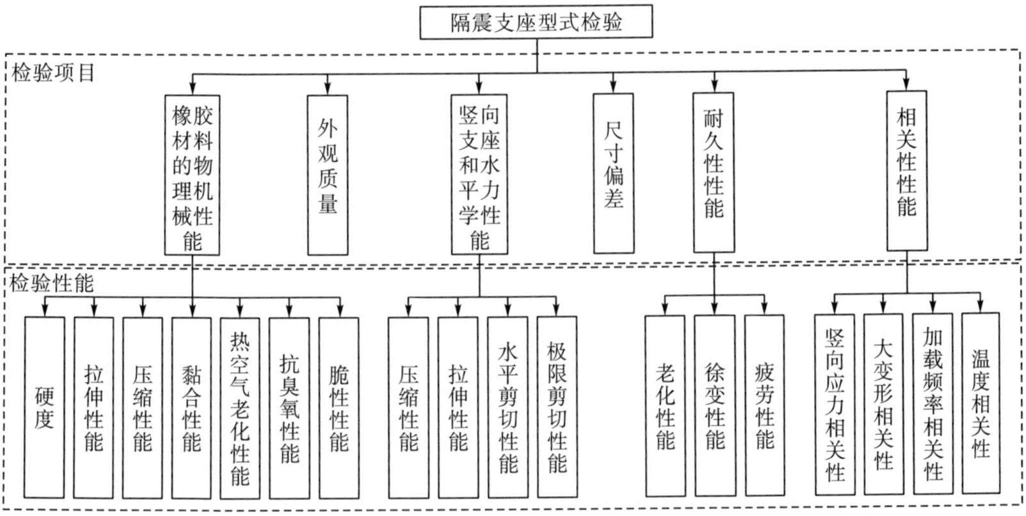

图 6.1　隔震支座型式检验项目

型式检验通过各项检验项目以判断隔震支座性能是否满足要求，只有全部检验项目都合格时，才能判定型式检验合格。隔震支座均应进行型式检验，但当隔震支座满足以下全部条件时，可采用之前相应的型式检验结果，不必再重新进行型式检验。

(1) 隔震支座用相同的材料配方和工艺方法制作；

(2) 相应的外部和内部尺寸相差 10%以内；

(3) 第二形状系数 S_2 相差±0.4 以内；

(4) 第二形状系数 S_2 小于 5，以前的极限性能和压应力相关性试验试件的 S_2 不大于本次试验试件的 S_2；

(5) 以前的试验条件更严格。

6.1.2　出厂检验

出厂检验是在型式检验的基础上，针对某项具体工程做抽样检查，以保证隔震支座的各项性能达到设计要求[12]。隔震支座产品应通过出厂检验，并附有出厂合格说明文件方可出厂，出厂检验报告只对采用该产品的项目有效，不得重复使用。针对不同建筑设防类别，隔震支座需要检验的数量也有所不同，见表 6.1。

表 6.1　隔震支座抽样数量

建筑设防类别	抽样数量
特殊设防类	每种规格产品均应全部检测
重点设防类	每种规格产品均应全部检测
标准设防类	每种规格产品的抽样数量不应少于总数的 50%，若有不合格产品时，应全部检测

型式检验需对隔震支座的所有性能进行检测，而出厂检验仅需对隔震支座的部分性能进行检测，检验项目包括橡胶材料的物理机械性能、外观质量、尺寸偏差和支座竖向与水平力学性能，且出厂检验仅需对各性能的部分项目进行检测即可。例如，尺寸偏差仅对外部项目进行检测，而内部项目无须检测。隔震支座出厂检验项目如图 6.2 所示。

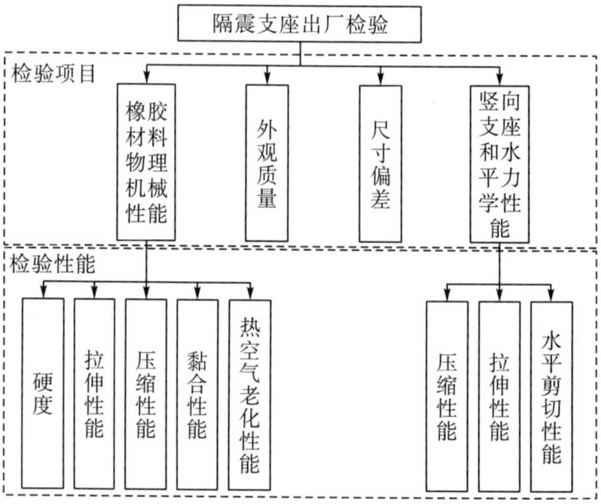

图 6.2　隔震支座出厂检验项目

当全部出厂检验项目均符合要求时，判定该产品合格；当检验结果有不合格项目时，则判定该产品不合格；出厂时应剔除不合格产品，即不合格产品不得出厂。

按外部项目进行检验时，若有一项不符合标准要求，则该件产品应判为不合格，不得出厂；按竖向刚度、水平刚度、屈服后水平刚度(带铅芯)、等效黏滞阻尼比项目进行抽检时，若有一项不符合标准要求，则对同批产品加倍抽样；对不合格项目进行复检，若仍有不合格项目，则该批产品应判为不合格产品，不得出厂。

6.1.3　见证检验

见证检验是由具有专门隔震支座检测资质的第三方检测机构进行的检验。见证检验应在建设单位见证下从项目的产品中以随机抽样的方式确定检测试件，并做相应标识[13]。

随机抽样数量应满足：同一生产厂家、同一类型、同一规格的产品，若有一件抽样产品的一项性能不合格，则该次抽样检验不合格。对一般建筑，每种规格的产品抽样数量应不少于总数的 20%；若有不合格，则应重新抽取总数的 50%；若仍有不合格，则应 100%检测。一般情况下，每项工程抽样总数不少于 20 件，每种规格的产品抽样数量不少于 4 件。

根据《建筑隔震工程施工及验收规范》(JGJ 360—2015)[14]第 4.2.1 条要求，同一生产厂家、同一类型、同一规格的产品，取总数量的 2%且不少于 3 个进行支座力学性能试验，从检查总数的每 3 个支座中取 1 个进行水平大变形剪切试验，被抽取的支座检测后不得应用于工程项目。

6.2　隔震层的施工

隔震层施工是隔震技术发挥作用、保证隔震建筑施工质量的重要环节。建筑隔震工程的隔震层施工内容主要包括下支墩(柱)的施工、隔震支座的安装和上支墩的施工[15-17]。

在隔震层施工前，施工单位应注意以下几点：参加由建设单位组织的设计文件技术交底和图纸会审；根据设计文件和施工组织设计的要求，编制隔震工程专项施工技术方案，并经技术负责人批准,其中专项施工技术方案应按照有关规定送审,经过同意后方可实施;制定应急预案以应对施工现场的突发性事件；保证施工资料真实、有效、完整且齐全。

6.2.1　施工流程

隔震层的主要施工流程如图 6.3 所示。

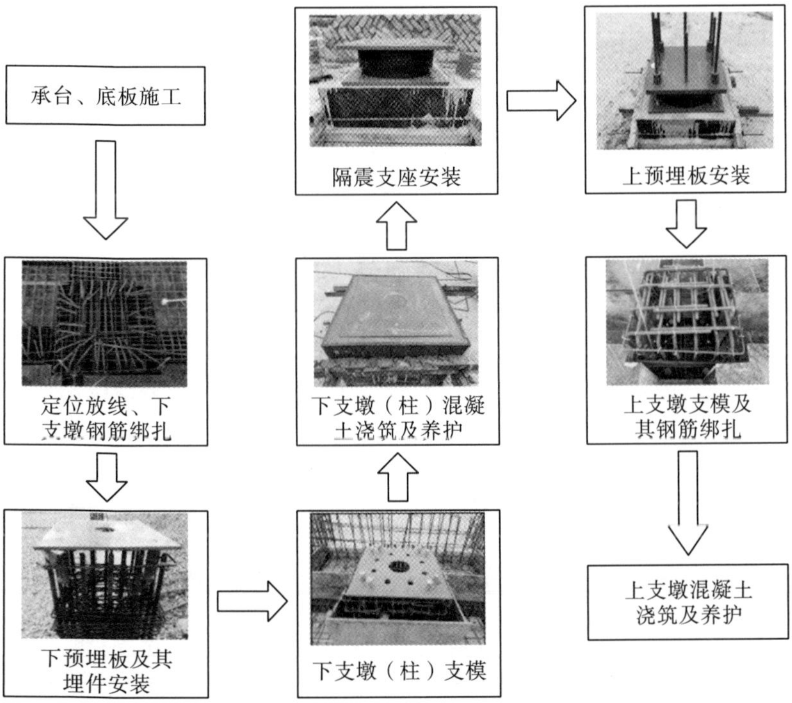

图 6.3　隔震层主要施工流程

6.2.2　下支墩(柱)

隔震层下支墩(柱)是将上部结构荷载传递到基础的重要构件。下支墩(柱)必须具有足够的承载能力以承受隔震支座传递的罕遇地震作用下的内力，它的可靠性直接影响到隔震结构的安全性[18]。因此，下支墩(柱)及其埋件的安装是隔震工程施工的重点。

6.2.2.1 承台、底板施工

隔震支座的下支墩(柱)与承台、底板或下部结构梁板宜分开施工，在承台、底板或下部结构梁板混凝土浇筑前应确定浇筑方向和浇筑区域，混凝土应振捣密实、平整。

6.2.2.2 下预埋板及其埋件安装

下支墩(柱)钢筋施工前应复核轴线位置和竖向高度，在混凝土面上应预先标定隔震支座预埋锚筋和套筒竖向投影的位置，以确保下预埋锚筋位置的准确性，提前确定钢筋布置与绑扎顺序，避免下预埋板的锚筋和套筒与下支墩(柱)的钢筋相互碰撞。下支墩(柱)宜预留不小于 250mm×250mm 的施工浇捣孔，如图 6.4 所示。

图 6.4 下支墩(柱)钢筋布置

隔震支座下预埋板通常设有浇筑孔、套筒孔、锚筋孔、排气孔、起吊螺栓孔。其中，排气孔可起到减少气泡、防止空鼓、增加混凝土密实度的作用。下预埋钢板的正、背面开孔如图 6.5 所示。

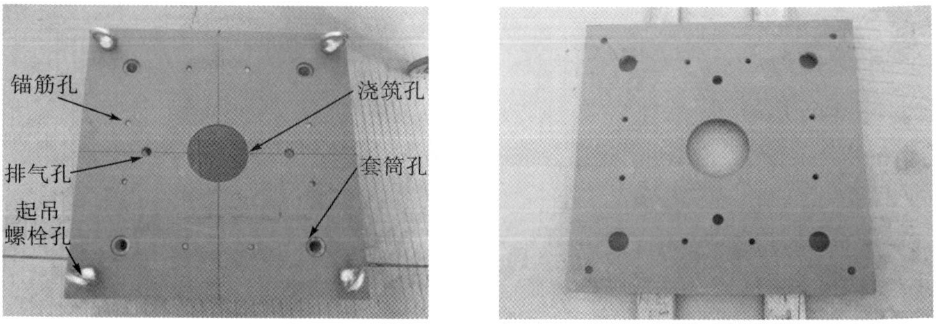

(a) 正面　　(b) 背面

图 6.5 下预埋板开孔

常见的下预埋板安装方法主要有螺杆调节法、焊短钢筋结合木楔块法等[19]。

1. 螺杆调节法

下预埋板四边设置调节螺杆，螺杆和下支墩(柱)的纵筋用水平短钢筋点焊固定，通过调节螺杆控制下预埋板的平整度，如图 6.6(a)所示。

2. 焊短钢筋结合木楔块法

下预埋钢板和下支墩(柱)顶部箍筋间塞入楔形木块，通过微调楔形木块来调整下预埋板的平整度，调节完毕后将下预埋板和下支墩(柱)纵筋用短钢筋点焊连接固定两端，如图 6.6(b)所示。

(a) 螺杆调节法　　(b) 焊短钢筋结合木楔块法

图 6.6　下预埋板安装方法

当下支墩(柱)的混凝土强度达到 75%以上时，方可进行下一道工序的施工。首先，利用水准仪测定下预埋钢板的标高位置。经复测水平度及标高无误后，利用经纬仪测定下预埋钢板轴线位置，在下预埋钢板上弹出黑线，定出下预埋钢板中心洞的圆心位置。根据施工图绘制出定位轴线和下预埋板轴线，由两轴线相对位置调整下预埋板，并保证其安装精度，如图 6.7(a)所示。

将下预埋板放置到标定位置，随后对下预埋钢板的标高、平整度、中心圆孔的圆心与轴线距离等做微小的调整；再利用经纬仪、水准仪、拉通线精确检查安装，确保下预埋板顶面水平度误差不大于 5‰，如图 6.7(b)所示。将下支墩(柱)纵筋与下预埋钢板的锚筋或预埋螺杆点焊来固定下预埋板。

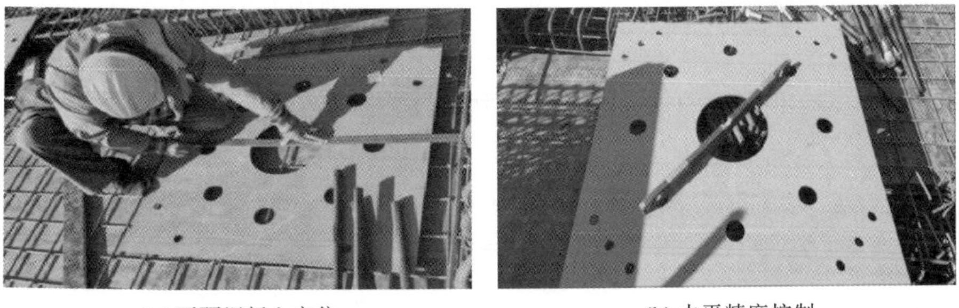

(a) 下预埋板上定位　　(b) 水平精度控制

图 6.7　下预埋钢板定位和水平精度控制

6.2.2.3 下支墩(柱)模板安装

利用水准仪测定模板高度，并在模板上弹出水平线及模板轴线位置。为方便浇筑混凝土时控制支墩标高，模板高度应略高于支墩顶面高度，并在模板上用水准仪标定出支墩顶面设计标高的位置，标高偏差应控制在 5mm 以内。

6.2.2.4 下支墩(柱)混凝土浇筑

在下支墩(柱)的混凝土浇筑过程中，下支墩(柱)顶面与下预埋板底面接触处会集聚大量气泡，甚至顶面会出现较厚的浮浆层，进而影响混凝土的密实度。因此，下支墩(柱)混凝土质量是施工质量的控制点。而混凝土浇筑方式是影响下支墩(柱)混凝土质量的首要因素[20]，通常有 4 种：一次性浇筑、分段浇筑、细石混凝土二次浇筑、后灌浆浇筑。各种浇筑方式的具体操作步骤与对比如下：

(1) 一次性浇筑。该方式适用于下支墩高度较小或下支墩(柱)与地下室梁板整体浇筑的情况。一次性浇筑会导致混凝土收缩后产生的水分和气泡积聚在下支墩(柱)表面而无法排除，在顶部形成大量气泡及凹坑，从而影响混凝土密实度，造成下预埋板的水平精度难以控制。因此不建议采用一次性浇筑方法。

(2) 分段浇筑。下支墩(柱)高度较高时，混凝土浇筑时柱子纵筋过长将发生屈曲，下预埋板的安装精度不易控制，此时混凝土宜分两段浇筑。第一段浇筑的位置应在下预埋板锚筋之下。在第一段浇筑完毕后安装下预埋板，待混凝土强度达到 75%后，宜采用比原设计强度高一级的混凝土再浇筑第二段。

(3) 细石混凝土二次浇筑。该方式适用于下支墩(柱)高度较小的情况。第一次混凝土先浇筑至距离下预埋板底面标高 60～100mm 处，待混凝土强度达到 75%后，采用比原设计混凝土强度等级高一级的细石混凝土进行二次浇筑。该浇筑方法方便二次检查下预埋板的平整度、竖向标高和平面位置。

(4) 后灌浆浇筑。该方式同样适用于下支墩(柱)高度较小的情况。第一次混凝土先浇筑至距离下预埋板底面标高 30～40mm 处，待混凝土强度达到 75%后，采用高流动性收缩小的混凝土、微膨胀或无收缩高强砂浆灌浆料进行二次浇筑。该浇筑方法同样方便二次检查下预埋板的平整度、竖向标高和平面位置。

6.2.3 隔震支座安装

隔震支座安装步骤通常分为安装准备工作和安装工序。由于隔震支座的质量较大，其安装时位置调整和锁定存在一定难度。因此，隔震支座安装也是施工质量控制点。

6.2.3.1 安装准备工作

隔震支座首先需要进行进场检验，检验项目及处理措施见表 6.2。其次，运送到施工现场的隔震支座应存放于干燥通风、无腐蚀性气体、无紫外线直接照射且远离热源的场所。最后，开封验货后应对其进行包装防护。

表 6.2　隔震支座进场检验项目及处理措施

检验项目	检验数量	判定基准	处理
质量证明文件	全数		补充
支座表面、气泡、杂质、缺胶、凹凸、上下端面胶钢黏结程度	全数	符合现行行业标准 JGJ 360—2015	更换
钢板外观	全数	有浮漆及剥落	修补
裂纹或擦伤	全数	深度小于 10mm 且未达到钢板	修补
脚部龟裂或缺陷	全数	长度小于 30mm 且少于 3 处，并未达到钢板	修补
脚部龟裂或缺陷	全数	长度大于 30mm 或多于 3 处，或达到钢板	重新制作
支座侧面裂纹或钢板外露	全数	严禁出现	更换
支座尺寸	全数的 10%，且不小于 5 个		更换
支座连接板尺寸、螺栓孔的尺寸及位置偏差	全数的 10%	符合现行行业标准 JGJ 360—2015	更换
支座连接板平整度偏差	全数的 10%	小于 1/300	更换
支座连接板的机械性能	全数的 10%	符合现行国家标准 GB/T 700—2006 和 GB/T 3077—2015	更换

6.2.3.2　安装工序

隔震支座吊装时，应当按照提供的吊点安装吊具。在吊运过程中隔震支座宜保持水平，避免发生变形。

隔震支座吊装放置到下预埋板，采用力矩扳手将螺栓拧紧(预拧)，连接隔震支座与下预埋板，根据《紧固件机械性能　螺栓、螺钉和螺柱》(GB/T 3098.1—2010)[21]规定，拧紧后螺纹连接件的预紧力不得大于其材料屈服强度的 80%。螺栓的拧紧方式通常为对角线拧紧和对边拧紧。锁定支座螺栓的施工过程如图 6.8 所示。

(a) 拧紧螺栓（预拧）　　(b) 拧紧螺栓（终拧）

图 6.8　隔震支座螺栓拧紧过程

螺栓拧紧后(终拧)，检查支座连接板与下预埋板是否密贴，如缝隙大于 1mm 时，应继续拧紧至缝隙不大于 1mm，再采用环氧树脂填缝。对外露钢板及螺栓应采取防锈和防火处理。

隔震支座安装完成后，应检查其平面中心位置、顶面中心标高、顶面水平度，其偏差应符合表 6.3 的要求。

表 6.3　隔震支座安装位置允许偏差

检查项目		允许偏差
隔震支座顶面中心标高		不应大于±5mm
隔震支座平面中心位置		不应大于±5mm
水平度	下支墩(柱)顶面水平度	不宜大于 3‰
	隔震支座顶面水平度	不宜大于 8‰

6.2.4　上支墩

隔震支座安装验收合格后，方可进行后续工程施工。将上预埋钢板放置在隔震支座顶部，连接螺栓拧入对应的螺栓孔与隔震支座连接。支座上预埋板安装完成后，安装锚筋，最后校核上预埋板的位置、高程等，并保留记录，如图 6.9 和图 6.10 所示。

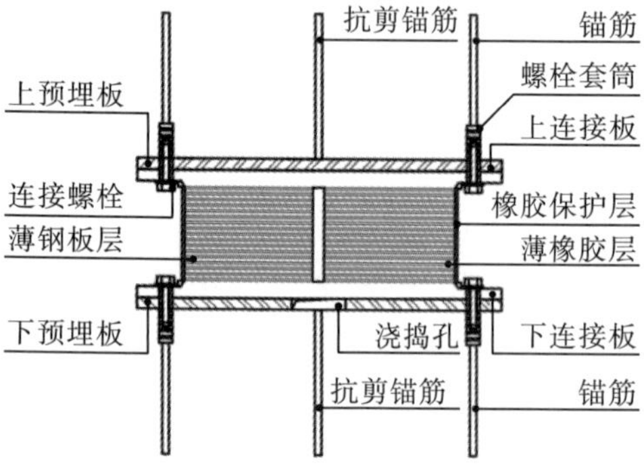

图 6.9　上、下预埋板及其埋件示意图

图 6.10　上预埋板及其埋件安装实例

上部结构施工过程中，应采取有效措施保护隔震支座，如用塑料薄膜缠绕橡胶隔震支座本体，或用粘胶带临时包粘高强螺栓，以防止浇筑上支墩混凝土时污染或损伤隔震支座。

上支墩和隔震层梁板混凝土工程施工时，上支墩底面应采用硬质模板，严禁采用柔性松散填料来作为底模板，如图 6.11 所示。

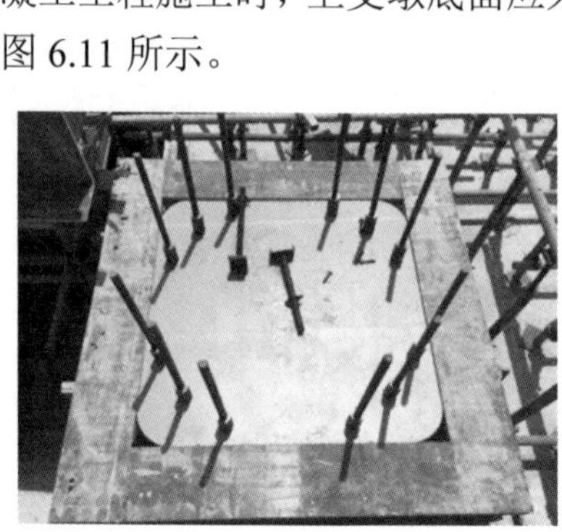

图 6.11　上支墩底模板安装

上支墩钢筋安装和绑扎时，应确定支座上预埋套筒或锚筋的位置，确保不会发生相互碰撞。上支墩配筋通常有两种设计方式：一是采用与柱相同的配筋方式(柱式配筋)，即纵筋与箍筋结合的形式，如图 6.12(a)所示；二是按最小配筋率与最小配箍率计算采用钢筋笼式配筋，如图 6.12(b)所示。当上支墩高度较小时，其受力也较小，此时配筋满足最小配筋率和最小配箍率即可，并且建议将上支墩底钢筋点焊于上预埋钢板上，以保证钢筋笼的竖向稳定；对于高度较大的上支墩，则可采用柱式配筋。

(a) 上支墩柱式配筋　　(b) 上支墩钢筋笼式配筋

图 6.12　上支墩配筋实例

上支墩混凝土施工，宜采用高流动性混凝土浇筑，其强度等级宜比原设计高一级，并加强养护。对单层面积较大或长度超过 100m 的支座相邻上部混凝土结构、大跨度钢结构或设计有特殊要求的，应制定专项施工方案，不应产生过大的温度变形或混凝土干缩变形。当支座相邻上部结构为钢结构或钢骨结构时，应对全部支座采取临时固定措施。

6.3　隔震工程的施工监测

工程施工期间，隔震支座可能因为各种因素产生变形，进而影响建筑的隔震效果及结构安全[22]。因此，进行隔震支座竖向及水平向的变形监测十分重要。

6.3.1　变形监测指标

隔震支座变形监测主要包含竖向和水平变形监测。

(1) 隔震支座竖向变形：主要是上部结构自重增加、隔震支座自身徐变、下部结构沉降不均匀等问题导致的隔震支座竖向变形，如图 6.13(a)所示。

(2) 隔震支座水平变形：主要是上部结构大面积梁板整体浇筑产生的混凝土收缩-干缩、上部结构自身收缩及温度收缩等引起的隔震支座水平变形，如图 6.13(b)所示。

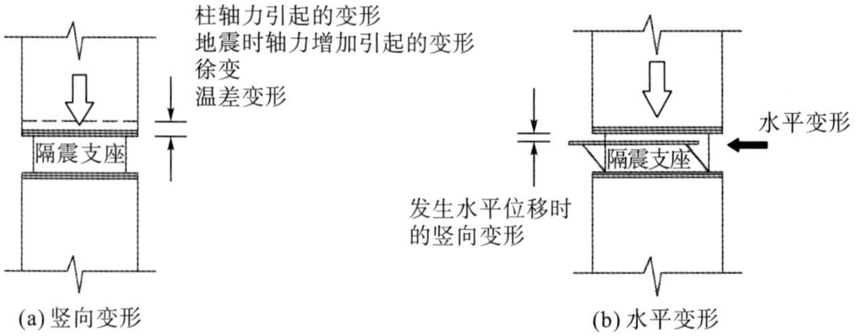

图 6.13 隔震支座变形示意图

6.3.2 监测点设置形式

隔震层拆除内脚手架及模板后，安装隔震支座竖向位移观测尺。观测尺需要一定的刚度，其上部与上支墩固定，下部为自由端，红色基准线对准隔震支座底部。竖向位移观测尺如图 6.14 所示。

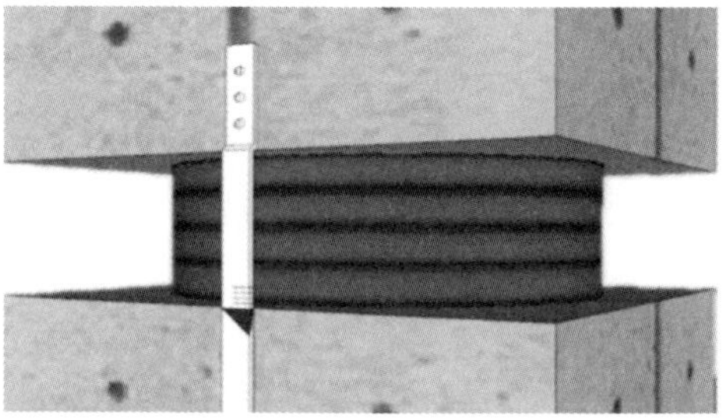

图 6.14 竖向位移观测尺

隔震支座水平变形观测点处，安装水平位移刻录仪，坐标 X 轴与 Y 轴均精确到毫米级。同时，宜在刻录仪上安装可预警的位移传感器，当位移值超过一定限值时，自动发出警报。水平位移刻录仪如图 6.15 所示。

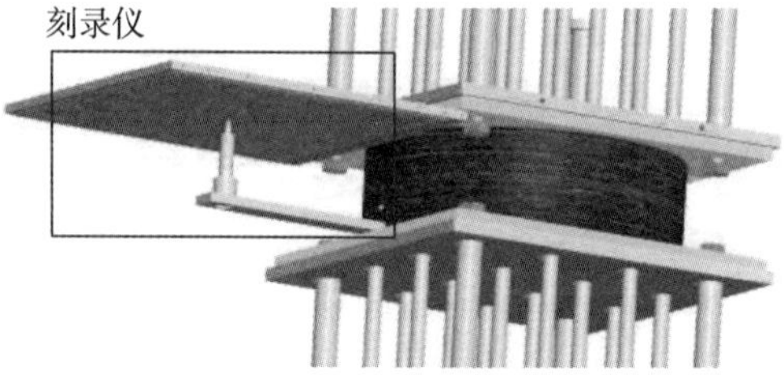

图 6.15 水平位移刻录仪

隔震结构由于隔震层的存在而分为上、下部结构。上、下部结构沉降监测采用水准测量的方法，其混凝土浇筑前应当预埋带有钢筋直螺纹套筒的锚固件。标高监测点安装位置及沉降监测预埋件大样如图 6.16 所示。

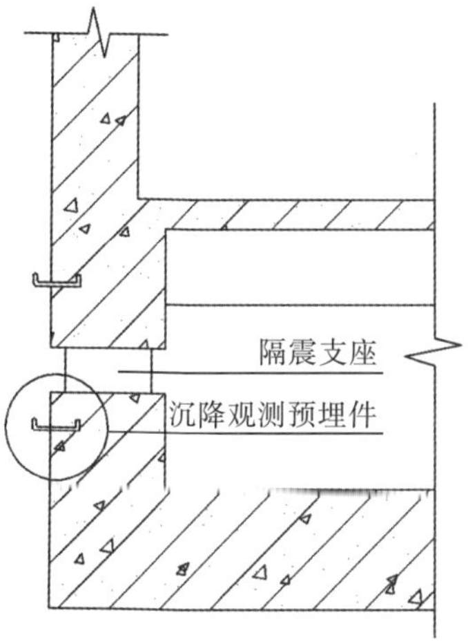

(a) 标高监测点安装位置

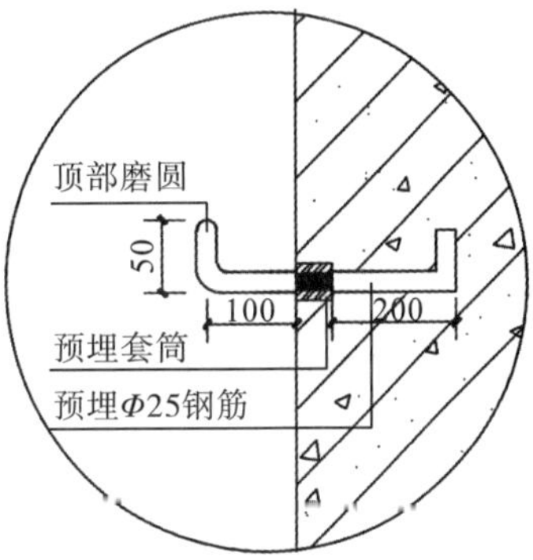

(b) 沉降监测预埋件大样

图 6.16　上、下部结构沉降监测点示意图(单位：mm)

6.3.3　监测点布置位置与数量

隔震支座竖向及水平位移监测点应当布设在能全面反映隔震支座位移或应变较大的部位：①建筑角部位置；②压应力较大的隔震支座；③可能产生拉应力的隔震支座。隔震支座竖向及水平位移监测点之间的间隔不超过 20m。

上、下部结构沉降监测点的布设位置：①建筑物四角；②沉降缝两侧；③荷载变化较大的部位。沉降监测点间隔不超过 20m，并应满足建筑物沉降监测的相关要求。

6.3.4　监测时间及次数

(1) 隔震支座位移监测点及结构沉降监测点在安装完成后立即开始记录初始值。

(2) 上部结构在浇筑下一层混凝土前和浇筑完成后分别监测一次。

(3) 因瞬时大风、台风、地震等不可抗外力而停工时，在复工后应当立即进行监测。

(4) 当结构发生沉降或产生严重裂缝时，应当立即进行连续监测，频率为一天一次。

6.4　隔震工程的验收

建筑隔震工程的隔震层施工中，应对隔震支座等相关材料进行进场验收及施工质量验收[14,23,24]。

6.4.1 进场验收

进场验收是指对进入施工现场的材料、构配件、设备等按相关标准规定要求进行检验，判断产品是否合格，在此特指隔震支座的进场验收。进场验收的内容如下：

(1)核对隔震支座的型号、规格和件数。

(2)审查质量保证书、材质证明(型式检验报告、出场检验报告)、合格证印章是否齐全。

(3)检查隔震支座的标志、封印、备品、备件是否完整无缺。

(4)按照规定的技术或标准要求，对进场的隔震支座的外观、质量、几何尺寸等项目进行检测。

验收完成后，施工项目部填写“产品检验记录”，并以“工程构配件进场审报表”及时向监理项目部进行进场报审，经监理项目部同意后，方可进入工程施工现场。经检验判定为不合格的支座，由施工项目部及时进行标识并单独隔离存放，再由施工项目部联系生产商处理，运离现场。

6.4.2 质量验收

隔震层施工质量验收应提供下列文件和记录：

(1)建筑工程相关设计文件及设计变更文件；

(2)隔震支座、阻尼器及相关材料质量合格证明文件、中文标志、性能检测报告和复验报告；

(3)施工现场质量管理记录；

(4)有关安全及功能的检验和见证检验项目检查记录；

(5)有关观感质量检验批质量验收记录；

(6)分项工程所含各检验批质量验收记录；

(7)工程重大质量问题的处理方案和验收记录；

(8)隔震装置使用维护手册、维修管理及计划；

(9)其他必要的文件和记录，包括城市规划部门认可文件、工程项目施工许可证、公安消防部门认可文件、环保部门认可文件、施工图设计文件审查报告和建设工程档案专项验收意见书。

当建筑隔震工程施工质量不符合相关规范要求时，应按下列规定进行处理：

(1)经返工重做或更换构(配)件的检验批，应重新进行验收；

(2)经有资质的检测单位检测鉴定能达到设计要求的检验批，应予验收；

(3)经有资质的检测单位检测鉴定达不到设计要求，但经原设计核算认可满足结构安全和使用功能的检验批，可予验收；

(4)经返修或加固处理的分项工程、子分部工程，对改变外形尺寸后仍能满足安全使用要求的，按处理技术方案和协商文件进行验收。

建筑隔震工程应当作为建筑主体结构分部工程的子分部工程进行验收，建筑隔震子分部工程施工质量验收合格后，应将所有验收文件存档备案。

6.4.3 验收重点

建筑隔震工程的隔震层验收应重点检查隔震支座安装、隔震缝、柔性连接和防火构造四个方面。

6.4.3.1 隔震支座安装

(1) 支座的型号、数量和安装位置不允许出现错误。

(2) 工程竣工前应再次检查螺栓是否拧紧，并做好施工记录。

(3) 支座上、下支墩(柱)是建筑隔震工程的重要组成构件，不宜出现蜂窝、麻面等质量缺陷，当出现时应及时采取处理措施进行修补。当出现孔洞、缝隙及夹层和强度不足时，应采用无损伤的方法重新评定混凝土质量。经建设、设计、监理等单位共同商定修补加固方案后，由施工单位按照修补加固方案进行施工，其施工质量应符合现行国家标准《混凝土结构工程施工质量验收规范》(GB 50204—2015)[25]的有关规定。

6.4.3.2 隔震缝

设计文件应明确要求设置完全贯通的、具有一定高度的水平隔震缝以及一定宽度的竖向隔震缝。施工时应精心处理，验收时可通过观察、检查施工记录、塞尺测量、钢尺量测等手段检查是否满足相关设计要求，确保地震时上部结构的相对水平变形不受阻碍。从严要求水平隔震缝高度及竖向隔震缝宽度的误差范围。

6.4.3.3 柔性连接

设计文件应明确要求穿越隔震层的重要管道应采用柔性连接或柔性连接段进行连接。施工前应检查柔性连接或柔性连接段的质量和性能保证书以及必要的试验证明报告，确认其满足设计文件的水平位移要求。

6.4.3.4 防火构造

隔震层设置在有耐火要求的使用空间时，隔震支座及其连接应根据使用空间的耐火等级采取相应的防火措施。当无防火构造设计时，建议采用防火卷材进行包裹。

6.5 隔震工程的维护

相比于抗震建筑，隔震建筑有一个特殊的隔震层，隔震层在地震时能否发挥作用，直接关系到隔震建筑的安全[26]。而在现场调查中，发现隔震建筑在施工过程中或交付使用后，施工单位或建筑使用者不了解建筑隔震原理，随意改动隔震构造，使隔震层不能在地震作用时发生自由变形，导致结构破坏，如图 6.17～图 6.20 所示[27]。因此，必须定期对隔震层进行维护。

图 6.17 楼梯面层堵塞水平隔离缝

图 6.18 竖向隔离缝宽度不足

图 6.19 管道占用竖向隔震沟空间

图 6.20 装修面层覆盖支座节点

为确保隔震层发挥作用，隔震建筑的维护管理需要做到以下几个方面：①保证隔震支座及其连接的有效性；②保证隔震构造的可移动性，且确保其不会对人身造成伤害；③保证穿越隔震层管线的使用安全性，避免地震时管线损坏和破裂。

6.5.1 警示标记

隔震建筑的警示标记是为项目建设单位、施工方、建筑使用方、物业管理及改造拆除人员提供必要的隔震建筑工程技术信息，以保证隔震建筑的正常使用、合理维护、适宜改造及安全拆除。同时，在地震发生时，便于指导人员正确疏散群众，避免因不当行为影响建筑隔震功能或对建筑造成损坏。因此，隔震建筑应当设置警示标志，警示标志宜符合下列规定：

(1) 警示标志应能描述其特殊性，并能提醒相关人员对隔震支座及隔震构造进行维护。

(2) 警示标志应设置在地震时会发生相对位移且有人员活动的位置。

根据上述规定，提出隔震建筑警示标志的具体内容及位置：

(1) 建筑主要门厅或入口处的标志应注明隔震产品的型号、规格、功能及特性等，并简要描述其特殊使用要求[28]，如图 6.21 所示。其数量不应小于一块。

建筑隔震技术设计和说明

1. 隔震技术概念和原理

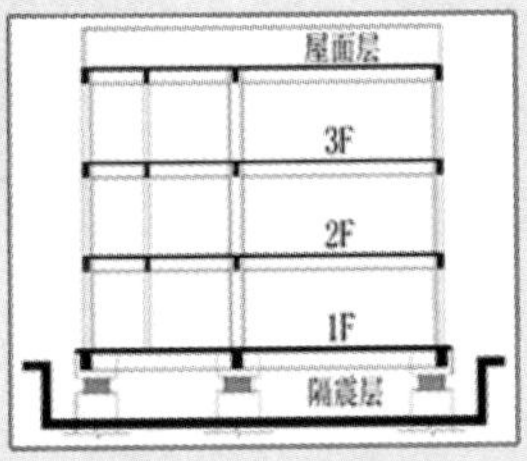

建筑隔震技术概念是：基础或底层柱顶与上部结构之间，设置隔震橡胶支座和阻尼器等组成整体复位功能的隔震层。

隔震技术基本原理是：设置水平刚度较小的隔震层，延长结构的自振周期，减少输入的水平地震作用。

2. 隔震设计

______工程抗震设防等级为______共有______栋楼，其中______采用______隔震形式，采用______隔震形式。

（______工程概况）______

3. 使用注意要点

地震发生时，隔震层以上的结构产生往复水平位移，最大水平位移可以达到___mm建筑物仍然保证有足够的安全度。

隔震建筑、隔震缝周边1000mm以内不能用阻碍水平变形的障碍物和设施，加强日常管理。

地震（或台风）发生后，应当查看隔震层的变形和损伤情况。

隔震支座不耐火，日常使用防范火灾。火宅发生时，首先对隔震层进行补救。

图 6.21　警示牌图样(门厅或入口处)

(2) 水平隔震缝处和楼梯隔震缝处的警示牌应注明严禁在此地堆放物体及杂物。警示牌在水平隔震缝处设置不少于两块，在每部楼梯设置不少于一块，其内容要求如图 6.22(a)所示。

(3) 建筑物周围的竖向隔震沟处的标志应注明地震时建筑能够在该范围内移动，禁止填充隔震沟或在隔震沟处堆放杂物，并且周围堆放物件应该和建筑物保持不小于 1000mm 的安全距离，避免阻碍隔震建筑的水平变形，如图 6.22 所示。警示牌设置数量要求不少于两块。若隔震建筑警示牌材料受损或字迹模糊不清，应及时更换。

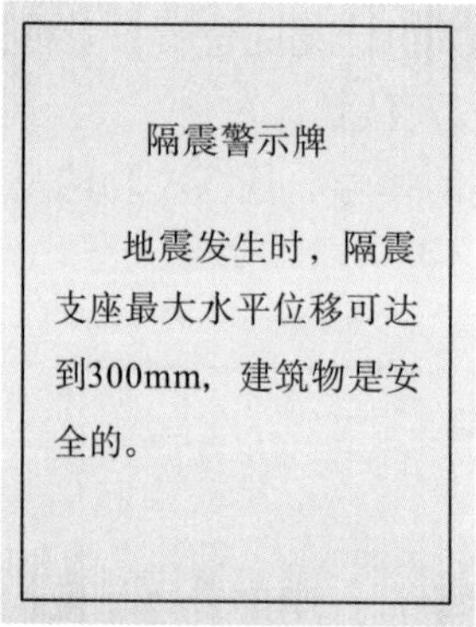

(a) 警示牌1

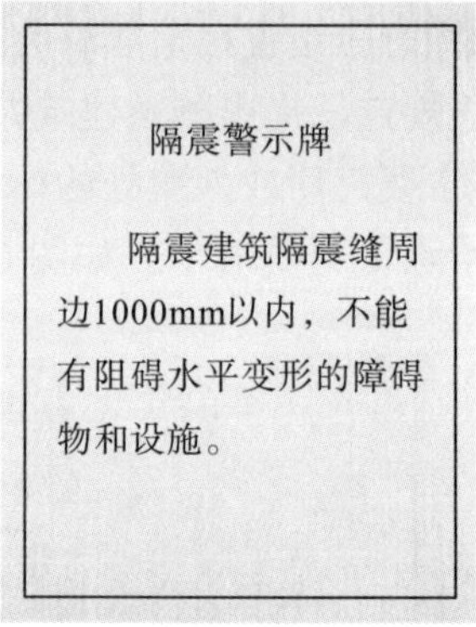

(b) 警示牌2

图 6.22 警示牌图样

(4) 工程竣工铭牌应当按照要求记入工程项目名称、建设单位、勘察单位、设计单位、隔震技术设计单位、施工单位、监理单位以及各单位项目负责人等，如图 6.23 所示。

XXX项目

建设单位:________	项目负责人:________
勘察单位:________	项目负责人:________
设计单位:________	项目负责人:________
隔震技术设计单位:________	项目负责人:________
施工单位:________	项目负责人:________
监理单位:________	项目负责人:________
开工日期:________	竣工日期:________

图 6.23 建筑物工程竣工铭牌图样

(5) 每个工程项目的隔震层应当留置至少一处的支座观察窗，目的是在日常维护中便于观察隔震支座的变形，也便于人们在隔震技术推广应用活动中参观，观察窗应当按照有关要求做好防火措施，如图 6.24 所示。

图 6.24 隔震支座观察窗

6.5.2　维护要求

根据《建筑隔震工程施工及验收规范》(JGJ 360—2015)[14]规定，隔震工程的维护要求如下：

(1) 隔震建筑工程竣工验收前，应提交由支座生产商、设计单位等编写的使用维护手册及维护管理计划。

(2) 隔震建筑的维护检查包括常规检查、定期检查和应急检查。其中，常规检查由建设单位、建筑使用方进行检查，每年进行一次，检查方式可采用目测观察方式；定期检查由专业技术人员进行检查，在工程竣工后的第 3 年、第 5 年和第 10 年，10 年以后每 10 年进行一次，除支座的水平变形和竖向压缩变形应使用仪器测量外，其他项目均可通过目测观察方式进行检查；当发生可能对隔震层相关构件及装置造成损伤的地震或火灾等灾害后，应及时进行应急检查。

(3) 隔震建筑工程除对建筑常规维护项目进行检验、检查外，还应对隔震建筑特有的项目进行检验和检查。检查项目包括隔震支座、隔震缝、柔性连接、管线设备等。

6.5.3　维护内容

隔震建筑的使用情况和隔震装置应当进行经常性巡视，及时发现异常情况以防止危险发生。检查应由建筑物管理人员承担，每年不少于两次。若发现异常情况，应及时向建设单位报告，建设单位再委托专业技术人员进行检查。当建筑物遭受地震、火灾或其他意外灾害后，建设单位或建筑使用方应立即检查隔震装置是否受到影响，并采取相应措施[14]。

考虑到所检查对象的性能要求不同，具体的维护管理项目与例行检查项目见表 6.4 和表 6.5。

表 6.4　维护管理项目

部位	必要性能	管理项目	管理方法
隔震构造	能够承受必要的荷载	有无损坏	检查外观
	具有良好的隔震性能	刚度、变形能力	检查外观
隔震层建筑外周	确保建筑物能够产生设计所要求的水平变形值	水平净距、净空、有无障碍物	测量净距、净空，检查有无障碍物
设备管线及柔性连接	具有良好的变形能力	形状、有无损坏	目测检查

表 6.5　例行检查项目

位置		检查项目		检查方法	管理目标
隔震层及建筑物外周	建筑物	周边环境	水平净距、净空	目测	无障碍物
	隔震装置、设备管线	周边状况	障碍物		无障碍物
			可燃物		无可燃物
			排水条件		排水状况良好

续表

<table>
<tr><th colspan="2">位置</th><th colspan="2">检查项目</th><th>检查方法</th><th>管理目标</th></tr>
<tr><td rowspan="4">隔震装置</td><td rowspan="4">隔震
支座</td><td rowspan="2">橡胶保护层外观</td><td>老化</td><td>目测</td><td>无老化</td></tr>
<tr><td>损坏</td><td>目测
量测</td><td>无损坏</td></tr>
<tr><td rowspan="2">外露钢材料状况</td><td>锈蚀</td><td rowspan="2">目测</td><td>无浮锈、
无锈迹</td></tr>
<tr><td>安装部位</td><td>螺栓无松动</td></tr>
<tr><td rowspan="3">设备管线及柔性
连接</td><td rowspan="2">设备
管线</td><td rowspan="2">柔性连接部位</td><td>液体渗漏</td><td>目测</td><td>无异常</td></tr>
<tr><td>—</td><td rowspan="2">确认</td><td>不增加、更换</td></tr>
<tr><td>电气
线路</td><td>变形吸收部位</td><td>—</td><td>不增加、更换</td></tr>
</table>

参考文献

[1] 中华人民共和国住房和城乡建设部，中华人民共和国国家质量监督检验检疫总局. 建筑抗震设计标准: GB/T 50011—2010[S]. 北京: 中国建筑工业出版社, 2024.

[2] 中华人民共和国住房和城乡建设部. 混凝土结构设计规范: GB 50010—2010[S]. 北京: 中国建筑工业出版社, 2010.

[3] 周福霖. 工程结构减震控制[M]. 北京: 地震出版社, 1997.

[4] 苏经宇，曾德民，田杰. 隔震建筑概论[M]. 北京: 冶金工业出版社, 2012.

[5] 日本免震构造协会. JSSI 免震施工规范 2009[S]. 陈禧耘，汪向荣，译. 台北: 科技图书出版社, 2011.

[6] INC ICC. International Building Code[S]. US: Uniform Building Code, 2006.

[7] 曾德民，杜志超，高晓明，等.《建筑隔震工程施工及验收规范》(JGJ 360—2015)介绍[J]. 建筑结构, 2017, 47(8): 82-86.

[8] 福建省建筑工程技术中心，福州大学. 福建省建筑工程隔震橡胶支座和装置施工及验收规程: DBJ/T 13-252—2016[S]. 福建省住房和城乡建设厅, 2016.

[9] 中华人民共和国住房和城乡建设部. 民用建筑设计统一标准: GB 50352—2019[S]. 北京: 中国建筑工业出版社, 2019.

[10] 中国工程建设标准化协会. 叠层橡胶支座隔震技术规程: CECS 126—2001[S]. 北京: 中国建筑工业出版社出版, 2001.

[11] 中华人民共和国住房和城乡建设部. 建筑隔震橡胶支座: JG/T 118—2018[S]. 北京: 中国标准出版社, 2018.

[12] 四川省住房和城乡建设厅. 四川省建筑叠层橡胶隔震支座应用技术标准: DBJ 51/T 083—2017[S]. 成都: 西南交通大学出版社, 2018.

[13] 震安科技股份有限公司，昆明理工大学. 建筑工程叠层橡胶隔震支座施工及验收标准: DBJ 53/T-48—2020[S]. 昆明: 云南科技出版社, 2020.

[14] 中华人民共和国住房和城乡建设部. 建筑隔震工程施工及验收规范: JGJ 360—2015[S]. 北京: 中国建筑工业出版社, 2015.

[15] 吴应雄，张东鹏，苏文庭，等. 建筑隔震工程隔震橡胶支座安装施工工艺分析[J]. 施工技术, 2018, 47(16): 143-146.

[16] 北京市建筑设计研究院有限公司，北规院宏都规划建筑设计研究院有限公司，北京建筑大学. 建筑工程减隔震技术规程: DB11/ 2075—2022[S]. 北京: 北京市市场监督管理局，北京市规划和自然资源委员会, 2023.

[17] 中华人民共和国住房和城乡建设部. 混凝土结构工程施工规范: GB 50666—2011[S]. 北京: 中国建筑工业出版社, 2012.

[18] 张东鹏, 吴应雄, 林顺建, 等. 隔震工程下支墩混凝土及预埋板施工技术分析[J]. 水利与建筑工程学报, 2019, 17(3): 225-230.

[19] 施微丹, 许立英, 李环辉, 等. 隔震支座下支墩(柱)截面及配筋的构造优化[J]. 水利与建筑工程学报, 2020, 18(5): 97-102, 108.

[20] 吴国来, 陈启冬, 张东鹏, 等. 隔震支座下支墩(柱)预埋钢板下部填充工法试验研究[J]. 施工技术, 2020, 49(13): 114-117.

[21] 中华人民共和国国家质量监督检验检疫总局, 中国国家标准化管理委员会. 紧固件机械性能 螺栓、螺钉和螺柱: GB/T 3098. 1—2010[S]. 北京: 中国标准出版社, 2011.

[22] 福州大学, 福建省泷澄建设集团有限公司. 福建省隔震建筑结构构造图集: DBJT13-112[S]. 福州: 福建省住房和城乡建设厅, 2019.

[23] 朱宏平, 沈文爱, 雷鹰, 等. 结构减隔震控制系统性能监测、评估与提升[J]. 工程力学, 2020, 37(1): 1-16.

[24] 中华人民共和国住房和城乡建设部. 建筑隔震设计标准: GB/T 51408—2021[S]. 北京: 中国计划出版社, 2021.

[25] 中华人民共和国住房和城乡建设部. 混凝土结构工程施工质量验收规范: GB 50204—2015[S]. 北京: 中国建筑工业出版社, 2015.

[26] 周盟, 魏智辉, 潘毅, 等. 隔震建筑维护与管理措施[J]. 土木建筑与环境工程, 2016, 38(S2): 40-43.

[27] 中国建筑标准设计研究院. 建筑结构隔震构造详图: 22G610-1[S]. 北京: 中国计划出版社, 2023.

[28] 日本免震构造协会. 国外建筑设计详图图集-8——减震建筑设计与细部[M]. 慕春暖, 译. 北京: 中国建筑工业出版社, 2002.

第7章 隔震结构的工程应用

目前，隔震结构的工程应用以砌体结构、框架结构、剪力墙结构和框架-剪力墙结构为主，涉及住宅、公寓、商业楼、办公楼、学校、医院等。本章以实际隔震工程项目为案例，主要介绍基底隔震、层间隔震和隔震加固三种工程类型的设计流程，重点阐述隔震层设计、隔震计算模型、地震动记录选取、地震作用分析、隔震层抗风及弹性恢复力验算等。

7.1 砌 体 结 构

砌体结构是一种常见的结构形式，是砖砌体、砌块砌体和石砌体结构的统称，多用于多层住宅、学校和办公楼，特别在村镇建筑中还广泛存在。通过以往的震害调查可以发现，未隔震的砌体结构在强震中会发生不同程度的破坏，如整体倒塌、墙体破坏、楼面破坏、楼梯破坏和非结构构件破坏[1]。而利用隔震技术可以延长砌体结构的自振周期，增加其阻尼比，从而提高砌体结构的抗震性能。本节以多层砌体结构的隔震设计实例为背景，根据《建筑抗震设计标准》(GB/T 50011—2010)[2]中的砌体结构简化计算方法，介绍多层砌体结构的隔震设计方法和流程。

7.1.1 工程概况

该项目位于四川省都江堰市，是某小学的学生宿舍，建于2016年，建筑结构类型为砌体结构，总建筑面积为4539m^2。其中，地上5层，底部设置隔震层，结构总高度为14.40m，建筑剖面如图7.1所示。建筑典型平面长54.60m，宽20.10m，高宽比为0.72，建筑首层平面布置如图7.2所示。纵轴方向柱网尺寸主要为4.50m，横轴方向柱网尺寸主要为2.70m。

该结构抗震设防类别为重点设防类(乙类建筑)，抗震设防烈度为8度(0.2g)，II类场地，设计地震分组为第二组，特征周期T_g为0.40s。

7.1.2 隔震层设计

该项目使用PKPM软件，对隔震与非隔震结构进行建模与分析计算。

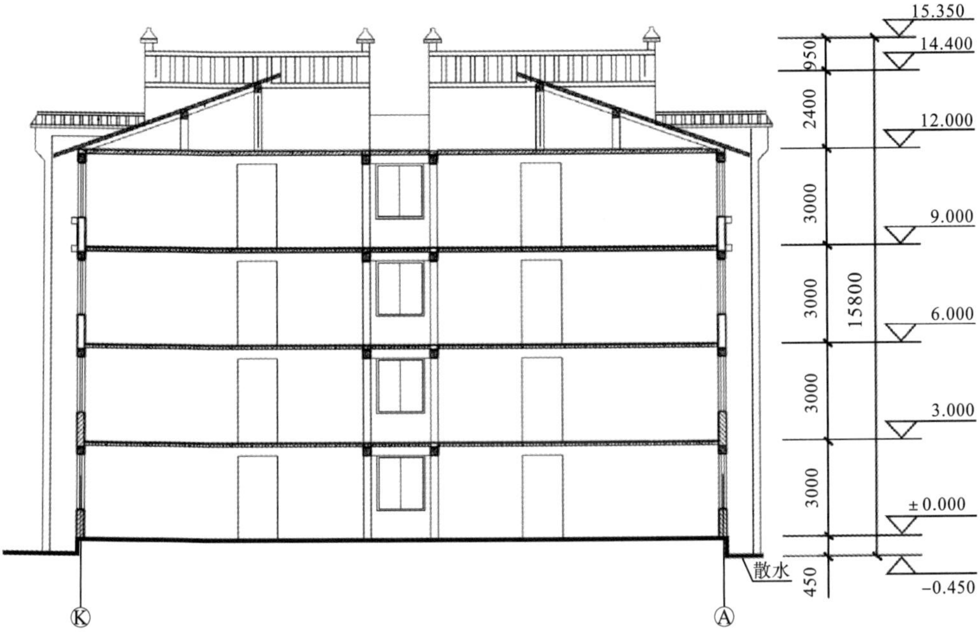

图 7.1　建筑剖面(单位：mm)

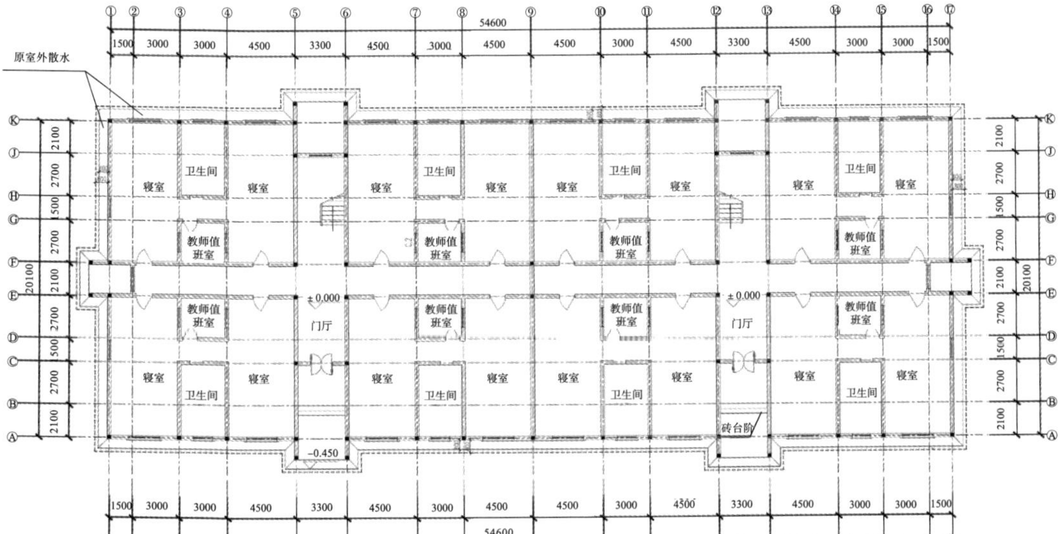

图 7.2　一层建筑平面布置(单位：mm)

7.1.2.1　隔震设计的目标

将上部结构的水平地震作用降低一度，水平减震系数 β 值控制在 0.40 以内，使上部结构可按 7 度(0.1g)进行设计。

7.1.2.2 隔震支座的性能参数

隔震支座型号的选择主要依据《叠层橡胶支座隔震技术规程》（CECS 126—2001）[3]的要求及橡胶隔震支座的性能参数。结合本项目的实际情况，根据框架柱底部反力，计算所需隔震支座的最小直径，同时兼顾隔震后结构的动力特性及橡胶隔震支座的抗风性能，进而合理地选择隔震支座型号。根据上述原则，选取铅芯橡胶隔震支座 LRB400 和天然橡胶隔震支座 LNR400、LNR500，其力学性能参数见表 7.1。

表 7.1　隔震支座力学性能参数

支座型号	个数/个	橡胶层总厚度/mm	基准面压/MPa	竖向刚度/(kN/mm)	等效水平刚度/(kN/mm)	屈服后刚度/(kN/mm)	屈服力/kN	等效阻尼比/%
LRB400	18	85	12	1400	1.149	0.6	27	26.5
LNR400	68	85	12	1250	0.620	—	—	6.0
LNR500	4	92	12	1800	0.767	—	—	6.5

7.1.2.3 隔震支座的布置

在布置隔震支座时，为了减小结构的扭转并考虑抗风的要求，将铅芯隔震支座布置在四周，分别采用了 18 个 LRB400 支座、68 个 LNR400 支座和 4 个 LNR500 支座。隔震支座的编号和布置如图 7.3 所示。上部结构质量为 7868t，屈服力为 2450kN，屈重比为 3.11%。

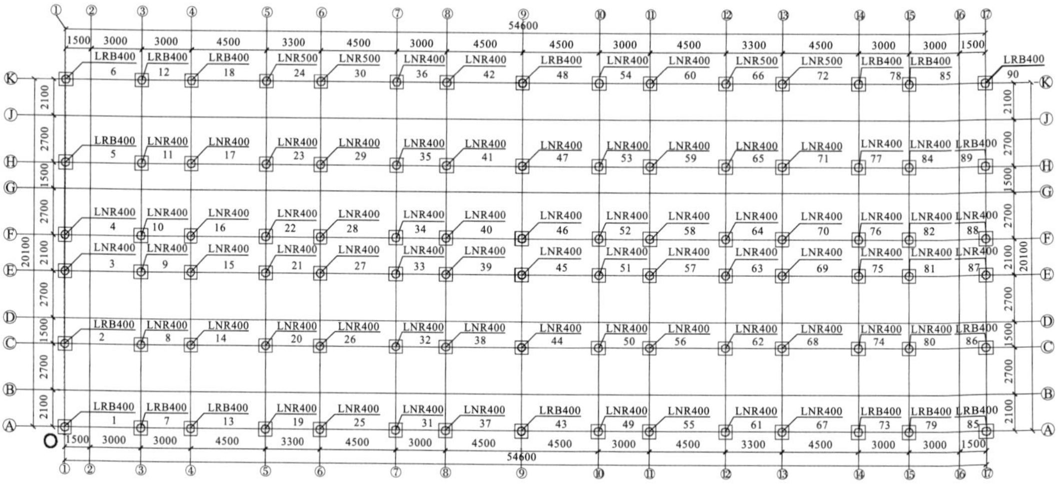

图 7.3　隔震支座的编号及布置

根据《建筑抗震设计标准》（GB/T 50011—2010）12.2.3 条规定，乙类建筑的橡胶隔震支座在重力荷载代表值下的竖向压应力不应超过 12MPa。验算重力荷载代表值（1.0×恒载+0.5×活载）下的支座压应力，见表 7.2。其中，45 号隔震支座压应力最大，为 9.24MPa，小于《建筑抗震设计标准》（GB/T 50011—2010）限值 12MPa，满足要求。

表 7.2　1.0D+0.5L 下支座压应力

支座编号	支座型号	轴力/kN	应力/MPa	支座编号	支座型号	轴力/kN	应力/MPa
1	LRB400	706.90	5.63	46	LNR400	1136.20	9.05
2	LRB400	509.68	4.06	47	LNR400	829.43	6.60
3	LNR400	894.99	7.13	48	LRB400	1115.79	8.88
4	LNR400	886.47	7.06	49	LNR400	941.31	7.49
5	LRB400	510.00	4.06	50	LNR400	794.47	6.33
6	LRB400	727.26	5.79	51	LNR400	791.24	6.30
7	LRB400	936.45	7.46	52	LNR400	791.05	6.30
8	LNR400	762.94	6.07	53	LNR400	799.28	6.36
9	LNR400	744.49	5.93	54	LNR400	998.91	7.95
10	LNR400	741.40	5.90	55	LNR400	926.03	7.37
11	LNR400	762.43	6.07	56	LNR400	830.10	6.61
12	LRB400	964.68	7.68	57	LNR400	793.65	6.32
13	LRB400	935.28	7.45	58	LNR400	796.36	6.34
14	LNR400	796.85	6.34	59	LNR400	842.36	6.71
15	LNR400	767.08	6.11	60	LNR400	991.85	7.90
16	LNR400	761.36	6.06	61	LNR400	982.67	7.82
17	LNR400	803.54	6.40	62	LNR400	1107.72	8.02
18	LRB400	972.34	7.74	63	LNR400	836.24	6.66
19	LNR400	957.06	7.62	64	LNR400	829.78	6.61
20	LNR400	990.93	7.89	65	LNR400	702.33	5.59
21	LNR400	843.41	6.72	66	LNR500	1213.05	6.18
22	LNR400	805.68	6.41	67	LNR400	970.34	7.73
23	LNR400	685.57	5.46	68	LNR400	999.94	7.96
24	LNR500	1189.93	6.06	69	LNR400	849.36	6.76
25	LRB400	991.24	7.89	70	LNR400	803.35	6.40
26	LNR400	1009.27	8.04	71	LNR400	683.38	5.44
27	LNR400	834.58	6.64	72	LNR500	1196.82	6.10
28	LNR400	829.45	6.60	73	LRB400	921.02	7.33
29	LNR400	698.03	5.56	74	LNR400	798.72	6.36
30	LNR500	1210.52	6.17	75	LNR400	763.67	6.08
31	LNR400	942.3	7.50	76	LNR400	760.01	6.05
32	LNR400	838.58	6.68	77	LNR400	801.92	6.38
33	LNR400	795.51	6.33	78	LRB400	974.9	7.76
34	LNR400	797.43	6.35	79	LRB400	917.63	7.31
35	LNR400	842.48	6.71	80	LNR400	762.04	6.07
36	LNR400	990.62	7.89	81	LNR400	741.06	5.90
37	LNR400	950.9	7.57	82	LNR400	740.29	5.89
38	LNR400	799.77	6.37	83	LNR400	760.71	6.06
39	LNR400	793.23	6.32	84	LRB400	966.85	7.70

续表

支座编号	支座型号	轴力/kN	应力/MPa	支座编号	支座型号	轴力/kN	应力/MPa
40	LNR400	792.03	6.31	85	LRB400	678.55	5.40
41	LNR400	799.98	6.37	86	LRB400	496.37	3.95
42	LNR400	999.54	7.96	87	LNR400	894.99	7.13
43	LRB400	1050.34	8.36	88	LNR400	886.70	7.06
44	LNR400	815.88	6.50	89	LRB400	509.21	4.05
45	LNR400	1160.82	9.24	90	LRB400	729.81	5.81

7.1.2.4 偏心率的计算

根据《建筑抗震设计标准》(GB/T 50011—2010) 12.2.2 条规定，当隔震层刚度中心与隔震层以上结构的质量中心存在不重合的情况时，应计入扭转效应的影响。隔震结构的偏心率是反映上部结构质心与隔震层刚心偏心程度的关键指标，标准要求在设防地震作用下，隔震层偏心率不宜超过 3.00%。其计算公式如下。

(1) 求隔震层以上结构 X 向、Y 向重心的坐标值 X_{g}、Y_{g}：

$$X_{\mathrm{g}}=\frac{\sum N_i X_i}{\sum N_i},\quad Y_{\mathrm{g}}=\frac{\sum N_i Y_i}{\sum N_i} \tag{7.1}$$

(2) 求隔震层 X 向、Y 向刚心的坐标值 X_{k}、Y_{k}：

$$X_{\mathrm{k}}=\frac{\sum K_{y,i} X_i}{\sum K_{y,i}},\quad Y_{\mathrm{k}}=\frac{\sum K_{x,i} Y_i}{\sum K_{x,i}} \tag{7.2}$$

(3) 求 X 向、Y 向的偏心距 e_x、e_y：

$$e_x=\left|Y_{\mathrm{g}}-Y_{\mathrm{k}}\right|,\quad e_y=\left|X_{\mathrm{g}}-X_{\mathrm{k}}\right| \tag{7.3}$$

(4) 求扭转刚度 K_{t}：

$$K_{\mathrm{t}}=\sum\left[K_{x,i}(Y_i-Y_{\mathrm{k}})^2+K_{y,i}(X_i-X_{\mathrm{k}})^2\right] \tag{7.4}$$

(5) 求 X 向、Y 向的回转半径 R_x、R_y：

$$R_x=\sqrt{\frac{K_{\mathrm{t}}}{\sum K_{x,i}}},\quad R_y=\sqrt{\frac{K_{\mathrm{t}}}{\sum K_{y,i}}} \tag{7.5}$$

(6) 求 X 向、Y 向的偏心率 ρ_x、ρ_y：

$$\rho_x=\frac{e_y}{R_x},\quad \rho_y=\frac{e_x}{R_y} \tag{7.6}$$

式 (7.1) ～ (7.6) 中，N_i——在重力荷载代表值作用下，第 i 个隔震支座所受到的竖向压力；

X_i、Y_i——第 i 个隔震支座中心位置的 X 向坐标值与 Y 向坐标值；

$K_{x,i}$、$K_{y,i}$——第 i 个隔震支座在 X 向、Y 向的等效刚度。

根据式 (7.1) ～式 (7.6) 进行计算，结构 X 向偏心率为 1.794%，Y 向偏心率为 0.000%，均小于 3.00%，满足要求。

7.1.3　隔震支座的本构关系

在隔震设计中，共采用了两种类型的隔震支座：天然橡胶隔震支座和铅芯橡胶隔震支座。对于天然橡胶隔震支座，其滞回模型一般采用等效线性模型，该滞回模型常用于没有设置阻尼器的隔震支座，其力-位移曲线如图 7.4 所示。其中，橡胶支座的剪切刚度 K_a 为 a 点的割线斜率，其计算公式如下：

$$K_a = \frac{Q_a}{X_a} \tag{7.7}$$

式中，X_a——a 点的位移；

Q_a——a 点的剪力。

而对于铅芯橡胶隔震支座，其滞回模型一般采用双线性模型，该滞回模型是根据隔震支座的非线性滞回行为简化而来的，双线性滞回模型的力-位移曲线如图 7.5 所示。其中，c 点为隔震支座的屈服点，a、b 点表示达到隔震支座的极限变形。

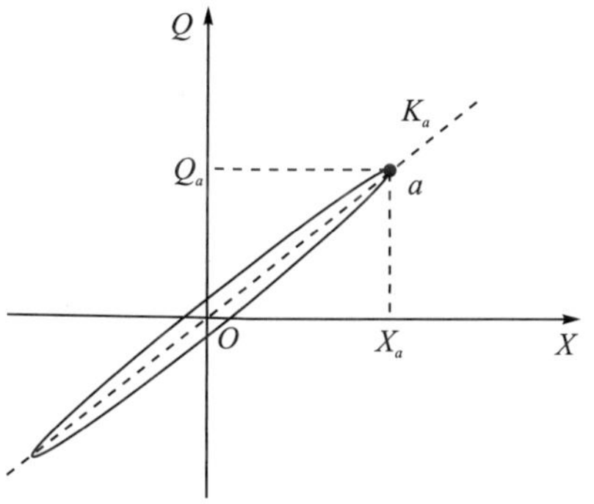

图 7.4　等效线性模型示意图

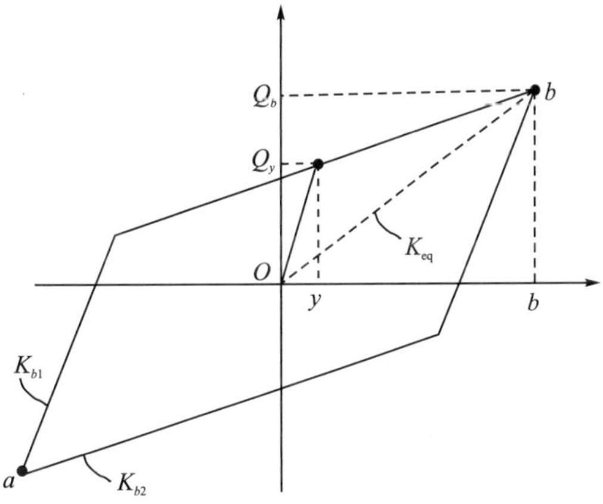

图 7.5　双线性模型示意图

初始水平刚度 K_{b1} 由式(7.8)计算；隔震支座的屈服后水平刚度 K_{b2} 由式(7.9)计算；隔震支座的等效水平剪切刚度 K_{eq} 由式(7.10)计算。

$$K_{b1} = \frac{Q_y}{X_y} \tag{7.8}$$

$$K_{b2} = \frac{Q_b - Q_y}{X_b - X_y} \tag{7.9}$$

$$K_{\mathrm{eq}} = \frac{Q_b}{X_b} \tag{7.10}$$

式中，X_y——屈服位移；

Q_y——屈服时的水平剪力；

X_b——最大水平位移；

Q_b——与 X_b 相对应时的水平剪力。

7.1.4 地震动记录的选取

根据《建筑抗震设计标准》(GB/T 50011—2010)要求，采用时程分析法时，需依据建筑场地类别和设计地震分组，选用实际强震记录和人工模拟的加速度时程曲线。其中，实际强震记录数量不得少于总数的 2/3，且其平均地震影响系数曲线应与振型分解反应谱法采用的地震影响系数曲线在统计意义上相符。基于此，本书选取了 5 条天然地震动(NRX-1、NRX-2、NRX-3、NRX-4、NRX-5)和 2 条人工地震动(AWX-1、AWX-2)。

此外，在进行弹性时程分析时，每条时程曲线计算所得的结构底部剪力不应低于振型分解反应谱计算结果的 65%，多条时程曲线计算所得的结构底部剪力平均值不应低于振型分解反应谱法计算结果的 80%。经检验，所选 7 条地震动均满足上述要求，每条地震动反应谱曲线与规范反应谱曲线的对比如图 7.6 所示。

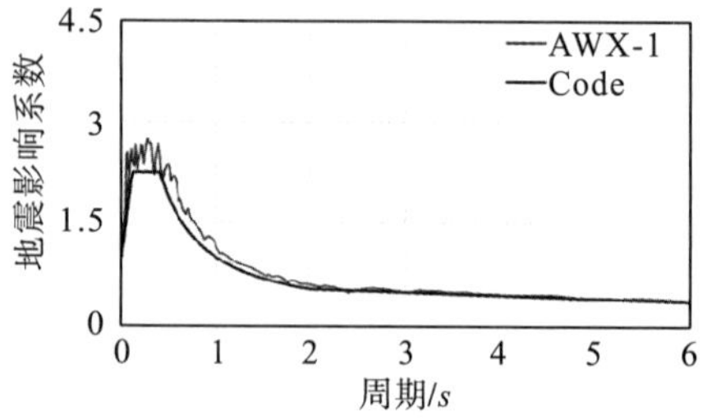

(a) AWX-1

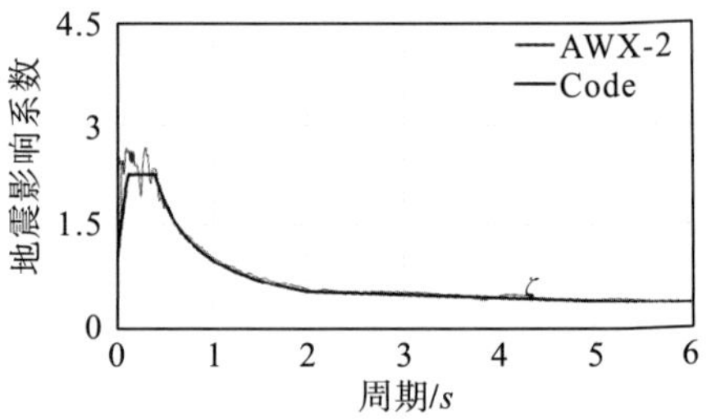

(b) AWX-2

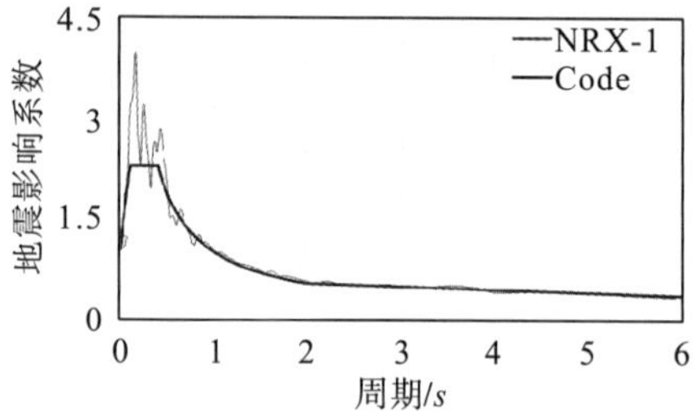

(c) NRX-1

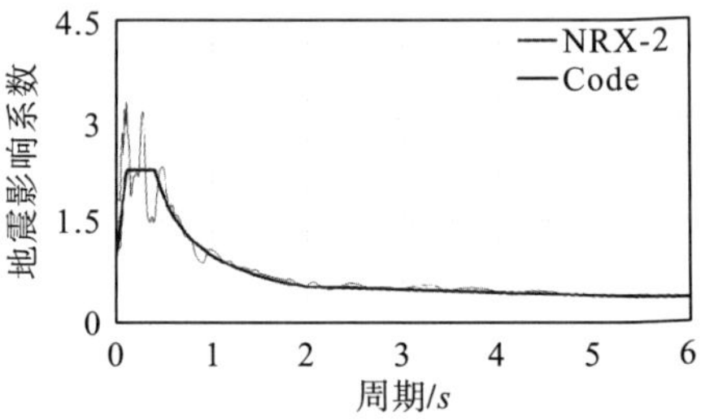

(d) NRX-2

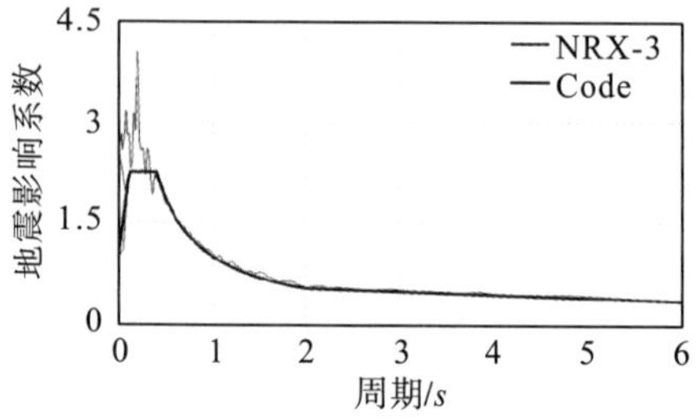

(e) NRX-3

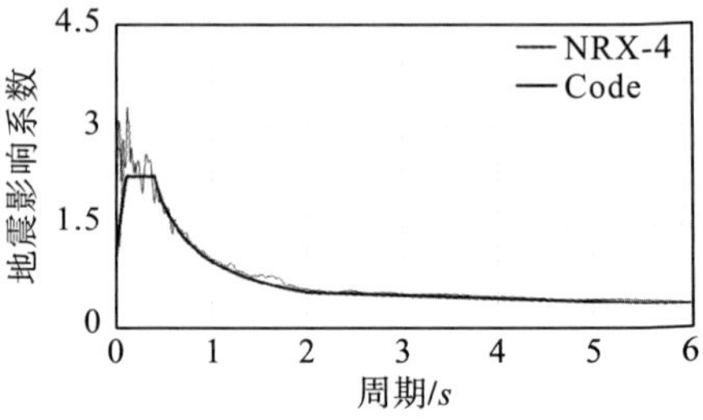

(f) NRX-4

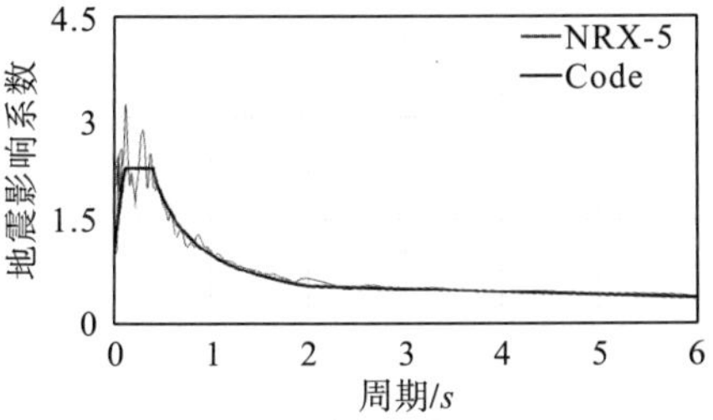

(g) NRX-5

图 7.6　地震动反应谱与规范反应谱对比

7.1.5　多遇地震作用下的分析结果

在多遇地震作用时隔震结构对应地震作用标准值的剪力应当符合下式要求：

$$V_{\mathrm{Ek}i} \geqslant \lambda \sum_{j=1}^{n} G_j \tag{7.11}$$

式中，$V_{\mathrm{Ek}i}$——第 i 层对应水平地震作用标准值的剪力；

λ——水平地震剪力系数，该项目取 0.032；

G_j——第 j 层重力荷载代表值；

n——结构计算总层数。

采用式(7.11)计算隔震结构在多遇地震作用下的剪重比，结果见表 7.3。经验算均满足要求。

表 7.3　剪重比验算

楼层	重力荷载代表值/kN	层剪力/kN		剪重比	
		X 向	Y 向	X 向	Y 向
5	13954	501	507	0.036	0.036
4	27907	1323	1353	0.047	0.048
3	41862	2504	2516	0.060	0.060
2	55815	3657	3666	0.066	0.066
1	69769	4936	4938	0.071	0.071

7.1.6　设防地震作用下的分析结果

根据《建筑抗震设计标准》(GB/T 50011—2010)规定，隔震结构的水平向减震系数，取弹性时程分析下隔震结构与非隔震结构各楼层剪力比值中的最大值。具体计算时，需分别求解 7 条地震动作用下，隔震与非隔震结构各楼层 X 向、Y 向的层剪力比值，随后计算 7 组比值的平均值，最终将这些平均值中的最大值确定为该隔震结构的水平向减震系数。基于此，本书将 7 条地震动的峰值加速度统一调幅至 200Gal，对隔震结构与非隔震结构开展 8 度(0.2g)设防地震作用下的时程分析工作。表 7.4 和表 7.5 分别给出了设防地震作用下隔震与非隔震结构的 X 向和 Y 向楼层剪力比。

表 7.4 X 向楼层剪力比

楼层	AWX-1	AWX-2	NRX-1	NRX-2	NRX-3	NRX-4	NRX-5	均值
5	0.099	0.085	0.125	0.130	0.103	0.104	0.082	0.104
4	0.109	0.097	0.122	0.148	0.111	0.110	0.092	0.113
3	0.133	0.113	0.153	0.196	0.125	0.125	0.120	0.138
2	0.158	0.128	0.170	0.267	0.148	0.151	0.164	0.169
1	0.193	0.154	0.198	0.326	0.176	0.192	0.223	0.209

表 7.5 Y 向楼层剪力比

楼层	AWX-1	AWX-2	NRX-1	NRX-2	NRX-3	NRX-4	NRX-5	均值
5	0.130	0.115	0.078	0.090	0.096	0.105	0.102	0.102
4	0.137	0.117	0.081	0.094	0.098	0.118	0.112	0.108
3	0.153	0.132	0.091	0.112	0.103	0.139	0.133	0.123
2	0.179	0.154	0.105	0.137	0.116	0.169	0.161	0.146
1	0.218	0.190	0.126	0.175	0.142	0.212	0.203	0.181

由表 7.4 和表 7.5 可知，7 条地震动作用下，X 向楼层剪力比的最大值为 0.209，Y 向楼层剪力比的最大值为 0.181。因此，楼层剪力比的最大值为 0.209，即水平向减震系数为 0.209＜0.40，上部结构可降低 1 度设计。

7.1.7 罕遇地震作用下的分析结果

7.1.7.1 隔震层位移验算

根据《建筑抗震设计标准》(GB/T 50011—2010)，将 7 条地震动的峰值加速度调幅至 8 度(0.2g)罕遇地震下的最大值 400Gal。标准明确规定，橡胶隔震支座在罕遇地震作用下的最大水平位移，应不超过 0.55D(D 为隔震支座有效直径)和 $3t_r$(t_r 为隔震支座橡胶层总厚度)中的较小值。经时程分析，获取各隔震支座在 7 条地震动作用下水平位移的平均值，取其最大值进行校核。由表 7.6 可知，橡胶隔震支座在罕遇地震作用下的最大水平位移均符合标准要求。

表 7.6 各隔震支座的最大水平位移 (单位：mm)

支座型号	有效直径	橡胶层总厚度	标准限值	最大水平位移
LRB400	400	73	219	173.8
LNR400	400	74	220	173.8
LNR500	500	92	275	173.4

7.1.7.2　隔震支座拉应力验算

橡胶隔震支座在受拉状态下，其内部会产生损伤，导致支座弹性性能下降，同时使上部结构面临倾覆风险。为此，《建筑抗震设计标准》(GB/T 50011—2010)明确要求，在水平与竖向罕遇地震共同作用时，隔震支座拉应力不得超过 1MPa。在验算隔震支座拉应力时，采用“1.0×恒载+0.5×活载+1.0×水平地震作用−0.5×竖向地震作用”的荷载组合，其中竖向地震作用取值为重力荷载代表值的 0.2 倍。表 7.7 列出了各型号隔震支座的最大拉应力。数据显示，所有隔震支座的拉应力均小于标准限值 1MPa，满足设计要求。

表 7.7　隔震支座拉应力验算

支座编号	支座类型	轴力/kN	应力/MPa	支座编号	支座类型	轴力/kN	应力/MPa
1	LRB400	−313.78	−2.50	46	LNR400	−770.97	−6.14
2	LRB400	−363.42	−2.89	47	LNR400	−822.91	−6.55
3	LNR400	−599.24	−4.77	48	LRB400	−660.93	−5.26
4	LNR400	−603.58	−4.81	49	LNR400	−592.42	−4.72
5	LRB400	−189.76	−1.51	50	LNR400	−653.65	−5.20
6	LRB400	−317.45	−2.53	51	LNR400	−624.92	−4.98
7	LRB400	−571.97	−4.55	52	LNR400	−625.06	−4.98
8	LNR400	−604.95	−4.82	53	LNR400	−647.63	−5.16
9	LNR400	−533.79	−4.25	54	LNR400	−654.14	−5.21
10	LNR400	−537.66	−4.28	55	LNR400	−568.20	−4.52
11	LNR400	−607.47	−4.84	56	LNR400	−650.02	−5.18
12	LRB400	−595.48	−4.74	57	LNR400	−599.54	−4.77
13	LRB400	−565.95	−4.51	58	LNR400	−598.63	−4.77
14	LNR400	−641.64	−5.11	59	LNR400	−672.20	−5.35
15	LNR400	−599.10	−4.77	60	LNR400	−643.73	−5.13
16	LNR400	−588.46	−4.69	61	LNR400	−515.18	−4.10
17	LNR400	−654.34	−5.21	62	LNR400	−975.07	−7.76
18	LRB400	−606.91	4.83	63	LNR400	−462.49	−3.68
19	LNR400	−486.18	−3.87	64	LNR400	−456.53	−3.63
20	LNR400	−956.36	−7.61	65	LNR400	−670.28	−5.34
21	LNR400	−467.10	−3.72	66	LNR500	−732.04	−5.83
22	LNR400	−433.34	−3.45	67	LNR400	−505.35	−4.02
23	LNR400	−657.50	−5.23	68	LNR400	−964.80	−7.68
24	LNR500	−706.84	−5.63	69	LNR400	−474.98	−3.78
25	LRB400	−520.22	−4.14	70	LNR400	−433.16	−3.45
26	LNR400	−974.74	−7.76	71	LNR400	−663.56	−5.28
27	LNR400	−459.34	−3.66	72	LNR500	−719.63	−5.73
28	LNR400	−454.28	−3.62	73	LRB400	−550.55	−4.38
29	LNR400	−676.61	−5.39	74	LNR400	−649.13	−5.17
30	LNR500	−728.81	−5.80	75	LNR400	−594.64	−4.73
31	LNR400	−584.27	−4.65	76	LNR400	−586.85	−4.67
32	LNR400	−667.04	−5.31	77	LNR400	−650.25	−5.18
33	LNR400	−603.54	−4.81	78	LRB400	−616.33	−4.91

续表

支座编号	支座类型	轴力/kN	应力/MPa	支座编号	支座类型	轴力/kN	应力/MPa
34	LNR400	−601.88	−4.79	79	LRB400	−553.29	−4.41
35	LNR400	−677.43	−5.39	80	LNR400	−607.24	−4.83
36	LNR400	−645.30	−5.14	81	LNR400	−530.40	−4.22
37	LNR400	−602.75	−4.80	82	LNR400	−536.50	−4.27
38	LNR400	−640.74	−5.10	83	LNR400	−607.59	−4.84
39	LNR400	−626.21	−4.99	84	LRB400	−602.39	−4.80
40	LNR400	−625.74	−4.98	85	LRB400	−285.94	−2.28
41	LNR400	−634.39	−5.05	86	LRB400	−352.39	−2.81
42	LNR400	−657.07	−5.23	87	LNR400	−598.21	−4.76
43	LRB400	−592.07	−4.71	88	LNR400	−602.10	−4.79
44	LNR400	−811.26	−6.46	89	LRB400	−189.04	−1.51
45	LNR400	−791.77	−6.30	90	LRB400	−322.07	−2.56

注：正值表示隔震支座受拉，负值表示隔震支座受压。

7.1.7.3 隔震支座压应力验算

对隔震支座的压应力进行验算时，采用“1.0×恒载+0.5×活载+1.0×水平地震作用+0.5×竖向地震作用”的荷载组合。表 7.8 给出了各型号隔震支座的最大压应力。由表 7.8 可知，在罕遇地震作用下，支座压应力在既定组合下均控制在 24MPa 以内，符合规范规定。

表 7.8 隔震支座压应力验算

支座编号	支座型号	轴力/kN	应力/MPa	支座编号	支座型号	轴力/kN	应力/MPa
1	LRB400	−1099.61	−8.75	46	LNR400	−1500.94	−11.94
2	LRB400	−656.11	−5.22	47	LNR400	−835.94	−6.65
3	LNR400	−1190.67	−9.48	48	LRB400	−1571.26	−12.50
4	LNR400	−1170.11	−9.31	49	LNR400	−1289.73	−10.26
5	LRB400	−831.17	−6.61	50	LNR400	−935.62	−7.45
6	LRB400	−1137.53	−9.05	51	LNR400	−957.85	−7.62
7	LRB400	−1300.54	−10.35	52	LNR400	−956.77	−7,61
8	LNR400	−921.03	−7.33	53	LNR400	−951.26	−9.57
9	LNR400	−955.30	−9.27	54	LNR400	−1344.16	−10.70
10	LNR400	−945.66	−7.60	55	LNR400	−1283.32	−10.21
11	LNR400	−917.89	−7.30	56	LNR400	−1009.87	−8.04
12	LRB400	−1334.28	−10.62	57	LNR400	−987.52	−7.86
13	LRB400	−1304.23	−10.38	58	LNR400	−993.62	−7.91
14	LNR400	−951.59	−7.57	59	LNR400	−1012.08	−8.05
15	LNR400	−935.25	−7.44	60	LNR400	−1340.50	−10.67
16	LNR400	−934.12	−7.43	61	LNR400	−1449.57	−11.54
17	LNR400	−952.52	−7.58	62	LNR400	−1040.33	−8.28
18	LRB400	−1338.16	−10.65	63	LNR400	−1210.58	−9.63
19	LNR400	−1427.57	−11.36	64	LNR400	−1202.46	−9.57

续表

支座编号	支座型号	轴力/kN	应力/MPa	支座编号	支座型号	轴力/kN	应力/MPa
20	LNR400	−1025.52	−8.16	65	LNR400	−734.47	−5.84
21	LNR400	−1220.11	−9.71	66	LNR500	−1694.71	−13.49
22	LNR400	−1177.65	−9.37	67	LNR400	−1434.68	−11.42
23	LNR400	−713.73	−5.68	68	LNR400	−1035.05	−8.24
24	LNR500	−1673.43	−8.52	69	LNR400	−1224.36	−9.74
25	LRB400	−1461.84	−11.63	70	LNR400	−1172.93	−9.33
26	LNR400	−1043.81	−8.31	71	LNR400	−703.10	−5.60
27	LNR400	−1210.24	−9.63	72	LNR500	−1674.63	−13.33
28	LNR400	−1204.22	−9.58	73	LRB400	−1290.79	−10.27
29	LNR400	−719.39	−5.72	74	LNR400	−948.77	−7.55
30	LNR500	−1692.59	−8.62	75	LNR400	−933.03	−7.42
31	LNR400	−1299.87	−10.34	76	LNR400	−933.31	−7.43
32	LNR400	−1010.42	−8.04	77	LNR400	−953.77	−7.59
33	LNR400	−987.72	−7.86	78	LRB400	−1334.16	−10.62
34	LNR400	−993.43	−7.91	79	LRB400	−1281.27	−10.20
35	LNR400	−1007.99	−8.02	80	LNR400	−916.75	−7.30
36	LNR400	−1336.39	−10.63	81	LNR400	−951.62	−7.57
37	LNR400	−1298.59	−10.33	82	LNR400	−943.56	−7.51
38	LNR400	−958.42	−7.63	83	LNR400	−913.33	7.27
39	LNR400	−960.50	−7.64	84	LRB400	−1332.01	−10.60
40	LNR400	−958..08	−7.62	85	LRB400	−1070.42	−8.52
41	LNR400	−965.22	−7.68	86	LRB400	−640.20	−5.09
42	LNR400	−1342.46	−10.68	87	LNR400	−1191.85	−9.48
43	LRB400	−1508.00	−12.00	88	LNR400	−1170.55	−9.31
44	LNR400	−820.51	−6.53	89	LRB400	−830.53	−6.61
45	LNR400	1530.37	−12.18	90	LRB400	−1138.34	−9.06

注：正值表示隔震支座受拉，负值表示隔震支座受压。

7.1.8　隔震层抗风及弹性恢复力验算

7.1.8.1　隔震层抗风验算

《建筑抗震设计标准》(GB/T 50011—2010)规定，风荷载产生的总水平力小于结构总重力的 10%。风荷载作用下隔震层的水平剪力标准值为 V_{wk}=491.8kN，结构总重力为 78680kN，经验算满足要求。

此外，为了满足风荷载以及微震动的要求，隔震层必须具备足够的屈服前刚度和屈服承载力。要求隔震层的屈服力大于风荷载值，可按照下式进行验算：

$$\gamma_w V_{wk} < V_{Rw} \tag{7.12}$$

式中，γ_w ——风荷载分项系数，取为 1.4；

V_{wk} ——风荷载作用下的水平剪力标准值；

V_{Rw} ——隔震层的屈服荷载。

V_{Rw}=720.0kN，1.4V_{wk}=688.5kN＜V_{Rw}=720.0kN，满足标准要求。

7.1.8.2 隔震层弹性恢复力验算

为了保证隔震层在多次地震作用后仍然具有良好的变形及复位能力，因此，需要对橡胶隔震支座的弹性水平恢复力进行验算。《叠层橡胶支座隔震技术规程》(CECS 126—2001)第4.3.6条要求，铅芯橡胶隔震支座需要按照式(7.13)进行验算。因此，需要满足规范对于隔震层弹性水平恢复力的要求。

$$K_{100}t_r \geqslant 1.40V_{Rw} \tag{7.13}$$

式中，K_{100}——橡胶隔震支座在100%水平剪切变形时的等效刚度；

t_r——橡胶层总厚度。

弹性恢复力验算：

$$K_{100}t_r = 18\times1.149\times85+68\times0.620\times85+4\times0.767\times92 = 5623.83(\text{kN})$$

$$1.40V_{Rw} = 1.40\times720.0 = 1008\,(\text{kN})$$

5623.83kN＞1008kN，满足隔震层弹性恢复力的要求。

7.1.9 设计小结

该项目在8度(0.2g)设防地震和罕遇地震作用下，对本工程采用隔震技术进行系统分析，得出以下结论：

(1)水平减震系数为β=0.209＜0.40，上部结构满足降低一度的要求，使上部结构可按7度(0.1g)进行设计。

(2)在罕遇地震作用下，支座压应力在既定组合下均控制在24MPa以内，满足标准规定。

(3)为了满足风荷载以及微震动的要求，隔震层必须具备足够的屈服前刚度和屈服承载力，要求隔震层的屈服力大于风荷载值。隔震层屈服荷载大于隔震层的水平剪力标准值，满足规范要求。

(4)为了保证隔震层在多次地震作用后仍然具有良好的变形及复位能力，需要对橡胶隔震支座的弹性水平恢复力进行验算。隔震层弹性恢复力满足要求。

7.2 框架结构

框架结构是一种常见的结构形式，是由框架梁柱和钢筋混凝土楼板组成的结构体系，多用于住宅、学校和办公楼。震害调查中发现，框架结构会发生不同程度的破坏，如梁、柱等结构构件破坏和填充墙、吊顶等非结构构件破坏。隔震技术可以延长框架结构的自振周期，通过提供适当的阻尼使结构的响应大幅度减小，能够更有效地保护房屋结构及室内设备的安全，显著提升建筑震后功能可恢复能力[4]，从而提高框架结构的抗震性能。本节以某多层框架结构的隔震设计实例为背景，按照《建筑抗震设计标准》(GB/T 50011—2010)中的分部设计法，介绍多层框架结构的隔震设计方法和流程。

7.2.1　工程概况

某宿舍楼位于西藏自治区拉萨市，采用钢筋混凝土框架结构，建于 2019 年，总建筑面积为 6854m^2。其中，地上 6 层，局部 7 层，底部设置隔震层，总建筑高度为 27.50m，如图 7.7 所示。标准层平面长 53.20m，宽 17.90m，高宽比为 1.54，长宽比为 2.97，标准层建筑平面布置如图 7.8 所示。结构纵向柱网尺寸主要为 7.50m，横向柱网尺寸主要为 5.10m。梁混凝土强度等级均为 C30，二层以下柱混凝土强度等级为 C45，其余柱混凝土强度等级为 C40。

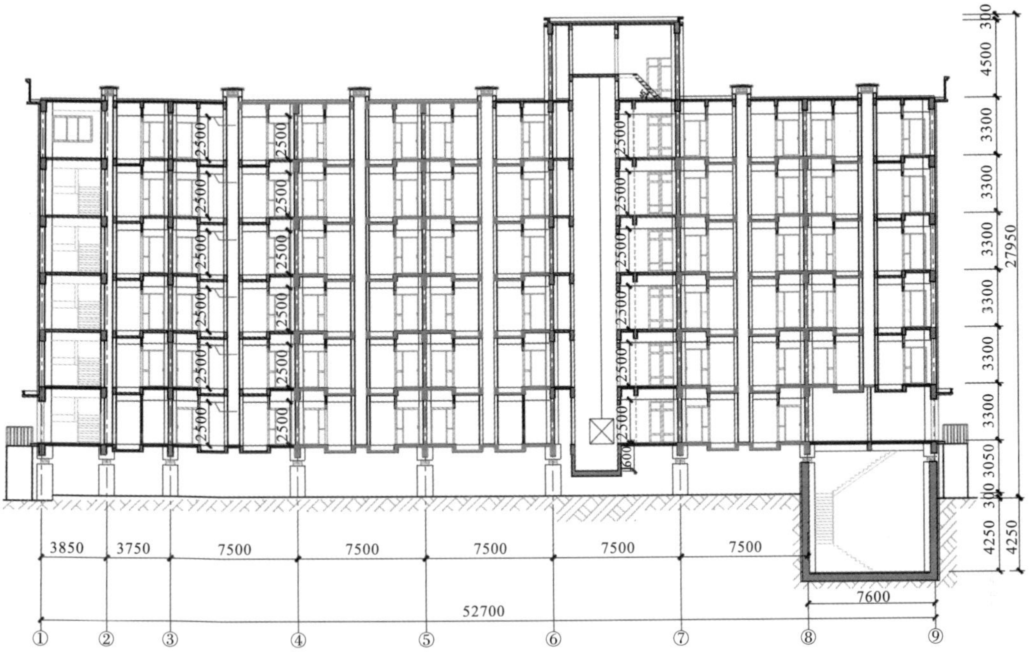

图 7.7　建筑剖面(单位：mm)

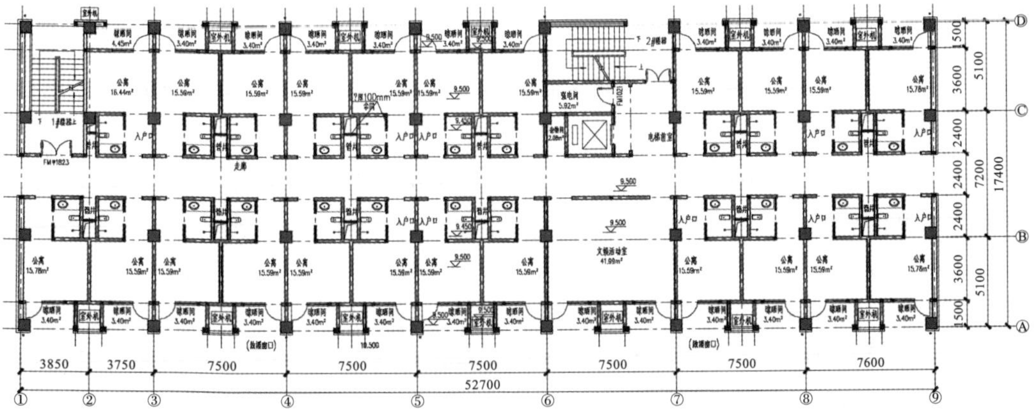

图 7.8　标准层建筑平面布置(单位：mm)

该结构抗震设防分类为标准设防类(丙类建筑)，抗震设防烈度为 8 度(0.2g)，Ⅱ类场地，设计地震分组为第三组，特征周期 T_g 为 0.45s。结构设计使用年限为 50 年，上部框架结构抗震等级为三级。

7.2.2 隔震层设计

本项目使用有限元软件 Midas Gen 建立隔震与非隔震结构模型，并进行计算与分析。

7.2.2.1 隔震设计的目标

隔震设计目标为：将上部结构抗震设防烈度降低一度，即 7 度(0.10g)，水平减震系数 β 值控制在 0.40 以内。同时，保证结构在风荷载下具有足够的承载力，在地震作用下具有良好的弹性恢复能力。

7.2.2.2 隔震支座的性能参数

结合本项目的实际情况，根据框架柱底部反力，计算所需隔震支座的最小直径，同时兼顾隔震后结构的动力特性及橡胶隔震支座的抗风性能，进而合理地选择隔震支座型号。根据上述原则，选取铅芯橡胶隔震支座 LRB600、LRB700、LRB800 和天然橡胶隔震支座 LNR700，其力学性能参数见表 7.9。

表 7.9 隔震支座力学性能参数

支座型号	橡胶层厚度/mm	支座高度/mm	竖向刚度/(kN/mm)	等效水平刚度/(kN/mm)	屈服前刚度/(kN/mm)	屈服后刚度/(kN/mm)	屈服力/kN
LRB600	112	222.5	2100	1.58	13.11	1.01	63
LRB700	130	266.5	2600	1.87	15.19	1.17	90
LRB800	149	302.0	2900	2.05	17.35	1.33	106
LNR700	130	266.5	2350	1.17	—	—	—

注：“—”表示无该项。

7.2.2.3 隔震支座的布置

在布置隔震支座时，为了减小结构的扭转并考虑抗风的要求，将铅芯隔震支座布置在四周，分别采用了 14 个 LRB600 支座、8 个 LRB700 支座、8 个 LRB800 支座和 4 个 LNR700 支座。隔震支座的编号和布置如图 7.9 所示。上部结构质量为 12510t，屈服力为 2450kN，屈重比为 1.96%。

根据《建筑抗震设计标准》(GB/T 50011—2010) 12.2.3 条规定，丙类建筑的橡胶隔震支座在重力荷载代表值下的竖向压应力不应超过 15MPa。验算重力荷载代表值(1.0×恒载+0.5×活载)下支座压应力，见表 7.10。其中，8 号隔震支座压应力最大，为 13.65MPa，小于标准限值 15MPa，满足要求且有一定的安全储备。

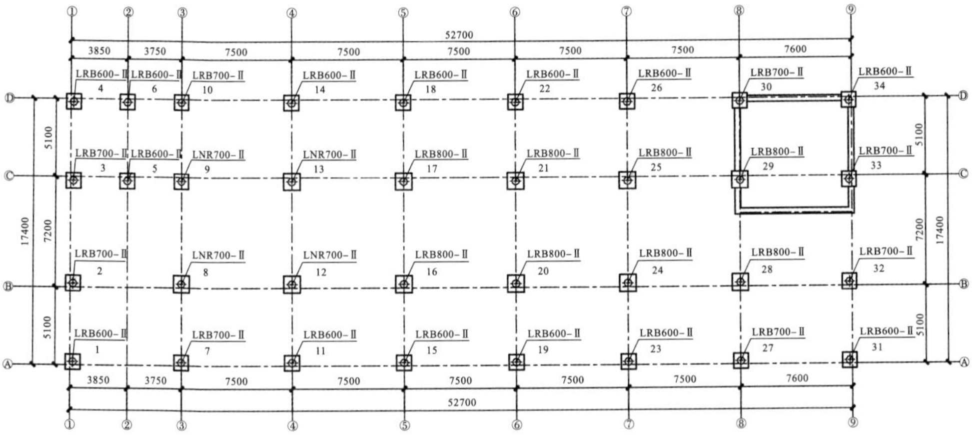

图 7.9　隔震支座的编号和布置

表 7.10　重力荷载代表值下支座压应力

支座编号	支座型号	压力/kN	压应力/MPa	支座编号	支座型号	压力/kN	压应力/MPa
1	LRB600	1886.14	6.67	18	LRB600	3275.47	11.58
2	LRB700	2973.51	7.73	19	LRB600	3236.77	11.45
3	LRB700	2227.07	5.79	20	LRB800	5217.59	10.38
4	LRB600	1377.24	4.87	21	LRB800	6237.82	12.41
5	LRB600	2775.21	9.82	22	LRB600	3549.41	12.55
6	LRB600	1736.62	6.14	23	LRB600	3225.54	11.41
7	LRB700	3281.94	8.53	24	LRB800	5301.83	10.55
8	LNR700	5253.22	13.65	25	LRB800	5711.57	11.36
9	LNR700	4206.14	10.93	26	LRB600	3387.65	11.98
10	LRB700	2442.88	6.35	27	LRB700	3307.24	8.59
11	LRB600	3200.45	11.32	28	LRB800	5594.42	11.13
12	LNR700	5193.26	13.49	29	LRB800	5460.37	10.86
13	LNR700	5233.57	13.60	30	LRB700	3303.77	8.58
14	LRB600	3206.22	11.34	31	LRB600	1870.80	6.62
15	LRB600	3220.71	11.39	32	LRB700	3098.21	8.05
16	LRB800	5247.87	10.44	33	LRB700	3083.13	8.01
17	LRB800	5288.15	10.52	34	LRB600	1918.23	6.78

7.2.2.4　偏心率的计算

偏心率的计算公式及参考规范同本章 7.1.2.4 节。根据式(7.1)～式(7.6)进行计算可得，结构的 X 向偏心率为 1.602%，Y 向偏心率为 1.607%，均小于 3.00%，满足要求。

7.2.3 隔震计算模型

7.2.3.1 隔震支座的本构关系

框架结构的隔震设计采用了天然橡胶隔震支座和铅芯橡胶隔震支座。这两种类型隔震支座的本构关系见本章 7.1.3 节。

7.2.3.2 隔震计算模型的校核

通过 PKPM 软件的模型转化功能，将 PKPM 模型转化为 Midas Gen 模型进行隔震计算。Midas Gen 模型如图 7.10 所示。

图 7.10 结构三维模型

转化前后非隔震结构自振周期和隔震前后结构自振周期的对比见表 7.11。PKPM 和 Midas Gen 的非隔震模型自振周期相差较小。同时，PKPM 模型中结构质量为 12510t，Midas Gen 模型中为 12553t，两者相差 0.34%。经对比，两个模型的质量和主要自振周期的相对误差均能控制在较小范围内，能够满足后续隔震计算的要求。

表 7.11 PKPM 模型和 Midas Gen 模型周期对比

振型	非隔震结构			隔震结构	隔震/非隔震(Midas Gen)
	PKPM/s	Midas Gen/s	(PKPM−Midas Gen)/PKPM/%	Midas Gen/s	
1	1.106	1.122	−1.45	3.086	2.751
2	0.988	0.999	−1.11	3.050	3.054
3	0.932	0.947	−1.61	2.727	2.880

由表 7.11 可知，隔震前后结构自振周期放大约 2 倍，具有较好的隔震效果。

7.2.4　地震动记录的选取

共选取了 5 条 PKPM 数据库的天然地震动和 2 条人工地震动 REN1、REN2。根据《建筑抗震设计标准》(GB/T 50011—2010) 规定，地震动加速度时程曲线的有效时间，一般从首次到达该时程曲线最大峰值的 10%算起，到最后一点达到最大峰值的 10%为止；无论是天然地震动记录还是人工地震动，有效持续时间一般为结构基本周期的 5～10 倍。选取的 7 条地震动均满足要求，见表 7.12。

表 7.12　地震动信息

地震编号	地震事件	台站	时间	有效持时/s	比值
TH002	Cape Mendocino	Loleta Fire Station	1992-04-25	22.3	19.9
TH003	Chalfant Valley-02	Bishop Ladwp	1986-07-21	20.0	17.8
TH091	Landers	Creek Fault	1992-06-28	49.2	43.9
TH094	Loma Prieta	Agnews State Hospital	1989-10-18	34.4	30.7
TH102	Morgan Hill	Gilroy Array #3	1984-04-24	23.5	20.9
REN1	—	—	—	21.9	19.5
REN2	—	—	—	22.5	20.0

7 条地震动反应谱和规范反应谱曲线对比如图 7.11 所示。其中，T_1、T_2 和 T_3 为非隔震结构前三阶周期，T_{iso1}、T_{iso2} 和 T_{iso3} 为隔震结构前三阶周期。

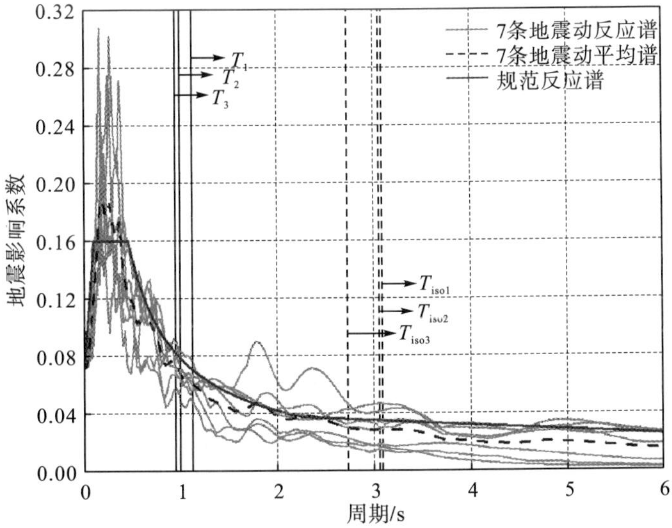

图 7.11　地震动反应谱与规范反应谱对比

根据《建筑抗震设计标准》(GB/T 50011—2010)，多组地震动的平均地震影响系数曲线与振型分解反应谱法所用的地震影响系数曲线相比，在对应于结构主要振型的周期点上相差不大于 20%。非隔震结构前三阶周期点的对比见表 7.13。

表 7.13 时程平均谱与规范谱对比

周期点/s	规范谱系数	时程平均谱系数	(规范谱系数-时程平均谱系数)/规范谱系数
1.122	0.070	0.061	12.86%
0.999	0.078	0.067	14.10%
0.947	0.082	0.075	8.54%

根据《建筑抗震设计标准》(GB/T 50011—2010)的规定，在进行弹性时程分析时，选取的每条时程曲线计算所得结构底部剪力不应小于振型分解反应谱法计算结果的 65%，多条时程曲线计算所得结构底部剪力的平均值不应小于振型分解反应谱法计算结果的 80%，7 条地震动小震下基底剪力对比见表 7.14，均满足要求。

表 7.14 小震时程分析基底剪力统计

工况	基底剪力/kN		与反应谱比值/%	
	X	Y	X	Y
反应谱	9446	8776	100	100
REN1	6664	6144	67	70
REN2	8554	7021	86	80
TH002	8156	7021	82	80
TH003	8554	8162	86	93
TH091	11736	9391	118	107
TH094	8852	8513	89	97
TH102	8753	7636	88	87
平均值	8753	7698	88	88

7.2.5 多遇地震作用下的分析结果

采用式(7.5)计算隔震结构在多遇地震作用下的剪重比，计算结果见表 7.15。经过验算，均满足要求。

表 7.15 剪重比结果

楼层	重力荷载代表值/kN	层剪力/kN		剪重比	
		X 向	Y 向	X 向	Y 向
7	2156	75	87	0.035	0.041
6	19585	704	812	0.036	0.041
5	36879	1226	1436	0.033	0.039
4	54174	1968	1985	0.036	0.037
3	71469	2345	2438	0.033	0.034
2	88763	2987	3012	0.034	0.034
1	106857	3489	3569	0.033	0.033

7.2.6　设防地震作用下的分析结果

根据《建筑抗震设计标准》(GB/T 50011—2010)相关规定，水平向减震系数为弹性时程分析时，隔震与非隔震结构的各层层剪力比值中的最大值，即分别计算 7 条地震动作用下隔震结构与非隔震结构的各层 X 向、Y 向楼层剪力比值，并对 7 条地震动的楼层剪力比值取平均值，平均值中的最大值为隔震结构的水平向减震系数。因此，将 7 条地震动的峰值加速度调幅至 200Gal，并对隔震结构与非隔震结构进行了 8 度(0.2g)设防地震作用下的时程分析。表 7.16 和表 7.17 分别给出了在设防地震作用下隔震与非隔震结构的 X 向和 Y 向楼层剪力比。

由表 7.16 和表 7.17 可知，7 条地震动作用下，X 向平均层剪力比的最大值为 0.28，Y 向最大值为 0.32。最大值为 0.32，即水平向减震系数为 0.32＜0.40，上部结构可降低 1 度设计。

表 7.16　X 向楼层剪力比

楼层	REN1	REN2	TH002	TH003	TH091	TH094	TH102	均值
7	0.156	0.187	0.153	0.163	0.240	0.193	0.126	0.17
6	0.188	0.248	0.170	0.188	0.257	0.272	0.211	0.22
5	0.207	0.265	0.191	0.194	0.270	0.307	0.214	0.24
4	0.208	0.286	0.221	0.192	0.285	0.335	0.205	0.25
3	0.206	0.297	0.255	0.177	0.269	0.348	0.194	0.25
2	0.210	0.321	0.280	0.190	0.254	0.370	0.190	0.26
1	0.226	0.376	0.316	0.213	0.236	0.407	0.202	0.28

表 7.17　Y 向楼层剪力比

楼层	REN1	REN2	TH002	TH003	TH091	TH094	TH102	均值
7	0.160	0.198	0.147	0.191	0.234	0.157	0.230	0.19
6	0.210	0.281	0.195	0.231	0.273	0.214	0.296	0.24
5	0.220	0.312	0.238	0.231	0.298	0.270	0.285	0.27
4	0.226	0.334	0.302	0.215	0.299	0.323	0.270	0.28
3	0.228	0.356	0.336	0.203	0.281	0.367	0.249	0.29
2	0.251	0.391	0.325	0.224	0.250	0.428	0.225	0.30
1	0.282	0.419	0.348	0.242	0.240	0.488	0.217	0.32

7.2.7　罕遇地震作用下的分析结果

7.2.7.1　隔震层位移验算

将 7 条地震动的峰值加速度调幅至 8 度(0.2g)罕遇地震下的最大值 400Gal。根据《建筑抗震设计标准》(GB/T 50011—2010)的规定，橡胶隔震支座在罕遇地震作用下的最大水

平位移应小于 $0.55D$（D 为隔震支座的有效直径）和 $3t_r$（t_r 为隔震支座橡胶层总厚度）中的较小值。通过时程分析得到各隔震支座在 7 条地震动作用下水平位移的平均值，并选取其中的最大值进行校核。由表 7.18 可知，各隔震支座最大水平位移均为 237mm，该数值小于标准限值，满足标准要求。

表 7.18 各隔震支座的最大水平位移 （单位：mm）

支座型号	有效直径	橡胶层总厚度	标准限值	最大水平位移
LRB600	600	112	330	237
LRB700	700	130	385	237
LRB800	800	149	440	237
LNR700	700	130	385	237

7.2.7.2 隔震支座拉应力验算

由于橡胶隔震支座受拉时，其内部将产生损伤，进而降低支座的弹性性能，且上部结构有倾覆的危险。因此，《建筑抗震设计标准》（GB/T 50011—2010）规定，在水平和竖向罕遇地震同时作用的情况下，隔震支座的拉应力不应大于 1MPa。对隔震支座的拉应力进行验算时，采用“1.0×恒载+0.5×活载+1.0×水平地震作用−0.5×竖向地震作用”的荷载组合。其中，竖向地震作用取 0.2 倍的重力荷载代表值。表 7.19 给出了各型号隔震支座的最大拉应力。由表 7.19 可知，隔震支座的最大拉应力为 0.019MPa，小于 1MPa 限值。

表 7.19 隔震支座拉应力验算

支座编号	支座型号	轴力/kN	应力/MPa	支座编号	支座型号	轴力/kN	应力/MPa
1	LRB600	−83.88	−0.297	18	LRB600	−2.84	−0.010
2	LRB700	−60.29	−0.157	19	LRB600	−6.78	−0.024
3	LRB700	−152.94	−0.397	20	LRB800	−16.67	−0.033
4	LRB600	−195.50	−0.691	21	LRB800	2.42	0.005
5	LRB600	−3.60	−0.013	22	LRB600	−7.61	−0.027
6	LRB600	−32.89	−0.116	23	LRB600	−3.74	−0.013
7	LRB700	−11.62	−0.030	24	LRB800	−14.88	−0.030
8	LNR700	13.23	0.034	25	LRB800	−2.48	−0.005
9	LNR700	−62.99	−0.164	26	LRB600	−5.86	−0.021
10	LRB700	−116.66	−0.303	27	LRB700	−9.51	−0.025
11	LRB600	−6.52	−0.023	28	LRB800	6.43	0.013
12	LNR700	7.24	0.019	29	LRB800	6.65	0.013
13	LNR700	6.52	0.017	30	LRB700	−12.91	−0.034
14	LRB600	−4.77	−0.017	31	LRB600	−75.04	−0.265
15	LRB600	−3.13	−0.011	32	LRB700	−50.47	−0.131
16	LRB800	−1.65	−0.003	33	LRB700	−47.44	−0.123
17	LRB800	−3.14	−0.006	34	LRB600	−78.65	−0.278

注：正值表示隔震支座受拉，负值表示隔震支座受压。

7.2.7.3　隔震支座压应力验算

对隔震支座的压应力进行验算时，采用“1.0×恒载+0.5×活载+1.0×水平地震作用+0.5×竖向地震作用”的荷载组合。表 7.20 给出了各型号隔震支座的最大压应力。由表 7.20 可知，在罕遇地震作用下，隔震支座的最大压应力为 2.69MPa。该结果表明，所有隔震支座在既定组合下均控制在 30MPa 以内，满足标准规定。

表 7.20　隔震支座压应力验算

支座编号	支座型号	轴力/kN	应力/MPa	支座编号	支座型号	轴力/kN	应力/MPa
1	LRB600	−461.10	−1.631	18	LRB600	−657.94	−2.327
2	LRB700	−654.99	−1.702	19	LRB600	−654.14	−2.314
3	LRB700	−598.36	−1.555	20	LRB800	−1060.19	−2.109
4	LRB600	−470.94	−1.666	21	LRB800	−1245.14	−2.477
5	LRB600	−558.64	−1.976	22	LRB600	−717.49	−2.538
6	LRB600	−380.21	−1.345	23	LRB600	−648.84	−2.295
7	LRB700	−668.00	−1.736	24	LRB800	−1075.24	−2.139
8	LNR700	−1037.41	−2.696	25	LRB800	−1144.80	−2.278
9	LNR700	−904.21	−2.350	26	LRB600	−683.38	−2.417
10	LRB700	−605.24	−1.573	27	LRB700	−670.95	−1.743
11	LRB600	−646.60	−2.287	28	LRB800	−1112.45	−2.213
12	LNR700	−1031.42	−2.680	29	LRB800	−1085.43	−2.159
13	LNR700	−1040.20	−2.703	30	LRB700	−673.67	−1.750
14	LRB600	−646.01	−2.285	31	LRB600	−449.20	−1.589
15	LRB600	−647.27	−2.289	32	LRB700	−670.11	−1.741
16	LRB800	−1051.23	−2.091	33	LRB700	−664.06	−1.726
17	LRB800	−1060.78	−2.110	34	LRB600	−462.29	−1.635

注：正值表示隔震支座受拉，负值表示隔震支座受压。

7.2.8　隔震层抗风及弹性恢复力验算

7.2.8.1　隔震层抗风验算

该项目的基本风压为 0.30kN/m^2，地面粗糙类型为 B 类。按照标准计算结构隔震层在风荷载下的层剪力，X 向的剪力为 255.8kN，Y 向的剪力为 635.5kN，验算中取两者的较大值 635.5kN。结构的总重力为 125530kN，风荷载产生的总水平力 635.5kN 小于结构总重力的 10%，满足标准。

另外，为了满足风荷载以及微震动的要求，隔震层必须具备足够的屈服前刚度和屈服承载力。要求隔震层的屈服力大于风荷载值，可按照式(7.12)计算。经验算，$\gamma_w V_{wk} = 1.4 \times 635.5 = 889.7\text{kN} < V_{Rw} = 2450\text{kN}$，表明该隔震结构的抗风承载力满足要求。

7.2.8.2 隔震层弹性恢复力验算

为保证隔震层在多次地震后仍具有良好变形和复位能力，需要对隔震支座的弹性水平恢复力进行验算，验算公式见式(7.13)。该项目的隔震层弹性恢复力验算内容如下：

$$K_{100}t_r = 1.58 \times 14 \times 112 + 1.87 \times 8 \times 130 + 2.05 \times 8 \times 149 + 1.17 \times 4 \times 130 = 7474.24\text{kN}$$

$$1.40V_{Rw} = 1.40 \times 2450 = 3430\text{kN}$$

7474.24kN>3430kN，满足隔震层弹性恢复力的要求。

7.2.9 设计小结

通过对该框架结构进行隔震设计和分析，可以得到如下结论：

(1)在设防地震作用下，水平向减震系数为 0.32＜0.40，上部结构满足预期降低 1 度的目标。

(2)在罕遇地震作用下，隔震支座最大水平位移为 237mm，满足标准要求；支座最大拉应力为 0.019MPa，小于标准中支座最大拉应力为 1MPa 的规定；支座最大压应力为 2.696MPa，小于标准中支座最大压应力为 30MPa 的规定。

(3)在风荷载作用下结构层剪力小于隔震层屈服力，弹性恢复力大于隔震层屈服力，均满足标准要求。

7.3 剪力墙结构

剪力墙结构是一种常见的结构形式，包含 RC 墙和 RC 连梁两类构件[5]，一般用于住宅、旅馆等开间要求较小的建筑。震害调查中发现，剪力墙的破坏类型主要表现为剪力墙的底部破坏和连梁的剪切破坏。隔震技术可以延长剪力墙结构的自振周期，增加其阻尼比，从而提高结构的抗震性能。本节以某高层剪力墙结构的隔震设计实例为背景，按照《建筑抗震设计标准》(GB/T 50011—2010)中的分部设计法，介绍高层剪力墙结构的隔震设计流程。

7.3.1 工程概况

该项目位于甘肃省陇南市，是一栋商住楼，为剪力墙结构。地上 17 层，地下 1 层，建筑高度为 49.95m，底层带 2 层商业裙房，层高分别为 4.05m 和 3.50m，3 层层高为 3.20m，4～17 层层高为 2.80m，结构高宽比为 1.99，长宽比为 2.24，其建筑立面图、结构一层平面图如图 7.12 和图 7.13 所示。

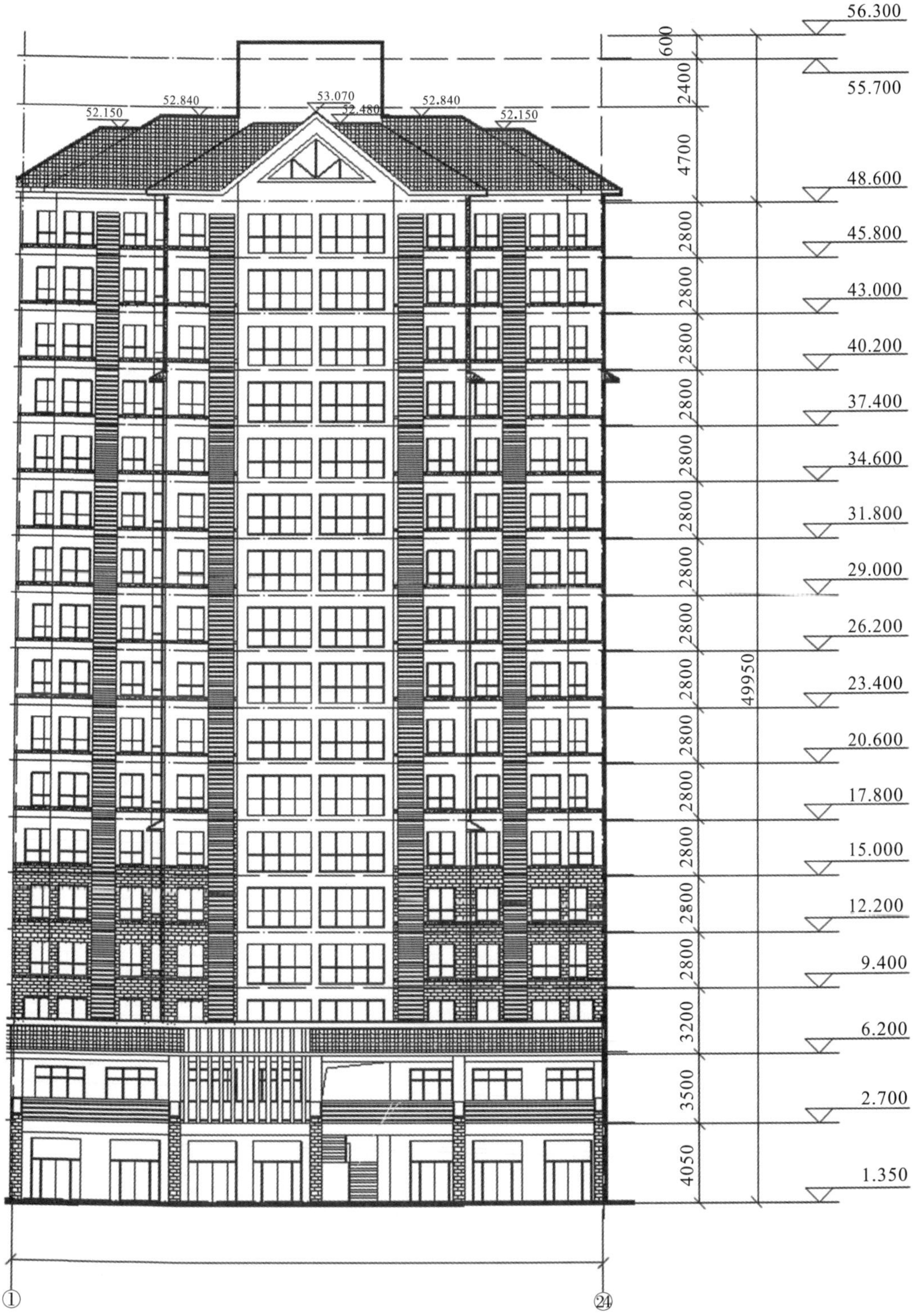

图 7.12　建筑立面(单位：mm)

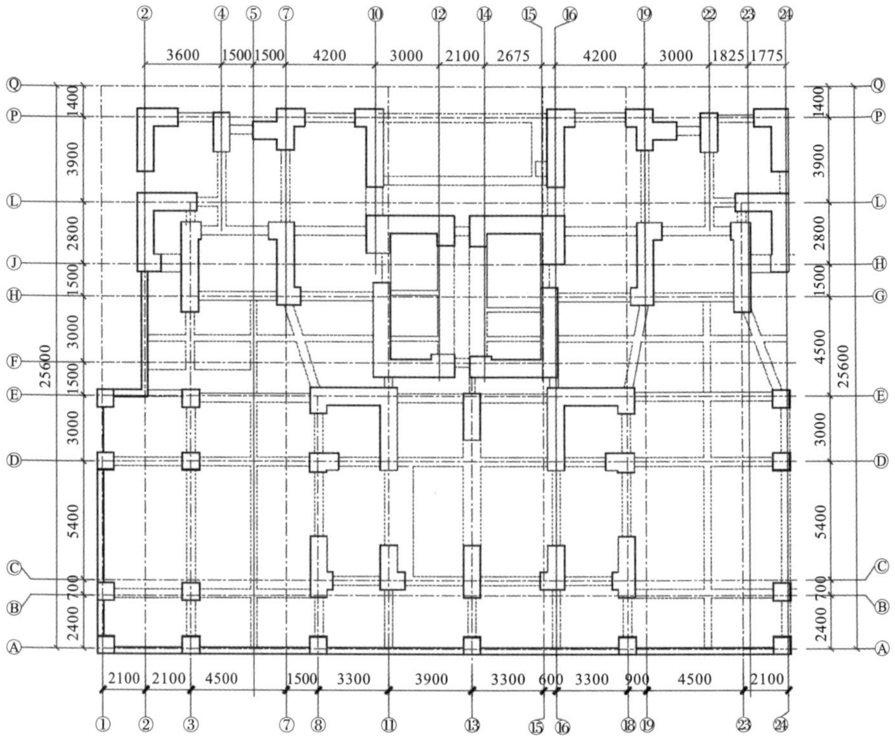

图 7.13 结构一层平面(单位：mm)

隔震层及地下一层的墙、柱混凝土强度等级为 C40，1～4 层的墙、柱混凝土强度等级为 C35，5 层及以上墙、柱混凝土强度等级为 C30；2 层及以下的梁、板混凝土强度等级为 C40，其余梁板混凝土强度等级为 C30。结构抗震设防类别为标准设防类(丙类建筑)，抗震设防烈度为 8 度(0.30g)，Ⅱ类场地，设计地震分组为第二组，特征周期 T_g 为 0.40s。

7.3.2 隔震层设计

本项目使用有限元软件 ETABS 建立隔震与非隔震结构模型，并进行计算与分析。ETABS 软件具有方便灵活的建模功能和强大的线性和非线性动力分析功能，其连接单元能够准确地模拟叠层橡胶隔震支座。

7.3.2.1 隔震设计的目标

隔震设计目标为：将上部结构的抗震设防烈度降低一度，水平减震系数 β 值控制在 0.40 以内，使上部结构可按 7 度(0.15g)进行设计，从而提高剪力墙结构的抗震性能。

7.3.2.2 隔震支座的性能参数

隔震支座型号的选择主要依据《叠层橡胶支座隔震技术规程》(CECS 126—2001)的要求及橡胶隔震支座的性能参数。结合本项目的实际情况，根据支墩底部反力，计算所需隔震支座的最小直径，同时兼顾隔震后结构的动力特性及橡胶隔震支座的抗风性能，进而合理地选择隔震支座型号。根据上述原则，选取铅芯橡胶隔震支座 LRB600、LRB500 和天然橡胶隔震支座 LNR600、LNR500，其力学性能参数见表 7.21。

表 7.21　隔震支座力学性能参数

支座型号	橡胶层厚度/mm	有效面积/cm^2	竖向刚度/(kN/mm)	等效水平刚度/(kN/mm)	屈服前刚度/(kN/mm)	屈服后刚度/(kN/mm)	屈服力/kN
LRB600	108	2826	2484	1.55	10.2	0.9	67
LRB500	92	1962	1891	0.95	7.9	0.7	54
LNR600	108	2826	2571	1.12	—	—	—
LNR500	92	1962	2139	0.92	—	—	—

7.3.2.3　隔震支座的布置

在布置隔震支座时，为了减小结构的扭转并考虑抗风的要求，将铅芯隔震支座尽量布置在四周，分别采用了 39 个 LRB600 支座、10 个 LRB500 支座、7 个 LNR600 支座和 23 个 LNR500 支座。隔震支座布置及其编号如图 7.14 所示。

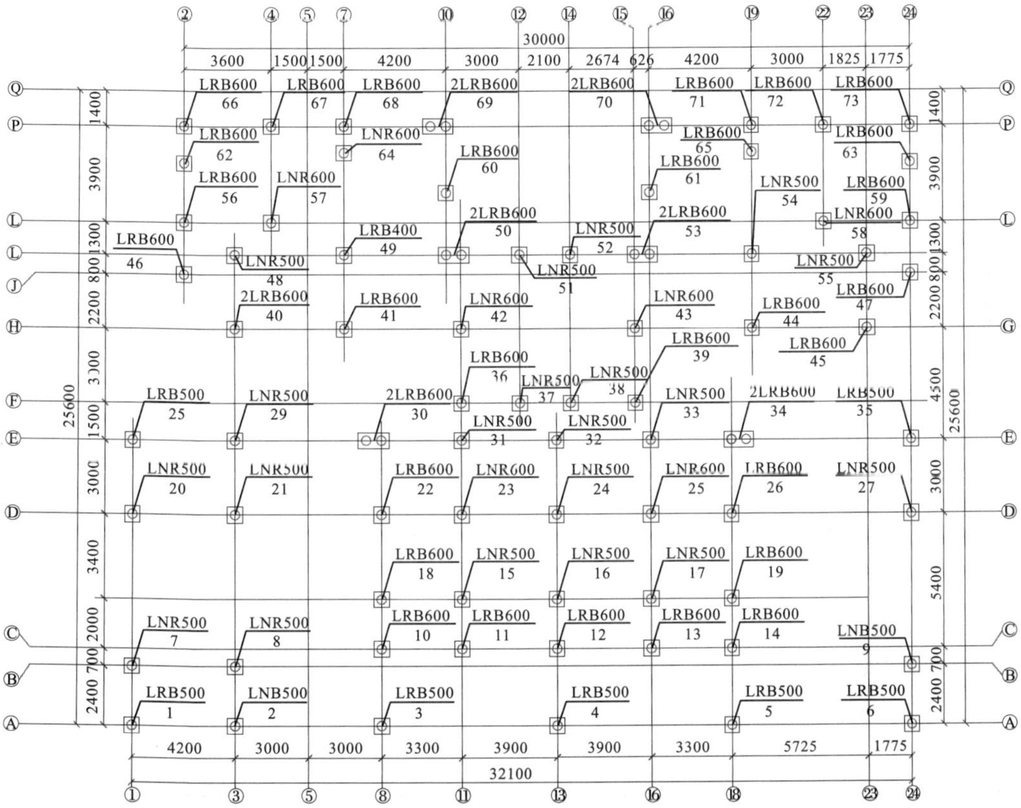

图 7.14　隔震支座编号和布置

根据《建筑抗震设计标准》(GB/T 50011—2010)12.2.3 条规定，丙类建筑的橡胶隔震支座在重力荷载代表值下的竖向压应力不应超过 15MPa，设防地震作用下各隔震支座的竖向力组合设计值见表 7.22。由表 7.22 可知，34 号隔震支座压应力最大，为 9.85MPa，小于标准限值 15MPa，各隔震支座的承载力满足标准要求。

表 7.22 各隔震支座竖向力组合设计值及压应力

支座编号	支座类型	轴力/kN	压应力/MPa	支座编号	支座类型	轴力/kN	压应力/MPa
1	LRB500	91	0.46	38	LNR600	2138	7.57
2	LNR500	203	1.03	39	LRB500	1772	9.03
3	LRB500	353	1.80	40	LRB600	2248	7.95
4	LNR500	380	1.94	41	LRB600	1853	6.56
5	LRB500	381	1.94	42	LNR600	1950	6.90
6	LRB500	146	0.74	43	LNR600	2047	7.24
7	LNR500	319	1.63	44	LRB600	1868	6.61
8	LNR500	705	3.59	45	LRB600	2306	8.16
9	LNR500	551	2.81	46	LRB600	1397	4.94
10	LRB600	1441	5.10	47	LRB600	1402	4.96
11	LRB600	2311	8.18	48	LNR500	1042	5.31
12	LRB600	1631	5.77	49	LNR500	1303	6.64
13	LRB600	2303	8.15	50	LRB500	1285	6.55
14	LRB600	1521	5.38	51	LNR500	1360	6.93
15	LNR500	790	4.03	52	LNR500	1572	8.01
16	LNR500	1006	5.13	53	LRB500	1429	7.28
17	LNR500	789	4.02	54	LNR500	1295	6.60
18	LRB600	1119	3.96	55	LNR500	1037	5.28
19	LRB600	1164	4.12	56	LRB600	1296	4.59
20	LNR500	317	1.62	57	LNR600	825	2.92
21	LNR500	665	3.39	58	LNR600	909	3.22
22	LRB600	1812	6.41	59	LRB600	1272	4.50
23	LNR600	1481	5.24	60	LRB600	1535	5.43
24	LNR500	772	3.93	61	LRB600	1558	5.51
25	LNR600	1509	5.34	62	LRB600	1023	3.62
26	LRB600	1903	6.73	63	LRB600	1021	3.61
27	LNR500	513	2.61	64	LRB600	1148	4.06
28	LRB500	145	0.74	65	LRB600	1143	4.04
29	LNR500	417	2.12	66	LRB600	1184	4.19
30	LRB600	2741	9.70	67	LRB600	1648	5.83
31	LNR500	1481	7.55	68	LRB600	1413	5.00
32	LNR500	1582	8.06	69	LRB600	1986	7.03
33	LNR500	1562	7.96	70	LRB600	1986	7.03
34	LRB600	2785	9.85	71	LRB600	1412	5.00
35	LRB500	328	1.67	72	LRB600	1651	5.84
36	LRB500	1513	7.71	73	LRB600	1175	4.16
37	LNR500	1514	7.71				

7.3.2.4 偏心率的计算

根据《建筑抗震设计标准》(GB/T 50011—2010)第 12.2.2 条规定，当隔震层刚度中心与隔震层以上结构的质量中心不重合时，应考虑扭转效应的影响。同时，在设防地震作用下，隔震层的偏心率不宜超过 3.00%，隔震层的偏心率计算公式见 7.1.2.4 节。依据式(7.1)～式(7.6)进行计算可得：结构的 X 向偏心率为 1.650%，Y 向偏心率为 0.859%。

7.3.3　隔震计算模型

在该项目中，共采用了两种类型的隔震支座：天然橡胶隔震支座和铅芯橡胶隔震支座，这两种隔震支座的本构模型见 7.1.3 节。

7.3.4　地震动记录的选取

在分析过程中，共选取了 5 条天然地震动和 2 条人工地震动，所选地震动信息见表 7.23。加速度峰值根据标准要求，输入在设防、罕遇地震作用下的地震加速度时程最大值(PGA)，分别为 300Gal 和 510Gal，对设防、罕遇地震作用分别进行调幅。所选地震动反应谱与规范反应谱对比如图 7.15 所示，均满足要求。

表 7.23　输入地震波信息

地震编号	地震事件	台站	震级	日期
EI CENTRO	Imperial Valley	EI Centro, California	7.1	1940-05-18
USER1	Kern County California	Taft Lincoln School, Ca:Tunnel	7.5	1952-07-21
USER4	Coalinga	Parkfield, Gold Hill 4w	6.5	1983-05-02
USER7	Northridge	21288 Water St, Carson, Ca	6.7	1994-01-17
USER8	Northridge	5360 Saturn St, Los Angeles, Ca	6.7	1994-01-17
人工波(ACC1)	—	—	—	—
人工波(ACC2)	—	—	—	—

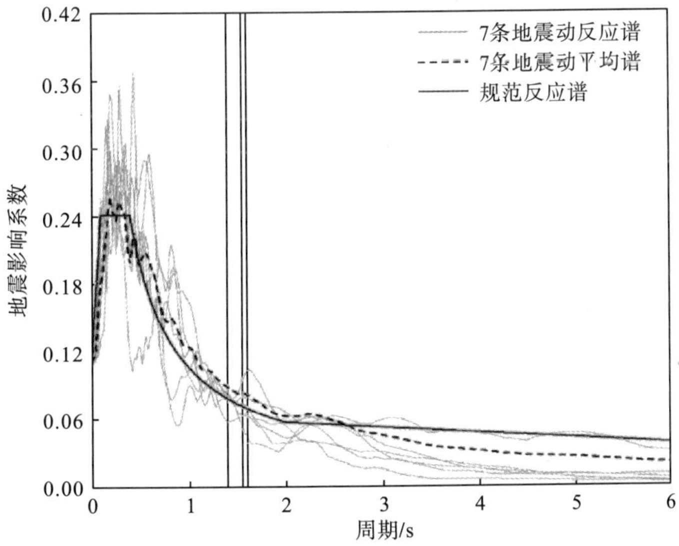

图 7.15　地震动反应谱与规范反应谱对比

根据《建筑抗震设计标准》(GB/T 50011—2010)，多组时程波的平均地震影响系数曲线与振型分解反应谱法所用的地震影响系数曲线相比，在对应于结构主要振型的周期点上相差不大于20%。

7.3.5 多遇地震作用下的分析结果

根据式(7.11)，计算隔震结构的剪重比，计算结果见表7.24。经验算，隔震结构的剪重比满足要求。

表7.24 剪重比结果

楼层	重力荷载代表值/kN	层剪力/kN		剪重比	
		X向	Y向	X向	Y向
17	1453	68	72	0.047	0.050
16	3135	144	153	0.046	0.049
15	12666	876	927	0.069	0.073
14	22197	1520	1610	0.068	0.073
13	31728	2218	2348	0.070	0.074
12	41259	2915	3086	0.071	0.075
11	50790	3612	3824	0.071	0.075
10	60321	4319	4572	0.072	0.076
9	69852	5020	5314	0.072	0.076
8	79370	5723	6058	0.072	0.076
7	89103	6428	6804	0.072	0.076
6	98836	7136	7551	0.072	0.076
5	108569	7849	8301	0.072	0.076
4	118302	8573	9066	0.072	0.077
3	128035	9299	9829	0.073	0.077
2	139332	10044	10611	0.072	0.076
1	152486	10804	11408	0.071	0.084

7.3.6 设防地震作用下的分析结果

在设防地震作用下，时程分析得出非隔震结构和隔震结构在不同地震波作用下的结构地震反应。结构的楼层剪力见表7.25，结构的楼层倾覆力矩见表7.26。

表7.25 设防地震作用下非隔震结构与隔震结构层间剪力最大值对比

楼层	非隔震结构/kN		隔震结构/kN		隔震/非隔震剪力比	
	X	Y	X	Y	X	Y
20	2617	2221	68	72	0.026	0.032
19	4374	4086	144	153	0.033	0.037
18	14805	15780	876	927	0.059	0.059

续表

楼层	非隔震结构/kN		隔震结构/kN		隔震/非隔震剪力比	
	X	Y	X	Y	X	Y
17	20205	23723	1520	1610	0.075	0.068
16	23863	29174	2218	2348	0.093	0.080
15	26084	31857	2915	3086	0.112	0.097
14	26853	33417	3612	3824	0.135	0.114
13	26323	34214	4319	4572	0.164	0.134
12	27883	35251	5020	5314	0.180	0.151
11	29560	34841	5723	6058	0.194	0.174
10	30627	33189	6428	6804	0.210	0.205
9	30983	33096	7136	7551	0.230	0.228
8	33093	37067	7849	8301	0.237	0.224
7	35107	40997	8573	9066	0.244	0.221
6	36590	43690	9299	9829	0.254	0.225
5	39293	47069	10044	10611	0.256	0.225
4	45270	52724	10804	11408	0.239	0.216
3	53229	60429	12094	12764	0.227	0.211
2	58614	63920	13373	14100	0.228	0.221
1	61171	67367	14291	15044	0.234	0.223

表 7.26　设防地震作用下非隔震结构与隔震结构层倾覆力矩最大值对比

楼层	非隔震结构/(kN·m)		隔震结构/(kN·m)		隔震/非隔震层倾覆力矩比	
	X	Y	X	Y	X	Y
20	5800	4906	588	1902	0.101	0.388
19	15210	13644	1287	3383	0.085	0.248
18	51324	50280	6906	16184	0.135	0.322
17	110101	119311	13895	24861	0.126	0.208
16	177740	204983	22803	38887	0.128	0.190
15	250619	298040	33531	55410	0.134	0.186
14	324714	392029	46130	73826	0.142	0.188
13	396543	484314	60609	94413	0.153	0.195
12	461186	571043	76889	116804	0.167	0.205
11	517671	653757	95004	141100	0.184	0.216
10	564014	729586	114986	167314	0.204	0.229
9	608500	798586	136809	195443	0.225	0.245
8	662500	863043	160514	225557	0.242	0.261
7	727100	920371	186114	257743	0.256	0.280
6	779600	970757	213600	291771	0.274	0.301
5	818743	1014286	243000	327814	0.297	0.323
4	854086	1054357	274357	365886	0.321	0.347
3	937971	1117586	317100	418071	0.338	0.374
2	1055386	1219914	356043	467271	0.337	0.383
1	1187100	1364514	390029	507229	0.329	0.372

可见，隔震结构在设防地震作用下 7 条地震波计算得到的结构楼层剪力和倾覆力矩均明显减小。在设防地震作用下，隔震结构的最大减震系数为 0.388。根据《建筑抗震设计标准》(GB/T 50011—2010)，水平地震影响系数 0.388×0.68÷0.8=0.330。因此，上部结构可按 7 度(0.15g)设计。

根据《建筑抗震设计标准》(GB/T 50011—2010)12.2.7 条，采取隔震技术后上部结构的构造措施降低 1 度，即按 7 度(0.15g)构造措施执行。

7.3.7 罕遇地震作用下的分析结果

7.3.7.1 隔震层位移验算

根据《建筑抗震设计标准》(GB/T 50011—2010)的规定，橡胶隔震支座在罕遇地震作用下的最大水平位移应小于 0.55D(D 为隔震支座的有效直径)和 3t_r(t_r 为隔震支座橡胶层总厚度)中的较小值。通过时程分析得到各隔震支座在 7 条地震动作用下水平位移的平均值，并选取其中的最大值进行校核。由表 7.27 可知，隔震层的最大水平位移为 274mm，均满足标准要求。

表 7.27 各型号支座的最大水平位移 (单位：mm)

支座型号	有效直径	橡胶层总厚度	标准限值	最大水平位移
LRB600	600	108	324	274
LRB500	500	92	275	274
LNR600	600	108	324	274
LNR500	500	92	275	274

7.3.7.2 隔震支座拉应力验算

由于橡胶隔震支座受拉时，其内部将产生损伤，进而降低支座的弹性性能，且上部结构有倾覆的危险。因此，《建筑抗震设计标准》(GB/T 50011—2010)规定，在水平和竖向罕遇地震同时作用的情况下，隔震支座的拉应力不应大于 1.0MPa。对隔震支座的拉应力进行验算时，采用“1.0×恒载+0.5×活载+1.0×水平地震作用−0.5×竖向地震作用”的荷载组合，其中，竖向地震作用取 0.3 倍的重力荷载代表值。表 7.28 给出了各型号隔震支座的最大拉应力，其中 66 号支座的拉应力最大，为 0.18MPa。由表可知，隔震支座的拉应力均小于 1.0MPa。

表 7.28 隔震支座拉应力验算

支座编号	支座类型	轴力/kN	应力/MPa	支座编号	支座类型	轴力/kN	应力/MPa
1	LRB500	−53	−0.27	38	LNR600	−1482	−5.24
2	LNR500	−155	−0.79	39	LRB500	−1232	−6.28
3	LRB500	−222	−1.13	40	LRB600	−1793	−6.34
4	LNR500	−331	−1.69	41	LRB600	−1325	−4.69

续表

支座编号	支座类型	轴力/kN	应力/MPa	支座编号	支座类型	轴力/kN	应力/MPa
5	LRB500	−312	−1.59	42	LNR600	−1159	−4.10
6	LRB500	−116	−0.59	43	LNR600	−1324	−4.68
7	LNR500	−241	−1.23	44	LRB600	−1588	−5.62
8	LNR500	−589	−3.00	45	LRB600	−2021	−7.15
9	LNR500	−480	−2.44	46	LRB600	−690	−2.44
10	LRB600	−618	−2.19	47	LRB600	−1001	−3.54
11	LRB600	−1970	−6.97	48	LNR500	−638	−3.25
12	LRB600	−1447	−5.12	49	LNR500	−868	−4.42
13	LRB600	−1962	−6.94	50	LRB500	−835	−4.26
14	LRB600	−1109	−3.93	51	LNR500	−966	−4.92
15	LNR500	−624	−3.18	52	LNR500	−1032	−5.26
16	LNR500	−877	−4.47	53	LRB500	−866	−4.42
17	LNR500	−679	−3.46	54	LNR500	−963	−4.91
18	LRB600	−765	−2.71	55	LNR500	−893	−4.55
19	LRB600	−1013	−3.58	56	LRB600	−734	−2.60
20	LNR500	−261	−1.33	57	LNR600	−555	−1.97
21	LNR500	−569	−2.90	58	LNR600	−674	−2.39
22	LRB600	−1165	−4.12	59	LRB600	−1018	−3.60
23	LNR600	−874	−3.09	60	LRB600	−1285	−4.55
24	LNR500	−658	−3.35	61	LRB600	−1316	−4.66
25	LNR600	−927	−3.28	62	LRB600	−431	−1.52
26	LRB600	−1572	−5.56	63	LRB600	−810	−2.87
27	LNR500	−443	−2.26	64	LRB600	−856	−3.03
28	LRB500	−77	−0.39	65	LRB600	−940	−3.33
29	LNR500	−330	−1.68	66	LRB600	52	0.18
30	LRB600	−2242	−7.93	67	LRB600	−972	−3.44
31	LNR500	−1265	−6.44	68	LRB600	−946	−3.35
32	LNR500	−1375	−7.01	69	LRB600	−1647	−5.83
33	LNR500	−1321	−6.73	70	LRB600	−1671	−5.91
34	LRB600	2282	−8.07	71	LRB600	−1198	−4.24
35	LRB500	−286	−1.46	72	LRB600	−1400	−4.95
36	LRB500	−1125	−5.73	73	LRB600	−726	−2.57
37	LNR500	−1007	−5.13				

注：正数值表示隔震支座受拉，负数值表示隔震支座受压。

7.3.7.3　隔震支座压应力验算

对隔震支座的压应力进行验算时，采用“1.0×恒载+0.5×活载+1.0×水平地震作用+0.5×竖向地震作用”的荷载组合。表 7.29 给出了各型号隔震支座的最大压应力。由表可知，在罕遇地震作用下，其中 69 号支座的压应力为 25.57MPa，支座压应力在既定组合下均控制在 30MPa 以内，满足标准规定。

表 7.29 隔震支座压应力验算

支座编号	支座类型	轴力/kN	应力/MPa	支座编号	支座类型	轴力/kN	应力/MPa
1	LRB500	−288	−1.47	38	LNR600	−4368	−15.46
2	LNR500	−431	−2.20	39	LRB500	−3531	−17.99
3	LRB500	−1064	−5.42	40	LRB600	−9253	−10.50
4	LNR500	−1020	−5.20	41	LRB600	−3905	−13.82
5	LRB500	−916	−4.67	42	LNR600	−5406	−19.13
6	LRB500	−334	−1.70	43	LNR600	−4646	−16.44
7	LNR500	−609	−3.10	44	LRB600	−4183	−14.80
8	LNR500	−827	−4.21	45	LRB600	−8973	−9.76
9	LNR500	−791	−4.03	46	LRB600	−4855	−17.18
10	LRB600	−4533	−16.04	47	LRB600	−4236	−14.99
11	LRB600	−6658	−23.56	48	LNR500	−1721	−8.77
12	LRB600	−3892	−13.77	49	LNR500	−2089	−10.64
13	LRB600	−6554	−23.19	50	LRB500	−3114	−15.87
14	LRB600	−4386	−15.52	51	LNR500	−2550	−13.00
15	LNR500	−968	−4.93	52	LNR500	−3339	−17.01
16	LNR500	−1173	−5.98	53	LRB500	−4184	−21.32
17	LNR500	−1219	−6.21	54	LNR500	−2499	−12.73
18	LRB600	−3114	−11.02	55	LNR500	−1962	−10.00
19	LRB600	−3024	−10.70	56	LRB600	−4127	−14.60
20	LNR500	−538	−2.74	57	LNR600	−1283	−4.54
21	LNR500	−869	−4.43	58	LNR600	−1617	−5.72
22	LRB600	−4838	−17.12	59	LRB600	−3942	−13.95
23	LNR600	−5206	−18.42	60	LRB600	−2269	−8.03
24	LNR500	−2034	−10.37	61	LRB600	−2440	−8.64
25	LNR600	−4703	−16.64	62	LRB600	−3572	−12.64
26	LRB600	−4707	−16.66	63	LRB600	−3397	−12.02
27	LNR500	−901	−4.59	64	LRB600	−1911	−6.76
28	LRB500	−404	−2.06	65	LRB600	−1832	−6.48
29	LNR500	−577	−2.94	66	LRB600	−4575	−16.19
30	LRB600	−3409	−12.06	67	LRB600	−5185	−18.35
31	LNR500	−2496	−12.72	68	LRB600	−4388	−15.53
32	LNR500	−2147	−10.94	69	LRB600	−7227	−25.57
33	LNR500	−2619	−13.35	70	LRB600	−7218	−25.54
34	LRB600	−4650	−16.45	71	LRB600	−4266	−15.10
35	LRB500	−685	−3.49	72	LRB600	−4801	−16.99
36	LRB500	−2754	−14.03	73	LRB600	−4532	−16.04
37	LNR500	−3178	−16.19				

注：正数值表示隔震支座受拉，负数值表示隔震支座受压。

7.3.8　隔震层抗风及弹性恢复力验算

7.3.8.1　隔震层抗风验算

采用 ETABS 计算结构在风荷载作用时的剪力，再根据表 7.26 中数值可计算出铅芯橡胶隔震支撑的屈服荷载。由式(7.12)可得

$$\gamma_{\mathrm{w}} V_{\mathrm{wk}} = 1.4 \times 1364 = 1910(\mathrm{kN}) \leqslant V_{\mathrm{Rw}} = 45 \times 67 + 8 \times 54 = 3447(\mathrm{kN})$$

通过抗风验算可以知，上述隔震支座的布置情况及所需抗风装置(铅芯橡胶隔震支座)数量都能满足结构抗风需求。

根据《建筑抗震设计标准》(GB/T 50011—2010)12.1.3 条 3 款，风荷载或其他非地震作用的水平荷载标准值产生的总水平力不宜超过总重力的 10%，即

$$1910\mathrm{kN} \leqslant 10\% \times 152486\mathrm{kN} = 15248.6\mathrm{kN}$$

说明上述隔震支座的布置能满足结构抗风要求。

7.3.8.2　隔震层弹性恢复力验算

为了保证隔震层在多次地震作用后，仍具有良好的变形和复位能力，需对隔震支座的弹性水平恢复力进行验算，验算公式见式(7.13)。在该项目中，$K_{100}t_{\mathrm{r}}$=10989kN>1.4V_{Rw}=3447kN，满足隔震层弹性恢复力的要求。

7.3.9　设计小结

经过对该剪力墙结构进行隔震设计及计算分析，可以得到如下结论：

(1)在时程计算中，时程曲线在结构隔震前后的周期点的反应谱值、底部剪力等方面均满足要求。根据标准求得的水平向减震系数为 0.388，满足降低 1 度设计的要求。

(2)在罕遇地震作用下，支座的最大位移为 274mm，小于标准中规定的限值，确保了隔震结构在大震下的位移需求；在罕遇地震作用下，支座的最大拉应力为 0.18MPa，小于标准中支座最大拉应力为 1.0MPa 的规定，满足了隔震结构抗倾覆的要求。

(3)按照《叠层橡胶支座隔震技术规程》(CECS 126—2001)进行了结构抗风承载力的验算。风荷载所引起的结构隔震层层间剪力小于隔震层的屈服力，隔震结构满足抗风以及微震动要求。

通过以上分析可以得到，该剪力墙结构采取隔震设计后，上部结构的设计地震作用从 8 度(0.30g)降为 7 度(0.15g)，减小了结构构件的截面尺寸，分析结果均满足标准要求。

7.4　框架-剪力墙结构

框架-剪力墙结构兼具框架空间大和剪力墙结构刚度大、变形小的特点[6]，常用于办

公写字楼、宾馆和高层住宅当中。震害调查表明，框架-剪力墙结构会出现不同程度的破坏，如墙肢之间连梁或剪力墙的剪切破坏、连梁因剪跨比过小而产生交叉裂缝的脆性破坏等。本节以某高层框架-剪力墙结构的隔震设计实例为背景，按照《建筑抗震设计标准》(GB/T 50011—2010)中的分部设计法，介绍高层框架-剪力墙结构的隔震设计方法和流程。

7.4.1 工程概况

某综合医院位于四川省西昌市，采用框架-剪力墙结构体系，建于2019年，总建筑面积为29.79万m^2，其中地上约21.96万m^2，地下约7.83万m^2。裙房地下2层，地上4层，矩形平面，建筑高度为21.30m，结构高度为33.10m(计算到隔震支座底)，裙房长度为193.20m，宽度为109.90m。主楼地下2层，地上16层，Z字形平面，建筑高度为70.50m，结构高度为82.00m(计算到隔震支座底)，长度为134.40m，宽度为47.80m，主楼高宽比为1.72，长宽比为2.81。主楼纵向方向柱网尺寸主要为8.4m，横向方向柱网尺寸主要为6.4m、8.1m，裙房主要柱网尺寸为8.4m。建筑剖面如图7.16所示；主要平面布置如图7.17所示。其中，隔震层到8层采用型钢混凝土柱，钢板混凝土剪力墙，局部设置屈曲约束支撑。

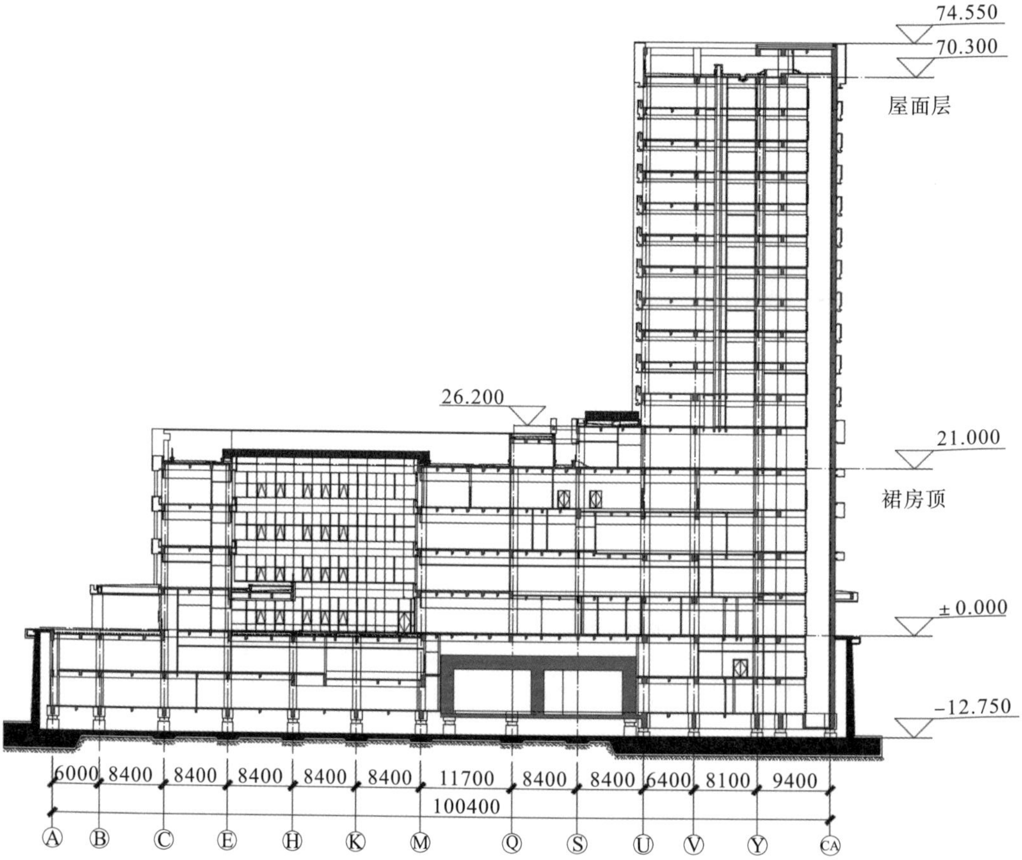

图7.16 建筑剖面(单位：mm)

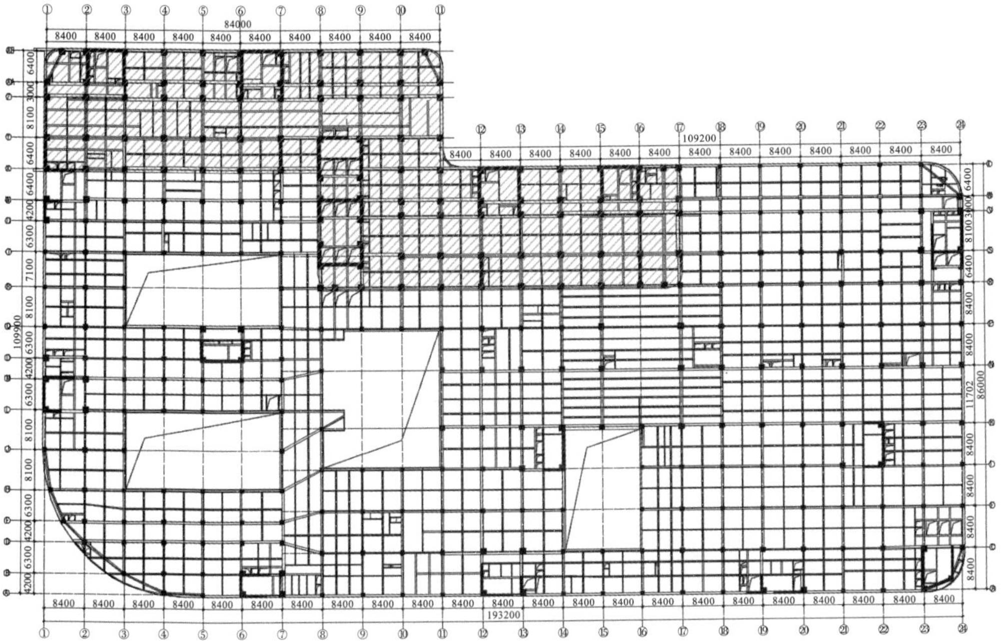

(a) 一层平面图

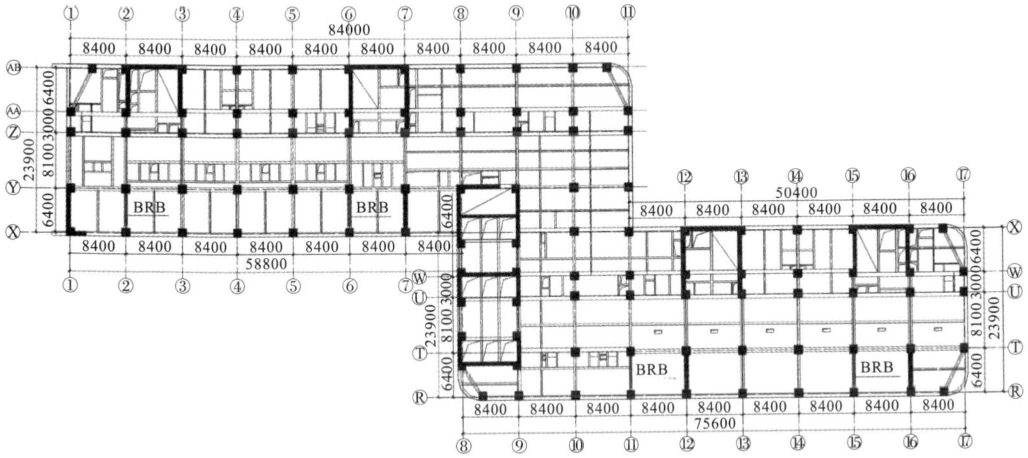

(b) 标准层平面图

图 7.17　建筑平面布置(单位：mm)

该结构抗震设防类别为重点设防类(甲类建筑)，抗震设防烈度为 9 度(0.40g)，设计地震分组为第三组，特征周期 T_g 为 0.45s。结构设计使用年限为 50 年，剪力墙、框架柱及支墩柱、框架梁抗震等级均为特一级。

7.4.2　场地概况

该结构所在场地为Ⅱ类，在拟建场地地形上位于安宁河河谷东侧Ⅰ阶地与山前洪积扇前缘相连处，场地内地势平坦开阔，无滑坡、崩塌、泥石流、地裂缝、地面沉降等地质灾害发育，场地现状稳定。但拟建场地位于地震高烈度地区，地壳稳定性较差，安宁河断裂带从场地东侧通过，对场地工程建设影响大，需考虑近断裂带的影响。

7.4.3 隔震层设计

本工程隔震分析采用北京盈建科有限公司的 YJK 软件(v1.8.2)；结构弹性阶段(多遇、设防地震)设计分析采用 YJK 软件(v1.8.2)、CSI 公司的 ETABS 软件(2017 版)；弹塑性阶段非线性时程分析(设防、罕遇地震)采用中国建筑科学研究院的 SAUSAGE 软件(v2017)及 YJK 软件(v1.8.2)。同时，由于该工程属于超 A 级高度的超限高层建筑，应当符合建设部令第 111 号《超限高层建筑工程抗震设防管理规定》、《超限高层建筑工程抗震设防专项审查技术要点》和《四川省抗震设防超高层建筑工程界定标准》(DB51/T 5057—2014)[7]的相关规定。

7.4.3.1 隔震设计的目标

隔震设计目标为：将上部结构抗震设防烈度降低 1 度，即 8 度(0.20g)，水平减震系数 β 值控制在 0.38 以内。同时，保证结构在风荷载作用下具有足够的承载力，在地震作用下具有良好的弹性恢复能力，预计达到的性能目标见表 7.30。

表 7.30 结构性能目标

	性能指标	多遇地震	设防地震	罕遇地震
变形	最大层间位移角限值	[1/800]	[1/267]	[1/100]
关键构件	下支墩	弹性	弹性	弹性
	隔震层转换梁及上支墩及与阻尼器相连的框架梁	弹性	弹性	正截面承载力受弯不屈服，受剪承载力不屈服；轻微损伤
	7 层(裙房屋面上一层)及以下主楼范围内框架柱	弹性	弹性	正截面承载力受弯不屈服，受剪承载力不屈服；轻度损伤
	BRB 相连的梁、柱	弹性	弹性	正截面承载力受弯不屈服，受剪承载力不屈服；轻微损伤
	7 层及以下(裙房屋面上一层)主楼的剪力墙	弹性	弹性	个别墙体轻度损伤，所有墙体满足受剪承载力不屈服；轻微损伤
普通竖向构件	其他部位的剪力墙	弹性	正截面承载力不屈服，受剪承载力保持弹性；轻微损伤	墙体中度损伤少量墙体正截面承载力受弯屈服，受剪满足抗剪截面要求
	其他框架柱	弹性	正截面承载力不屈服，受剪承载力保持弹性	不出现整层柱受弯屈服，受剪承载力不屈服，中度损伤
耗能构件	BRB(防屈曲约束支撑)	弹性	承载力中震不屈服	少量屈服
	钢筋混凝土连梁	弹性	部分连梁正截面承载力屈服，所有连梁受剪承载力均不屈服	多数连梁正截面承载力屈服所有连梁满足抗剪截面要求
	框架梁	弹性	少量屈服，受剪承载力保持弹性	部分屈服，所有梁受剪承载力不屈服
屈服机制及破坏模式		弹性	隔震层铅芯橡胶支座及阻尼器先耗能，部分连梁框架梁受弯屈服，少量框架柱屈服，剪力墙基本未屈服	隔震层铅芯橡胶支座及阻尼器先耗能，部分连梁，框架梁受弯屈服，少量 BRB 屈服，部分框架柱屈服，其余均构件未屈服

7.4.3.2　隔震支座的性能参数

本项目隔震系统采用了铅芯橡胶支座(LRB)、天然橡胶支座(LNR)、黏滞流体消能器(VFD)和弹性滑板支座(ESB)，隔震支座的主要性能参数见表 7.31。

表 7.31　隔震支座的主要性能参数

参数	LRB1100	LRB1300	LRB1400	LNR1100	LNR1300	LNR1400	ESB600
使用数量/套	123	41	77	205	27	29	15
产品外径/mm	1120	1320	1420	1120	1320	1420	1800
橡胶总厚/mm	212	232	232	232	232	232	70.5
橡胶外径/mm	1100	1300	1400	1100	1300	1400	600
支座高度(不含连接板)/mm	345	396	396	345	396	396	194
第一形状系数 S_1	≥25	≥25	≥25	≥25	≥25	≥25	≥30
第二形状系数 S_2	≥5	≥5	≥5	≥5	≥5	≥5	≥7
基准面压/MPa	12	12	12	12	12	12	25
竖向刚度/(kN/mm)	4650	6600	6900	4300	5700	6900	6000
屈服力/kN	197	285	315	—	—	—	80
屈服前刚度/(kN/mm)	20	36	42	—	—	—	3
等效刚度(r=100%)/(Kn/mm)	3.06	3.95	4.51	1.79	2.25	2.61	1.2
允许位移/mm	605	715	770	605	715	770	600
水平极限变形/%	400%	400%	400%	400%	400%	400%	—

注：“—”表示无该项。

7.4.3.3　隔震支座的布置

本工程基础隔震系统由铅芯橡胶支座(LRB)、天然橡胶支座(LNR)、黏滞流体阻尼器(VFD)和弹性滑板支座(ESB)组成。隔震支座、黏滞流体阻尼器布置如图 7.18 所示。隔震层共布置 517 个隔震支座，橡胶支座剪切性能偏差为 S-A 类。共设置了 80 个黏滞流体阻尼器，其中 X 向和 Y 向各 40 个。

7.4.3.4　偏心率的计算

根据《建筑抗震设计标准》(GB/T 50011—2010)第 12.2.2 条规定，当隔震层刚度中心与隔震层以上结构的质量中心不重合时，应考虑扭转影响。隔震结构的偏心是衡量上部结构质心与隔震层刚心之间大小的重要指标，隔震层在设防地震作用下偏心率不宜大于 3.00%。隔震层的偏心率按照式(7.1)～式(7.6)计算，结构两个方向的最大的偏心率为 0.364%，均小于 3.00%。

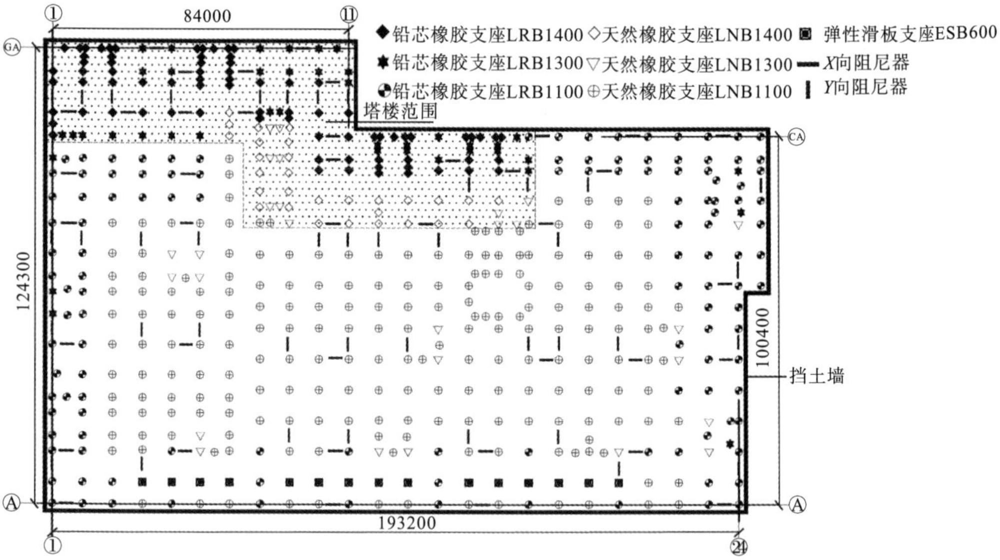

图 7.18　隔震支座和阻尼器的布置

7.4.4　隔震计算模型

隔震设计的过程中，共采用了三种类型的隔震支座：天然橡胶隔震支座、铅芯橡胶隔震支座和弹性滑板支座。天然像胶隔震支座与铅芯橡胶隔震支座的滞回模型见 7.1.3 节。

弹性滑板支座结构包括橡胶支座、聚四氟乙烯板和不锈钢板混动面，为弹性体与摩擦型串联型式，聚四氟乙烯板部分镶嵌在橡胶体内。其工作原理为：弹性滑板支座中橡胶提供支座的水平初始刚度和竖向刚度，当水平剪切荷载小于静摩擦力时，水平变形仅由橡胶体产生，当支座克服静摩擦力后，支座滑动体可在不锈钢板面上进行滑动，此时支座刚度十分小，接近 0。弹性滑板支座恢复力模型如图 7.19 所示。

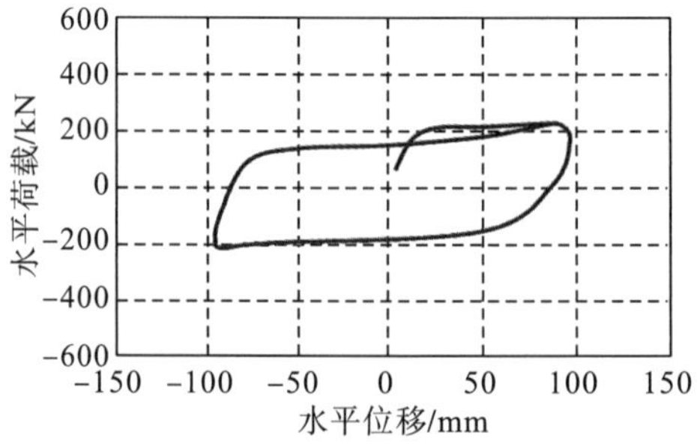

图 7.19　弹性滑板支座恢复力模型

隔震前、隔震后的结构周期见表 7.32。从表 7.32 中可以看出，中震时(100%等效刚度)结构周期为 3.652s，是隔震前周期的 3.01 倍。

表 7.32　隔震前后的结构周期　（单位：s）

振型	隔震前	隔震后(100%等效刚度)
1	1.212	3.652
2	1.139	3.648
3	0.892	3.225
T_t/T_1	0.730	0.883

7.4.5　地震动记录的选取

《建筑抗震设计标准》(GB/T 50011—2010) 5.1.2 条规定，采用时程分析法时，应按建筑场地类别和设计地震分组选用实际强震记录和人工模拟的加速度时程，其中实际强震记录的数量不应少于总数的 2/3，多组时程的平均地震影响系数曲线应与振型分解反应谱法所采用的地震影响系数曲线在统计意义上相符。

本工程选取了实际 5 条强震记录和 2 条人工模拟加速度时程，其中所选天然地震动均位于Ⅱ类场地。小震采用 7 条地震动取平均值，其中包括 2 条人工地震动、5 条天然地震动，7 条地震波均考虑 1.5 的近场系数。大震人工地震动的 T_g 为 0.50s，采用 RGB3、RGB4，各地震动有效持续时间见表 7.33。

表 7.33　地震动有效持续时间　（单位：s）

时程名称		第一次达到该时程曲线最大峰值的 10%时对应的时间	最后一次达到该时程曲线最大峰值的 10%时对应的时间	有效持续时间
天然地震动	Wate27	0.7	27.1	26.4
	Kope2	3.6	46.4	42.8
	RSN933	7.7	56.3	48.7
近场震动	IMP15	1.7	27.0	25.3
	RSN169	1.2	28.4	27.2
用于小中震	RGB1(人工)	1.4	28.7	27.3
	RGB2(人工)	1.4	27.7	26.2
用于大震	RGB3(人工)	2.0	35.3	33.3
	RGB4(人工)	2.4	38.1	35.7

地震动选取时，对非隔震模型进行反应谱及线性时程分析，对基底剪力及频谱特性进行对比，按照标准选波原则选取地震动。同时控制选出的地震动平均值在隔震模型周期点的 20%范围内。多遇地震下 7 条地震动的反应谱与 CQC 反应谱的对比如图 7.20 所示。其中，T_1、T_2 和 T_3 为非隔震结构前三阶周期，T_{iso1}、T_{iso2} 和 T_{iso3} 为隔震结构前三阶周期。7 条地震动的反应谱与 CQC 反应谱基本吻合，在塔楼结构前三周期点上，隔震模型与非隔震模型的地震动反应谱平均值与 CQC 计算结果的差异均在 20%以内，见表 7.34。

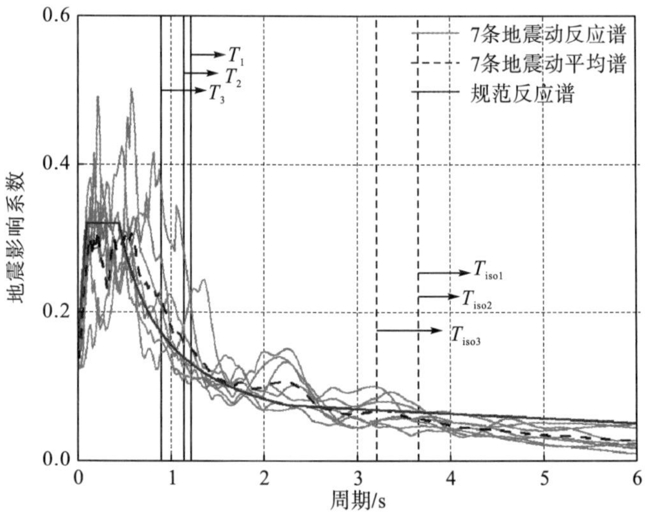

图 7.20 地震动反应谱与规范反应谱对比

表 7.34 7 条时程与规范反应谱曲线对比(9 度)

振型		ETABS	时程平均影响系数 α	规范反应谱影响系数 α	差值/%
非隔震	1	1.2115	0.1443	0.1280	+12.73
	2	1.1386	0.1504	0.1372	+9.62
	3	0.889	0.2023	0.1715	+17.9
隔震	1	3.65159	0.0562	0.0642	−12.46
	2	3.6482	0.0567	0.0645	−12.09
	3	3.2253	0.0685	0.0677	+1.18

多遇地震弹性时程分析所得结构底部剪力峰值与按照《建筑抗震设计标准》(GB/T 50011—2010)地震动参数进行反应谱分析所得的底部剪力的对比见表 7.35。单组地震动输入所得的底部剪力峰值均在 CQC 反应谱法的 65%～135%，7 条地震动结果的平均值与反应谱法结果之差在 20%以内，满足标准要求。

表 7.35 时程分析底部剪力与 CQC 反应谱法对比

时程名称	X 向基底剪力/kN	与反应谱比值	Y 向基底剪力/kN	与反应谱比值
Wate27	276913.6	1.12	243541.1	0.94
Kope2	257253.9	1.04	306468.6	1.18
RSN933	316859.5	1.28	341096.6	1.31
IMP15	251431.7	1.02	296952.5	1.14
RSN169	251431.7	1.08	284577.3	1.10
RGB1(人工)	287412.1	1.16	322493.4	1.24
RGB2(人工)	268124.3	1.08	318334.3	1.22
平均值	274997.1	1.11	301923.4	1.16
反应谱	247152.5	1.00	259884.9	1.00

7.4.6　多遇地震作用下的分析结果

根据式(7.11)计算隔震结构在多遇地震作用下的剪重比，计算结果见表 7.36。经验算，隔震结构的剪重比均满足要求。

表 7.36　剪重比结果(%)

楼层	YJK		ETABS	
	X 向	Y 向	X 向	Y 向
19	30.70	35.80	35.2	30.15
7	11.72	11.50	11.51	11.92
6	11.00	11.10	11.19	11.10
5	10.40	10.75	10.84	10.39
2	8.20	8.76	8.87	8.18
1	7.40	7.92	8.01	7.34

7.4.7　设防地震作用下的分析结果

根据《建筑抗震设计标准》(GB/T 50011—2010)12.2.5 条要求，对于高层建筑结构，水平向减震系数应计算隔震与非隔震各层倾覆力矩的最大比值及层间剪力的最大比值，取二者的较大值。

7 条地震动下隔震模型与非隔震模型各楼层的层剪力比值双向的最大值为 35.2%，隔震模型与非隔震模型各楼层的层倾覆力矩比值双向的最大值为 36.7%，最终水平向减震系数为 0.367＜0.380，满足水平地震力降低 1 度设计的要求，竖向地震及相关构造不降低。经计算 9 度设防烈度地区隔震后的上部结构水平地震影响系数最大值为 0.147，小于 0.16，满足降低 1 度设计的要求。考虑 1.5 倍近场地震影响系数，隔震后上部结构地震影响系数可取 0.2214，实际取 0.24，即按 8 度(0.3g)设计。

7.4.8　罕遇地震作用下的分析结果

7.4.8.1　隔震层位移验算

罕遇地震下隔震层水平位移计算采用“1.0×恒载+0.5×活载+1.0×地震(三向)”的荷载组合。

罕遇地震下隔震层中位移较大的隔震支座普遍位于主楼上边缘处，如 48 号、135 号支座，裙房部位的位移普遍比隔震层质心的水平位移小。隔震支座的最大水平位移及隔震层质心的水平位移见表 7.37。由表可知，7 条地震动下，各支座最大位移的平均值 X 向为 573.6mm，Y 向为 573.9mm，均小于 0.55D=605mm 及 3t_r=636mm(其中，D 为隔震支座的有效直径，t_r 为最小隔震支座橡胶层总厚度)中的较小值。

表 7.37　隔震支座的最大水平位移

地震动	各支座中的最大位移/mm	
	X	*Y*
RGB3	756.4	757.3
RGB4	803.6	799.1
IMP15	607.2	601.1
RSN169	515.8	518.2
KOPE2	453.7	447.8
RSN93	467.6	475.5
Wate27	401.9	418.5
平均值	573.6	573.9

7.4.8.2　隔震支座拉应力验算

隔震支座在罕遇地震作用下的最大拉应力不宜大于 1MPa。采用两种方法对隔震支座的拉应力进行验算。

(1)三向地震非线性时程分析，采用 7 条地震波在重力荷载代表值作用下进行三向地震非线性时程分析(仅隔震支座考虑非线性)。

(2)线性组合计算，考虑采用“重力荷载代表值+水平地震作用产生的最大轴拉力+0.5×竖向地震作用”的荷载组合及“重力荷载代表值+0.5×水平地震作用产生的最大轴拉力+竖向地震作用”的荷载组合。其中，重力荷载代表值取“1.0×恒载+0.5×活载”，竖向地震作用产生的轴拉力取拉力方向的“0.4×重力荷载代表值”。

隔震支座包括铅芯橡胶支座及普通橡胶支座，受拉刚度按受压刚度的 1/10 取值，计算结果显示罕遇地震时，仅 1 号、6 号、8 号、9 号、465 号支座出现拉应力，其余支座均未出现拉应力。最大拉应力为 0.60MPa，位于 232 号支座，该支座位于裙房左边缘的剪力墙角部，其重力荷载相对地震作用产生的拉力较小。弹性滑板支座没有出现拉应力，主楼位置未发现支座出现拉应力。

7.4.8.3　隔震支座压应力验算

隔震支座在罕遇地震作用下的最大压应力不宜大于 30MPa。采用两种方法对隔震支座的压应力进行验算：

(1)三向地震非线性时程分析，采用 7 条地震波在重力荷载代表值作用下进行三向地震非线性时程分析(仅隔震支座考虑非线性)。

(2)线性组合计算，考虑采用“重力荷载代表值+水平地震作用产生的最大轴拉力+0.5×竖向地震作用”的荷载组合及“重力荷载代表值+0.5×水平地震作用产生的最大轴拉力+竖向地震作用”的荷载组合。其中，重力荷载代表值取“1.0×恒载+0.5×活载”，竖向地震作用产生的轴拉力取压力方向的“0.4×重力荷载代表值”。罕遇地震时隔震结构橡胶支座最大压应力为 24.76MPa，位于 33 号支座，该支座为 LRB1100，处于主楼剪力墙角部位置，压应力小于 25MPa，满足要求；罕遇地震时橡胶支座压应力较大值普遍位于剪力墙角部位置。弹性滑板支座压应力为 22.08MPa，小于 30MPa，满足要求。

7.4.9　隔震层抗风及弹性恢复力验算

7.4.9.1　隔震层抗风验算

根据《建筑抗震设计标准》(GB/T 50011—2010) 12.1.3 条，采用隔震的结构风荷载产生的总水平力不宜超过结构总重力的 10%，本结构 X 向风荷载产生的总水平力为 5692.1kN，Y 向风荷载产生的总水平力为 1.25×10^4kN，总重力为 3.19×10^6kN，风荷载产生的总水平力远远小于结构总重力的 10%，满足标准要求。

为了满足风荷载以及微震动的要求，隔震层必须具备足够的屈服前刚度和屈服承载力，即隔震层的屈服力与风荷载需满足式(7.12)。隔震层的屈服力和风荷载的关系为：

$$\gamma_w V_{\text{wk}} = 1.4\times 12528.5 = 17540\text{kN} < V_{\text{Rw}} = 61971\text{kN}$$

经验算，该隔震结构的抗风承载力满足要求。

7.4.9.2　隔震层弹性恢复力验算

为了保证隔震层在多次地震作用后，仍具有良好的变形和复位能力，需要按照式(7.13)对隔震支座的弹性水平恢复力进行验算。在该项目中，$K_{100}t_{\text{r}}$=309530kN>1.4V_{Rw}=86759.4kN，满足隔震层弹性恢复力要求。

7.4.10　设计小结

通过对该框架-剪力墙结构进行隔震设计和分析，可以得到如下结论：

(1) 在设防地震作用下，水平向减震系数为 0.367，小于 0.380。根据标准要求，上部结构满足预期降低一度的目标，考虑近场地震影响实际按 8 度(0.3g)设计。

(2) 在罕遇地震作用下，隔震支座最大水平位移为 573.9mm，满足标准要求；支座最大拉应力为 0.60MPa，小于标准中支座最大拉应力为 1MPa 的规定；支座最大压应力为 24.76MPa，小于标准中支座最大压应力为 25MPa 的规定。

(3) 在风荷载作用下结构层剪力小于隔震层屈服力，弹性恢复力大于隔震层屈服力，均满足标准要求。

(4) 在高烈度区复杂结构中，通过采用隔震技术可以提高结构抗震性能，满足建筑功能需求。当考虑近断层地震的影响时，黏滞阻尼器的增设对于复杂结构具有良好的适用性，可以有效地提高隔震效率。

7.5　层间隔震结构案例

层间隔震结构是在基础隔震结构的工程实践中发展起来的一种新型隔震结构形式，它将隔震装置设置在建筑物的两楼层之间，实现隔震功能。采取层间隔震设计，不仅使上部结构具有隔震建筑的优越性能，而且使得包括隔震层以下楼层在内的整个结构的抗震性能显著提高。本节以某高层框架-剪力墙结构的隔震设计实例为背景，按照《建筑抗震设计标准》(GB/T 50011—2010)中的分部设计法，介绍框架-剪力墙结构的层间隔震设计方法和流程。

7.5.1 工程概况

该项目位于江苏省宿迁市，是宿迁市中心重要的商业、居住综合楼之一[8]。该工程含两层地下室，层高为5.3m，四层商业裙房，层高为5.9m，坐落在裙房之上的两栋十六层塔楼，层高为3m，总建筑高度为79.4m，建筑剖面见图7.21(a)。该工程采用层间隔震设计，隔震层设置于大底盘(裙房)和上部塔楼之间，隔震层高1.8m。塔楼A、塔楼B的房屋高宽比分别为3.58、2.85，裙房、塔楼A、塔楼B的房屋长宽比分别为1.63、3.06、3.06。建筑首层和第五层平面布置图见图7.21(b)和图7.21(c)。

地下室主楼底板、地梁、外墙、顶板及顶板梁的混凝土强度等级为C40，地下2层至地上8层楼面的框架柱及剪力墙的混凝土等级为C50；9～11层楼面的框架柱及剪力墙的混凝土等级为C45；12～15层楼面的框架柱及剪力墙的混凝土等级为C40；16～19层楼面的框架柱及剪力墙的混凝土等级为C35；20层以上楼面的框架柱及剪力墙的混凝土等级为C30。1～15层楼面框架梁及楼板的混凝土等级为C40；16～19层楼面框架梁及楼板的混凝土等级为C35；20层至屋顶层楼面框架梁及楼板的混凝土等级为C30。

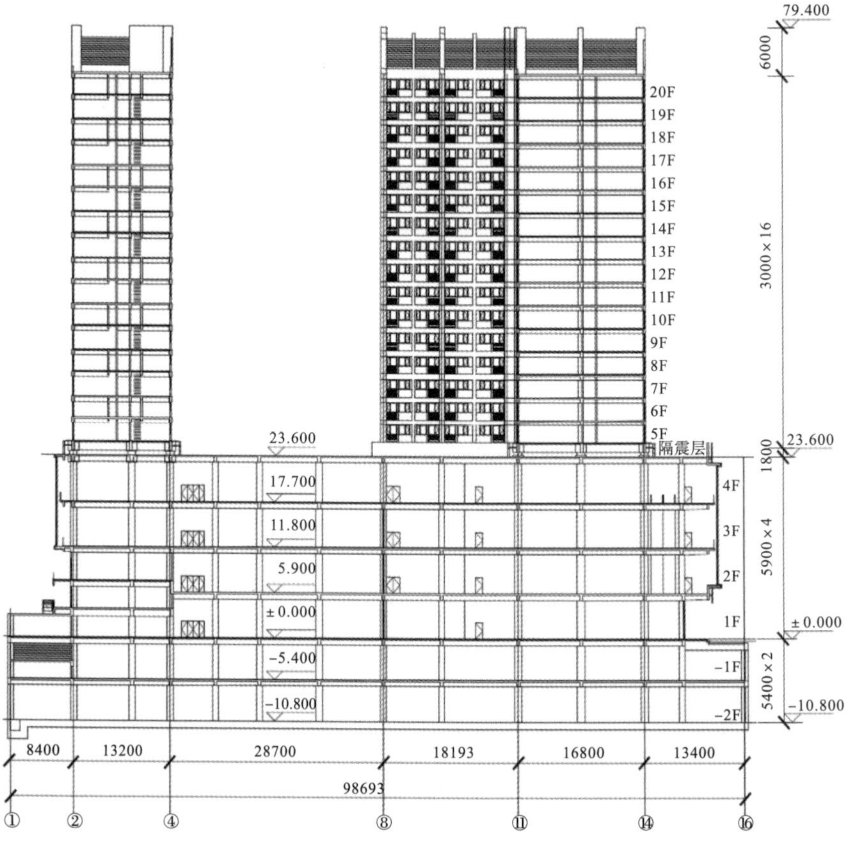

(a) 建筑剖面

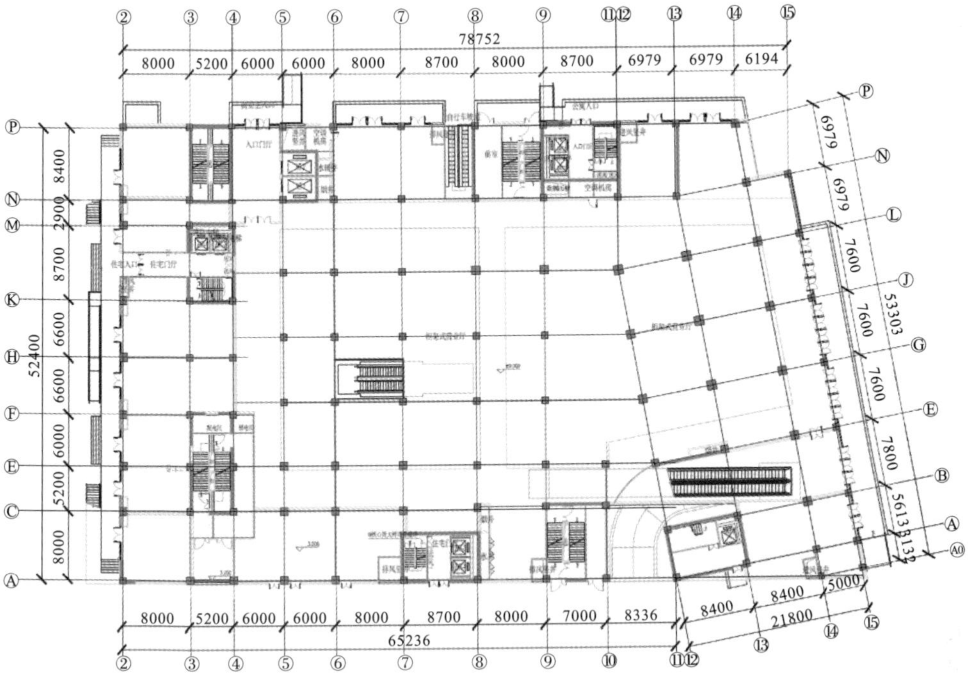

(b) 一层建筑平面

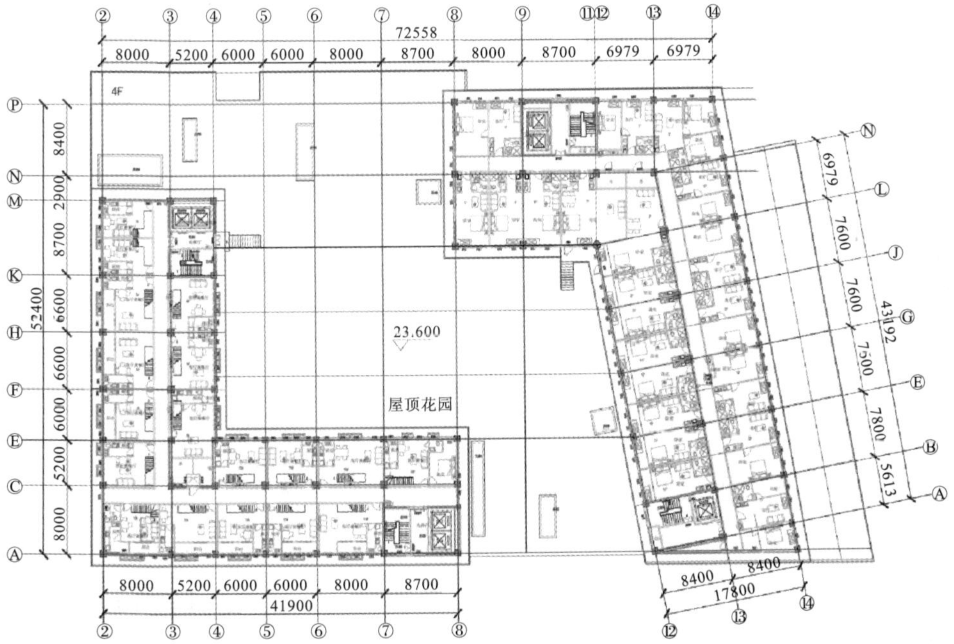

(c) 五层建筑平面

图 7.21　层间隔震结构(单位：mm)

隔震层以下结构抗震设防类别为重点设防类(乙类建筑)，塔楼的结构抗震设防分类为标准设防类(丙类)，抗震设防烈度为 8 度(0.30g)，Ⅱ类场地，设计地震分组为第一组，特征周期 T_g 为 0.35s。

7.5.2 隔震层设计

该工程采用 ETABS 进行计算模拟分析。对此结构隔震层上下两部分采用不同分析方式：塔楼 A 和塔楼 B 按单体建模进行分析，裙房按整体建模进行分析。

7.5.2.1 隔震设计的目标

隔震设计目标为：将上部结构抗震设防烈度降低一度，水平减震系数 β 值控制在 0.40 以内，使上部结构可按 7 度(0.15g)进行设计，从而提高框架-剪力墙结构的抗震性能。

7.5.2.2 隔震支座的性能参数

隔震支座型号的选择主要依据《叠层橡胶支座隔震技术规程》(CECS 126—2001)的要求及橡胶隔震支座的性能参数。结合该项目的实际情况，根据支墩底部反力，计算所需隔震支座的最小直径，同时兼顾隔震后结构的动力特性及橡胶隔震支座的抗风性能，进而合理地选择隔震支座型号。根据上述原则，选取铅芯橡胶隔震支座 LRB900、LRB1000、LRB1100、LRB1300，天然橡胶隔震支座 LNR1000、LNR1200。隔震支座力学性能参数见表 7.38。

表 7.38 隔震支座力学性能参数

支座型号	橡胶层厚度/mm	有效面积/cm^2	竖向刚度/(kN/mm)	等效水平刚度/(kN/mm)	屈服前刚度/(kN/mm)	屈服后刚度/(kN/mm)	屈服力/kN
LRB900	180	6104	4415	2.52	18.12	1.39	202.90
LRB1000	198	7540	5321	2.83	20.34	1.57	250.40
LRB1100	224	9157	5476	2.9	21.72	1.67	276.10
LRB1300	259	12821	7325	3.41	26.20	2.02	360.60
LNR1000	203	7815	4003	1.49	—	—	—
LNR1200	203	11271	6803	2.15	—	—	—

7.5.2.3 隔震支座的布置

对于塔楼 A，采用了 15 个 LRB900 支座、5 个 LRB1000 支座、8 个 LRB1100 支座、5 个 LNR1000 支座、2 个 LNR1200 支座；对于塔楼 B，采用了 9 个 LRB900 支座、16 个 LRB1000 支座、3 个 LRB1300 支座、3 个 LNR1000 支座、3 个 LNR1200 支座。具体隔震支座布置如图 7.22 所示。

根据《建筑抗震设计标准》(GB/T 50011—2010) 12.2.3 条规定，丙类建筑的橡胶隔震支座在重力荷载代表值下的竖向压应力不应超过 15MPa，设防地震作用下各隔震支座的竖向力组合设计值见表 7.39。由表可知，其中 40 号隔震支座压应力最大，为 12.00MPa，小于规范限值 15MPa，各支座的承载力满足标准要求。

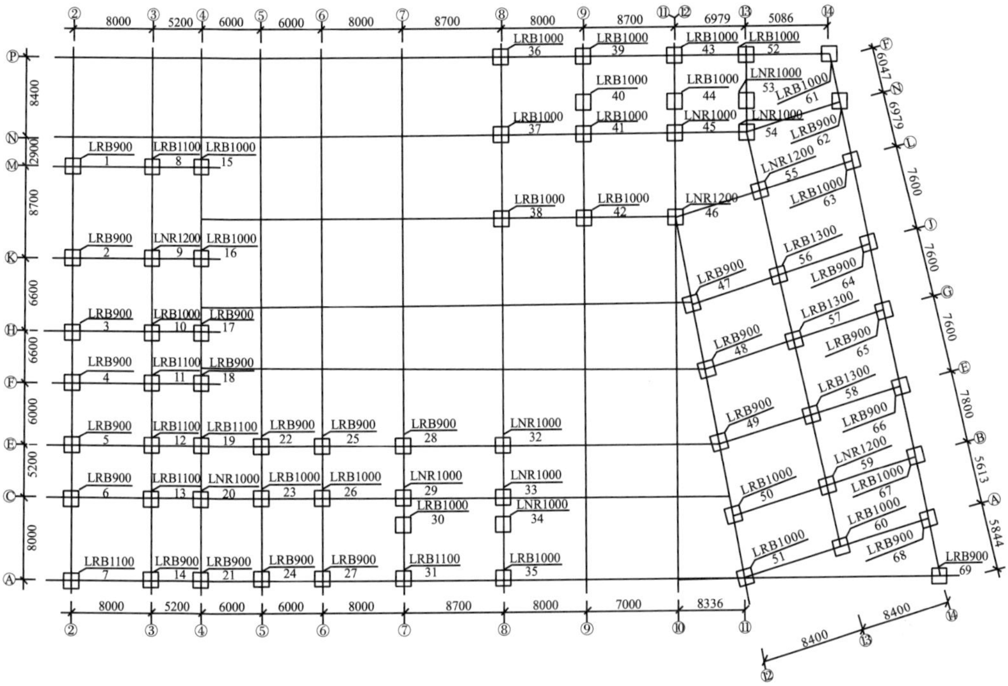

图 7.22　隔震支座布置

表 7.39　各支座竖向力组合设计值及压应力　　　　(单位：MPa)

支座编号	支座型号	压应力	支座编号	支座型号	压应力	支座编号	支座型号	压应力
1	LRB900	9.01	24	LRB900	10.27	47	LRB900	10.50
2	LRB900	11.96	25	LRB900	10.12	48	LRB900	10.89
3	LRB900	11.60	26	LNR1200	7.86	49	LRB900	10.95
4	LRB900	10.33	27	LRB900	10.09	50	LRB1000	9.00
5	LRB900	8.99	28	LRB900	10.22	51	LRB1000	10.24
6	LRB900	7.72	29	LNR1000	6.51	52	LRB1000	11.03
7	LRB1100	11.71	30	LRB1100	10.72	53	LNR1000	5.48
8	LRB1100	11.03	31	LRB1100	8.96	54	LNR1000	9.03
9	LNR1200	10.82	32	LNR1000	5.58	55	LNR1200	9.96
10	LRB1000	9.65	33	LNR1000	4.09	56	LRB1300	10.25
11	LRB1100	11.94	34	LNR1000	9.69	57	LRB1300	9.73
12	LRB1100	10.33	35	LRB1000	7.12	58	LRB1300	11.12
13	LRB1100	11.74	36	LRB1000	6.28	59	LNR1200	11.41
14	LRB900	9.66	37	LRB1000	9.66	60	LRB1000	11.95
15	LRB1000	6.63	38	LRB1000	7.46	61	LRB1000	6.85
16	LRB1000	9.99	39	LRB1000	10.91	62	LRB900	10.26
17	LRB900	7.48	40	LRB1000	12.00	63	LRB900	11.36
18	LRB900	9.49	41	LRB1000	10.40	64	LRB1000	9.85
19	LRB1100	10.72	42	LRB1000	9.76	65	LRB900	11.73
20	LNR1000	10.26	43	LRB1000	11.49	66	LRB900	11.44
21	LRB900	9.42	44	LRB1000	11.93	67	LRB1000	9.49

续表

支座编号	支座型号	压应力	支座编号	支座型号	压应力	支座编号	支座型号	压应力
22	LRB900	8.97	45	LNR1000	9.50	68	LRB900	7.03
23	LRB1000	10.37	46	LNR1200	10.18	69	LRB900	4.32

7.5.2.4 偏心率的计算

根据《建筑抗震设计标准》(GB/T 50011—2010)第 12.2.2 条规定，当隔震层刚度中心与隔震层以上结构的质量中心不重合时，应考虑扭转影响。隔震结构的偏心是衡量上部结构质心与隔震层刚心之间大小的重要指标，隔震层在设防地震作用下偏心率不宜大于 3.00%。隔震层的偏心率按照公式(7.1)～式(7.6)计算。塔楼 A 结构的 X 向偏心率为 0.7%，Y 向偏心率为 0.3%；塔楼 B 的 X 向偏心率为 0.1%，Y 向偏心率为 0.7%。塔楼 A 和塔楼 B 的偏心率均满足要求。

7.5.3 隔震计算模型

在隔震设计的过程中，该项目共采用了两种类型的隔震支座：天然橡胶隔震支座和铅芯橡胶隔震支座。这两种隔震支座的滞回模型见 7.1.3 节。

7.5.4 地震动记录的选取

分析过程中共选取了 5 条天然地震动和 2 条人工地震动。加速度峰值根据标准要求，抗震设防烈度为 8 度(0.3g)时，在设防、罕遇地震作用下的地震加速度时程最大值(PGA)分别输入 300Gal 和 510Gal，对设防、罕遇地震作用分别进行调幅。所选地震动平均值与规范反应谱对比如图 7.23 所示。

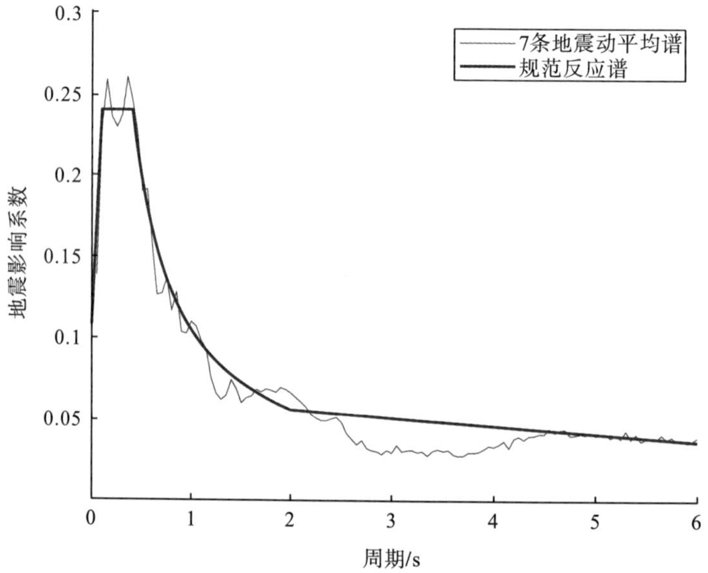

图 7.23 地震动反应谱与规范反应谱对比

7.5.5　多遇地震作用下的分析结果

根据式(7.11)计算隔震结构的剪重比，所得结果见表 7.40。经验算，均满足要求。

表 7.40　剪重比结果

r 塔楼 A 剪重比		塔楼 B 剪重比	
X 向	4.80%	*X* 向	4.80%
Y 向	4.80%	*Y* 向	4.80%

7.5.6　设防地震作用下的分析结果

在设防地震作用下，通过时程分析得出非隔震结构和隔震结构在不同地震波作用下的结构地震反应。塔楼 A、B 的楼层剪力见表 7.41、表 7.42。

表 7.41　塔楼 A 在设防地震作用下非隔震结构与隔震结构层间剪力及剪力比

楼层	非隔震结构层间剪力/kN		隔震结构层间剪力/kN		隔震/非隔震剪力比	
	X	*Y*	*X*	*Y*	*X*	*Y*
21	504	480	44	42	0.087	0.088
20	3771	3629	398	379	0.106	0.104
19	6344	5950	757	721	0.119	0.121
18	8149	7475	1090	1037	0.134	0.139
17	9760	8549	1449	1378	0.148	0.161
16	10683	9124	1781	1694	0.167	0.186
15	11340	9634	2140	2036	0.189	0.211
14	11550	9808	2473	2352	0.214	0.240
13	11779	10133	2832	2694	0.240	0.266
12	12055	10782	3164	3010	0.262	0.279
11	12490	11429	3523	3352	0.282	0.293
10	13096	11922	3857	3669	0.294	0.308
9	13781	12671	4218	4012	0.306	0.317
8	14672	13213	4552	4330	0.310	0.328
7	15742	13912	4913	4674	0.312	0.336
6	16673	14597	5247	4992	0.315	0.342
5	17470	15344	5608	5335	0.321	0.348
隔震层	—	—	—	—	—	—
4	33651	33959	20296	20172	0.603	0.594
3	36907	37485	23148	23007	0.627	0.614
2	39398	39359	26026	25868	0.661	0.657
1	42165	41882	28934	28757	0.686	0.687

表 7.42　塔楼 B 在设防地震作用下非隔震结构与隔震结构层间剪力及剪力比

楼层	非隔震结构层间剪力/kN		隔震结构层间剪力/kN		隔震/非隔震剪力比	
	X	Y	X	Y	X	Y
21	294	320	26	27	0.088	0.084
20	3264	3532	331	346	0.101	0.098
19	5557	5961	629	658	0.113	0.110
18	7238	7686	927	970	0.128	0.126
17	8368	8985	1225	1282	0.146	0.143
16	8995	9917	1523	1594	0.169	0.161
15	9392	10660	1821	1906	0.194	0.179
14	9677	11172	2120	2218	0.219	0.199
13	9927	11501	2418	2530	0.244	0.220
12	10353	11839	2717	2842	0.262	0.240
11	10669	12361	3015	3155	0.283	0.255
10	11184	12883	3314	3467	0.296	0.269
9	11894	13324	3613	3780	0.304	0.284
8	12689	13782	3912	4093	0.308	0.297
7	13276	14297	4211	4405	0.317	0.308
6	13676	14861	4510	4718	0.330	0.317
5	13993	15596	4811	5033	0.344	0.323
隔震层	—	—	—	—	—	—
4	33651	33959	20296	20172	0.603	0.594
3	36907	37485	23148	23007	0.627	0.614
2	39398	39359	26026	25868	0.661	0.657
1	42165	41882	28934	28757	0.686	0.687

从表 7.41、表 7.42 中可以看出，在多遇地震作用下，由 7 条地震波计算得到的隔震结构楼层剪力明显减小。在设防地震作用下，隔震结构的最大减震系数为 0.348。

根据《建筑抗震设计标准》(GB/T 50011—2010) 12.2.7 条，采取隔震技术后上部结构的构造措施降低 1 度，即按 7 度(0.15g)构造措施执行。

7.5.7　罕遇地震作用下的分析结果

7.5.7.1　隔震层位移验算

根据《建筑抗震设计标准》(GB/T 50011—2010)的规定：橡胶隔震支座在罕遇地震作用下的最大水平位移应小于 0.55D(D 为隔震支座的有效直径)和 3t_r(t_r 为隔震支座的橡胶层总厚度)中的较小值。通过时程分析得到各隔震支座在 7 条地震动作用下水平位移的平均值，并选取其中的最大值进行校核。隔震支座在基本烈度地震作用下最大水平位移为 Δ_{max}=133mm，对于 LRB900 型支座，该水平位移相当于 74%的剪应变，远小于

0.55D(0.55D =495mm)和 300%的剪应变(300%γ=540mm)，满足标准要求。

7.5.7.2　隔震支座拉、压应力验算

1. 拉应力验算

由于橡胶隔震支座受拉时，其内部将产生损伤，进而降低支座的弹性性能，且上部结构有倾覆的危险。因此，《建筑抗震设计标准》(GB/T 50011—2010)规定，在水平和竖向罕遇地震同时作用的情况下，隔震支座的拉应力不应大于 1.0MPa。对隔震支座的拉应力进行验算时，采用“1.0×恒载+0.5×活载+1.0×水平地震作用−0.5×竖向地震作用”的荷载组合。其中，竖向地震作用取“0.3×重力荷载代表值”。由于各支座均未出现拉应力，故满足要求。

2. 压应力验算

对隔震支座的压应力进行验算时，采用“1.0×恒载+0.5×活载+1.0×水平地震作用+0.5×竖向地震作用”的荷载组合。其中，最大压应力为−23.99MPa，支座压应力在既定组合下均控制在 30MPa 以内，满足标准规定。

7.5.8　隔震层抗风及弹性恢复力验算

7.5.8.1　隔震层抗风验算

在确定隔震支座的直径和布置图后，需考虑结构在隔震层的抗风装置。根据《叠层橡胶支座隔震技术规程》(CECS 126—2001)要求，按照式(7.12)对抗风装置的水平承载力进行计算。在风荷载作用时，结构的剪力采用 ETABS 计算，铅芯橡胶隔震支座的屈服荷载依据表 7.38 中数值计算，得到如下计算结果：

$$\gamma_{\mathrm{w}} V_{\mathrm{wk}} = 1.4 \times 5750 = 8051\mathrm{kN}$$

$$V_{\mathrm{Rw}} = 24 \times 202.9 + 21 \times 250.4 + 8 \times 276.1 + 3 \times 360.6 = 13418.6\mathrm{kN}$$

因此，通过上述抗风验算可知，$\gamma_{\mathrm{w}} V_{\mathrm{wk}} = 8051\mathrm{kN} \leqslant V_{\mathrm{Rw}} = 13418.6\mathrm{kN}$，隔震支座的布置情况和所需抗风装置(铅芯橡胶隔震支座)数量均满足结构抗风需求。

7.5.8.2　隔震层弹性恢复力验算

为了保证隔震层在多次地震作用后，仍具有良好的变形和复位能力，需对隔震支座的弹性水平恢复力进行验算。根据《叠层橡胶支座隔震技术规程》(CECS 126—2001)第 4.3.6 条要求，隔震支座弹性恢复力按式(7.13)计算。

在该项目中，$K_{100}t_{\mathrm{r}}$=35097.3kN>1.4V_{Rw}=18786kN，满足隔震层弹性恢复力要求。

7.5.9　设计小结

经过对该框架-剪力墙结构进行层间隔震设计及计算分析，可以得到如下结论：

(1)通过隔震层在大震下的偏心率计算，结果显示两方向的偏心率均小于3%，说明隔震层布置规则，重心和刚心比较重合。

(2)隔震层以上塔楼在8度多遇地震作用下各楼层地震剪力均小于非隔震结构在8度多遇地震作用下楼层地震剪力的0.348倍，即隔震层以上结构设防烈度可按降低1度设计。

(3)在罕遇地震作用下，隔震结构满足抗震性能目标。对隔震支座在罕遇地震作用下的位移及拉、压应力进行了校核，隔震支座满足标准限值的要求。

7.6 框架结构隔震加固

我国既有建筑量大面广，由于原设计标准偏低、施工缺陷、接近或超过设计使用年限等原因，30%～50%的既有建筑出现了安全性降低或功能衰退。同时，建筑物面临地震破坏的威胁，由于建设年代不同，抗震设防水平不一致，导致在强烈地震作用下，抗震性能表现也不一致。而隔震技术可以显著降低上部结构的地震响应，有效保障结构安全。本节以某多层框架结构的隔震加固设计实例为背景，按照《建筑抗震设计标准》(GB/T 50011—2010)中的分部设计法，介绍多层框架结构的隔震加固设计流程。

7.6.1 工程概况

某公寓位于四川省都江堰市，采用钢筋混凝土框架结构，始建于2008年，总建筑面积为5400m^2。原建筑地上6层，总建筑高度为21.22m，建筑立面如图7.24所示。标准层长50.70m，宽18.00m，高宽比为1.78，长宽比为2.82。标准层建筑平面布置如图7.25所示。结构纵向轴柱网尺寸主要为5.85m，横向轴柱网尺寸主要为7.80m，混凝土强度等级均为C30。

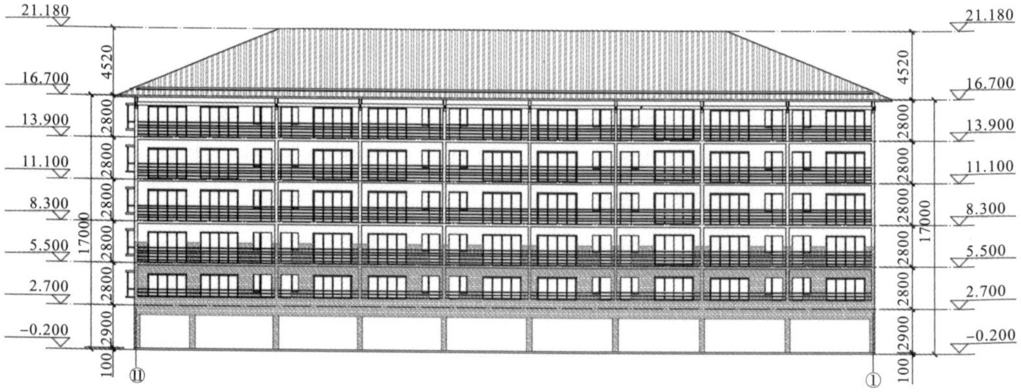

图7.24 建筑立面

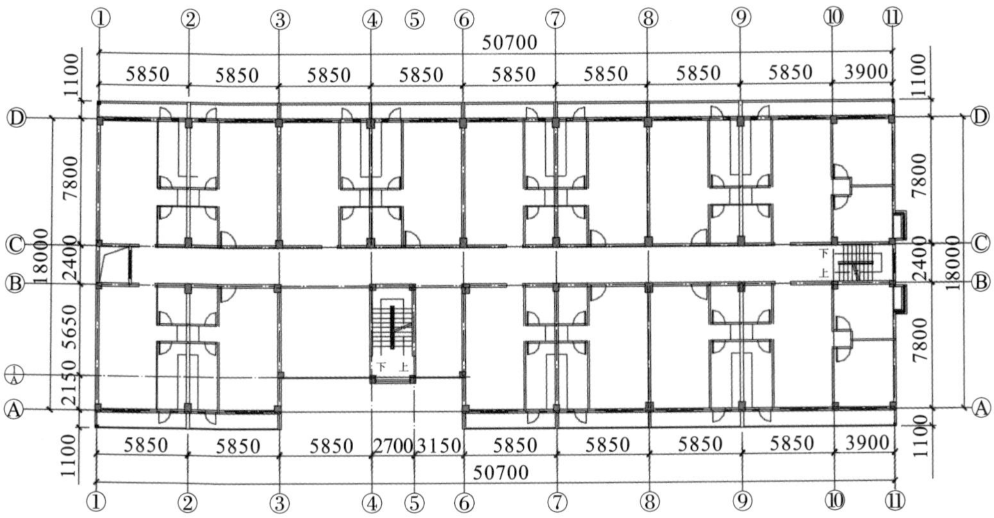

图 7.25　标准层平面

该结构抗震设防类别为标准设防类(丙类建筑)，原抗震设防烈度为 7 度(0.1g)，Ⅱ类场地，设计地震分组为第二组，特征周期 T_g 为 0.40s。结构设计使用年限为 50 年，上部框架结构抗震等级为三级。

7.6.2　隔震层设计

本项目使用有限元软件 SAP2000 建立隔震与非隔震结构模型，并进行计算与分析。

7.6.2.1　隔震设计的目标

隔震设计目标为：将结构抗震设防烈度提高一度，即 8 度(0.20g)，上部结构仍可按 7 度(0.10g)进行设计。水平减震系数 β 值控制在 0.40 以内。同时，保证结构在风荷载作用下具有足够的承载力，在地震作用下具有良好的弹性恢复能力。

7.6.2.2　隔震支座的性能参数

结合本项目的实际情况，根据框架柱的底部反力，兼顾隔震后结构的动力特性及抗风等要求，合理地选择隔震支座型号。根据上述原则，选取铅芯橡胶隔震支座 LRB600、LRB500，其力学性能参数见表 7.43。

表 7.43　隔震支座力学性能参数

支座型号	橡胶层厚度/mm	支座高度/mm	竖向刚度/(kN/mm)	等效水平刚度/(kN/mm)	屈服后刚度/(kN/mm)	屈服力/kN
LRB500	80	150.0	1424	1.12	0.620	40.1
LRB600	100	184.5	1870	1.40	0.774	62.6

7.6.2.3 隔震支座的布置

分别采用了34个LRB600支座和10个LRB500支座，隔震支座的编号和布置如图7.26所示。上部结构质量为7569t，屈服力为2529kN，屈重比为3.34%。

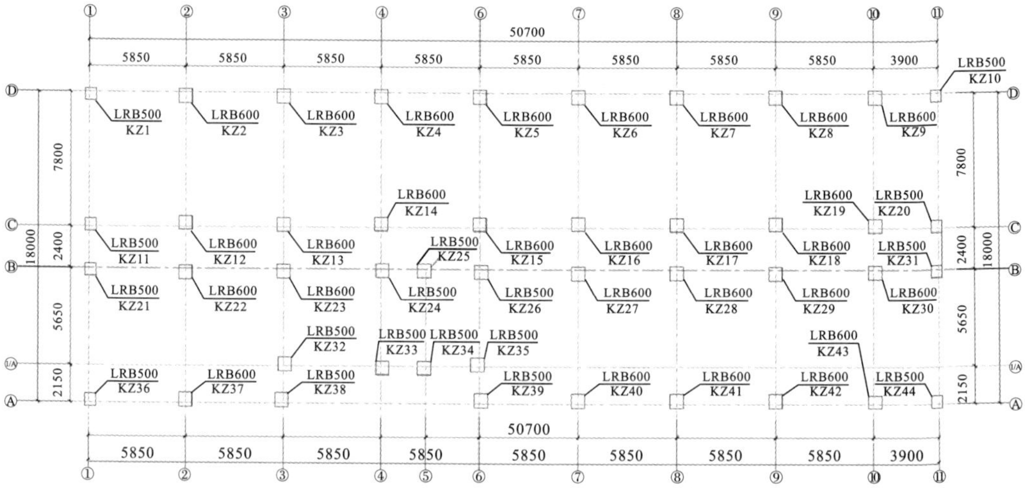

图7.26 隔震支座的编号和布置(单位：mm)

由于本项目的抗震设防类别为标准设防类，根据《建筑抗震设计标准》(GB/T 50011—2010)12.2.3 条规定，丙类建筑的橡胶隔震支座在重力荷载代表值下的竖向压应力不应超过15MPa。验算重力荷载代表值(1.0×恒载+0.5×活载)下支座压应力，见表7.44。其中，18号隔震支座压应力最大，为10.3MPa，小于标准限值15MPa，满足标准要求且有一定的安全储备。

表7.44 重力荷载代表值下支座压应力

支座编号	支座型号	压力/kN	压应力/MPa	支座编号	支座型号	压力/kN	压应力/MPa
KZ1	LRB500	1259	6.4	KZ23	LRB600	1925	6.8
KZ2	LRB600	2718	9.6	KZ24	LRB500	1640	8.4
KZ3	LRB600	2300	8.1	KZ25	LRB500	1244	6.3
KZ4	LRB600	2645	9.4	KZ26	LRB500	1551	7.9
KZ5	LRB600	2298	8.1	KZ27	LRB600	2834	10.0
KZ6	LRB600	2789	9.9	KZ28	LRB600	2098	7.4
KZ7	LRB600	2318	8.2	KZ29	LRB600	2881	10.2
KZ8	LRB600	2883	10.2	KZ30	LRB600	1801	6.4
KZ9	LRB600	1799	6.4	KZ31	LRB500	888	4.5
KZ10	LRB500	1028	5.2	KZ32	LRB500	1210	6.2
KZ11	LRB500	1082	5.5	KZ33	LRB500	1490	7.6
KZ12	LRB600	2873	10.2	KZ34	LRB500	1147	5.8
KZ13	LRB600	1929	6.8	KZ35	LRB500	946	4.8
KZ14	LRB600	2683	9.5	KZ36	LRB500	1262	6.4
KZ15	LRB600	2051	7.3	KZ37	LRB600	2738	9.7

续表

支座编号	支座型号	压力/kN	压应力/MPa	支座编号	支座型号	压力/kN	压应力/MPa
KZ16	LRB600	2841	10.0	KZ38	LRB500	1074	5.5
KZ17	LRB600	2105	7.4	KZ39	LRB500	1011	5.2
KZ18	LRB600	2907	10.3	KZ40	LRB600	2667	9.4
KZ19	LRB600	1805	6.4	KZ41	LRB600	2227	7.9
KZ20	LRB500	887	4.5	KZ42	LRB600	2747	9.7
KZ21	LRB500	1086	5.5	KZ43	LRB600	1734	6.1
KZ22	LRB600	2870	10.2	KZ44	LRB500	995	5.1

7.6.2.4　偏心率的计算

根据《建筑抗震设计标准》(GB/T 50011—2010)第 12.2.2 条规定，当隔震层刚度中心与隔震层以上结构的质量中心不重合时，应考虑扭转影响。隔震结构的偏心是衡量上部结构质心与隔震层刚心之间大小的重要指标，隔震层在设防地震作用下偏心率不宜大于 3.00%。隔震层的偏心率按照公式(7.1)～式(7.6)计算。该结构的 X 向偏心率为 0.574%，Y 向偏心率为 3.493%。

7.6.3　隔震计算模型

7.6.3.1　隔震支座的本构关系

在隔震设计过程中，该项目采用铅芯橡胶隔震支座，其滞回模型见 7.1.3 节。

7.6.3.2　隔震计算模型的校核

采用结构分析软件 SAP2000 对本工程隔震加固进行动力分析，为结构隔震加固设计提供依据。其中，非线性 LINK 单元 Rubber Isolator 可用于准确模拟隔震支座的力学行为。

本工程中采用模型 1 和模型 2 两种有限元计算模型进行计算分析。模型 1 用来模拟隔震加固前的结构(即原结构)，采用“葫芦串”模型，不考虑结构的扭转，如图 7.27 所示。模型 2 用来模拟隔震加固后的结构，隔震后上部结构刚度远远大于隔震层，结构变形集中在隔震层，如图 7.28 所示。结构平面偏心可能引起的扭转效应仅在隔震层考虑，即隔震支座按实际情况布置。本工程中隔震结构与非隔震结构两个平动方向的周期对比见表 7.45。

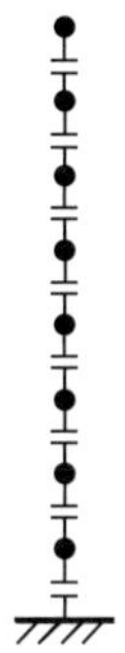

图 7.27　原结构

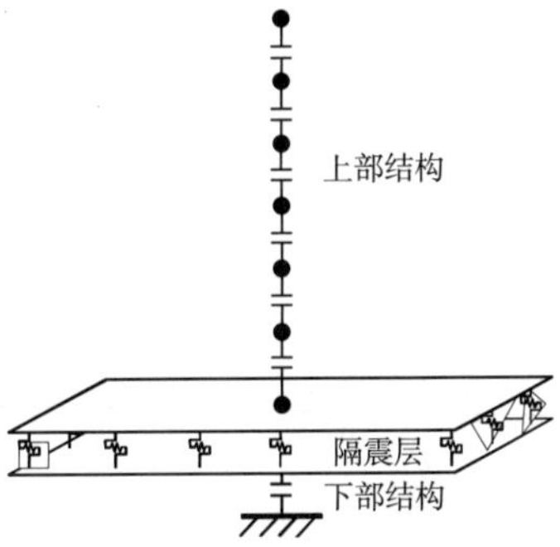

图 7.28　隔震加固结构

表 7.45 隔震结构与非隔震结构周期对比

振型	隔震结构/s	非隔震结构/s	隔震/非隔震
1	2.281	0.609	3.745
2	2.267	0.569	3.984

7.6.4 地震动记录的选取

按照《建筑抗震设计标准》(GB/T 50011—2010)要求，地震动输入选择符合Ⅱ类场地的 2 条天然地震动 EI Centro(NS)波、Taft(NS)波和 1 条人工波。多遇地震下峰值加速度幅值调至 70Gal，设防地震峰值加速度调至 200Gal，罕遇地震下峰值加速度幅值调至 400Gal。3 条地震波反应谱与规范反应谱的对比如图 7.29 所示。其中，T_1、T_2 和 T_3 为非隔震结构前三阶周期，T_{iso1}、T_{iso2} 和 T_{iso3} 为隔震结构前三阶周期。

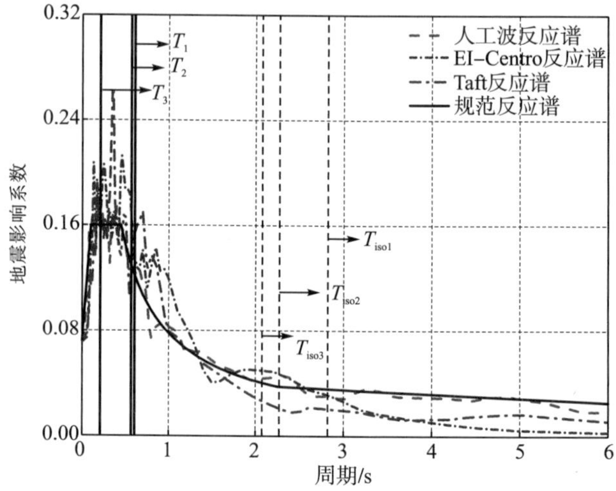

图 7.29 地震动反应谱与规范反应谱对比

7.6.5 多遇地震作用下的分析结果

根据式(7.11)计算隔震结构在多遇地震作用下的剪重比，计算结果见表 7.46。经验算，均能满足要求。

表 7.46 剪重比结果

楼层	重力荷载代表值/kN	层剪力/kN		剪重比	
		X 向	Y 向	X 向	Y 向
7	9069	391	344	0.043	0.038
6	17909	775	694	0.043	0.039

续表

楼层	重力荷载代表值/kN	层剪力/kN		剪重比	
		X 向	Y 向	X 向	Y 向
5	36398	1654	1498	0.045	0.041
4	51036	2304	2113	0.045	0.041
3	62159	2595	2446	0.042	0.039
2	70887	2704	2596	0.038	0.037
1	75543	3009	3024	0.040	0.040

7.6.6　设防地震作用下的分析结果

根据《建筑抗震设计标准》(GB/T 50011—2010)中的相关规定，其水平向减震系数为弹性时程分析时，隔震结构与非隔震结构的各层层剪力比值中的最大值。分别计算 3 条地震动作用下隔震结构与非隔震结构的各层 X 向、Y 向层剪力比值，并取 3 条地震动层剪力比值的包络值，其最大值为隔震结构的水平向减震系数。表 7.47 给出了在设防地震作用下隔震结构与非隔震结构的楼层剪力比。

由表 7.47 可知，3 条地震动作用下，X 向剪力比的最大值为 0.33，Y 向最大值为 0.36。水平向减震系数取 0.36，小于 0.40，即原结构抗震设防烈度可提高 1 度。

表 7.47　设防地震下隔震前后各层剪力比

楼层	方向	EI Centro			Taft			人工波			剪力比包络值
		隔震/kN	非隔震/kN	比值	隔震/kN	非隔震/kN	比值	隔震/kN	非隔震/kN	比值	
1	X	4115	32196	0.13	4790	32370	0.15	5048	20964	0.24	0.24
	Y	4226	35942	0.12	4824	22654	0.21	5029	23889	0.21	0.21
2	X	4010	31063	0.13	3925	29316	0.13	4371	19848	0.22	0.22
	Y	3666	33346	0.11	3991	19026	0.21	4275	22123	0.19	0.21
3	X	3752	27722	0.14	3767	25296	0.15	3894	17455	0.22	0.22
	Y	3439	28989	0.12	3708	16422	0.23	3769	19343	0.19	0.23
4	X	3351	21863	0.15	3749	20599	0.18	3146	13681	0.23	0.23
	Y	3658	22433	0.16	3563	14037	0.25	3157	16624	0.19	0.25
5	X	3063	14217	0.22	3066	14269	0.21	2174	9717	0.22	0.22
	Y	3243	14351	0.23	2923	9862	0.30	2167	11901	0.18	0.30
6	X	1803	6094	0.30	1616	6602	0.24	1111	4773	0.23	0.30
	Y	1833	6105	0.30	1571	4576	0.34	1130	5864	0.19	0.34
7	X	978	2968	0.33	864	3314	0.26	576	2446	0.24	0.33
	Y	941	2963	0.32	804	2263	0.36	572	2936	0.19	0.36

7.6.7 罕遇地震作用下的分析结果

7.6.7.1 隔震层位移验算

将地震动的峰值加速度调幅至 8 度(0.2g)，根据《建筑抗震设计标准》(GB/T 50011—2010)的规定：橡胶隔震支座在罕遇地震作用下的最大水平位移应小于 0.55D(D 为隔震支座的有效直径)和 3t_r(t_r 为隔震支座橡胶层总厚度)中的较小值。通过时程分析得到各隔震支座在 3 条地震动作用下的水平位移，并选取其中的最大值进行校核。由表 7.48 可知，均满足标准要求。

表 7.48 罕遇地震下隔震支座的最大水平位移 (单位：mm)

方向	隔震支座最大水平位移			标准限值	平均值
	EI Centro	Taft	人工波		
X	119	121	161	240	134
Y	117	123	158	240	133

7.6.7.2 隔震支座拉应力验算

由于橡胶隔震支座受拉时，其内部将产生损伤，进而降低支座的弹性性能，上部结构有倾覆的危险。因此，《建筑抗震设计标准》(GB/T 50011—2010)规定，在水平和竖向罕遇地震同时作用的情况下，隔震支座的拉应力不应大于 1MPa。对隔震支座的拉应力进行验算时，采用“1.0×恒载+0.5×活载+1.0×水平地震作用−0.5×竖向地震作用”的荷载组合。其中，竖向地震作用取“0.2×重力荷载代表值”。表 7.45 给出了各型号隔震支座的最大拉应力。由表 7.49 可知，仅 39 号支座出现了拉应力(0.3MPa)，且小于 1MPa，满足要求。

表 7.49 隔震支座拉应力验算

支座编号	支座类型	轴力/kN	应力/MPa	支座编号	支座类型	轴力/kN	压应力/MPa
KZ1	LRB500	−1687	−8.6	KZ23	LRB600	−1003	−3.5
KZ2	LRB600	−3158	−11.2	KZ24	LRB500	−812	−4.1
KZ3	LRB600	−2642	−9.3	KZ25	LRB500	−1178	−6.0
KZ4	LRB600	−3028	−10.7	KZ26	LRB500	−577	−2.9
KZ5	LRB600	−2775	−9.8	KZ27	LRB600	−1610	−5.7
KZ6	LRB600	−3256	−11.5	KZ28	LRB600	−1060	−3.7
KZ7	LRB600	−2787	−9.9	KZ29	LRB600	−1662	−5.9
KZ8	LRB600	−3339	−11.8	KZ30	LRB600	−931	−3.3
KZ9	LRB600	−2042	−7.2	KZ31	LRB500	−158	−0.8
KZ10	LRB500	−1575	−8.0	KZ32	LRB500	−1375	−7.0
KZ11	LRB500	−1451	−7.4	KZ33	LRB500	−733	−3.7
KZ12	LRB600	−3173	−11.2	KZ34	LRB500	−644	−3.3
KZ13	LRB600	−1993	−7.0	KZ35	LRB500	−1428	−7.3
KZ14	LRB600	−2623	−9.3	KZ36	LRB500	−432	−2.2

续表

支座编号	支座类型	轴力/kN	应力/MPa	支座编号	支座类型	轴力/kN	压应力/MPa
KZ15	LRB600	−2176	−7.7	KZ37	LRB600	−1418	−5.0
KZ16	LRB600	−3143	−11.1	KZ38	LRB500	−25	−0.1
KZ17	LRB600	−2468	−8.7	KZ39	LRB500	52	0.3
KZ18	LRB600	−3224	−11.4	KZ40	LRB600	−1331	−4.7
KZ19	LRB600	−2101	−7.4	KZ41	LRB600	−1008	−3.6
KZ20	LRB500	−1687	−8.6	KZ42	LRB600	−1003	−3.5
KZ21	LRB600	−3158	−11.2	KZ43	LRB500	−812	−4.1
KZ22	LRB600	−2642	−9.3	KZ44	LRB500	−1178	−6.0

注：正值表示隔震支座受拉，负值表示隔震支座受压。

7.6.7.3　隔震支座压应力验算

对隔震支座的压应力进行验算时，采用“1.0×恒载+0.5×活载+1.0×水平地震作用+0.5×竖向地震作用”的荷载组合。表 7.50 给出了各型号隔震支座的最大压应力。由表 7.50 可知，在罕遇地震作用下，支座最大压应力为 13.7MPa，即在既定组合下均控制在 30MPa 以内，满足标准规定。

表 7.50　隔震支座压应力验算

支座编号	支座型号	轴力/kN	压应力/MPa	支座编号	支座型号	轴力/kN	压应力/MPa
KZ1	LRB500	−1922	−9.8	KZ23	LRB600	−1360	−4.8
KZ2	LRB600	−3664	−13.0	KZ24	LRB500	−1119	−5.7
KZ3	LRB600	−3068	−10.9	KZ25	LRB500	−1411	−7.2
KZ4	LRB600	−3520	−12.4	KZ26	LRB500	−866	−4.4
KZ5	LRB600	−3202	−11.3	KZ27	LRB600	−2141	−7.6
KZ6	LRB600	−3776	−13.4	KZ28	LRB600	−1451	−5.1
KZ7	LRB600	−3217	−11.4	KZ29	LRB600	−2203	−7.8
KZ8	LRB600	−3876	−13.7	KZ30	LRB600	−1267	−4.5
KZ9	LRB600	−2376	−8.4	KZ31	LRB500	−325	−1.7
KZ10	LRB500	−1767	−9.0	KZ32	LRB500	−1598	−8.1
KZ11	LRB500	−1655	−8.4	KZ33	LRB500	−1011	−5.1
KZ12	LRB600	−3713	−13.1	KZ34	LRB500	−859	−4.4
KZ13	LRB600	−2352	−8.3	KZ35	LRB500	−1603	−8.2
KZ14	LRB600	−3125	−11.1	KZ36	LRB500	−667	−3.4
KZ15	LRB600	−2558	−9.0	KZ37	LRB600	−1927	−6.8
KZ16	LRB600	−3677	−13.0	KZ38	LRB500	−226	−1.2
KZ17	LRB600	−2861	−10.1	KZ39	LRB500	−137	−0.7
KZ18	LRB600	−3769	−13.3	KZ40	LRB600	−1827	−6.5
KZ19	LRB600	−2438	−8.6	KZ41	LRB600	−1420	−5.0
KZ20	LRB500	−1497	−7.6	KZ42	LRB600	−1890	−6.7
KZ21	LRB500	−581	−3.0	KZ43	LRB600	−1241	−4.4
KZ22	LRB600	−2204	−7.8	KZ44	LRB500	−311	−1.6

注：正值表示隔震支座受拉，负值表示隔震支座受压。

7.6.8 隔震层抗风及弹性恢复力验算

7.6.8.1 隔震层抗风验算

根据《建筑抗震设计标准》(GB/T 50011—2010)要求，计算结构隔震层在风荷载下的层间剪力。其中，X 向层间剪力为 594.6kN，Y 向层间剪力为 228.6kN，结构总重力为 75696kN，风荷载产生的总水平力小于结构总重力的 10%，满足标准要求。隔震支座水平屈服荷载验算的目的是保证在风荷载作用下隔震层不屈服，防止产生较大位移而影响结构的适用性，结构抗风验算按时式(7.12)。

通过抗风验算可知，$\gamma_w V_{wk} = 594.6\text{kN} \leqslant V_{Rw} = 2529.0\text{kN}$，表明该隔震结构抗风承载力满足要求。

7.6.8.2 隔震层弹性恢复力验算

为确保隔震层在经历多次地震作用后仍具备良好的变形能力与复位性能，需对隔震支座的弹性水平恢复力进行验算。根据《叠层橡胶支座隔震技术规程》(CECS 126—2001)第 4.3.6 条规定，隔震支座的弹性恢复力应按式(7.13)进行计算。

在该项目中，$K_{100}t_r$=6083.8kN>1.4V_{Rw}=3540.6kN，满足隔震层弹性恢复力要求。

7.6.9 设计小结

通过对该框架结构进行隔震加固和分析，可以得到如下结论：

(1)在设防地震作用下，水平向减震系数为 0.36，小于 0.40。根据标准要求，结构抗震设防烈度提高一度，即 8 度(0.20g)，上部结构仍可按 7 度(0.10g)进行设计。

(2)在罕遇地震作用下，隔震支座最大水平位移为 134mm，满足标准要求；支座最大拉应力为 0.3MPa，小于标准中支座最大拉应力为 1MPa 的规定；支座最大压应力为 13.7MPa，小于标准中支座最大压应力为 30MPa 的规定。

(3)在风荷载作用下结构层剪力小于隔震层屈服力，弹性恢复力大于隔震层屈服力，均满足标准要求。

参 考 文 献

[1] 潘毅, 袁家聪, 林拥军, 等. 泸定 6.8 级地震农村居住建筑震害调查与分析[J]. 防灾减灾工程学报, 2023, 43(6): 1200-1214.

[2] 中华人民共和国住房和城乡建设部. 建筑抗震设计标准: GB/T 50011—2010[S]. 北京: 中国建筑工业出版社, 2024.

[3] 中国工程建设标准化协会. 叠层橡胶支座隔震技术规程: CECS 126—2001[S]. 北京: 中国建筑工业出版社出版, 2001.

[4] 潘鹏, 曾一, 曹迎日, 等. 建筑结构隔震技术研究进展[J]. 工程力学, 2024, 41(5): 39-54.

[5] 纪晓东, 徐梦超, 庄赟城, 等. 钢筋混凝土剪力墙和连梁易损性曲线研究[J]. 工程力学, 2020, 37(4): 205-216.

[6] 轩鹏, 宋鸿誉, 朱宏程. 框架-剪力墙结构双重抗侧力体系设计方法研究进展及展望[J]. 建筑结构, 2022, 52(7): 111-117, 130.

[7] 四川省住房和城乡建设厅.四川省抗震设防超限高层民用建筑工程界定标准：DB51/T 5058-2020[S]. 成都：西南交通大学出版社, 2021.

附录 A　基础隔震结构分析算例程序

A.1　隔震结构建模分析程序

```
clc
clear
close all
%%隔震结构参数
mh=87.737e3;%隔震层质量
kh=5.526e6;%隔震层层间刚度
ch=969.50e4;%隔震层层间阻尼系数
m(1)=81.19e3;m(2)=81.19e3;m(3)=81.19e3;m(4)=81.19e3;m(5)=81.19e3;m(6)=75.699e3;%上部结构质量系数
k6(1)=128.692e6;k6(2)=92.326e6;k6(3)=92.326e6;k6(4)=92.326e6;k6(5)=92.326e6;k6(6)=92.326e6;%上部结构层间刚度系数
c(1)=398.95e4;c(2)=285.93e4;c(3)=285.93e4;c(4)=285.93e4;c(5)=285.93e4;c(6)=285.93e4;%上部结构层间阻尼系数
M1=diag(m);%上部结构质量矩阵
M2=diag([mh,m]);%隔震结构质量矩阵
K1=zeros(6,6);
K2=zeros(7,7);
K1(1,1)=(k6(1)+k6(2));K1(1,2)=-k6(2);K1(6,5)=-k6(6);K1(6,6)=k6(6);
for i=2:5
   K1(i,i-1)=-k6(i);K1(i,i)=k6(i)+k6(i+1);K1(i,i+1)=-k6(i+1);%上部结构质量矩阵
end
K2(2:7,2:7)=K1;
K2(1,1)=(k6(1)+kh);K2(1,2)=-k6(1);
K2(2,1)=-k6(1);%隔震结构质量矩阵
C1=zeros(6,6);
C2=zeros(7,7);
C1(1,1)=(c(1)+c(2));C1(1,2)=-c(2);C1(6,5)=-c(6);C1(6,6)=c(6);
for i=2:5
```

```
    C1(i,i-1)=-c(i);C1(i,i)=c(i)+c(i+1);C1(i,i+1)=-c(i+1);%上部结构阻尼矩阵
  C2(2:7,2:7)=C1;
  C2(1,1)=(c(1)+ch);C2(1,2)=-c(1);
  C2(2,1)=-c(1);%隔震结构阻尼矩阵
  end
  %%计算结构动力参数
   [Q1,D1]=eig(M1\K1);
   [Q2,D2]=eig(M2\K2);
  wc1=sqrt(diag(D1));
   [Bc,kwc] = sort(wc1);
  wsc=wc1(kwc);
   fsc=wsc/2/pi;%上部结构频率
  Q1=Q1(:,kwc);%上部结构振型矩阵
     wc2=sqrt(diag(D2));
   [Bc2,kwc2] = sort(wc2);
  wsc2=wc2(kwc2);
   fsc2=wsc2/2/pi;%隔震结构频率
   Q2=Q2(:,kwc2);%隔震结构振型矩阵
```

A.2 线性结构响应计算程序

```
EI=xlsread('文件路径');%读取 excel 中的地震动加速度数据
Dt=0.02;%原地震动时间步长
dt=0.001;%计算步长
t=dt:dt:length(EI);
ag=spline(t,EI,t1);%插值得计算所用的地震加速度
DD=ones(length(M1),1);
[as1,vs1,us1]=Newmark(t1,M1,C1,K1,ag1');%Newmark-beta 法计算非隔震结构地震相对反应
F_new1=sum(-ag'.*DD'*M1-as1*M1,2);%Newmark-beta 法计算非隔震结构底部剪力
s=tf('s');
H1=-(M1*s^2+C1*s+K1)\(M1*ones(6,1))*s^2;
aq1=lsim(H1,ag,t);%Lsim 法计算非隔震结构相对加速度
F_lsim1=sum(-ag'.*DD'*M1-aq1*M1,2);%Lsim 法计算非隔震结构底部剪力
DD2=ones(length(M2),1);
[as2,vs2,us2]=Newmark(t,M2,C2,K2,ag');%Newmark-beta 法计算隔震结构地震相对反应
```

```
F_new2=sum(-ag'.*DD2*M2-as2*M2,2);%Newmark-beta 法计算隔震结构底部剪力
H2=-(M2*s^2+C2*s+K2)\(M2*ones(7,1))*s^2;
aq2=lsim(H2,ag,t);%Lsim 法计算非隔震结构相对加速度
F_lsim2=sum(-ag'.*DD'*M2-aq2*M1,2);%Lsim 法计算非隔震结构底部剪力
Mz=sum(m)+mh;Cz=ch;Kz=kh;
a_s=lsim((-Mz*s^2)/(Mz*s^2 +Cz*s +Kz),ag,t);%Lsim 法计算隔震结构等效单自由度模型相对加速度
F_sdof=-Mz*(a_s'+ag);%Lsim 法计算隔震结构等效单自由度模型底部剪力

%%Newmark 求线性结构相对响应
function [a,v,u]=Newmark(t,M,C,K,ag)
ceng=length(M);
D=ones(ceng,1);%空间位置矩阵(全是 1 的列向量)
P=-ag.*D'*M;%荷载矩阵
dt=t(2)-t(1);
gama=0.5;beta=0.25;%计算参数
alpha0=1/beta/dt^2; alpha1=gama/beta/dt; alpha2=1/beta/dt;%积分常数
alpha3=1/2/beta-1; alpha4=gama/beta-1; alpha5=dt/2*(gama/beta-2);
alpha6=dt*(1-gama); alpha7=gama*dt;
a=zeros(length(t),ceng);%结构加速度
v=zeros(length(t),ceng);%结构速度
u=zeros(length(t),ceng);%结构位移
K_1=K+alpha0*M+alpha1*C;%等效刚度矩阵
 Px=P(1,:);%等效荷载
u(1,:)=Px*inv(K_1);
a(1,:)=alpha0*(u(1,:));
v(1,:)=+alpha7*a(1,:);
for ix=2:length(t)
   Px=P(ix,:)+(alpha0*u(ix-1,:)+alpha2*v(ix-1,:)+alpha3*a(ix-1,:))*M+…
      (alpha1*u(ix-1,:)+alpha4*v(ix-1,:)+alpha5*a(ix-1,:))*C;%等效荷载
u(ix,:)=Px*inv(K_1);
a(ix,:)=alpha0*(u(ix,:)-u(ix-1,:))-alpha2*v(ix-1,:)-alpha3*a(ix-1,:);
v(ix,:)=v(ix-1,:)+alpha6*a(ix-1,:)+alpha7*a(ix,:);
end
```

A.3 非线性结构响应计算程序

```
%%非隔震结构能量(线性)
E_a1=sum(0.5.*m.*(−vs1).^2,2);%结构动能
V_ceng1=[vs1(:,1)';diff(vs1')]';U_ceng1=[us1(:,1)';diff(us1')]';%结构层间响应
Fcc1=c.*V_ceng1;%结构层间阻尼力
Fkk1=k6.*U_ceng1;%结构层间刚度恢复力
Fag1=−ag'.*ones(1,6)*M1;%地震作用
Ec1=0;Ek1=0;Eall1=0;
for ixx=1:6
Ec1=cumtrapz(U_ceng1(:,ixx),Fcc1(:,ixx))+Ec1;%结构层间阻尼耗能总和
Ek1=cumtrapz(U_ceng1(:,ixx),Fkk1(:,ixx))+Ek1;%结构刚度恢复力耗能总和
Eall1=cumtrapz(us1(:,ixx),Fag1(:,ixx))+Eall1;%地震输入能量
end
%%隔震结构能量(非线性)
dt2=0.02;
ag2=EI;
t2=dt2:dt2:length(ag2)*dt2;
nt=length(t2);
%Newmark-beta 法计算系数
gama=0.5;
beta=0.25;
a0=1/(beta*dt*dt);
a1=gama/(beta *dt);
a2=1/(beta*dt);
a3=1/(2*beta) −1;
a4=gama/beta−1;
a5=dt/2*(gama/ beta−2);
a6=dt*(1−gama);
a7=dt*gama;
ln1=length(M1);
fk=zeros(ln1,length(nt));%隔震结构刚度恢复力
fkkk=zeros(1,length(nt));%隔震层刚度恢复力
dsn=zeros(1,length(nt));vsn=zeros(1,length(nt));asn=zeros(1,length(nt));%隔震结构
的位移、速度、加速度
F_lim=2e4*1;%屈服力
```

```
for i=2:length(t2)
        f=-M2*DD2.*ag2(1,i);%隔震结构的地震作用
fe2=f+M2*(a0*dsn(:,i-1)+a2*vsn(:,i-1)+a3*asn(:,i-1))+C2*(a1*dsn(:,i-1)+a4*vsn(:,i-1)
+a5*asn(:,i-1));%Newmark 中的等效荷载
        Ke=a0*M2+a1*C2;%Newmark 中的刚度矩阵
        fkkkk=fk(:,i-1);%以上一步的隔震层刚度恢复力作为本步隔震层刚度恢复力迭代
的初始值
        kkk=0;%当前时刻的迭代次数
        fkkkk2=fkkkk;%本次迭代的隔震层刚度恢复力
        while ((max(abs(fkkkk2-fkkkk))>(1e-5))||(kkk<0.5))%迭代求解
         kkk=kkk+1;
          fkkkk=fkkkk2;
         dsn(:,i)=inv(Ke)*(fe2-fkkkk);
         fkkkk2=fk(:,i-1)+K2*(dsn(:,i)-dsn(:,i-1));
        end
        dsn(:,i)=inv(Ke)*(fe2-fkkkk);
        fk(:,i)=fk(:,i-1)+K2*(dsn(:,i)-dsn(:,i-1));
        asn(:,i)=a0*(dsn(:,i)-dsn(:,i-1))-a2*vsn(:,i-1)-a3*asn(:,i-1);
       vsn(:,i)=vsn(:,i-1)+a6*asn(:,i-1)+a7*asn(:,i);
       fkkk(i)=fkkk(i-1)+kh1*(dsn(1,i)-dsn(1,i-1));
       if i==2
           kh1=kh;%下一步的刚度恢复力
       elseif (fkkk(i)>fkkk(i-1)&&fkkk(i)>F_lim)
          kh1=0.1*kh;
       elseif (fkkk(i)<fkkk(i-1)&&fkkk(i)<-1*F_lim)
          kh1=0.1*kh;
       else
          kh1=kh;
       end
       K2(1,1)=(k6(1)+kh1); %下一步的刚度矩阵
end
[ux2,vx2,ax2,f_new2,fhn]=NEW_nonlinear(t1,ag',M2,C2,[kh0 k6],F_lim);
E_as2=sum(0.5.*(diag(M2)').*(vx2).^2,2);%隔震结构的动能
V_ceng2=[vx2(:,1),(diff(vx2')')];U_ceng2=[ux2(:,1),diff(ux2')'];%层间速度及层间位移
      Fkk2=[fhn,k6.*(diff(ux2')')];%隔震结构的层间刚度恢复力
Fcc2=[ch c].*V_ceng2;%隔震结构的层间阻尼力
      Fag2=-ag1'.*ones(1,7)*M2;%隔震结构的等效地震作用
      Ec2=0;Ek2=0;Eall2=0;
```

```
for ixx=2:7
Ec2=cumtrapz(U_ceng2(:,ixx),Fcc2(:,ixx))+Ec2;%上部结构阻尼耗能
Ek2=cumtrapz(U_ceng2(:,ixx),Fkk2(:,ixx))+Ek2;%上部结构滞回耗能
Eall2=cumtrapz(ux2(:,ixx),Fag2(:,ixx))+Eall2;%地震对上部结构的能量输入
end
E_ALL=cumtrapz(ux2(:,1),Fag2(:,1))+Eall2;%地震对隔震结构的总能量输入
E_z=cumtrapz(U_ceng2(:,1),fhn);%隔震层滞回耗能
E_d=cumtrapz(U_ceng2(:,1),Fcc2(:,1));%隔震层阻尼耗能


%%Newmark 求非线性结构相对响应
function [a,v,u]=Newmark(t,M,C,K,ag)
ceng=length(M);
D=ones(ceng,1);%空间位置矩阵(全是 1 的列向量)
P=-ag.*D'*M;%荷载矩阵
dt=t(2)-t(1);
gama=0.5;beta=0.25;%计算参数
alpha0=1/beta/dt^2; alpha1=gama/beta/dt; alpha2=1/beta/dt;%积分常数
alpha3=1/2/beta-1; alpha4=gama/beta-1; alpha5=dt/2*(gama/beta-2);
alpha6=dt*(1-gama); alpha7=gama*dt;

a=zeros(length(t),ceng);%结构加速度
v=zeros(length(t),ceng);%结构速度
u=zeros(length(t),ceng);%结构位移
K_1=K+alpha0*M+alpha1*C;%等效刚度矩阵
 Px=P(1,:);%等效荷载
u(1,:)=Px*inv(K_1);
a(1,:)=alpha0*(u(1,:));
v(1,:)=+alpha7*a(1,:);
for ix=2:length(t)
   Px=P(ix,:)+(alpha0*u(ix-1,:)+alpha2*v(ix-1,:)+alpha3*a(ix-1,:))*M+…
      (alpha1*u(ix-1,:)+alpha4*v(ix-1,:)+alpha5*a(ix-1,:))*C;%等效荷载
u(ix,:)=Px*inv(K_1);
a(ix,:)=alpha0*(u(ix,:)-u(ix-1,:))-alpha2*v(ix-1,:)-alpha3*a(ix-1,:);
v(ix,:)=v(ix-1,:)+alpha6*a(ix-1,:)+alpha7*a(ix,:);
end

function [ K ] = stiffnessshear( k )
```

```
%该函数计算层剪切模型结构的刚度矩阵
%结构的各层刚度为k，k是一个1*n的向量
cn=length(k);
K=zeros(cn);
for i=1:cn-1
   K(i,i)=k(i)+k(i+1);
   K(i,i+1)=-k(i+1);
   K(i+1,i)=-k(i+1);
end
K(cn,cn)=k(cn);
End
```

A.4 振型分解反应谱计算程序

```
clc
clear
close all
af1=[ 0.01/0.936:0.01/0.936:6/0.936];
af=(1./af1).^2;%构造结构频率调幅系数，使得结构周期从0.01～6均匀变化
load ag1;%地震加速度
dt=0.001; %定义时间步长
t=[1:length(ag1)]*dt; %计算积分时间

for xlab=1:1:length(af)
m0=87.737e3;m(1)=81.19e3;m(2)=81.19e3;m(3)=81.19e3;
m(4)=81.19e3;m(5)=81.19e3;m(6)=75.699e3;%导入隔震层和结构每层质量数据
k6(1)=128.692e6;k6(2)=92.326e6;k6(3)=92.326e6;k6(4)=92.326e6;
k6(5)=92.326e6;k6(6)=92.326e6;kh=5.526e6;%导入隔震层和结构每层刚度数据
M=diag([m0,m]);%构造隔震结构质量矩阵
m_1=diag(M);%构造隔震结构质量向量
   K1=zeros(6,6);%定义上部结构刚度矩阵尺寸
   K=zeros(7,7);%定义隔震结构刚度矩阵尺寸
   K1(1,1)=(k6(1)+k6(2));K1(1,2)=-k6(2);K1(6,5)=-k6(6);K1(6,6)=k6(6);
for i=2:5
   K1(i,i-1)=-k6(i);K1(i,i)=k6(i)+k6(i+1);K1(i,i+1)=-k6(i+1);
end
```

```
K(2:7,2:7)=K1;
K(1,1)=(k6(1)+kh);K(1,2)=-k6(1);
K(2,1)=-k6(1);
K=K*af(xlab);%构造隔震结构刚度矩阵
[Q,D]=eig(inv(M)*K);%计算结构频率和振型
w1=diag(D).^0.5;%计算隔震结构振型
[B,kw] = sort(w1);
ws=w1(kw);%将频率从低阶到高阶排列
Q2=Q(:,kw);%将振型从低阶到高阶排列
c(1)=398.95e4;c(2)=285.93e4;c(3)=285.93e4;c(4)=285.93e4;
c(5)=285.93e4;c(6)=285.93e4;ch=969.50e4;%导入隔震层和结构每层阻尼数据

  C1=zeros(6,6);%构造上部结构阻尼矩阵尺寸
  C=zeros(7,7);%构造隔震结构阻尼矩阵尺寸
  C1(1,1)=(c(1)+c(2));C1(1,2)=-c(2);C1(6,5)=-c(6);C1(6,6)=c(6);
for i=2:5
  C1(i,i-1)=-c(i);C1(i,i)=c(i)+c(i+1);C1(i,i+1)=-c(i+1);
end
C(2:7,2:7)=C1;
C(1,1)=(c(1)+ch);C(1,2)=-c(1);%构造隔震结构阻尼矩阵
C(2,1)=-c(1);
% kxis=0.05;
% a0=2*kxis/(ws1(3)+ws1(1))*ws1(1)*ws1(3);
% a1=2*kxis/(ws1(3)+ws1(1));
% C2=a0*M2+a1*K2; %%此处被注释的程序为按照瑞利阻尼矩阵构造的隔震结构阻
尼矩阵
D1=ones(7,1);%构造单位向量
for i=1:7
  gama(i)=(Q2(:,i)'*M*D1)./(Q2(:,i)'*M*Q2(:,i));%计算振型参与系数
end
CC1=Q2'*C*Q2;%振型阻尼
CC=zeros(7,7);%定义强制解耦阻尼矩阵
for i=1:7
  CC(i,i)=CC1(i,i);%阻尼矩阵强制解耦
end
MM1=Q2'*M*Q2;%振型质量
MM=zeros(7,7);
for i=1:7
```

```
    MM(i,i)=MM1(i,i);%质量矩阵解耦
  end
  for i=1:7
  kci(i)=CC(i,i)/(2*ws(i)*MM(i,i));%计算振型阻尼比
  end
  %%振型分解反应谱法
  Mq=diag(ones(1,7));
  Cq=diag(2.*kci.*ws');
  Kq=diag(ws.^2);
  [u_q,v_q,a_q]=Newmark(t,Mq,Cq,Kq,ag1');%用 Newmark-beta 法计算各单自由度体系的反应
  a_d=a_q+ag.*D';
  for i=1:7
  S(i,:)=abs(gama(i)*Q2(:,i)*max(abs(a_d(:,i))));%计算各阶振型地震作用效应最大值
  F_1(i,:)=S(i,:).*m_1';%计算上部结构各层剪力
  F_2(i)=sum(F_1(i,:));%计算底部剪力
  end
  F_F(xlab)=(sum((F_2).^2)).^0.5;%SSRS 振型组合计算的底部剪力反应谱
  %% Newmark-beta 法
  [u_1,v_1,a_1]=Newmark(t,M,C,K,ag1');%Newmark-beta 法计算隔震结构地震反应
  a_N=a_1+ ag.*D';
  Ff1=-M*a_N';%计算结构惯性力
  Ff=sum(Ff1(1:7,:));%计算底部剪力
  Ffm(xlab)=max(abs(Ff));%时程法计算的底部剪力反应谱
  Ts1(xlab)=2*pi/ws(1);%反应谱横坐标，结构周期
  end
```

附录 B　基础隔震结构设计案例

B.1　引　　言

本章以某框架结构的办公楼隔震工程为例，采用 SAUSG 软件中的 PI 模块，分别采用分部设计方法和直接设计方法进行隔震设计与分析，重点阐述隔震层的设计与验算、设防地震作用的验算、罕遇地震作用的验算。

B.2　工程概况与有限元建模

某多层办公楼，采用现浇混凝土框架结构，主体结构为 8 层，层高为 3.6m，设计使用年限为 50 年，环境类别为一类，安全等级为二级。抗震设防烈度为 8 度，设计基本加速度为 0.2g，设计地震分组为第二组，场地类别为Ⅱ类，抗震设防类别为重点设防类(乙类)，场地特征周期为 0.4s。其标准层初步布置如附图 B.1 所示。

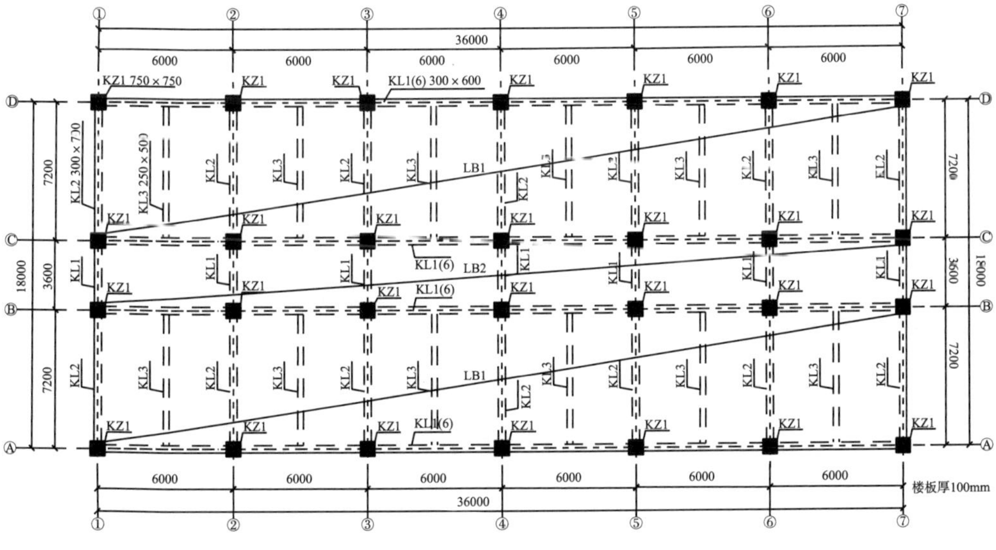

附图 B.1　标准层平面布置图

B.2.1 SAUSG 建模流程

在 SAUSG 软件中建模的具体过程如下：

(1) 打开 SAUSG 软件界面，选择“PI 隔震设计”选项，如附图 B.2 所示。

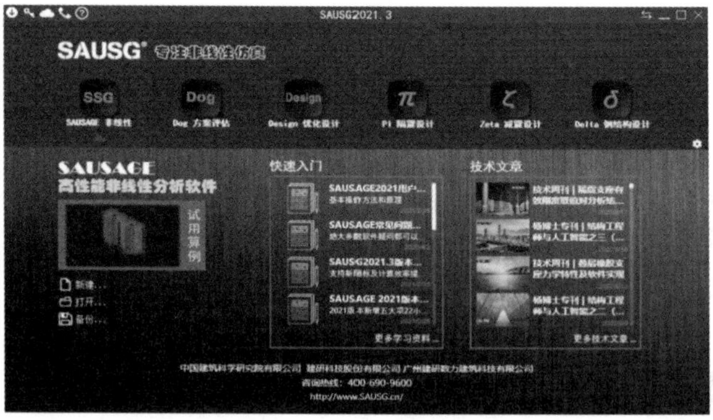

附图 B.2　SAUSG 软件界面

(2) 单击左上角的“π”图标，选择“新建”选项，如附图 B.3 所示。

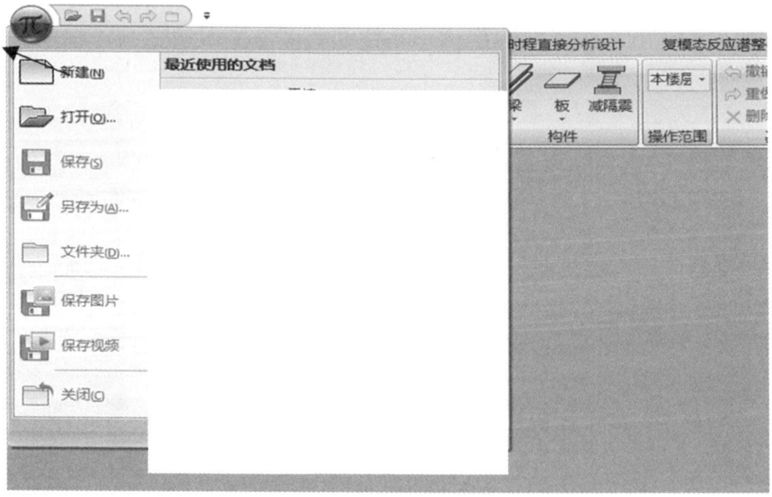

附图 B.3　新建项目文件

(3) 新建完项目后，会弹出“楼层初始化”对话框，用于定义楼层，针对本例设计的隔震结构，首先填写上部结构的楼层信息，然后单击“下一步”按钮，如附图 B.4 所示。

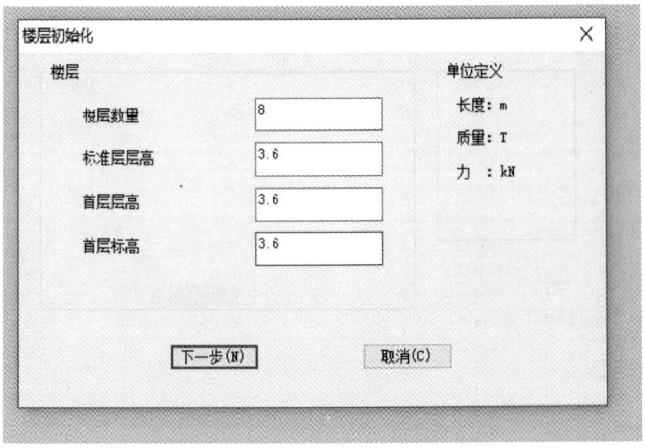

附图 B.4 楼层初始化

B.2.1.1 定义隔震层

(1)在弹出的界面中选择“FOUNDATION”层(即地基层)，两次单击“插入楼层”按钮，创建隔震层顶板、隔震支座层，选择合适的层高，将隔震支座层定义为隔震层，如附图 B.5 所示。

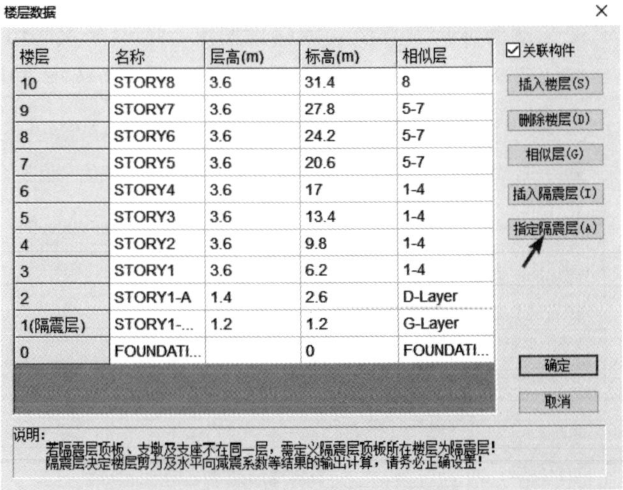

楼层	名称	层高(m)	标高(m)	相似层
10	STORY8	3.6	31.4	8
9	STORY7	3.6	27.8	5-7
8	STORY6	3.6	24.2	5-7
7	STORY5	3.6	20.6	5-7
6	STORY4	3.6	17	1-4
5	STORY3	3.6	13.4	1-4
4	STORY2	3.6	9.8	1-4
3	STORY1	3.6	6.2	1-4
2	STORY1-A	1.4	2.6	D-Layer
1(隔震层)	STORY1-...	1.2	1.2	G-Layer
0	FOUNDATI...		0	FOUNDATI...

附图 B.5 定义隔震层

(2)定义相似层，将主界面“隔震建模”选项卡中的“操作范围”设为“相似层”，可直接对该相似层整体进行修改。为方便结构建模，先定义相似层，选择“隔震层”一栏，单击“相似层”按钮，修改其所在的相似层名称，使其区别于其他相似层，同理可定义其他相似层，如附图 B.6 所示。

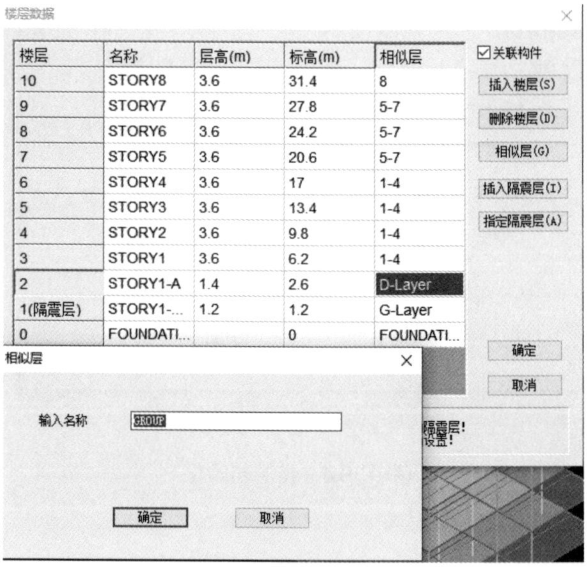

附图 B.6　定义相似层

B.2.1.2　定义结构参数

(1) 定义项目总信息。选择“隔震建模→总信息→项目总信息”选项，在弹出的“项目总信息”对话框中定义钢筋保护层厚度、混凝土密度、地震参数等信息。由于分部设计法和直接设计法是在设防烈度下对结构进行分析，“地震概率”选择“中震”，如附图 B.7 所示。

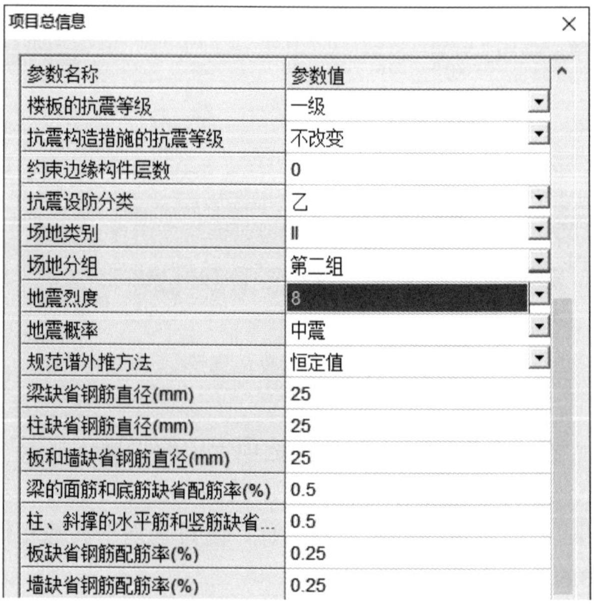

附图 B.7　定义项目总信息

(2) 定义材料参数。选择“隔震建模→楼层→楼层参数”选项，在弹出的“设置楼层参数”对话框中定义混凝土等级、钢筋等级等信息，可在“批量修改”选项组中进行批量修改，单击“保存”按钮，如附图 B.8 所示。

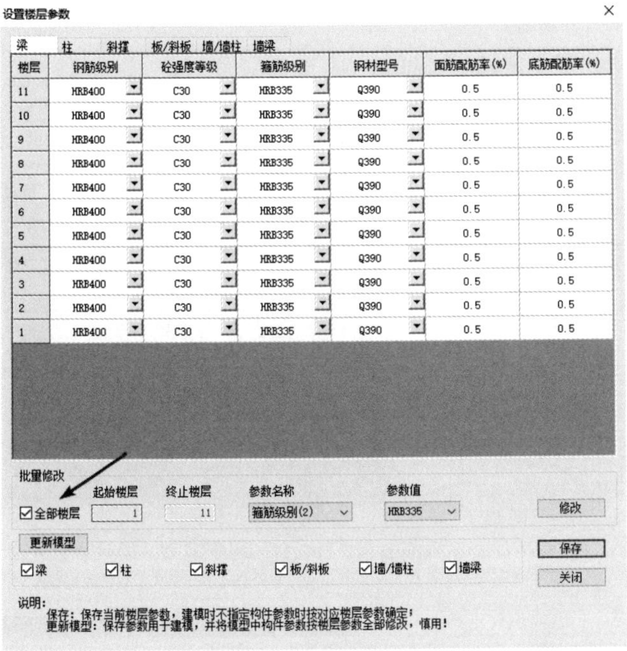

附图 B.8　定义材料参数

(3) 定义梁、板、柱截面信息。以定义梁截面为例：选择“隔震建模→梁→梁→绘制框架梁”选项，在弹出的对话框中输入梁的截面高宽信息，单击“确定”按钮，操作流程如附图 B.9 所示；具体梁、板、柱尺寸如附图 B.1 所示。

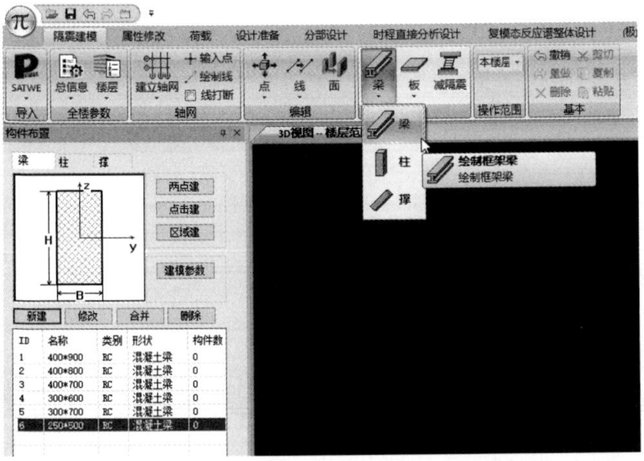

附图 B.9　定义梁、板、柱截面信息

(4)定义隔震支座。选择“隔震建模→减隔震→绘制减隔震装置”选项，在弹出的“减隔震装置截面属性”对话框中选择“连接类型”为“隔震支座”，单击“选择产品型号”按钮，在弹出的“隔震支座产品库”对话框中选择支座型号，单击“确定”按钮，操作流程如附图 B.10 和附图 B.11 所示，具体隔震支座尺寸见附录 B.4.1 节。

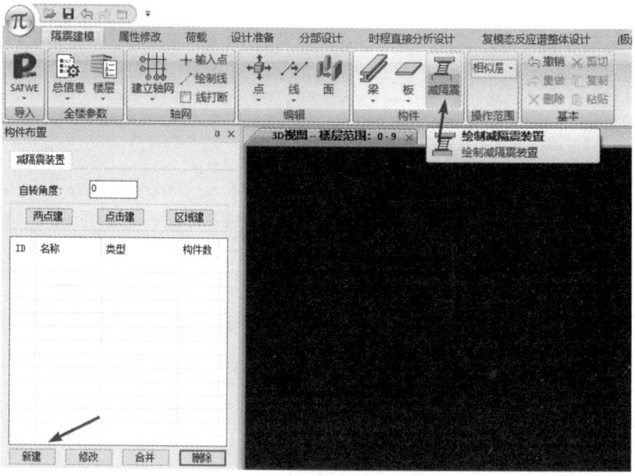

附图 B.10　新建隔震支座

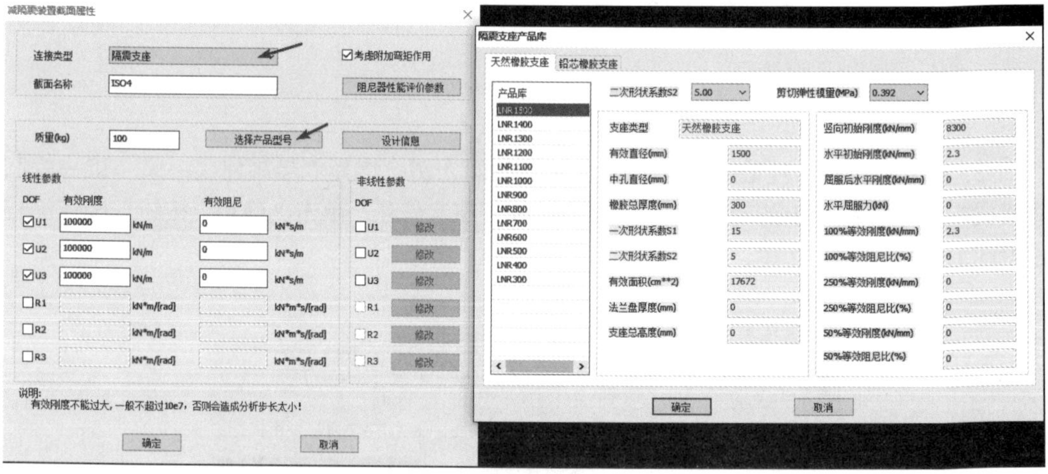

附图 B.11　定义隔震支座信息

B.2.1.3　结构建模

(1)建立正交轴网。选择“隔震建模→建立轴网”选项，在弹出的“新建轴网系统”对话框中输入 X、Y 向轴线数，如附图 B.12 所示。轴线间距可暂时不改，单击“下一步”按钮。

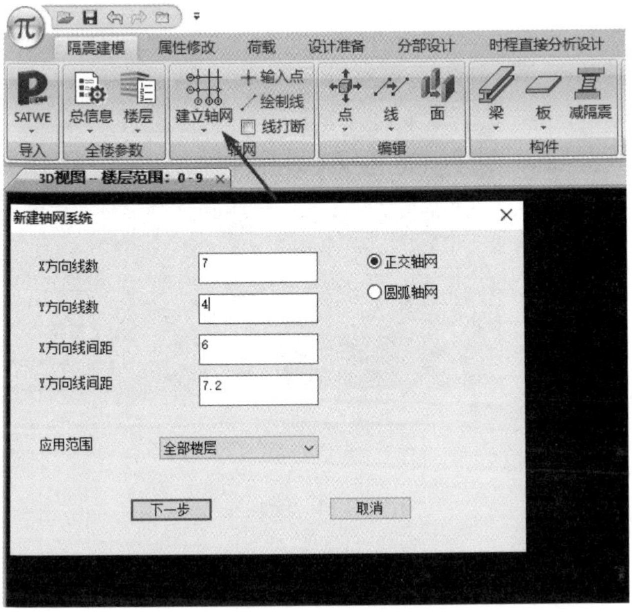

附图 B.12　新建轴网

(2)在弹出的“修改轴网”对话框中进行轴网间距修改，如附图 B.13 所示。

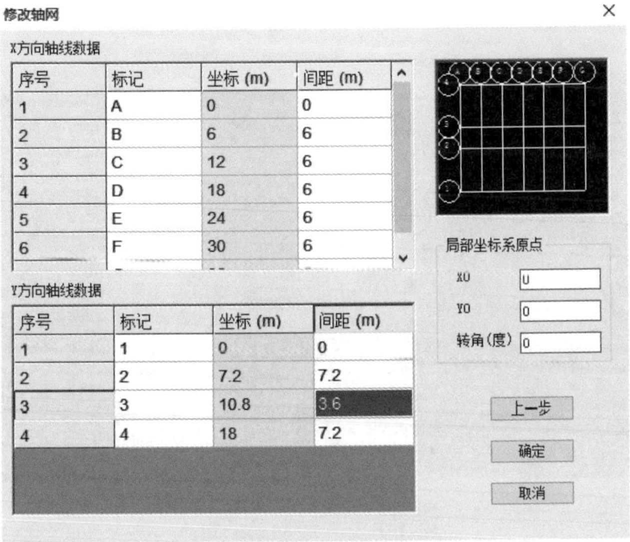

附图 B.13　修改轴网间距

(3)绘制柱构件。按照附图 B.14 的步骤，首先切换到隔震层“Iso-Layer”，选择“XY视图”，再选择“操作楼层→相似层”、“梁→柱→区域建”选项，框选需要布置柱的节点，进行上部结构柱的布置。

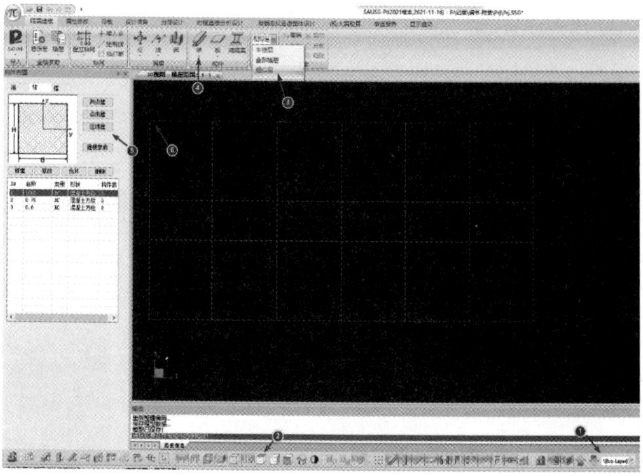

附图 B.14　绘制柱

(4) 绘制梁、板构件和隔震支座的方式与绘制柱的方式相似，只是绘制次梁时应绘制辅助线，选择“操作范围→全部楼层”选项，再选择“绘制线→绘制辅助线”选项，即可绘制，如附图 B.15 所示。

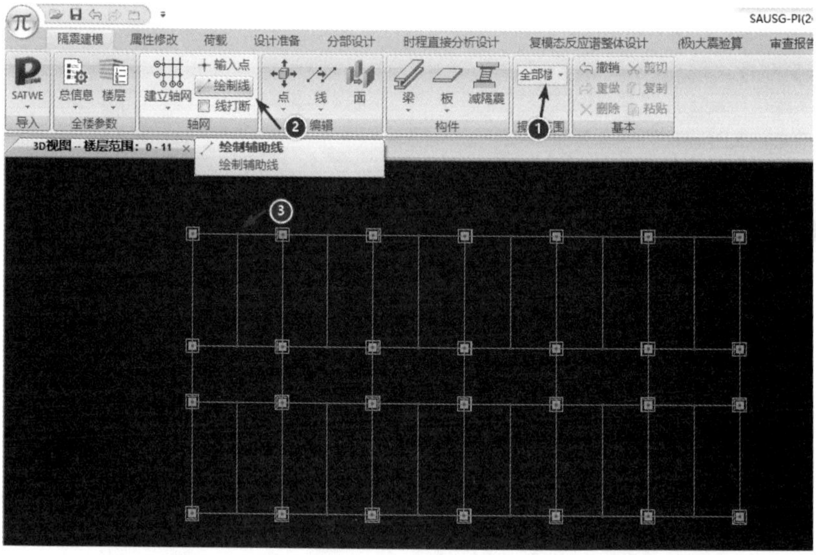

附图 B.15　绘制辅助线

B.2.1.4　设置约束

按照附图 B.16 中的步骤：首先切换到“FOUNDATION”基础层，再单击“XY 视图”图标，开启“捕捉点对象”功能，框选需要设置约束的点对象，选择“属性修改→位移约束”选项，在弹出的“修改边界条件”对话框中设置全部约束，单击“确定”按钮。

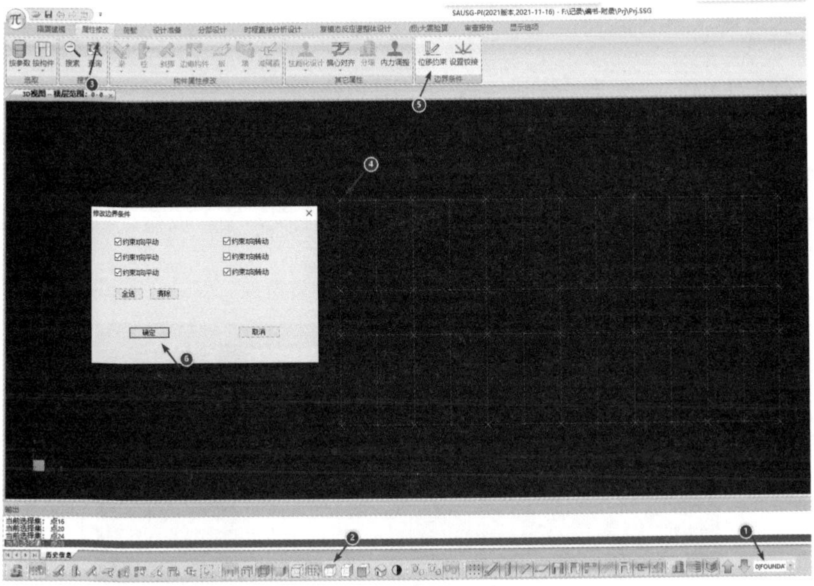

附图 B.16 定义节点约束

至此，模型已建立完成，可单击“三维视图”图标，再单击“全楼显示”图标，单击“拉伸/简化”图标，即可查看完整结构。本例模型如附图 B.17 所示。

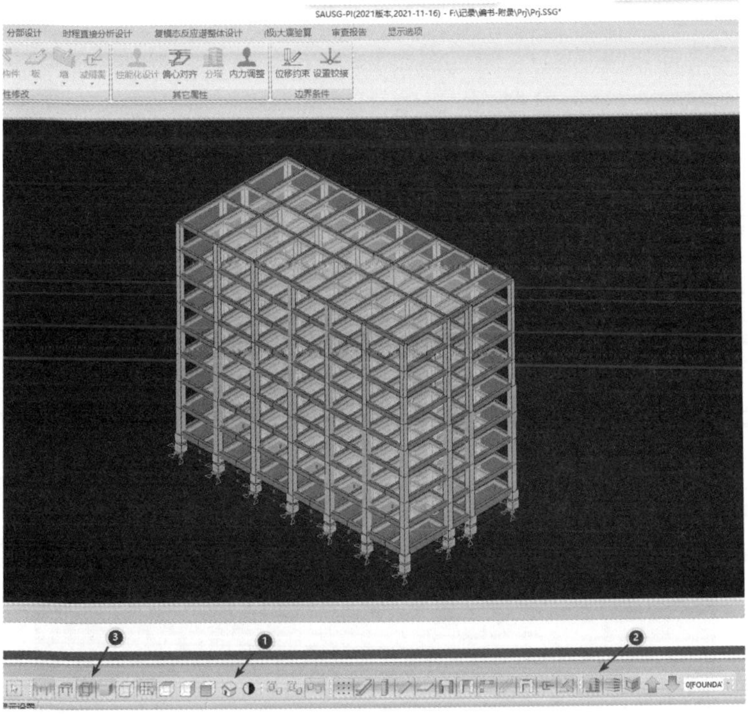

附图 B.17 三维结构示意图

B.2.1.5 定义荷载

(1)定义静力工况。选择“荷载→静力工况”选项。

(2)指定面荷载到板。按照附图 B.18 中的步骤：将操作范围改为相似层，切换到“STORY1”，单击“XY 视图→捕捉板对象”图标，框选需要布置荷载的板对象，选择“荷载→板”选项，在弹出的“板荷载”对话框中选择荷载工况，输入板荷载，单击“确定”按钮。

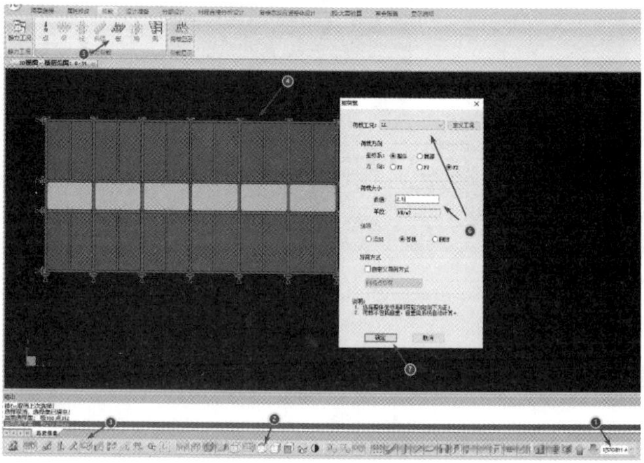

附图 B.18 指定面荷载

(3)指定线荷载到梁。操作步骤同板荷载的布置。

B.2.1.6 设计准备

(1)选择“设计准备→检查模型”选项，若无误再选择“非隔震模型”选项，即可生成非隔震的结构模型；选择“生成网格”选项，即可划分网格；最后选择“计算”选项，如附图 B.19 所示。

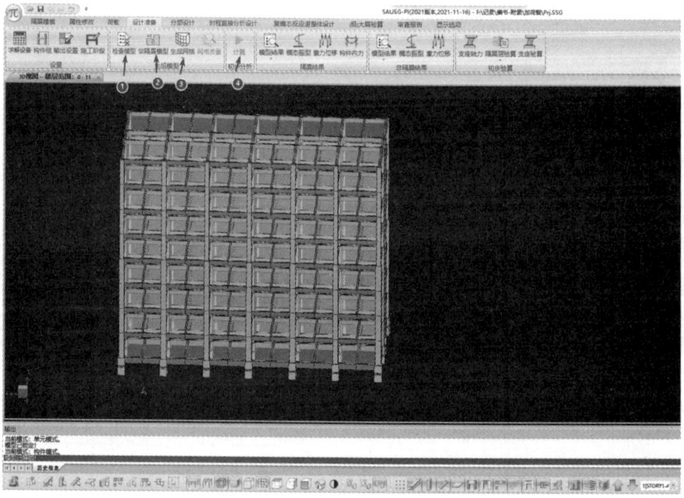

附图 B.19 设计准备

(2) 检查周期振型是否异常。分别查看隔震结构和非隔震结构的周期振型是否正常，若无误可进行下一步，如附图 B.20 所示。

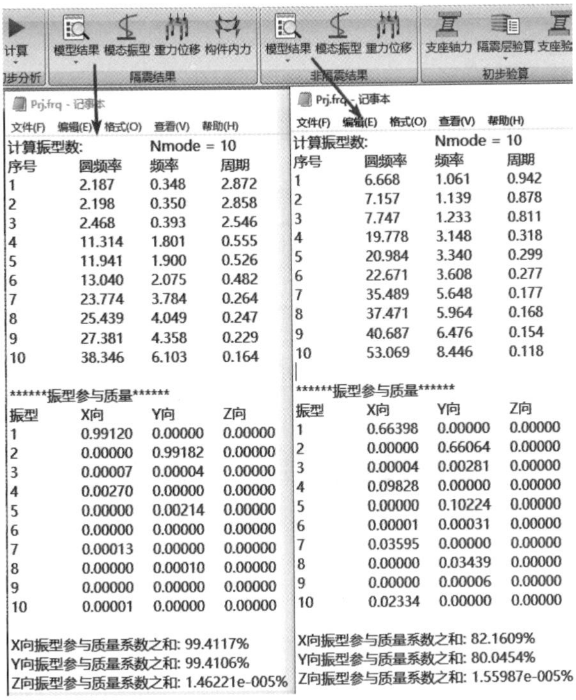

附图 B.20　检查周期振型

(3) 对隔震层、支座分别进行验算。选择“设计准备→隔震层验算”选项，即可查看水平力验算、偏心率验算、屈重比验算等指标是否符合要求；选择“设计准备→支座验算”选项，即可查看支座压应力指标是否符合要求，若无误，进行下一步，如附图 B.21 所示。

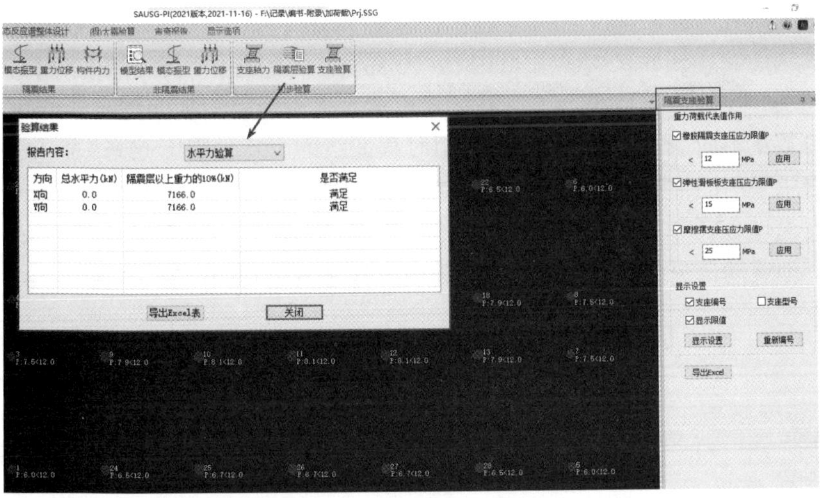

附图 B.21　隔震层和支座验算

B.2.2 模型验证

在 PKPM 中建立模型以验证准确性，将 SAUSG 和 SATWE 非隔震模型计算得到的质量、周期进行对比，结果见附表 B.1、附表 B.2。表中差值为(|SAUSG−SATWE|/SATWE)×100%。

附表 B.1 非隔震结构质量对比

SATWE/t	SAUSG/t	差值/%
6060.54	6113.47	0.9

由附表 B.1 可知，两软件模型的质量相近。

附表 B.2 非隔震结构周期对比

阶数	SATWE/s	SAUSG/s	差值/%
1	0.984	0.929	5.6
2	0.855	0.865	1.2
3	0.826	0.799	3.4

由附表 B.1、附表 B.2 可知，SAUSG 模型和 SATWE 模型的结构质量、周期差异都非常小，故用于本工程隔震分析计算的 SAUSG 模型和 SATWE 模型是一致的。

由附表 B.2 可知，两软件模型的前三阶模态的自振周期也非常接近。

B.3 地震动输入

《建筑抗震设计标准》(GB/T 50011—2010) 5.1.2 条规定：采用时程分析法时，应按建筑场地类别和设计地震分组选用实际强震记录和人工模拟的加速度时程曲线，其中实际强震记录的数量不应少于总数的 2/3，多组时程曲线的平均地震影响系数曲线应与振型分解反应谱法所采用的地震影响系数曲线在统计意义上相符。

本工程通过 SAUSG 地震动库自动筛选，选用了 5 条实际强震记录和 2 条人工模拟加速度时程，地震动信息见附表 B.3，具体选波流程见 B.5.2.1 节。

附表 B.3 各加速度记录地震动特性参数

编号	地震名称	发生时间	台站	持时/s
WAVETR-01	CHUETSU-OKI	2007.7.16	NIGH01	47.7
WAVETR-02	CHUETSU-OKI	2007.7.16	NIGH11	44.8
WAVETR-03	IWATE	2008.6.13	TAMATI ONO	58.3

续表

编号	地震名称	发生时间	台站	持时/s
WAVETR-04	LANDERS	1992.6.28	NORTH PALM SPRING	62.5
WAVETR-05	MORGAN HILL	1984.4.24	SAN JUAN BAUTI	43.7
WAVERG-01	—	—	—	30.0
WAVERG-02	—	—	—	30.0

7 条地震动反应谱、规范反应谱和 7 条地震动平均谱曲线如附图 B.22 所示。

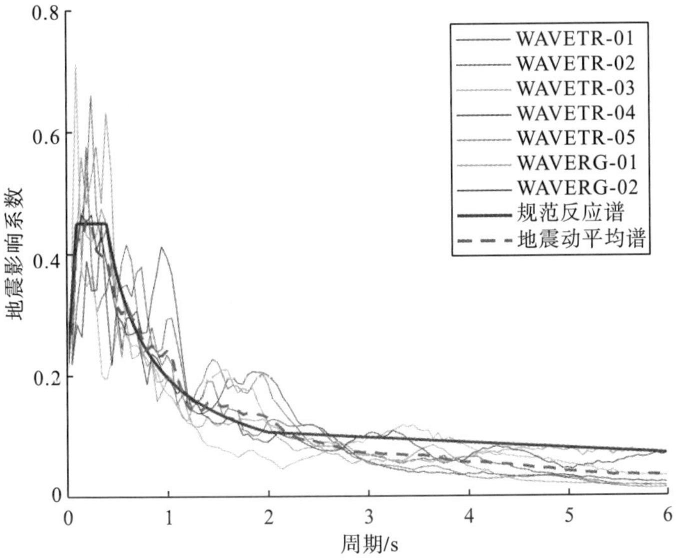

附图 B.22　7 条地震动反应谱、规范反应谱和 7 条地震动平均谱曲线

选取的 7 条时程曲线如附图 B.23 所示。

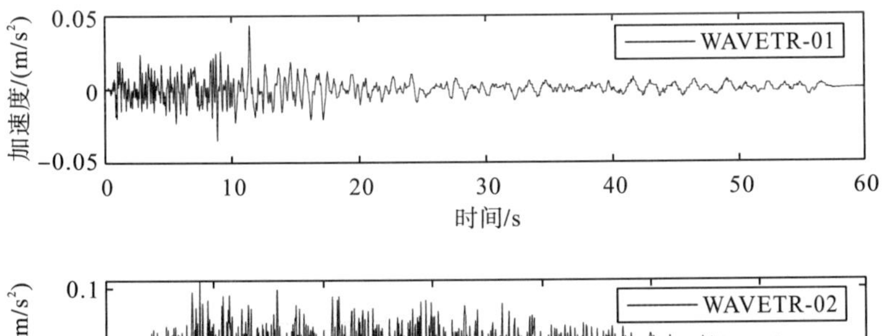

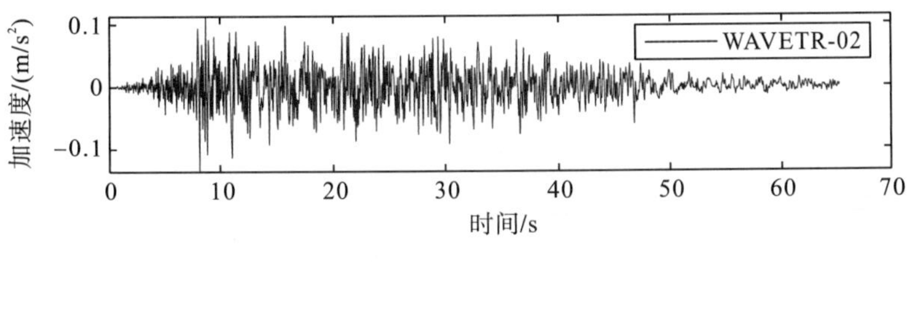

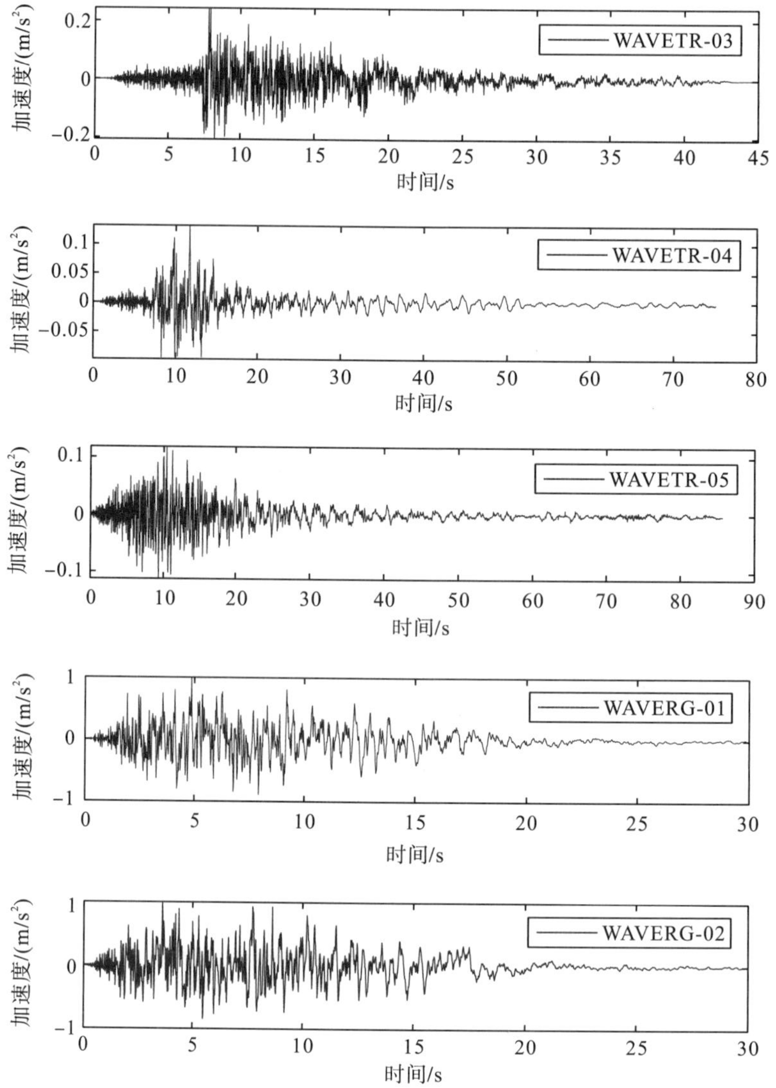

附图 B.23 时程曲线图

B.4 隔震支座设计与验算

B.4.1 隔震支座布置

本工程采用的橡胶隔震支座，在选择直径、数量和平面布置时，主要考虑了以下因素：

(1) 根据《建筑抗震设计标准》(GB/T 50011—2010) 12.2.3 条，同一隔震层内各个橡胶隔震支座的竖向压应力宜平均，竖向压应力不超过乙类建筑的限值 12MPa。

(2) 在罕遇地震作用下，隔震支座不宜出现拉应力，当少数隔震支座出现拉应力时，其拉应力不宜超过 1MPa。

(3)在罕遇地震作用下，隔震支座的极限水平应变应小于其有效直径的0.55倍和橡胶层总厚度的3倍中的较小值。

本工程共使用了 28 个支座，各类型支座数量及力学性能参数见附表B.4，隔震支座编号及平面布置图如附图B.24所示。隔震结构的屈重比为2.2%。

附表B.4 支座力学性能参数

类别	符号	LNR700	LRB600	LRB700
数量/个	N	10	8	10
第一形状系数	S_1	15	15	15
第二形状系数	S_2	5	5	5
竖向刚度/(kN/mm)	K_v	2500	2400	2800
等效水平刚度/(kN/mm)	K_{eq}	1.05	1.40	1.66
屈服前刚度/(kN/mm)	K_u	—	11.48	13.30
屈服后刚度/(kN/mm)	K_d	—	0.88	1.02
屈服力/kN	Q_d	—	63	90
橡胶层总厚度/mm	T_r	143	122	143

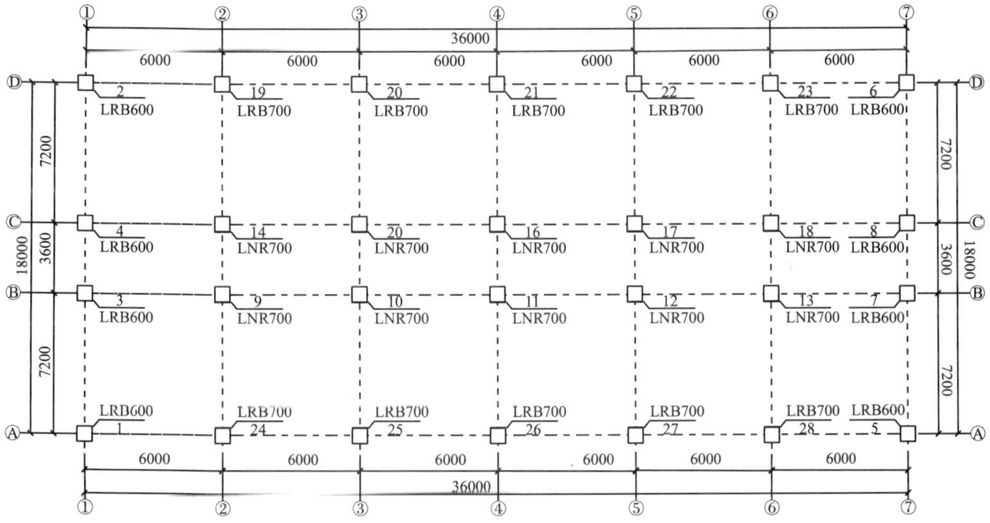

附图B.24 隔震支座编号及平面布置图

B.4.2 隔震层验算

在荷载组合“1.0×恒载+0.5×活载”，即重力荷载代表值作用下，SAUSG-PI软件验算隔震层压应力、屈重比和弹性恢复力的结果见附表B.5～附表B.7。由附表B.5可知，支座压应力均小于12MPa，支座有足够的安全储备；由附表B.6可知，屈重比均大于2.0%，符合要求；由附表B.7可知，弹性恢复力大于隔震层屈服力和摩擦阻力之和的1.2倍，符合要求。

附表 B.5 隔震支座压应力验算表

支座编号	支座型号	重力荷载代表值压应力/MPa	上限值/MPa	是否满足要求
1	LRB600	5.4	12.0	是
2	LRB600	5.5	12.0	是
3	LRB600	5.5	12.0	是
4	LRB600	5.5	12.0	是
5	LRB600	5.4	12.0	是
6	LRB600	5.4	12.0	是
7	LRB600	5.5	12.0	是
8	LRB600	5.5	12.0	是
9	LNR700	5.5	12.0	是
10	LNR700	5.4	12.0	是
11	LNR700	6.8	12.0	是
12	LNR700	6.8	12.0	是
13	LNR700	7.0	12.0	是
14	LNR700	7.0	12.0	是
15	LNR700	6.9	12.0	是
16	LNR700	6.9	12.0	是
17	LNR700	7.0	12.0	是
18	LNR700	6.8	12.0	是
19	LRB700	6.8	12.0	是
20	LRB700	7.0	12.0	是
21	LRB700	4.9	12.0	是
22	LRB700	4.9	12.0	是
23	LRB700	6.1	12.0	是
24	LRB700	6.1	12.0	是
25	LRB700	4.9	12.0	是
26	LRB700	4.9	12.0	是
27	LRB700	6.1	12.0	是
28	LRB700	6.1	12.0	是

附表 B.6 隔震层屈重比验算表

方向	隔震层以上重力/kN	隔震层屈服力/kN	屈重比/%	下限值/%	是否满足要求
X 向	59939.5	1404.0	2.34	2.00	是
Y 向	59939.5	1404.0	2.34	2.00	是

注：对于隔震建筑屈重比，我国标准未做此方面相关要求，SAUSG 软件中取屈重比下限值为 2%。

附表 B.7 隔震层弹性恢复力验算表

方向	弹性恢复力/kN	1.2×隔震层屈服力/kN	是否满足要求
X向	5241.7	1684.8	是
Y向	5241.7	1684.8	是

B.4.3 抗风承载力验算

隔震层在风荷载下的最大层剪力为 769kN。

根据《建筑抗震设计标准》(GB/T 50011—2010) 12.1.3 条，采用隔震的结构风荷载产生的总水平力不宜超过结构总重力的 10%，本结构总重力为 59912kN，满足要求。

隔震层必须具备足够的屈服前刚度和屈服承载力，以满足风荷载和微振动的要求。《叠层橡胶支座隔震技术规程》(CECS 126—2001) 第 4.3.4 条规定，抗风装置应按下式进行验算：$\gamma_w V_{wk} \leqslant V_{Rw}$，即 $1.4 \times 769 = 1076.6(\text{kN}) \leqslant V_{Rw} = 1404\text{kN}$，各铅芯隔震支座的屈服力之和满足要求。式中，$V_{Rw}$ 为抗风装置的水平承载力设计值，当不单独设置抗风装置时，取隔震支座的屈服荷载设计值；γ_w 为风荷载分项系数，取 1.4；V_{wk} 为风荷载作用下隔震层的水平剪力标准值。

B.5 设防地震作用验算

B.5.1 分部设计法

设防地震作用下，隔震结构与非隔震结构的周期对比见附表 B.8。由附表 B.8 可知，采用隔震技术后，结构的周期延长约 1.7s，且满足《叠层橡胶支座隔震技术规程》(CECS 126—2001) 规定：隔震房屋两个方向的基本周期相差不宜超过较小值的 30%。

附表 B.8 隔震前后结构的周期

振型	SAUSG (前)/s	SAUSG (后)/s	两方向差值/%
1	0.870	2.635	2.0
2	0.815	2.622	
3	0.749	2.317	

《建筑抗震设计标准》(GB/T 50011—2010) 规定：对于高层结构，水平向减震系数为隔震结构与非隔震结构各层倾覆力矩的最大比值和各层层间剪力的最大比值两者中的较大值。隔震结构与非隔震结构部分楼层层间剪力、倾覆力矩及其比值由 SAUSG-PI 直接导出，其结果见附表 B.9、附表 B.10。以下出现的地震波 1～7 依次代表本工程选取的 7 条地震波。

附表 B.9 非隔震结构与隔震结构楼层层间剪力及层间剪力比

楼层	地震波	隔震结构层间剪力/kN		非隔震结构层间剪力/kN		X 向剪力比	Y 向剪力比	平均剪力比	
		V_x	V_y	V_x	V_y			X 向	Y 向
8	1	811.3	837.1	2897.3	2993.8	0.28	0.28	0.32	0.26
	2	826.7	593.7	3009.9	3113.3	0.27	0.19		
	3	919.6	855.6	2848.3	2642.6	0.32	0.32		
	4	942.1	858.1	3223.5	3148.4	0.29	0.27		
	5	751.9	522.4	2455.3	2334.7	0.31	0.22		
	6	1040.3	814.5	2545.3	2788.3	0.41	0.29		
	7	946.2	745.5	2936.3	3124.6	0.32	0.24		
7	1	1371.7	1430.1	5531.8	5669.9	0.25	0.25	0.31	0.27
	2	1341.7	1165.7	5511.4	5756.6	0.24	0.20		
	3	1610.2	1523.3	4752.7	4449.3	0.34	0.34		
	4	1612.7	1463.9	5615.1	5600.9	0.29	0.26		
	5	1221.1	1010.1	3905.4	4298.6	0.31	0.23		
	6	1854.5	1536.7	4313.9	4970.2	0.43	0.31		
	7	1650.6	1425.7	5143.6	5351.4	0.32	0.27		
6	1	1868.9	1934.9	7829.4	7777.8	0.24	0.25	0.31	0.28
	2	1900.2	1705.2	7518.8	7811.2	0.25	0.22		
	3	1948.6	1892.9	5578.6	5804.9	0.35	0.33		
	4	2007.0	2084.0	7139.7	7036.5	0.28	0.30		
	5	1421.4	1423.2	5472.9	5718.9	0.26	0.25		
	6	2349.9	2097.4	5363.7	6385.8	0.44	0.33		
	7	2078.4	1976.1	6325.6	6395.5	0.33	0.31		
5	1	2352.1	2515.8	9368.5	9222.6	0.25	0.27	0.30	0.29
	2	2259.6	2181.8	9204.7	9565.1	0.25	0.23		
	3	2087.6	1979.2	5690.8	7241.4	0.37	0.27		
	4	2289.2	2526.1	8473.6	7590.3	0.27	0.33		
	5	1604.7	1743.3	6401.6	6669.0	0.25	0.26		
	6	2557.0	2468.9	6879.6	7265.6	0.37	0.34		
	7	2344.2	2342.0	7281.0	6714.5	0.32	0.35		
4	1	2779.6	2867.7	10900.2	10127.1	0.26	0.28	0.28	0.29
	2	2438.7	2540.0	10357.8	11015.5	0.24	0.23		
	3	2087.3	2332.7	6463.4	8498.1	0.32	0.27		
	4	2672.4	2961.0	9378.5	8812.0	0.28	0.34		
	5	1927.0	1964.7	7220.1	7593.7	0.27	0.26		
	6	2593.1	2646.8	8117.2	7881.2	0.32	0.34		
	7	2530.0	2504.8	8598.8	8430.7	0.29	0.30		

续表

楼层	地震波	隔震结构层间剪力/kN		非隔震结构层间剪力/kN		X 向剪力比	Y 向剪力比	平均剪力比	
		V_x	V_y	V_x	V_y			X 向	Y 向
3	1	2967.7	3101.3	12553.5	10873.8	0.24	0.29	0.28	0.28
	2	2582.1	2715.7	10948.7	11940.7	0.24	0.23		
	3	2376.2	2477.4	7200.3	9370.1	0.33	0.26		
	4	2934.1	3061.6	10082.0	10345.3	0.29	0.30		
	5	2189.0	2104.8	8356.4	8457.3	0.26	0.25		
	6	2852.6	2755.1	8857.5	8767.9	0.32	0.31		
	7	2843.4	2771.8	9004.2	9498.5	0.32	0.29		
2	1	3071.6	3244.2	13908.5	11677.2	0.22	0.28	0.28	0.25
	2	2649.7	2670.7	11209.1	12407.4	0.24	0.22		
	3	2400.5	2376.0	7628.3	9839.2	0.31	0.24		
	4	2929.0	2702.7	10410.2	11370.9	0.28	0.24		
	5	2200.8	2036.6	9350.8	9606.4	0.24	0.21		
	6	2992.9	2713.9	9257.6	9319.5	0.32	0.29		
	7	3110.8	2957.3	9779.3	9965.0	0.32	0.30		
1	1	3166.9	3221.8	14541.3	12029.8	0.22	0.27	0.25	0.23
	2	2466.1	2434.5	11318.4	12559.5	0.22	0.19		
	3	2330.8	2221.8	7800.2	9998.7	0.30	0.22		
	4	2582.6	2513.1	10776.7	11788.3	0.24	0.21		
	5	1856.1	1734.8	10201.8	10187.5	0.18	0.17		
	6	2776.9	2547.7	9453.6	9532.0	0.29	0.27		
	7	3156.4	3124.9	10476	10082.4	0.30	0.31		

附表 B.10　非隔震结构与隔震结构楼层层间倾覆力矩及层间倾覆力矩比

楼层	地震波	隔震结构层间倾覆力矩/(kN·m)		非隔震结构层间倾覆力矩/(kN·m)		倾覆力矩比		平均倾覆力矩比	
		M_x	M_y	M_x	M_y	X 向	Y 向	X 向	Y 向
8	1	2511.4	2434.0	8981.4	8691.8	0.28	0.28	0.26	0.32
	2	1781.1	2480.1	9340.0	9029.7	0.19	0.27		
	3	2566.7	2758.9	7927.7	8544.8	0.32	0.32		
	4	2574.2	2826.4	9445.1	9670.6	0.27	0.29		
	5	1567.2	2255.7	7004.2	7366.0	0.22	0.31		
	6	2443.6	3120.9	8364.8	7636.0	0.29	0.41		
	7	2236.4	2838.7	9373.7	8809.0	0.24	0.32		
7	1	7659.9	7277.3	29393.1	28341.6	0.26	0.26	0.26	0.31
	2	5971.1	7278.6	30039.2	28842.2	0.20	0.25		
	3	8050.4	8555.5	23945.3	25541.0	0.34	0.33		
	4	7631.6	8623.6	29608.4	29884.5	0.26	0.29		
	5	5203.6	6651.5	22479.1	20883.0	0.23	0.32		
	6	7975.7	9787.5	26196.1	23166.2	0.30	0.42		
	7	7368.8	8780.8	28638.7	27326.0	0.26	0.32		

续表

楼层	地震波	隔震结构层间倾覆力矩/(kN·m)		非隔震结构层间倾覆力矩/(kN·m)		倾覆力矩比		平均倾覆力矩比	
		M_x	M_y	M_x	M_y	X向	Y向	X向	Y向
6	1	13621.2	13839.0	57393.2	56490.9	0.24	0.24	0.27	0.31
	2	12076.0	13648.2	57983.3	55695.5	0.21	0.25		
	3	14858.1	15535.2	42596.8	45495.3	0.35	0.34		
	4	15021.8	15848.9	54932.9	54935.7	0.27	0.29		
	5	10317.3	11753.7	42951.9	39545.6	0.24	0.30		
	6	15502.4	18247.2	48935.6	41302.8	0.32	0.44		
	7	14482.7	16262.9	51662.4	49924.3	0.28	0.33		
5	1	22414.3	22231.1	90534.8	90217.6	0.25	0.25	0.28	0.31
	2	19851.6	21709.7	91551.5	88215.8	0.22	0.25		
	3	21843.7	22366.5	67969.2	64892.1	0.32	0.34		
	4	24115.7	24058.8	82089.9	82268.9	0.29	0.29		
	5	16518.4	17356.7	66689.1	62514.3	0.25	0.28		
	6	24302.4	27382.3	74074.0	63874.3	0.33	0.43		
	7	22888.6	24702.0	75350.5	74080.9	0.30	0.33		
4	1	32738.1	32237.8	126760.6	127330.4	0.26	0.25	0.28	0.30
	2	28902.6	30232.5	130071.6	125172.7	0.22	0.24		
	3	27971.8	27919.3	97644.7	82279.3	0.29	0.34		
	4	33846.0	33152.5	109110.2	115679.7	0.31	0.29		
	5	23391.7	23927.6	92260.3	87281.0	0.25	0.27		
	6	33582.8	36334.4	99868.4	92832.6	0.34	0.39		
	7	31732.8	33810.0	98618.0	102337.5	0.32	0.33		
3	1	43110.6	42893.6	164967.1	170185.1	0.26	0.25	0.29	0.29
	2	38589.1	38833.9	172362.7	164524.8	0.22	0.24		
	3	35074.3	33301.4	130764.3	101206.4	0.27	0.33		
	4	43142.2	42592.7	135269.3	151497.3	0.32	0.28		
	5	30381.1	31276.3	119383.9	112854.9	0.25	0.28		
	6	42601.3	44786.9	125611.2	124719.6	0.34	0.36		
	7	40310.4	43002.8	121584.7	133557.3	0.33	0.32		
2	1	53063.1	52774.9	203913.3	220255.7	0.26	0.24	0.28	0.28
	2	48121.4	47363.5	216742.1	204839.8	0.22	0.23		
	3	43541.3	41092.2	165843.2	125874.4	0.26	0.33		
	4	52604.9	51110.0	169563.2	188780.6	0.31	0.27		
	5	36903.0	38654.0	148318.3	138734.6	0.25	0.28		
	6	50574.3	52010.4	156354.0	157644.3	0.32	0.33		
	7	48448.8	51275.8	150407.9	167089.8	0.32	0.31		
1	1	64661.7	60314.7	243690.8	272604.5	0.27	0.22	0.27	0.27
	2	56783.0	55512.9	261956.2	245351.3	0.22	0.23		
	3	51374.4	48493.8	201679.3	153513.1	0.25	0.32		
	4	59444.7	57480.7	211724.5	226705.5	0.28	0.25		
	5	42483.5	44858.2	181292.0	170405.4	0.23	0.26		
	6	56745.7	57680.3	190570.7	191279.4	0.30	0.30		
	7	58596.2	59391.3	185348.9	204163.1	0.32	0.29		

附表 B.9、附表 B.10 中，平均倾覆力矩比的最大值为 0.32，根据《建筑抗震设计标准》(GB/T 50011—2010) 12.2.5 条，确定隔震后水平地震影响系数最大值$\alpha_{max1}=\beta\alpha_{max}/\psi=0.32\times 0.16\div 0.80=0.064$，上部结构的地震作用可从 8 度(0.20g)降为 7 度(0.1g)满足上部结构降低 1 度设计的要求。

对原结构“水平地震影响系数最大值”进行折减之后，可采用抗震模型进行结构设计。

B.5.2　分部设计法操作流程

B.5.2.1　挑选地震波

选择“分部设计→地震动→选择地震动”选项，在弹出的“选择地震动”对话框中单击“自动筛选地震动”按钮；在弹出的“自动筛选地震动”对话框中单击“全选”按钮；将“地震影响”选项改成“中震”；将“筛选地震波条数”改成天然波 5 条，人工波 2 条；单击“选波”按钮；在“筛选结果组合”列表框中选择第一组；单击“确定”按钮。操作流程如附图 B.25 所示。

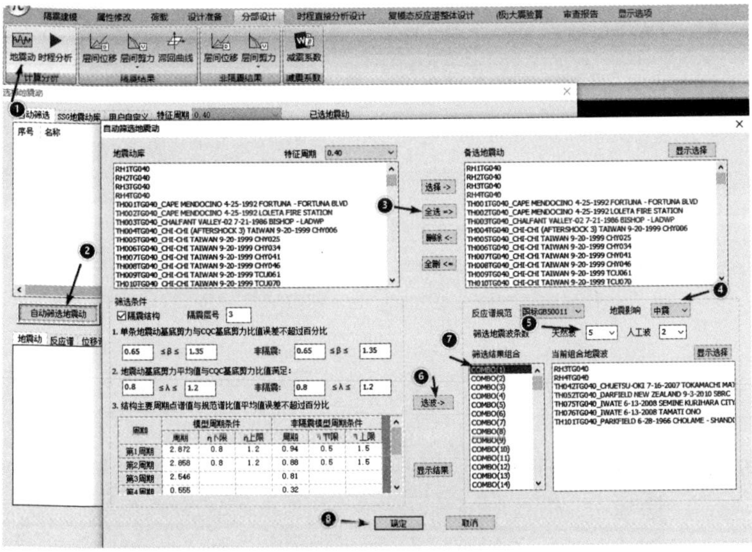

附图 B.25　筛选地震动

选择筛选出的 7 条地震波，如附图 B.26 所示。

B.5.2.2　分析运行

选择“分部设计→时程分析”选项，在弹出的“动力时程分析”对话框中单击“导入”按钮，即可导入 7 条地震波；再单击“确定”按钮即可进行分部设计，如附图 B.27 所示。

B.5.2.3　查看结果

运行完成后，选择“分部设计→隔震结果/非隔震结果”选项可查看层间剪力、层间位移等指标；选择“减震系数”选项即可生成减震系数报告，如附图 B.28 所示。

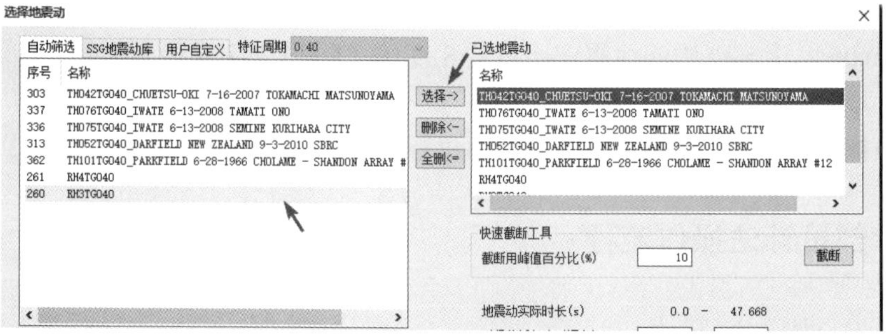

附图 B.26　选择地震动

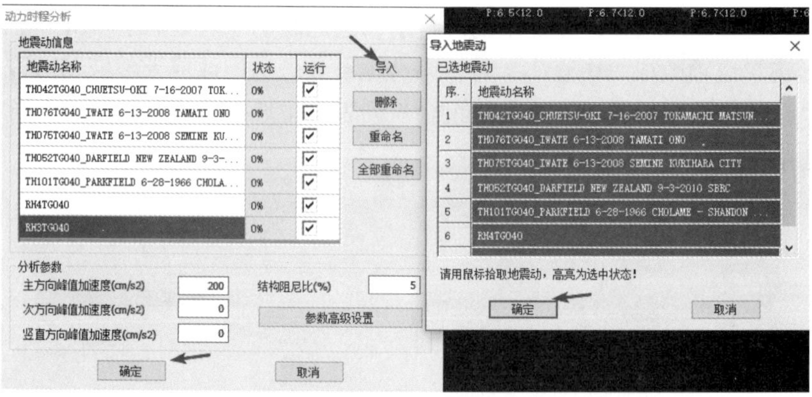

附图 B.27　分部设计法分析

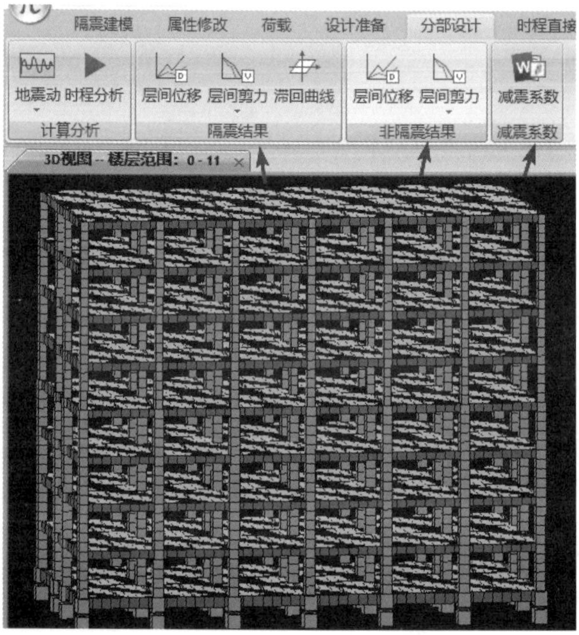

附图 B.28　分部设计法结果

B.5.3　直接设计法

根据《建筑与市政工程抗震通用规范》(GB 55002—2021)第 4.3.2 节，结构构件抗震验算的组合内力设计值应采用地震作用效应和其他作用效应的基本组合值。荷载组合为“1.3×(恒载+0.5×活载)+1.4×地震作用”，化简后即为 1.3×恒载+0.65×活载+1.4×地震作用。在 SAUSG-PI 中，在“工况组合列表”对话框中定义工况系数：恒载(DL)为 1.30，活载(LL)为 0.65，地震为 1.40。

各地震动下的位移情况见附表 B.11。根据《建筑隔震设计标准》(GB T 51408—2021)第 4.5.1 节，钢筋混凝土框架结构的上部结构设防地震下弹性层间位移角限值[θ_e]为 1/400，各工况均满足要求。

附表 B.11　地震动作用的下位移表

工况	主方向	类型	最大顶点位移/m	最大层间位移角	位移角对应层号
WAVETR-01	X	弹性	0.148	1/865	2
WAVETR-02	X	弹性	0.127	1/937	5
WAVETR 03	X	弹性	0.113	1/1079	5
WAVETR-04	X	弹性	0.128	1/922	2
WAVETR-05	X	弹性	0.127	1/991	2
WAVERG-01	X	弹性	0.189	1/737	2
WAVERG-02	X	弹性	0.191	1/738	2
WAVETR-01	Y	弹性	0.145	1/964	2
WAVETR-02	Y	弹性	0.125	1/1188	5
WAVETR-03	Y	弹性	0.110	1/1197	5
WAVETR-04	Y	弹性	0.128	1/995	5
WAVETR-05	Y	弹性	0.126	1/1117	2
WAVERG-01	Y	弹性	0.182	1/867	2
WAVERG-02	Y	弹性	0.165	1/911	2

B.5.4　直接设计法操作流程

B.5.4.1　挑选地震波

选择“时程直接分析设计→地震动”选项，筛选地震波，方法同 B.5.2.1 节。

B.5.4.2　荷载组合

选择“时程直接分析设计→荷载组合”选项，根据《建筑与市政工程抗震通用规范》(GB 55002—2021)第 4.3.2 节，在弹出的“工况组合列表”对话框中定义各工况组合系数：恒载(DL)为 1.30，活载(LL)为 0.65，地震为 1.40，如附图 B.29 所示。

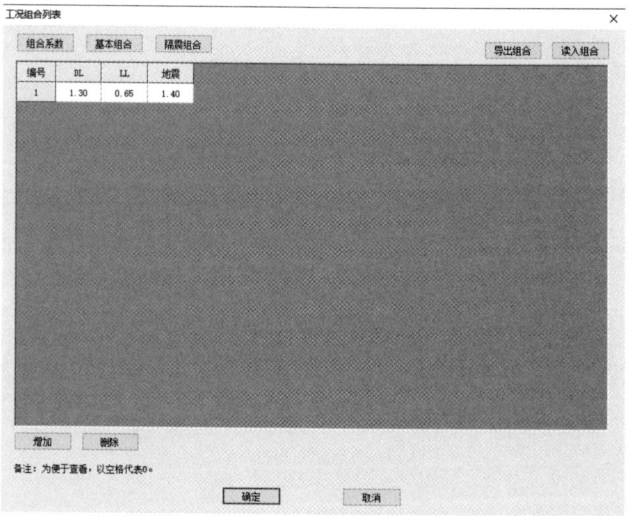

附图 B.29 荷载组合

B.5.4.3 运行分析

选择“时程直接分析设计→直接分析”选项，在弹出的“直接分析”对话框中单击“自动生成工况”按钮，在弹出的“工况默认参数”对话框中单击“确定”按钮。生成工况后单击“确定”按钮即可进行直接分析设计，如附图 B.30 所示。

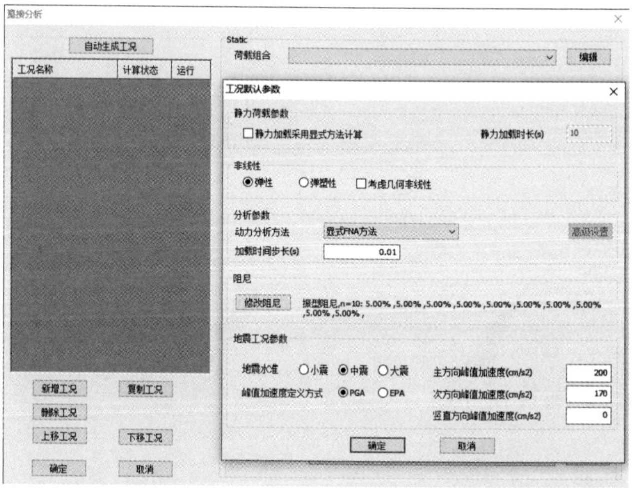

附图 B.30 采用直接设计法进行运行分析

B.5.4.4 楼层结果

选择“数据结果→层间位移”选项，弹出“包络曲线”对话框。“曲线类型”选择“X 向层间位移角/Y 向层间位移角”选项。由于结构首层为隔震层，层间位移角较大，

“楼层范围”选择“2 层-10 层”，单击“应用”按钮，可查看上部结构的大震弹塑性层间位移角，如附图 B.31 所示。

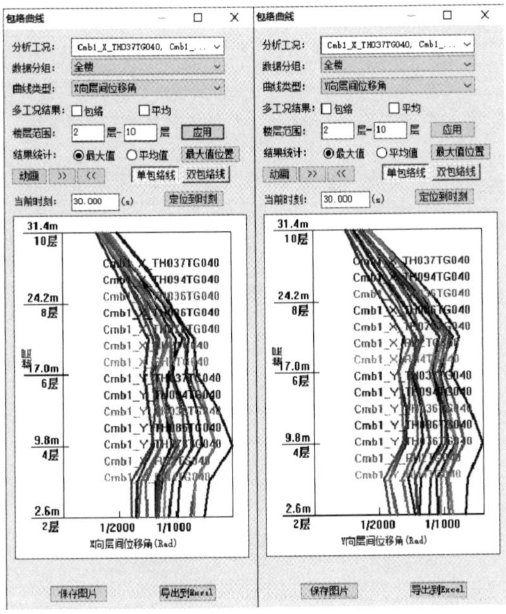

附图 B.31　层间位移角

选择“数据结果→层间剪力”选项，弹出“包络曲线”对话框。“曲线类型”选择“总层间剪力 V_x/总层间剪力 V_y”选项，显示隔震结构各层层剪力曲线，如附图 B.32 所示。

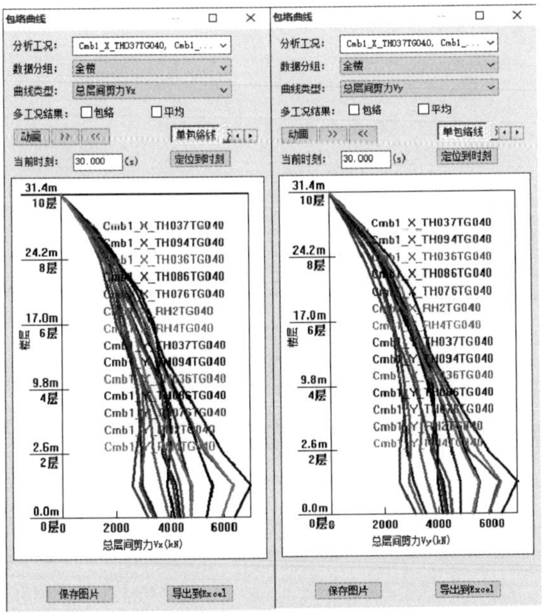

附图 B.32　层间剪力曲线

选择“数据结果→层间剪力→层倾覆力矩”选项，弹出“包络曲线”对话框。“曲线类型”选择“总倾覆力矩 M_x/总倾覆力矩 M_y”选项，显示隔震结构各层层倾覆力矩曲线，如附图 B.33 所示。

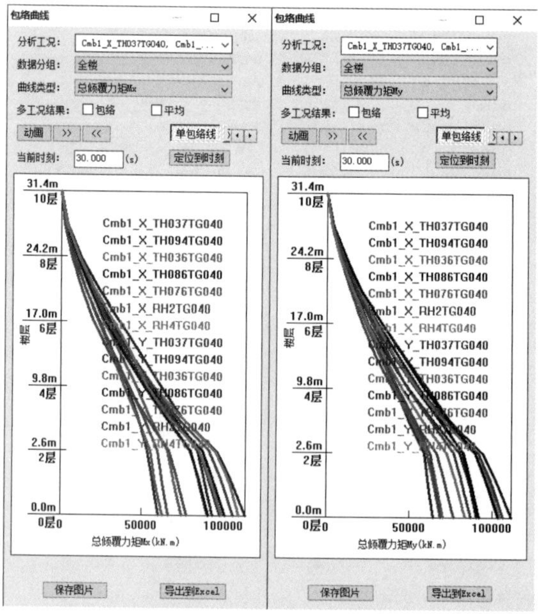

附图 B.33　层倾覆力矩曲线

选择“数据结果→滞回曲线”选项，弹出“减隔震装置滞回曲线”对话框。单击“拾取单元”按钮，在弹出的对话框中选择 10 号构件。“局部坐标系方向”选择“Y”选项，显示 10 号隔震支座 Y 向力-位移滞回曲线，如附图 B.34 所示。

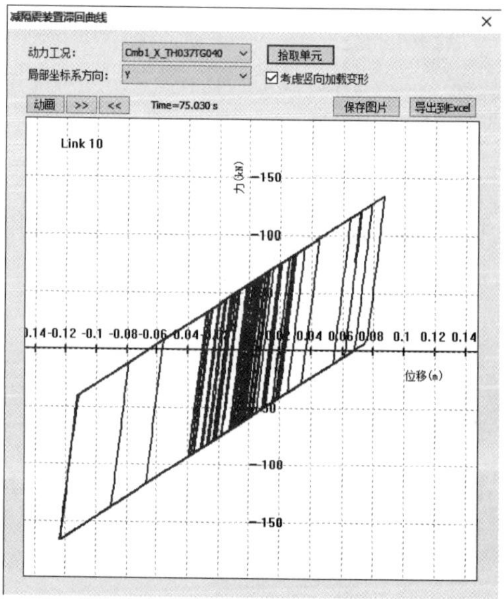

附图 B.34　减隔震装置滞回曲线

选择“直接分析设计→数据结果→能量图”选项，弹出“能量曲线”对话框，即可查看能量曲线，如附图 B.35 所示。

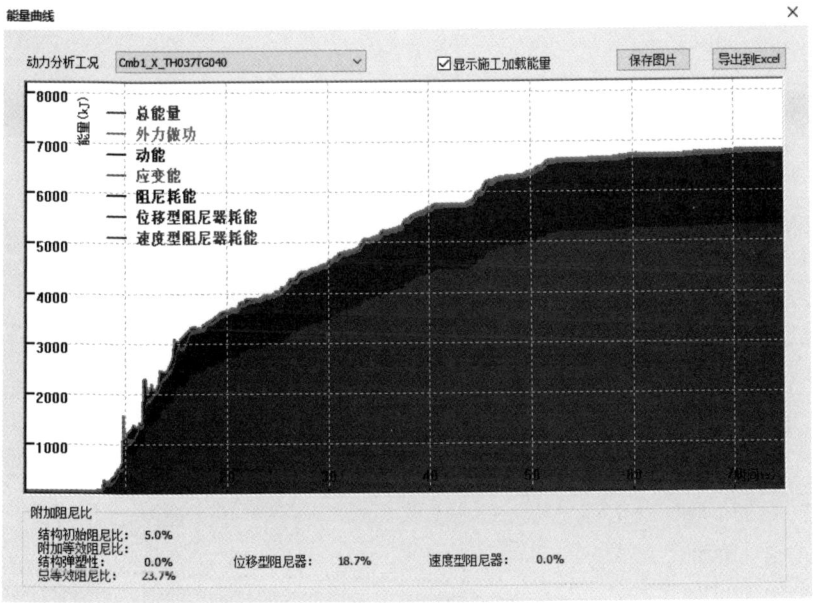

附图 B.35　隔震结构能量曲线

选择“时程直接分析设计→配筋计算”选项，即可自动配筋；配筋完成以后选择“时程直接分析设计→配筋”选项即可查看配筋结果。

B.6　罕遇地震作用验算

B.6.1　隔震层水平位移计算

根据《建筑抗震设计标准》(GB/T 50011—2010)规定，采用峰值加速度为 400cm/s^2 的时程记录对罕遇地震下的支座位移进行验算，结果见附表 B.12，荷载组合为“恒载+0.5×活载+水平地震作用”，化简后即为 1.0×恒载+0.5×活载+1.0×水平地震作用。

由附表 B.12 可知，各支座在罕遇地震下的位移的最大值为 243mm，小于 0.55D(D 为隔震支座直径)及 3t_r(隔震支座橡胶层总厚度)中的较小值，各支座均满足要求。

附表 B.12　罕遇地震下隔震结构各支座最大位移

支座编号	支座型号	罕遇地震下水平极限位移/mm	上限值/mm	是否满足要求
1	LRB600	242	330	是
2	LRB600	242	330	是

续表

支座编号	支座型号	罕遇地震下水平极限位移/mm	上限值/mm	是否满足要求
3	LRB600	242	330	是
4	LRB600	242	330	是
5	LRB600	242	330	是
6	LRB600	242	330	是
7	LRB600	242	330	是
8	LRB600	242	330	是
9	LNR700	242	385	是
10	LNR700	242	385	是
11	LNR700	244	385	是
12	LNR700	243	385	是
13	LNR700	243	385	是
14	LNR700	243	385	是
15	LNR700	243	385	是
16	LNR700	243	385	是
17	LNR700	243	385	是
18	LNR700	243	385	是
19	LRB700	243	385	是
20	LRB700	243	385	是
21	LRB700	242	385	是
22	LRB700	242	385	是
23	LRB700	242	385	是
24	LRB700	243	385	是
25	LRB700	241	385	是
26	LRB700	241	385	是
27	LRB700	242	385	是
28	LRB700	242	385	是

B.6.2 隔震支座的应力验算

根据《建筑抗震设计标准》(GB/T 50011—2010) 12.2.4 条规定：隔震橡胶支座在罕遇地震的水平和竖向地震同时作用下，拉应力不应大于 1.0MPa。拉应力验算采用的荷载组合为“1.0×恒载±1.0×水平地震作用−0.5×竖向地震作用”，竖向地震作用采用 0.4 倍重力荷载代表值，即 0.8×恒载−0.1×活载±1.0×水平地震作用。压应力验算采用的荷载组合为“1.0×恒载+0.5×活载±1.0×水平地震作用+0.5×竖向地震作用”，化简后即为 1.2×恒载+0.6×活载±1.0×水平地震作用。

由 SAUSG 软件所得分析报告可得，在罕遇地震作用下，隔震支座在既定荷载组合下不出现拉应力，满足标准规定。由附表 B.13 可知，在罕遇地震作用下，支座压应力在既定组合下均控制在 25MPa 以内，满足标准规定。

附表 B.13　罕遇地震下隔震支座压应力验算

支座编号	支座型号	罕遇地震下最大竖向压应力/MPa	上限值/MPa	是否满足要求
1	LRB600	7.4	25.0	是
2	LRB600	7.4	25.0	是
3	LRB600	7.4	25.0	是
4	LRB600	7.4	25.0	是
5	LRB600	7.4	25.0	是
6	LRB600	7.6	25.0	是
7	LRB600	7.6	25.0	是
8	LRB600	7.6	25.0	是
9	LNR700	7.6	25.0	是
10	LNR700	7.6	25.0	是
11	LNR700	8.2	25.0	是
12	LNR700	8.3	25.0	是
13	LNR700	8.2	25.0	是
14	LNR700	8.3	25.0	是
15	LNR700	8.2	25.0	是
16	LNR700	8.3	25.0	是
17	LNR700	8.2	25.0	是
18	LNR700	8.2	25.0	是
19	LRB700	8.3	25.0	是
20	LRB700	8.3	25.0	是
21	LRB700	8.0	25.0	是
22	LRB700	7.7	25.0	是
23	LRB700	9.1	25.0	是
24	LRB700	9.0	25.0	是
25	LRB700	8.0	25.0	是
26	LRB700	7.8	25.0	是
27	LRB700	9.3	25.0	是
28	LRB700	9.0	25.0	是

B.6.3　大震验算操作流程

B.6.3.1　大震选波

选择“大震验算→地震动”选项，在弹出的对话框中筛选地震波，在“筛选条件”中取消勾选“隔震结构”复选框，其余方法见 B.5.2.1 节。

B.6.3.2　计算地震响应

选择“大震验算→时程分析”选项，在弹出的“动力非线性分析”对话框中单击“自动生成地震工况”按钮，在“分析参数”选项组中选择“弹塑性”单选按钮，单击“确定”按钮，即可进行大震作用下隔震结构设计的验算，如附图 B.36 所示。

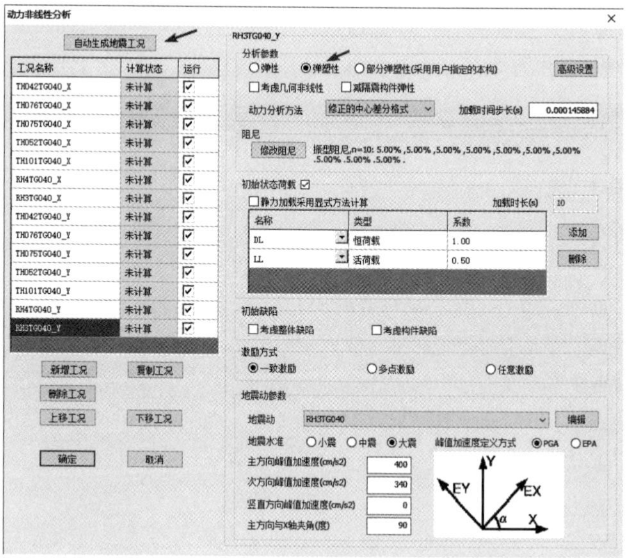

附图 B.36 大震作用下隔震结构的验算

B.6.3.3 查看地震响应

层间位移角、层间剪力、层倾覆力矩、滞回曲线、能量曲线的查看方法同 B.5.4.4。

选择“大震验算→支座验算”选项即可查看隔震支座的面压、位移是否超过限值，若超限，应重新进行设计。

B.7 设计小结

对框架结构的办公楼进行隔震设计及分析，得到如下结论：

(1) 在罕遇地震作用下，隔震支座的最大位移为 243mm，小于标准中规定的限值，且有足够冗余度，满足隔震结构在大震下的位移要求。

(2) 在罕遇地震作用下，隔震支座未出现拉应力，压应力最大值为 9.3MPa，小于标准的限值 25MPa，满足罕遇地震下的抗倾覆要求。

(3) 结构抗风承载力的验算表明，风荷载引起隔震层的层间剪力小于其屈服力，满足抗风要求。

(4) 通过隔震设计，上部结构的地震作用从 8 度(0.20g)降为 7 度(0.10g)，且分析结果均满足标准要求。